从新手到高手

Photoshop CC 网页设计与配色 从新手到高手

张力 郑国强 等编著

清华大学出版社
北　京

内 容 简 介

网页设计是当今流行的设计方向，影响和改变着许多人的生活和工作，Photoshop在网页设计上发挥着重要的作用。本书共16章，前10章详细介绍了网页设计的基础知识，网页版面设计原则和流行趋势，使用Photoshop设计网页的工具及其使用方法，网页元素——Banner广告、网页图标、网页导航条的设计原则和方法，色彩的理论知识及其在网页设计中的搭配原则和技巧。后6章通过综合实例讲解了艺术类网站、企业类网站、购物类网站、旅游类网站、餐饮类网站和休闲类网站的设计与制作，加深和巩固读者对网页设计知识的掌握和运用。

本书既适合网页设计师借鉴，又适合网页设计初学者学习使用，可作为大中专院校网页设计课程的专业教材，也可作为社会培训学校的培训教材。

图书在版编目（CIP）数据

Photoshop CC网页设计与配色从新手到高手/张力等编著. — 北京：清华大学出版社，2015

（从新手到高手）

ISBN 978-7-302-40012-7

Ⅰ.①P…　Ⅱ.①张…　Ⅲ.①图象处理软件　Ⅳ.①TP391.41

中国版本图书馆CIP数据核字（2015）第086739号

责任编辑：冯志强
封面设计：吕单单
责任校对：徐俊伟
责任印制：杨　艳

出版发行：清华大学出版社
网　　址：http://www.tup.com.cn，　http://www.wqbook.com
地　　址：北京清华大学学研大厦A座　　**邮　　编**：100084
社 总 机：010-62770175　　**邮　　购**：010-62786544
投稿与读者服务：010-62776969，c-service@tup.tsinghua.edu.cn
质量反馈：010-62772015，zhiliang@tup.tsinghua.edu.cn
印 装 者：北京亿浓世纪彩色印刷有限公司
经　　销：全国新华书店
开　　本：190mm×260mm　　**印　　张**：17.25　　**字　　数**：495千字
附光盘1张
版　　次：2015年6月第1版　　**印　　次**：2015年6月第1次印刷
印　　数：1～3500
定　　价：89.00元

产品编号：063108-01

前　言 Preface

Photoshop CC在网页设计中具有广泛的应用，具体涉及到各种网页图像元素的设计和布局安排，这些元素包括网页导航条、网页按钮、网页广告、网站logo、网页动画等。读者不但可以利用Photoshop完成网页中的图标、广告设计，还可以利用Photoshop完成整个网页的版面效果设计。

1．本书主要内容

全书共分为16章，内容概括如下：

第1章简要介绍网页设计的相关基础知识，并从设计角度上对网页设计的审美性、艺术性、策划流程等进行了简要地介绍，让读者对网站设计有一个整体的了解和印象。

第2章讲解网页设计中所用到的Photoshop工具，以及工具的具体使用方法等。

第3章介绍网页设计中动画的制作，通过具体的案例操作讲述了逐帧动画、过渡动画、时间轴动画的制作方法。

第4章介绍了对设计文件进行切片导出的具体方法，包括切片的创建、编辑、优化与导出等内容。章后的实际案例详细展现了切片的原则和要点。

第5章介绍了网页图标设计，内容包括图标的设计原则和应用方向，并提供了商务网站图标、网站logo图标、网站动态图标等案例。

第6章详细介绍了网页导航条的设计原则和技巧，同时归纳整理出了一些成功的导航条设计样式，并提供了利用Photoshop设计网页导航条的实操案例。

第7章讲解了网页广告的分类和设计技巧与方法，并提供了常见的网页广告实例。

第8~9章介绍了颜色的基础知识以及网页设计的颜色搭配原则和方法。

第10章介绍了网页版面设计的类型、风格以及趋势，同时提供了一些优秀的网页版面设计作品。

第11~16章介绍了艺术类、企业类、购物类、旅游类、餐饮类、休闲类的网站特色和设计要点，并通过综合案例使读者能够综合地运用所学到的设计知识，独立完成设计案例。

2．本书特色

本书介绍使用Photoshop CC软件进行网页设计，涉及到网页设计的多个方面，给读者呈现出一个多元化、丰富多彩的网页设计空间。

- **全面完整**　本书中包含网页设计的多个方面，从导航条、网络广告、图标、色彩搭配等理论知识到实际操作应用都进行精心地规划设计，还配备上练习案例，使读者对网页设计有更为全面的了解。
- **技巧突出**　书中在一些经常会出现错误操作的地方给读者一些小的提示或者操作技巧旁注，有利读者提高学习效率，掌握设计技巧。

- **虚实结合** 书中理论知识翔实，案例具有针对性，理论与实践结合紧密，提高了读者对网页中各项元素的认识和综合调配。新手训练营为读者提供了独立操作和实战的机会，有利用读者提升实践能力。
- **版面精美** 书中所涉及到的图片都经过精心地挑选和斟酌，配色美观，图文搭配相得益彰。整个版式的设计也给读者一种舒服、良好的阅读体验，呈现一种赏心悦目感。

3．随书光盘内容

为了帮助读者更好地学习和使用本书，本书专门配带了学习光盘，提供了本书实例素材、最终效果图和教学视频文件。

4．读者对象

本书凝结了作者使用Photoshop进行网页设计和制作的多年经验和心得，既适合研究网页美工的网页设计师参考，又适合网页制作初学者学习，是一本网页美工与设计制作的推荐教材，适用于网页设计师、网站编辑和美工、在校师生、社会培训班以及网页设计爱好者。

5．关于作者

本书由张力主编，张力毕业于四川美术学院设计艺术系视觉传达专业，获硕士学位，现为重庆市九龙坡区文化馆辅导培训部主任，四川美术学院外聘教师，主要从事多媒体艺术设计和研究。张力编写了本书的第1章，以及第7～13。郑国强编写了本书第5、6章。余下章节由杜娟、郑家祥、张伟、苏凡茹、吕单单、余慧枫、魏雪静、李娟、和平艳共同编写。由于时间仓促，水平有限，疏漏之处在所难免，欢迎读者朋友登录清华大学出版社网站www.tup.com.cn与我们联系，帮助我们改进提高。

编 者

2015年4月

目 录 Contents

01 Photoshop CC网页设计概述

02 网页图像设计基础

03 网页动画制作基础

04 切片并导出网页文件

05 网页图标设计

06 网页导航条设计

07 网页广告设计

08 网页色彩基础

09 色彩于网页设计中的应用

10 网页版面设计

11 设计艺术类网站

12 设计企业类网站

13 设计购物类网站

目 录

14 设计旅游类网站

15 设计餐饮类网站

16 设计休闲类网站

第1章 Photoshop CC网页设计概述

网络在当今这个高速发展的信息时代里，已经成为一种现代化的推广平台。网站连接着世界各个角落里的你我他，构成了一个看不见的虚拟世界。方便、快捷的网站满足着不同族群消费者和体验者的各项需求，从而促使网页设计成为一个蓬勃发展，并且需要不断创新的行业。

Photoshop对于网页设计来说是其重要的创造工具，它集图像设计、扫描、编辑、合成以及高品质输出功能于一身，利用Photoshop可以遵循网页设计的相关原则和客户的要求，把想法和创意转化成为可经营操作的网页。

Photoshop CC

1.1 网页界面

网页是一种由色彩、文字、图像、符号等视觉元素以及多媒体元素为主构成的，传达特定信息以方便人机交流为目的的中间媒介。要想更好地完成网页的设计工作，需要先了解网页各要素的特点。

1．网页界面组成

从构成网页的元素类型来划分，网页界面组成包括文字、图形图像、音频、视频、动画等。从网页的栏目结构来划分，网页界面包括页眉、导航栏、正文、Banner（横幅广告）、页脚等。图1-1所示为大多数网页的界面组成。

图1-1 网页界面组成

下面简要介绍网页界面各组成的特点。

- **页眉** 又可称之为页头，其作用是定义页面的主题。在页眉部分通常放置站点名字、公司标志、主题以及用户注册登录信息。站点的名字多数显示在页眉里，这样，访问者能很快了解该网页的主要内容。

- **页脚** 是指页面最下方的一块空间，它和页眉相呼应。页眉是放置站点主题和标识的地方，而页脚则通常是放置制作者、公司相关信息、版权信息的地方，有时候，还会放置页脚导航栏。
- **导航栏** 是指位于页眉下方（有的也位于页眉内）的一排水平导航按钮，它起着链接各个页面的作用。网站使用导航栏是为了让访问者更快速、方便地找到所需要的资源区域。通过颜色或者形态的改变，导航栏可以向访问者指示其当前所在页面位置。
- **Banner** 是指网页上的横幅或旗帜广告，是网页中最基本的广告形式。
- **文本** 文本在页面中多数是以行或者块（段落）出现的，它们的摆放位置决定着整个页面布局的可视性。随着DHTML（动态HTML）的普及，文本已经可以通过层的概念按要求放置到页面的任何位置。
- **图片** 图片和文本是网页构成元素中的两大核心，缺一不可。图片的选择、设置以及与文本的搭配关系等都影响着整个页面的布局和效果。图片的数量也会影响网页的下载速度。
- **多媒体** 除了文本和图片，还有声音、动画、视频等其他媒体。随着动态网页的兴起，它们在网页中变得更重要。

2. 网页尺寸

网页显示在显示器上，其尺寸大小受显示器分辨率大小制约。一般来说，当显示器分辨率为1024×768时，页面的显示尺寸为1002×600像素；当显示器分辨率为800×600时，页面的显示尺寸为780×428像素。同一网页图像在不同显示分辨率下的显示效果如图1−2所示。

图1−2 不同分辨率下的网页显示

在网页设计中，网页的宽度必须小于显示分辨率宽度值，高度则不限，尺寸单位是像素。如果显示器分辨率宽度是800的话，页面宽度有设置为780的，也有设置为760的。因为网页上添加的插件或者其他东西，会占用屏幕宽度，为了稳妥起见，我们一般将页面宽度都设置得更小一点，所以屏幕分辨率宽度800的一般设置页面宽度为760左右，屏幕分辨率宽度1024的一般设置页面宽度为990左右。

> **提示**
>
> 浏览器的工具栏也是影响页面尺寸的因素。目前一般浏览器的工具栏都可以取消或者添加，那么当显示全部工具栏和关闭全部工具栏时，页面的尺寸是不一样的。用户可以根据自己的需求进行相应设置。

1.2 网页设计的审美感

随着新兴事物的不断出现，人们对美的追求也不断提高，网页设计也同样如此。网页设计的审美需求是对平面视觉设计美学的一种继承和延伸，两者的表现形式和目的都有一定的相似性，可以根据网页设计的需要把传统平面设计中美学形式规律同现代网页设计的具体问题结合起来，运用一些平面设计的美学基本规律和原则到网页中去，增加网页的整体美感，满足大众的视觉审美需求，使受众能更好、更有效率地接收网页上的信息，增加网页的浏览量。

首先，网页的内容与形式的表现必须统一和具有秩序，形式表现必须服从内容要求，网页上各种构成要素自然有序并满足视觉流程规律。

在把大量的信息放到网页上的时候，要考虑怎样把它们以合理、统一的方式进行排列，使整体感强的同时又要有变化，使页面更丰富、更有生气，视觉感强烈。如图1-3所示。

图1-3　网页内容与形式的统一

其次，网页要突出主题要素，必须在众多构成要素中突出一个清楚的主体，使用户浏览时能够对网站的主题一目了然，起到强调主要内容的作用，它应尽可能地成为阅读时视线流动的起点，如图1-4所示，如果没有这个主体要素，浏览者的视线将会无所适从，或者导致视线流动偏离设计的初衷。

图1-4　突出网页主题

最后，网页设计中，在有规律和秩序地强调主题的同时，为了使页面不至于太过单调，也可以适量地选择一些动态图片、动态视频、卡通动画，或者增加颜色的整体感，利用多种元素来吸引用户。当然这一切元素都是在符合主题整体风格和需求的情况下添加的，达到不跑题又强调主题的目的。

1.3　网页设计的艺术性

网页的发展时间不长，但它作为一种新的视觉表现形式，既兼容了传统平面设计的特征，又具备其所没有的优势，网页已成为信息交流和传播的一个非常有影响的途径。网页在一定意义上讲也是一种艺术品，因为它既要求文字的生动活泼、简洁到位，同时又要求页面整体布局的协调性，以及色彩的完美搭配。

1．变化产生美感

变化的原则体现了设计存在的意义，即不断推陈出新，创造出具有个性特点的网页页面。图1-5所示为具有创意的网页效果。

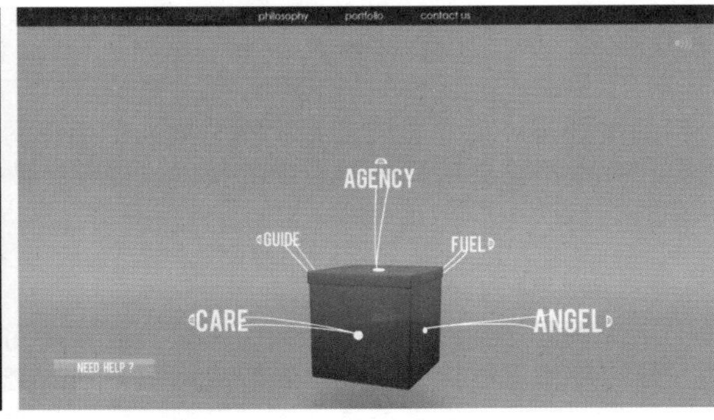

图1-5 变化美

2. 和谐产生美感

和谐是以美学上的整体性观念为基础的。构成界面的文字、图形、色彩等元素之间相互作用，相互协调映衬，增加页面的功能美和形式美，同时为主题服务，如图1-6所示。

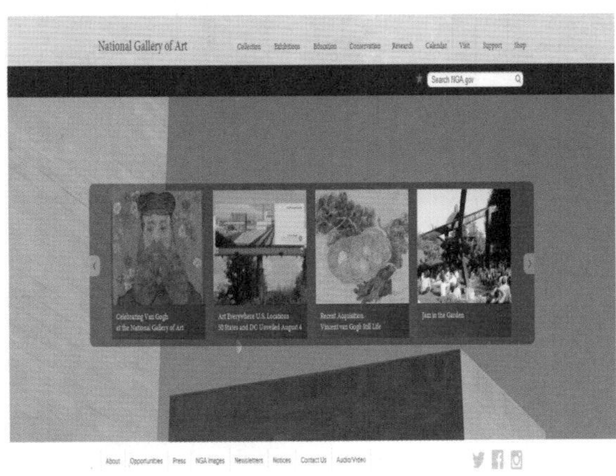

图1-6 和谐美

3. 秩序产生美感

秩序是一种为主题服务的形式，通过对称、比例、连续、渐变、重复、放射、回旋等方式，表现出严谨有序的设计理念，是创造形式美感的最基本的方式之一，如图1-7所示。

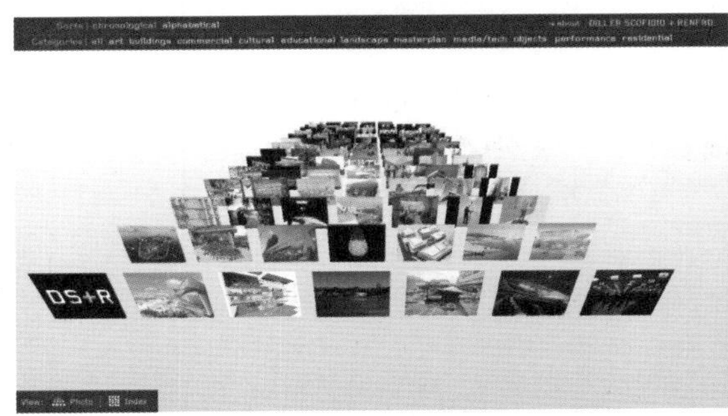

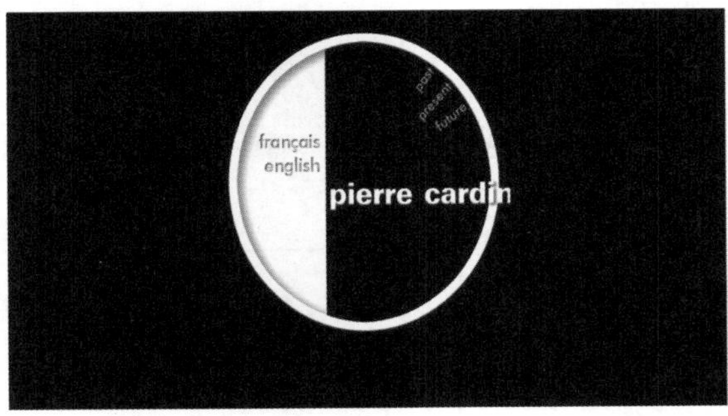

图1-7 秩序美

1.4 网站策划

网站策划是一项专业的工作，网站策划是指在网站建设前对市场进行分析、确定网站的目的和功能，并根据需要对网站建设中的技术、内容、费用、测试、维护等做出规划并提供完善的解决方案。

1.4.1 网站开发流程

为了加快网站建设的速度和减少失误，应该采用一定的制作流程来策划、设计、制作和发布网站。好的制作流程能帮助设计者解决网站策划的繁琐性，减小项目失败的风险。制作流程的第一阶段是规划项目和采集信息，接着是网站规划和网页设计，最后是上传和网站维护阶段。每个阶段都有特定的步骤，但相连的各阶段之间的边界并不明显。有时候，某一阶段可能会因为项目中未曾预料的改变而更改。网站制作总体制作流程如图1-8所示。

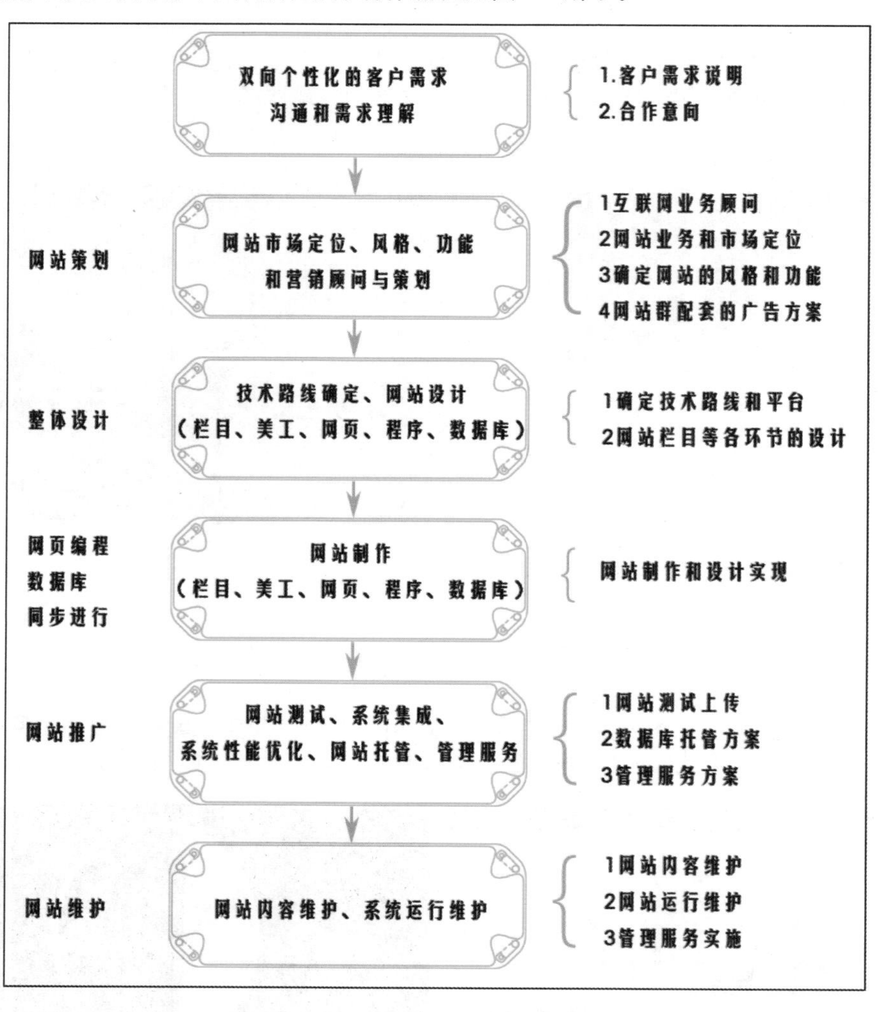

图1—8　网站制作流程图

1.4.2 目标需求分析

提出目标是非常简单的事情，更重要的是如何使目标陈述得简明并且可以实现。实际上一个网站不可能满足所有人的需求，设计者必须去整合目标对象的信息需求，检验读者定位，根据需求比例来规划网站资源分布，安排网站功能结构。

为了确定目标，开发小组必须要集体讨论，每一个成员都尽可能提出对网站的想法和建议。通常，集体讨论可以集中大家一致感兴趣的问题，通过讨论可以确定网站的设计方案。在对某个网站进行升级或全面重新设计时，一定要注意不要召开集体会议来讨论已有网站中出现的问题，防止项目偏离初衷。集体会议中的要点是挖掘各种各样的被称为“期望清单”的想法。“期望清单”就是描述各种不考虑价格、可行性、可应用性的有关网站的想法。

通过集体讨论的设计方案，能够兼顾到各方的实际需求和设计开发的技术问题，能够为成功开发Web网站打下良好的基础。

1.4.3 网页制作

网页制作包括网站标题的定位、内容的采集整理、页面的排版设置、背景及整个网页的色调设置等。

1. 网站标题定位

在网页设计前，首先要给网站一个准确的定位，是属于宣传自己产品的一个窗口，还是用来提供商务服务或者资讯服务的门户网站，从而确定主题与设计风格，如图1-9所示。网站名称要切题，题材要专而精，并且要兼顾商家和客户的利益。在主页中标题起着很重要的作用，一个好的标题在符合自己主页主题和风格的前提下还必须具有概括性、简短、有特色且容易记住等特点。

图1-9 企业网站与娱乐网站

2. 内容采集

采集的内容必须与标题相符，在采集内容的过程中，应注重特色。主页应该突出自己的个性，并把内容按类别进行分类，设置栏目，让人一目了然，栏目不要设置太多，最好不要超过10个，层次上最好少于5层，而重点栏目最好能直接从首页看到，同时要保证用各种浏览器都能看到主页最好的效果，如图1-10所示。

图1-10 网站导航

采集的内容包括文字资料、图片资料、动画资料和一些其他资料。文字资料是与网站主题相关联的文字，要重点突出、简洁明了。图片资料和文字资料相互配合使用，都为主题服务，可以增加内容的丰富性和多样性。动画资料可以增添页面的动态性。一些如应用软件、音频文件等相关资料也需要收集。

3. 网站规划

在设计之前，需先画出网站结构图，其中包括网站栏目、结构层次、链接内容等。首页中的各功能按钮、内容要点、友情链接等都要体现出来，一定要切题，并突出重点，同时在首页上应把大段的文字换成标题性的、吸引人的文字，将单项内容交给分支页面去表达，这样才显得页面精炼。设计者要细心周全，不要遗漏内容，还要为扩容留出空间。

分支页面内容要相对独立，切忌重复，导航功能性要好，如图1–11所示。网页文件命名开头不能使用运算符、中文字等，分支页面的文件存放于自己单独的文件夹中，图形文件存放于单独的图形文件夹中，汉语拼音、英文缩写、英文原义均可用来命名网页文件。在使用英文字母时，要区分大小写，建议在构建的站点中，全部使用小写的文件名称。

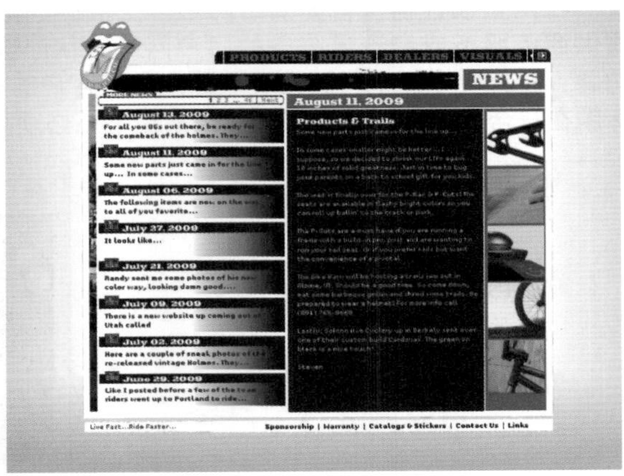

图1–11　网站首页与分页

4. 主页设计

主页是我们网站权重最高的页面，在设计时要考虑创意、结构、色彩搭配。创意来自设计者的灵感和平时经验的积累。结构设计源自网站结构图。在主页设计时应注意："标题"要有概括性和特色性，符合设计主题和风格；"图片"适当地插入网页中可以起到画龙点睛的作用；"文字"与"背景"的合理搭配，可以使浏览者更加乐于阅读和浏览。整个页面的色彩一定要统一，特别是背景色调的搭配一定不能有强烈的对比，背景的作用主要在于统一整个页面的风格，对主体起一定的衬托和协调，如图1–12所示。

图1–12　主色调与文字颜色的搭配

在插入图片时，图片颜色较少、色调均匀以及颜色在256色以内的最好把它处理成GIF图像格式，如果是一些色彩比较丰富的图片，如扫描的照片，最好把它处理成JPG图像格式。GIF和JPG图像格式各有各的压缩优势，应根据具体的图片来选择压缩比。

提示

图片不仅要好看，还要在保证图片质量的情况下尽量缩小图片的大小（即字节数），在目前网络传输速度不是很快的情况下，图片的大小在很大程度上影响网页的传输速度。小图片（100×40）一般可以控制在6KB以内，动画控制在15KB以内，较大的图片可以分割成小图片。

5．网页排版

要灵活运用表格、层、帧、CSS样式表来设置网页的版面。将这些元素合理地进行安排，让网页疏密有致，井井有条，更好地突出主题。另外，必要的空白，可让人觉得很轻松，如图1–13所示。不要把整个网页都填得密密实实，没有一点空隙，这样会给人一种压抑感。

图1–13　网页中的排版

注意

为保持网站的整体风格，开始制作时千万不要把许多页面一起制作。许多新手会急不可待地将收集到的各种资料填入各个页面。转眼间页面制作完成，可等想要修改一些页面元素时，却发现一页一页改得好辛苦。建议先制作有代表性的一页，将页面的结构、图片的位置、链接的方式统统设计周全，这样制作的主页，不但速度快，而且整体性强。

6．背景设置

背景色彩是非常重要的，网页的背景并不一定要用白色，选用的背景应该和整套页面的色调相协调。合理地应用色彩是网页设计的一个重要环节，物理学家的研究证明，色彩最能引起人们奇特的想象，最能拨动感情的琴弦。比如说制作大型公司的网页时，会选用一些黑色、深蓝色、蓝色这类比较沉稳的色彩，表现公司的大气、稳重的形象，如图1–14所示。黑色是所有色彩的集合体，比较深沉，它能压抑其他色彩，在图案设计中经常用来勾边或点缀最深沉的部位。黑色在运用时必须小心，否则会使图案因“黑色太重”而显得沉闷阴暗。

图1–14　网页背景颜色

7. 其他

如果想让网页更有特色，可适当地运用一些网页制作的技巧，诸如动态网页、Java、Applet等，当然这些小技巧最好不要运用太多，应保持适量，否则会影响网页的下载速度。

另外，考虑主页站点的速度和稳定性，不妨考虑建立一两个镜像站点，这样不仅能照顾到不同地区网友对速度的要求，还能做好备份，以防万一。等主页做得差不多了，可在上面添加一个留言板、一个计数器。前者能让你及时获得浏览者的意见和建议，为了赢得更多的浏览者，最好能做到有问必答；后者能让你知道主页浏览者的统计数据，你可以及时调整设计，以满足不同的浏览器和浏览者的需求。

1.5 Photoshop网页设计流程简介

网页设计包括前台和后台两大块。前台完成网页的外观和布局设计，后台解决网页的编程。Photoshop可以完成网页前台设计。在该软件中，不仅能够像制作平面图像一样来制作网页图像，还可以使用特有的网页工具来创建并保存网页图片，从而完成网页的前期设计。

在Photoshop中进行网页设计，通常包括六大步骤：根据栏目布局创建辅助线、绘制结构底图、添加具体内容、切片、优化、导出。

1. 创建辅助线

当网站资料收集完成，并且确定网站方向后，就可以在Photoshop中开始设计网页图像了。为了更加精确地建立网页图像的结构，首先要通过参考线来确定网页结构的位置，如图1–15所示。

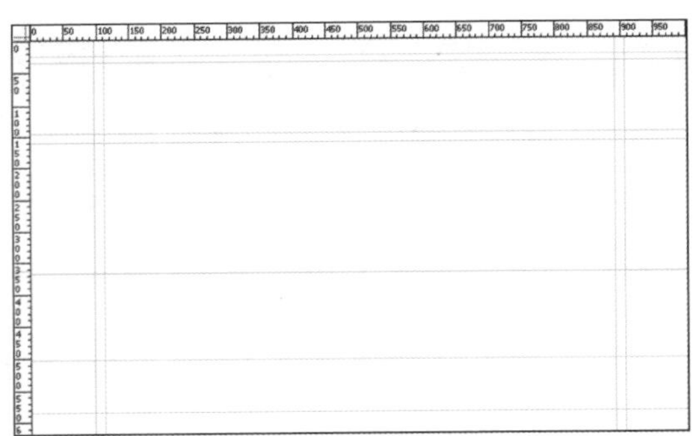

图1–15 创建网页参考线

2. 绘制结构底图

根据参考线的位置，由底层向上，在不同的图层中，建立不同形状的选区并填充不同的颜色，从而完成网页结构图的雏形，如图1–16所示。

图1–16 填充网页结构底色

3. 添加内容

当网页基本结构完成后，就可以在相应的区域内添加LOGO、标题、导航、文字等网站内容，补充整个网页图像，如图1–17所示。

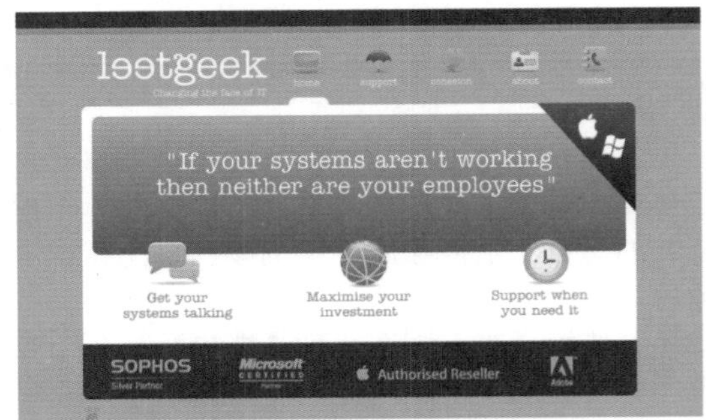

图1–17 添加网页元素

4. 切片

当一切网页图像设计完成后，为了满足后期网页文件制作的需要，以及加快网页的浏览速度，应将网页图像切割成若干个网页图片。这可使用Photoshop中的切片工具来实现，如图1–18所示。

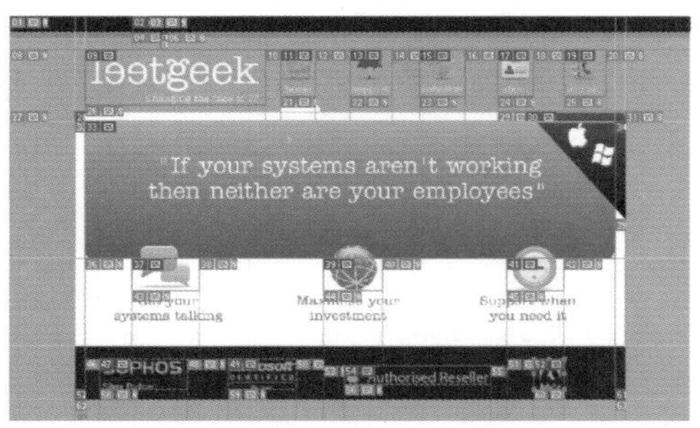

图1-18　创建切片图像

提示

在创建切片时，还可以根据参考线来精确定位切片的位置，从而得到尺寸精确的网页图片。

5．优化

在网页文件中，虽然能够同时插入JPEG、GIF、PNG和BMP格式的图片，并且在后期的网页制作软件Dreamweaver中还能够插入PSD格式的图像，但还是需要找到最适合网页的图片，并且在不影响图片质量的情况下，将图片文件容量压缩至最小。这样就需要用Photoshop中的【存储为Web所用格式】命令来优化网页图片，如图1-19所示。

图1-19　优化切片图像

技巧

在【存储为Web所用格式】对话框中，不仅能够设置不同的图片格式，还可以设置同一种图片格式中的不同的颜色参数。

6．导出

在【存储为Web所用格式】对话框中设置参数后，就可以将整幅网页图像保存为若干个网页图片，如图1-20所示，从而方便后期网页文件的上传。

图1-20　导出切片图像

1.6　网页图像管理

网页设计是个逐步发展成熟的领域，不断发展的网络技术，为设计创建了表现的基础，使得更多图像元素可以融入网页之中，不断丰富网页中的表现内容，满足浏览者更高的需求。网页中的图像与平面印刷图像有所不同，在Photoshop中设计与制作网页图像时，要了解它们之间的区别。

1．图像分辨率

图像分辨率指图像中存储的信息量，是每英寸图像内有多少个像素点，分辨率的单位为PPI（Pixels Per Inch），通常叫做像素每英寸。分辨率确定了一幅图像的品质和能够打印或显示的细节含量。如果图像的分辨率是72ppi，即每英寸72个像素，则每平方英寸上有5184个像素。假设图像中的像素数是固定的，增加图像的尺寸将降低其分辨率，反之将提高分辨率。

在同一显示分辨率的情况下，分辨率越高的图像像素点越多，图像显示的尺寸和面积也越大，如图1-21所示。

图1-21　不同分辨率的图像

印刷设计中图像分辨率一般要求为300ppi，而网页设计中的图像分辨率一般采用72ppi即可。

2. 图像格式

Photoshop能够支持包括PSD、TIF、BMP、JPG、GIF和PNG等20余种文件格式。在实际工作中，由于工作环境的不同，要使用的文件格式也是不一样的，用户可以根据实际需要来选择图像文件格式，以便更有效地将其应用到实践当中。

下面主要介绍关于图像文件格式的知识和一些常用图像格式的特点以及在Photoshop中进行图像格式转换应注意的问题。表1-1列举了编辑图像时常用的文件格式，其中GIF（Graphics Interchange Format，图形交换格式）、JPEG（Joint Photographic Experts Group，联合照片专家组）和PNG（Portable Network Graphics，可移植网络图形格式）是Web浏览器支持的3种主要的图形文件格式。

表1-1　编辑图像时常用的文件格式

文件格式	后缀名	作用
PSD	.psd	该格式是Photoshop自身默认生成的图像格式，它可以保存图层、通道和颜色模式，便于进一步修改
TIFF	.tiff	TIFF格式是一种应用非常广泛的无损压缩图像格式。TIFF格式支持RGB、CMYK和灰度3种颜色模式，主要用于印刷图象的保存
BMP	.bmp	BMP图像文件是一种符合MS-Windows标准的点阵式图像文件格式，图像信息较丰富，占用磁盘空间较大
JPEG	.jpg	JPEG是目前所有格式中压缩率最高的格式，普遍用于图像显示和一些超文本文档中。JPEG格式图像在压缩的时候会有微小的失真，因此印刷图像最好不要用此格式
GIF	.gif	GIF格式是CompuServe提供的一种图像格式，只保存最多256色，文件占用空间小，因此广泛应用于HTML网页文档中。GIF格式还支持透明背景及动画
PNG	.png	PNG也是一种网络图像格式，采用无损压缩，压缩比高于GIF，支持图像透明，支持RGB模式颜色
PDF	.pdf	PDF格式是应用于多个系统平台的一种电子出版物软件的文档格式，它可以包含位图和矢量图，还可以包含电子文档查找和导航功能
EPS	.eps	EPS是一种包含位图和矢量图的混合图像格式，常用于印刷或打印输出

3. 单位与标尺

网页中的图像需要根据屏幕显示要求来设置尺寸与单位。由于网页效果是显示在显示器中的，所以在设计网页图像时，其标尺的单位应该设置为像素。设置方法是，执行【编辑】|【首选项】|【单位与标尺】命令，即可在打开的【首选项】对话框中，设置【标尺】选项，如图1−22所示。PS中的标尺单位，其中英寸、厘米、毫米、点、派卡都是绝对单位，而像素和百分比是没有绝对大小的。

提示

在【首选项】对话框的【单位与标尺】选项卡中，还可以设置新文档的预设分辨率，并且能够分别设置打印和屏幕的分辨率。

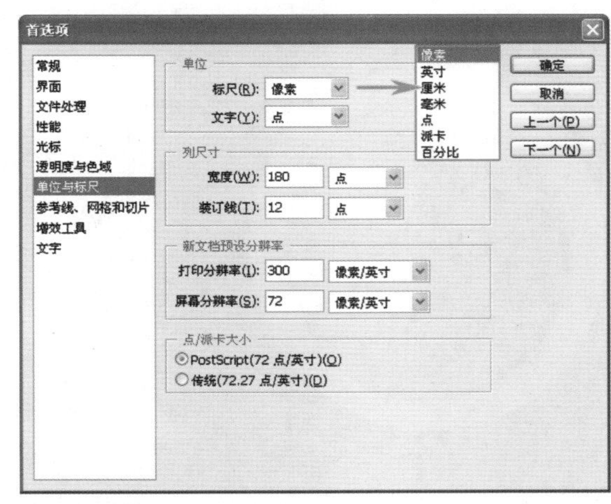

图1−22 设置单位与标尺

4. 图像大小调整

网页设计中的图像受制于屏幕宽度，其最大宽度不适合超过屏幕宽度；另外，网页具体栏目中各图像的大小通常都有明确的规定，不能超过栏目尺寸，因此在网页设计中，经常需要调整素材图像的大小。

网页图像大小调整只关心像素值的多少，所以调整图像大小的时候，只要图像宽度、高度像素值符合要求即可。

执行【图像】|【图像大小】命令，打开【图像大小】对话框，如图1−23所示。调整的时候，单击宽度和高度选项左侧的链条状图标，设置为限制长宽比，并将宽度和高度单位设置为像素，然后输入需要的宽度像素值即可。

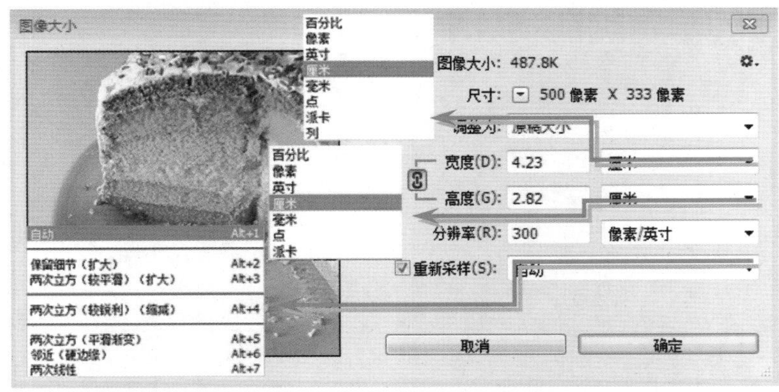

图1−23 【图像大小】对话框

该对话框中的部分选项参数及用途如下。

- **两次立方（平滑渐变）** 选择此选项，在插补时会依据插入点像素颜色转变的情况插入中间色，是效果最精致的方式，但是这种方式执行速度较慢。
- **邻近** 选择这种方式插补像素时，Photoshop会以邻近的像素颜色插入，其结果较不精确，这种方式会造成锯齿效果。在对图像进行扭曲或者缩放或者在选区中执行多项操作时，这种效果会变得更明显。但这种方式执行速度较快，适合用于没有色调的线型图。
- **两次线性** 此方式介于上述两者之间，如果图像放大的倍数不高，其效果与两次立方相似。

第2章　网页图像设计基础

Photoshop在网页设计中发挥着重要的作用，可以满足网页中各种图片效果的制作需要。本章内容主要是围绕着Photoshop的基本功能进行展开的，其中包括图层的介绍和具体的应用设置、图层样式的介绍和具体的编辑应用、选区与路径的分类和实际应用、文字的编辑方法、填充的具体分类、滤镜的介绍和效果样式等。所有内容都结合实际案例进行具体地讲解，让读者能够在实际操作中，综合运用和掌握这些知识。

Photoshop CC

2.1 图层面板

在网页设计过程中，通过应用图层，能够设计出具有层次感的网页。每一个图层中的内容都可以单独进行修改，最大可能地避免了重复劳动，提高了工作效率。

每一个图层都是由许多像素组成的，而图层又通过上下叠加的方式来组成整个图像，如图2–1所示。

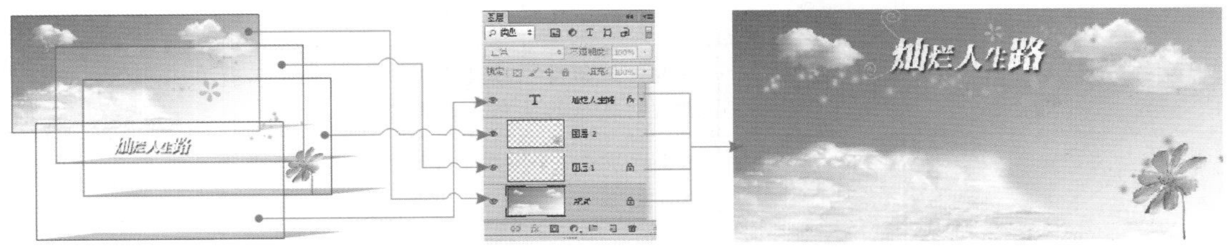

图2–1　图层原理

在同一文件中，不同图像拥有自己单独的图层，图像之间是叠加的关系，所有的图像均显示在【图层】面板中。执行【窗口】|【图层】命令，或者按F7键可以打开如图2–2所示的【图层】面板。该面板中各个按钮与选项的功能如表2–1所示。

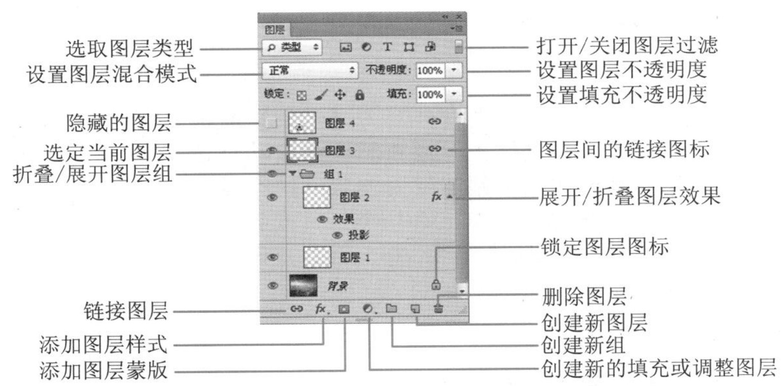

图2–2　【图层】面板

表2–1　【图层】面板中各个功能与按钮的名称及作用

名称	图标	功能
图层混合模式	正常	在下拉列表中可以选择当前图层的混合模式
图层不透明度	不透明度：100%	在文本框中输入数值可以设置当前图层的不透明度
图层填充不透明度	填充：100%	在文本框中输入数值可以设置当前图层填充区域的不透明度
锁定	锁定：	可以分别控制图层的编辑、移动、透明区域可编辑性等属性
眼睛图标		单击该图标可以控制当前图层的显示与隐藏状态
链接图层		表示该图层与作用图层链接在一起，可以同时进行移动、旋转和变换等操作
折叠按钮		单击该按钮，可以控制图层组展开或者折叠

续表

名称	图标	功能
创建新组		单击该按钮可以创建一个图层组
添加图层样式	fx	单击该按钮可以在弹出的下拉菜单中选择图层样式选项，为作用图层添加图层样式
添加图层蒙版		单击该按钮可以为当前图层添加蒙版
创建新的填充或调整图层		单击该按钮可以在弹出的下拉菜单中选择一个选项，为作用图层创建新的填充或者调整图层
创建新图层		单击该按钮，可以在作用图层上方新建一个图层，或者复制当前图层
删除图层		单击该按钮，可以删除当前图层

2.2 图层基础操作

在网页图像处理过程中，掌握图层的操作技巧，可以大大地提高工作效率。常用的图层操作包括新建、移动、复制、链接、合并等。

2.2.1 新建图层

当打开一幅图像，或者新建一个空白文件时，【图层】面板中均会自带“背景”图层。可以通过拖入一幅新图像而自动创建图层，还可以通过命令或者单击按钮来创建空白图层。执行【图层】|【新建】|【图层】命令（快捷键Shift＋Ctrl＋N），或者直接单击【图层】面板底部的【创建新图层】按钮，得到空白图层“图层1”，如图2–3所示。

图2–3　创建空白图层

2.2.2 复制图层

复制图层得到的是当前图层的副本，在【图层】面板中，执行关联菜单中的【复制图层】命令，或者拖动图层至【创建新图层】按钮上，如图2–4所示，或者直接按快捷键Ctrl＋J都可得到与当前图层具有相同属性的副本图层，如果想在复制图层的同时弹出图层设置对话框，可以按快捷键Ctrl+Alt+J。

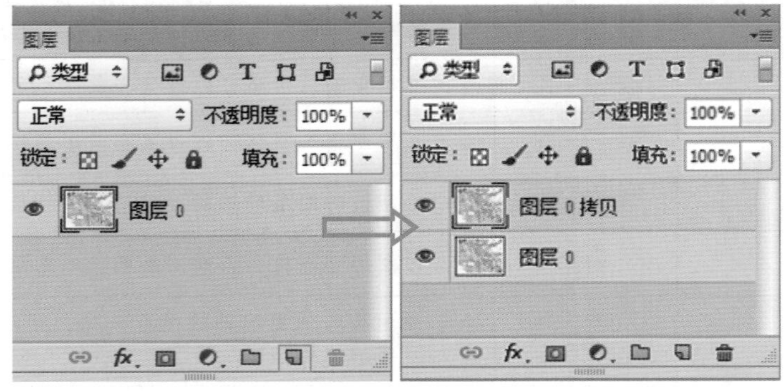

图2–4　复制图层

2.2.3　删除图层

删除图层是将一些不需要的图层从图层面板中删除掉，在Photoshop中有多种删除图层的方法。可以从图层面板中拖动图层到垃圾桶按钮上删除图层，这是最为常用的删除方法；可以先选中要删除的图层再单击垃圾桶按钮，这样会出现一个确认删除的提示；还可以执行【图层】|【删除】|【图层】命令；或者在要删除的图层上右击鼠标从快捷菜单中选择【删除图层】命令，如图2-5所示。

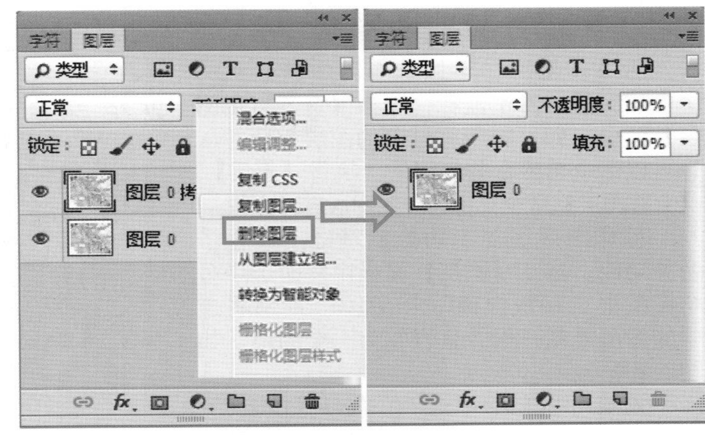

图2-5　删除图层

2.2.4　调整图层顺序

一个设计作品一般都是由多个图层组成的，在实际操作中，很多时候需要调整图层的顺序，以取得更好的效果。调整图层顺序常用的方法有拖动法和菜单法。拖动法就是在需要调整顺序的图层上按住鼠标左键不放，然后将其拖动到需要的某个图层上方或下方即可。菜单法就是先选中要移动的图层，然后执行菜单栏中的【图层】|【排列】|【前移一层】命令，如图2-6所示。除了【前移一层】命令外，还有【置为顶层】【后移一层】【置为底层】命令，大家可以根据不同的需要选择不同的命令。按快捷键Ctrl+]，可把当前的图层上移一层，按快捷键Ctrl+[，可把当前的图层下移一层。

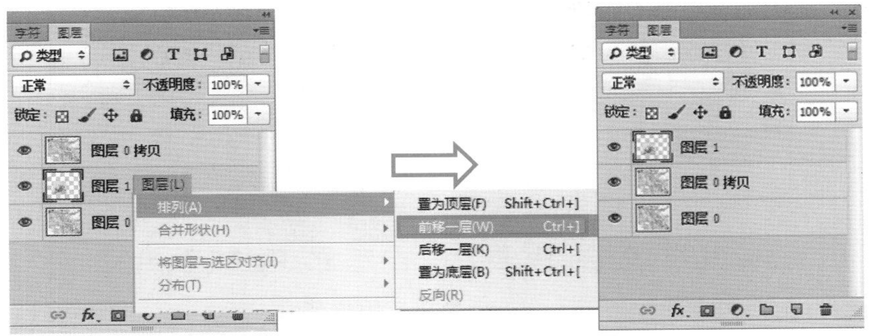

图2-6　调整图层顺序

2.2.5　链接图层

选中多个图层，单击【图层】面板底部的【链接图层】按钮即可链接多个图层，如图2-7所示，也可以选择图层后右击鼠标选择【链接图层】命令实现图层的链接。

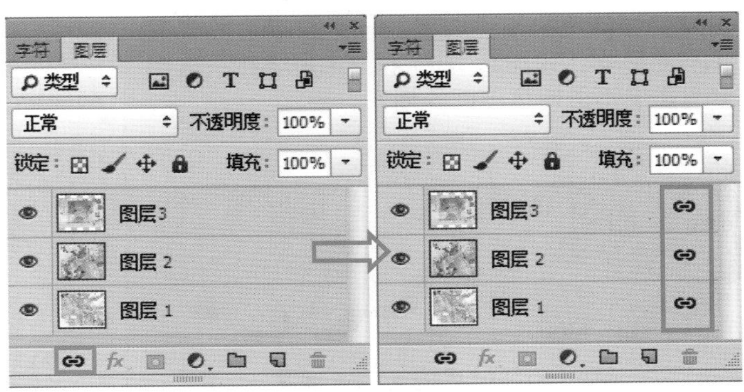

图2-7　链接图层

提示

图层链接后，对链接图层中的任意图层进行移动或变换操作，链接图层中的其他图层均同时发生变化。如果想要某个图层脱离链接图层，那么只要选中该图层，单击【链接图层】按钮即可。或者选中该图层，右击鼠标，选择【取消图层链接】命令即可。

2.2.6 合并与盖印图层

合并图层时，可以选中其中的任意一个图层，然后右击鼠标，选择【合并可见图层】命令，即可将所有可见图层都合并。也可以选中想要合并的图层，执行【图层】|【合并图层】命令，将选中的图层进行合并。

盖印图层在复制功能的基础上集合了合并功能。当在【图层】面板中同时选中多个图层时，按快捷键Ctrl＋Alt＋E能够将选中的图层复制一份并且合并为一个图层，如图2–8所示。

如果选中任意一个图层，按快捷键Shift＋Ctrl＋Alt＋E即可盖印所有可见图层，并且合并的图层放置在选中图层的上方。如果只想把几个图层盖印，就需要把其他图层都隐藏。

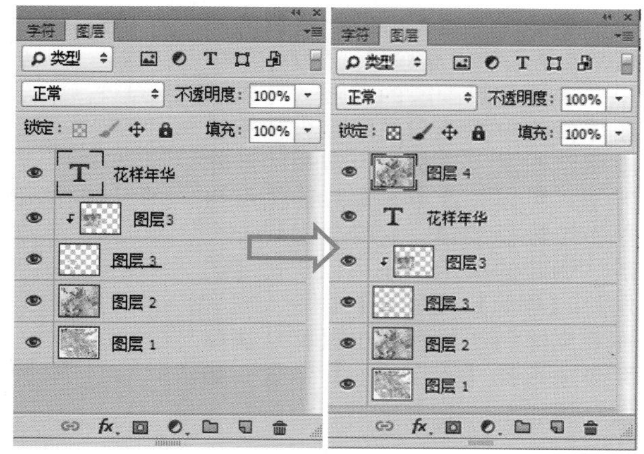

图2–8 盖印选中图层

2.2.7 调整图层不透明度

图层的不透明度直接影响图层中图像的透明效果，设置数值在0%～100%之间，数值越大图像的透明效果越弱，反之则越强。更改【不透明度】选项数值可调整图层的不透明度，如图2–9所示。

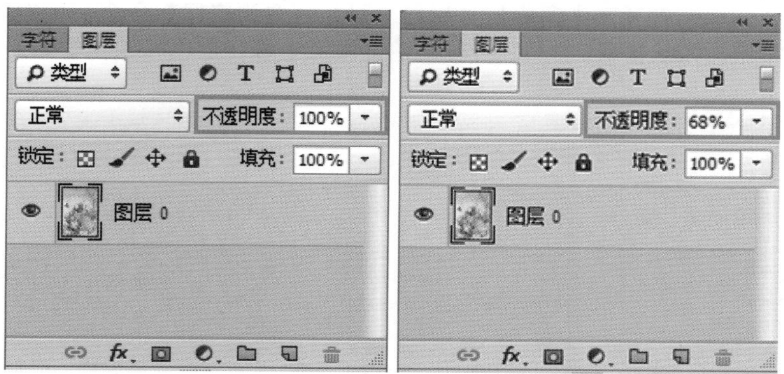

图2–9 调整图层不透明度

2.2.8 调整填充不透明度

当图层中的图像添加了图层样式，如添加了投影、描边效果等，调整填充不透明度，只更改图像自身的不透明度，投影和描边等样式并不受影响，如图2–10所示。这是填充不透明度与图层不透明度不同的地方。

图2–10 调整填充不透明度

2.2.9 锁定图层

锁定图层可以使全部或部分图层属性不被编辑，如锁定图层的透明区域、图像像素、位置等，可以对图层进行保护，用户可以根据实际需要锁定图层的不同属性。Photoshop提供了4种锁定方式，如图2–11所示。

图2–11 用于锁定图层的按钮

>> 锁定透明像素

单击该按钮后，图层中透明区域将不被编辑，而将编辑范围限制在图层的不透明部分。例如，在对图像进行涂抹时，为了保持图像边界的清晰，可以单击该按钮。

>> 锁定图像像素

单击【锁定图像像素】按钮，则无法对图层中的像素进行修改，包括使用绘图、色彩调整等都无法进行。单击该按钮后，用户可对图层进行移动和变换操作，也可改变图层不透明度和混合模式，这些操作图层像素本身并没有被修改，只是更改了表现方式。

>> 锁定位置

单击【锁定位置】按钮，图层中的内容将无法移动，锁定后就不必担心被无意中移动了。

>> 锁定全部

单击该按钮，可以将图层的所有属性锁定，此时无法在图层中绘图，无法调整图层中图像的颜色、不透明度，无法移动、变换图层中的较像。

2.3 图层样式的类型

图层样式是应用于图层的一种或多种效果。Photoshop提供了各种效果（如阴影、发光和描边等）来更改图层内容的外观。

在Photoshop中执行【图层】|【图层样式】命令，选择该命令中的任何一个样式都可以打开【图层样式】对话框，如图2−12所示。在该对话框中，左侧是样式的所有分类，例如投影、斜面与浮雕、渐变叠加等。图层样式可以多项选择，这样效果变化更多。单击某个样式，其选项背景变为蓝色，对话框中间将出现相应的参数设置，调整参数，可在对话框右侧预览效果。

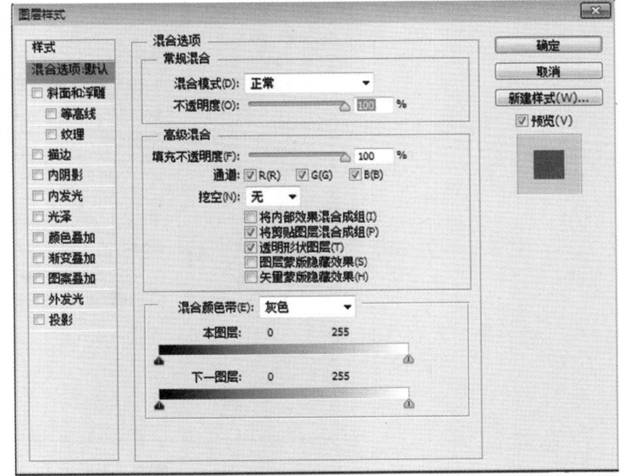

图2−12　【图层样式】对话框

该对话框左侧列表中的各个选项如下。

- **样式**　选择该选项，中间将呈现预设样式，它与【样式】调板功能相同。
- **混合选项**　默认情况下，对话框显示各种混合设置选项。

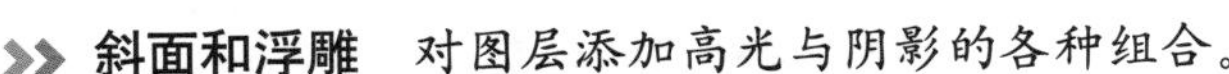

- **斜面和浮雕**　对图层添加高光与阴影的各种组合。
- **描边**　使用颜色、渐变或图案在当前图层上描画对象的轮廓。它对于硬边形状（如文字）特别有用。
- **内阴影**　在图层内容的边缘内添加阴影，使图层具有凹陷外观。
- **外发光和内发光**　在图层内容的外边缘或内边缘添加发光的效果。
- **光泽**　在图像上创建光泽效果。
- **颜色、渐变和图案叠加**　用颜色、渐变或图案填充图层内容。
- **投影**　在图层内容的后面添加阴影。

2.3.1　投影

投影制作是设计者最基础的入门功夫。无论是文字、按钮、边框还是物体，如果加上投影，则会产生立体感，加强物体的真实感。

在【图层样式】对话框中启用【投影】选项后，图像的下方会出现一个轮廓和图像相同的“影子”，如图2–13所示。

图2–13　启用【投影】选项的效果

设计者可以在【图层样式】对话框中调整投影样式的参数，如图2–14所示，从而获得不同的投影效果，如图2–15所示。

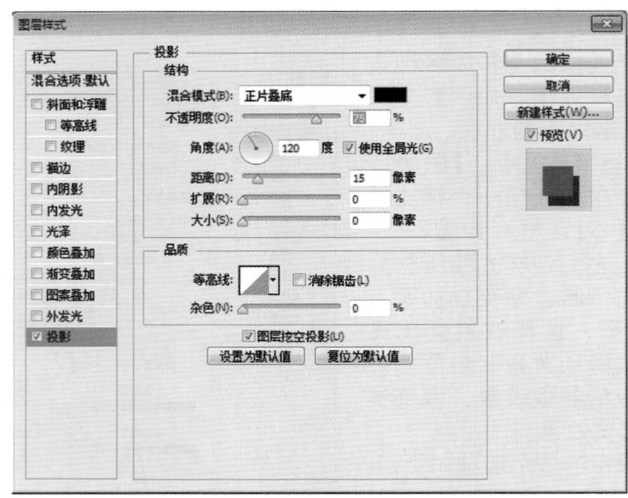

图2–14　投影样式选项

图2–15　两种投影效果

投影样式中的各个选项的具体含义和功能介绍如下。

- **不透明度**　设置影子颜色的深浅，参数设置的越大影子颜色越深，反之颜色越浅。
- **角度**　设置投影的方向，如果要进行微调，可以使用右边的编辑框直接输入角度。在Photoshop中完全可以摆脱自然界的规律，使投影和光源在同一个方向，这样就可以满足不同的设计需要。
- **使用全局光**　这也是设置投影角度的一个重要选项。如果启用【使用全局光】选项，那么所有图层中图像的投影都是朝着一个方向，调整任意一个图像投影的角度，那么其他图像的投影也会改变为相同的角度。反之如果禁用【使用全局光】选项，那么调整该图像中的投影，其他图像的投影不会改变。

- **距离**　设置影子和图像之间的距离，参数越大影子距离图像越远，表明图像距离地面越高，反之图像距离地面越近，参数为0像素时表明图像紧挨着地面。
- **大小**　设置影子的模糊大小，参数越大影子越模糊，光线越柔和，反之影子越清晰光线越强烈。
- **杂色**　对阴影部分添加随机的杂点。这些杂点在一些效果表现中起着很重要的作用。

在设计网页时，经常有展示图片的页面，如果只是为图片添加默认的投影样式，会显得过于单调。可以在给图片添加投影效果后，选中图层，执行【图层】|【图层样式】|【创建图层】命令将投影与所在图层分离，这样就可以单独调整投影，方便设计工作的进行，如图2–16所示。

图2–16　创建投影图层

2.3.2　内阴影

内阴影和投影效果在原理上是一样的，只是投影效果可以理解为一个光源照射平面对象产生的效果，而内阴影则可以理解为光源照射球体时产生的效果。内阴影效果一般是在图像、文本或形状的内边缘进行添加，让图层产生一种凹陷效果。内阴影的效果如图2–17所示。

图2–17　内阴影效果

2.3.3　外发光

外发光是在图像边缘的外部添加发光效果，是一个比较简单的样式效果，其各参数如图2–18所示。添加了外发光效果的层如同下面多出了一个层，这个假想层的填充范围比上面层略大，从而产生层的外侧边缘“发光”的效果，如图2–19所示。

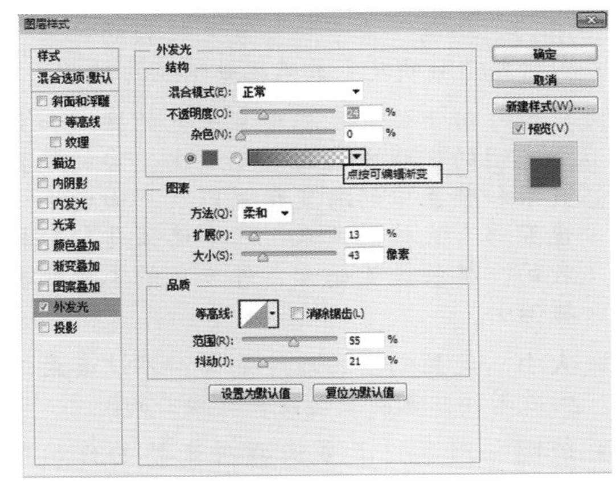

图2–18　外发光样式选项

图2–19　外发光效果

外发光样式中的各个选项的具体含义和功能介绍如下。

- **混合模式**　包括正片叠底、变亮、强光、差值、色相等二十多种模式，外发光效果如同在层的下面多出了一个层，混合模式将影响这个层和下面层之间的混合关系。
- **不透明度**　设置外发光的透明度，光芒一般不会是不透明的，因此这个选项要设置小于100%的值。光线越强（越刺眼），应当将其不透明度设置得越大。
- **杂色**　用来为外发光部分添加随机的透明点。杂色的效果和将混合模式设置为“溶解”产生的效果有些类似，但是“溶解”不能进行微调，因此要制作细腻的效果还是要使用杂色。

>> **颜色和渐变色** 外发光的颜色可以通过单选框选择单色或者渐变色。即便选择单色，光芒的效果也是渐变的，不过是渐变至透明而已；如果选择渐变色，可以打开“渐变编辑器”对话框对渐变色进行随意设置。

>> **方法** 包含两个设置选项，分别是“柔和”与“精确”，一般用“柔和”就足够了，“精确”用于一些发光较强的对象，或者棱角分明反光效果比较明显的对象。

>> **扩展** 用于设置光芒中有颜色的区域和完全透明的区域之间的渐变速度。它的设置效果和颜色中的渐变设置以及下面的大小设置都有直接的关系，三个选项是相辅相成的。扩展设置越大，外发光的不透明区域越少。

>> **大小** 设置光芒的延伸范围，不过其最终的效果和颜色渐变的设置是相关的。

>> **范围** 用来设置等高线对光芒的作用范围，也就是说对等高线进行“缩放”，截取其中的一部分作用于光芒上。当我们需要特别陡峭或者特别平缓的等高线时，使用“范围”对等高线进行调整可以更加精确。

>> **抖动** 用来为光芒添加随机的颜色点，为了使抖动的效果能够显示出来，光芒至少应该有两种颜色。

2.3.4 内发光

内发光是在图像的内部添加发光效果。其使用原理和方法与外发光效果差不多，只是出来的效果正好相反，如图2–20所示。

图2–20 内发光效果

内发光样式的各项参数的含义和外发光的大部分都是一样的，只存在少量的差异，介绍如下。

>> **源** 包括“居中”和“边缘”两个单选按钮，“边缘”就是说光源在对象的边缘处。如果选择“居中”选项，光源则转移到对象的中心，也可以将其理解为光源和介质的颜色调换了一下。

>> **阻塞** “阻塞”选项的设置值和“大小”选项的设置值相互作用，用来影响“大小”选项设定范围内光线的渐变速度。

2.3.5 斜面和浮雕

斜面和浮雕可以说是Photoshop图层样式中最复杂的一种样式，样式参数如图2–21所示。虽然设置的选项比较多，可能对于初学者来说有点难，不过只要对每个选项单独去练习、理解，相信很快可以学以致用，并且制作出满意的作品。

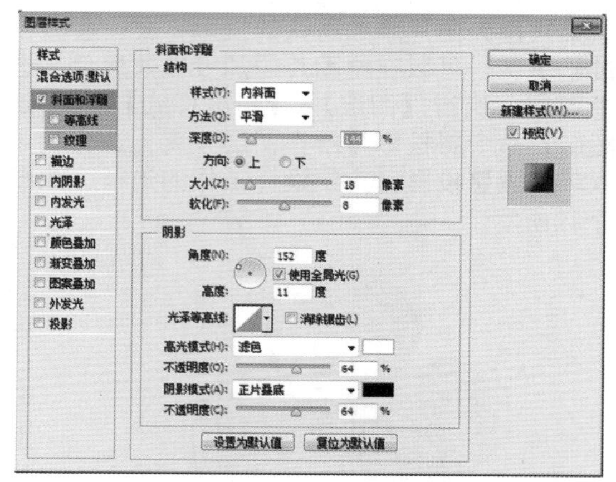

图2–21 斜面和浮雕样式选项

其中，各个选项的含义和功能介绍如下。

>> **样式** 【样式】是斜面和浮雕的第一个选项，其中有5种样式：外斜面、内斜面、浮雕效果、枕状浮雕和描边浮雕，可供用户选择使用，这5种样式各有特点，可以制作出不同的立体效果。

>> **方法** 【方法】中的选项只有3个：平滑、雕刻清晰和雕刻柔和。

>> **阴影** 包括【角度】【高度】【光泽等高线】【高光模式】和【阴影模式】等选项，这些选项可以使浮雕效果更加精致。

>> **等高线** 斜面和浮雕样式中的等高线容易让人混淆，除了右侧的【光泽等高线】选项外，在左侧中也有【等高线】选项。其实仔细比较一下就可以发现，光泽等高线的设置只会影响虚拟的高光层和阴影层。而等高线则用来为对象（图层）本身赋予条纹状效果，并通过调整【范围】选项来

设置平滑度。

- **纹理**　【纹理】选项用来为图像添加材质，其设置比较简单。首先启用【纹理】选项，然后根据设计需要设置纹理参数。常用的参数包括：缩放（对纹理贴图进行缩放）、深度（修改纹理贴图的对比度，深度越大，对比度越大，图层表面的凹凸感越强，反之凹凸感越弱）、反向（将图层表面的凹凸部分对调）、与图层链接（选择该选项可以保证图像移动或者进行缩放操作时纹理随之移动或缩放）。

在网页中经常采用斜面与浮雕样式制作浮雕方框，这样可以使图片呈现镶嵌的效果，如图2—22所示。

图2—22　浮雕效果方框

2.3.6　光泽

光泽用来在图层的上方添加一个波浪形（或者绸缎）效果。它的选项虽然不多，但是很难准确把握，有时候设置值微小的差别都会使效果产生很大的区别。我们可以将光泽效果理解为光线照射下的反光度比较高的波浪形表面（比如水面）显示出来的效果。其添加效果如图2—23所示。

图2—23　光泽效果

总的来说，光泽无非就是两组光环的交叠，但是由于光环的数量、距离以及交叠设置的灵活性非常大，制作的效果相当复杂，这也是光泽样式经常被用来制作绸缎或者水波效果的原因——这些对象的表面非常不规则，因此反光比较零乱。

2.3.7　颜色叠加

颜色叠加是一个既简单又实用的样式，它在图像上叠加一种纯色，相当于为图像着色。它的参数非常简单，只有【混合模式】【颜色】和【不透明度】3项。图2—24所示为图像添加该样式前后的对比效果。

添加前　　添加后

图2—24　颜色叠加效果

警告

在使用颜色叠加样式时，要注意【混合模式】和【不透明度】选项的设置，这样会使其产生不同的效果。

2.3.8　渐变叠加

渐变叠加样式和颜色叠加样式的原理完全一样，只不过覆盖图像的颜色是渐变色而不是纯色。

渐变叠加样式相比颜色叠加样式多出【渐变】【样式】【角度】【缩放】等设置选项。通过渐变叠加样式制作的效果，如图2—25所示。

图2—25　渐变叠加效果

2.3.9　图案叠加

图案叠加样式与前面两种叠加样式类似，只不过叠加的是图案。设置不同的混合模式，调整图案的大小缩放，即可获得不同的效果。图案叠加样式的效果如图2—26所示。

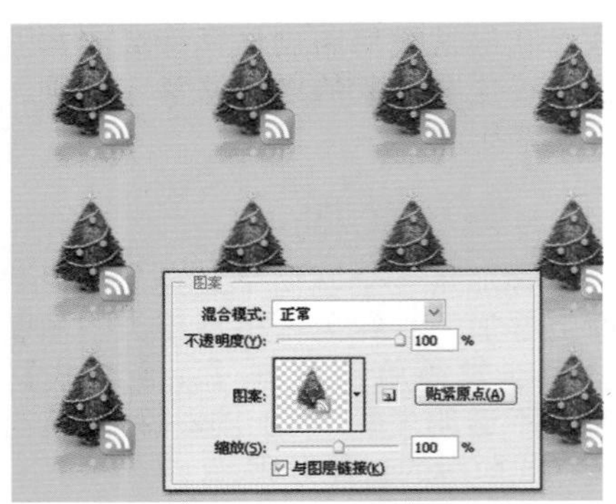

图2—26 图案叠加效果

其实，与图案叠加样式真正类似的是【填充】命令中的【图案】选项。但图案叠加样式更灵活更便于修改，尤其像可随时缩放图案大小和单击文档中叠加的图案可以进行随意拖动等这些功能是填充功能无法比拟的，如图2—27所示。

图2—27 改变图案位置

单击图案右侧的三角形下拉按钮，展开Photoshop CC“图案拾色器”下拉列表框，在该列表框中可以选择图案。也可以单击列表框右上角的按钮，从弹出的列表中载入或添加图案。

技巧

在【图层样式】对话框中设置图案叠加或者渐变叠加样式的同时，可以在画布中直接用鼠标移动图案或者渐变颜色的位置。

2.3.10 描边

在网页图像设计中，描边样式具有突出主体的效果。启用【描边】选项，在其右侧相对应的选项中，可设置描边的大小、位置、混合模式、不透明度、填充类型等。图2—28所示为对文字添加描边后的效果。

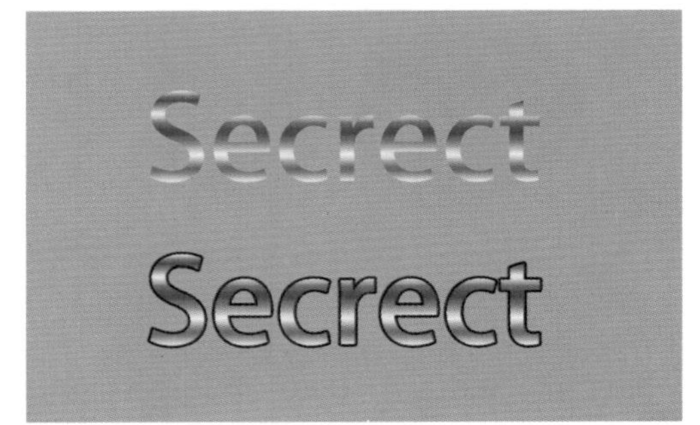

图2—28 描边效果

2.4 编辑和应用图层样式

图像或文字添加图层样式后，可以根据需要随时进行编辑调整，包括改变样式效果、修改参数、复制和转移样式等。

2.4.1 调整样式

在【图层】面板中，双击需要调整的样式名称即可打开【图层样式】对话框相应的样式选项。修改选项参数，可调整当前样式效果。如果在对话框左侧取消选中样式复选框，则可以取消当前样式效果。

2.4.2 应用预设样式

Photoshop CC自带了多种预设样式，可供用户进行选择，这些样式都已经设置好各项参数。用户可以直接执行【窗口】|【样式】命令，调出【样式】面板，如图2—29所示，直接单击选择其中的样式即可应用在当前图层上。

图2—29 【样式】面板

预设样式相当于模板样式，可以极大地方便用户的使用，提高工作效率，用户可以进行预设样式的载入、创建和删除。

1．载入预设样式

单击【样式】面板右上角三角形下拉按钮，从弹出的图2-30所示的下拉菜单中选择需要的样式名，即可将其载入到【样式】面板中。

2．新建预设样式

当用户设计出一个效果比较满意的样式时，可以将其保存为新的样式，方法是单击【样式】面板右下角的【创建新样式】按钮，弹出【新建样式】对话框，在名称一栏中输入创建的样式名称，单击【确定】按钮即可。

3．删除预设样式

选择好相应的预设样式将其拖到【删除】按钮上松开鼠标，便可以删除不需要的样式。

2.4.3　显示和隐藏样式

Photoshop CC中图层样式和图层一样，同样可以设置为隐藏或显示状态，其方法和隐藏、显示图层的方法相同。图2-31所示为图层样式的显示与隐藏。也可以执行【图层】|【图层样式】|【隐藏所有效果】或【显示所有效果】命令来隐藏或显示图层样式。

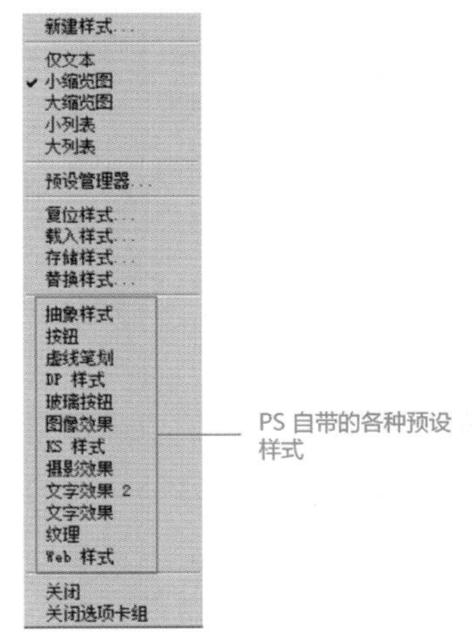

图2-30　预设样式下拉菜单

显示样式　　隐藏样式

图2-31　显示/隐藏图层样式

2.4.4　复制和转移样式

如果要重复使用一个已经设置好的样式，可以执行【图层】|【图层样式】|【拷贝图层样式】和【粘贴图层样式】命令来实现，不过此方法只能用于拷贝一个图层的所有样式，而不能用来拷贝某一个样式。如果只需要复制某个样式，应该按住Alt键在【图层】面板中拖动这个样式的图标，将其拖到其他图层上，即可将设置好的样式复制应用到其他图层。

如果只是样式的转移，则只需要将图层样式拖到其他图层上即可实现图层样式的转移，如图2-32所示。

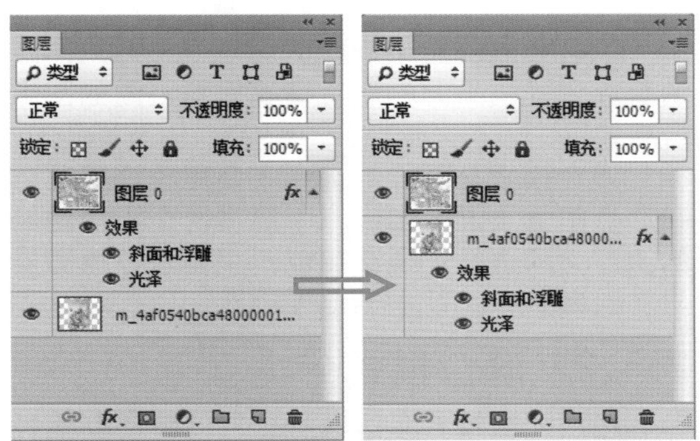

图2-32　转移图层样式

2.4.5 删除样式

对不满意的样式效果可以删除。在所要删除图层样式的图层上右击鼠标，选择【清除图层样式】命令，或者执行【图层】|【图层样式】|【清除图层样式】命令，即可删除样式。这两种方法都会删除图层中应用的所有样式。

如果只删除某个样式，则可以将所要删除的样式拖到【图层】面板底部的垃圾桶上即可。此方法也可以删除所有图层样式，具体操作是将“效果”拖到垃圾桶上，如图2-33所示。

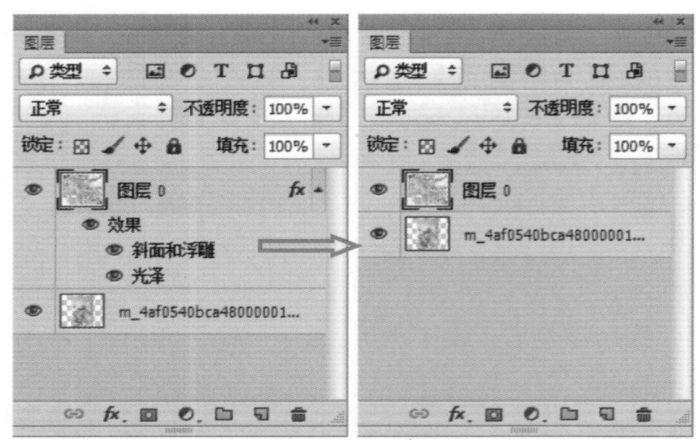

图2-33 删除图层样式

2.4.6 缩放样式

很多人都会用到Photoshop的图层样式，但很少有人会图层样式的缩放。使用Photoshop图层样式中的【缩放效果】命令，可以同时缩放图层样式中的各种效果，而不会缩放应用了图层样式的对象。当对一个图层应用了多种图层样式时，缩放效果则更能发挥其独特的作用。缩放效果对这些图层样式同时起作用，能够省去单独调整每一种图层样式的麻烦，提高设计的工作效率。

选中所要进行缩放样式的图层，执行【图层】|【图层样式】|【缩放效果】命令，可以打开如图2-34所示的【缩放图层效果】对话框。在【缩放】文本框中输入缩放的比例，或者单击向右箭头，使用滑块进行调整，即可缩放样式效果。由于默认情况下选中了【预览】复选框，所以使用滑块调整时可以实时观察图层样式的变化情况。

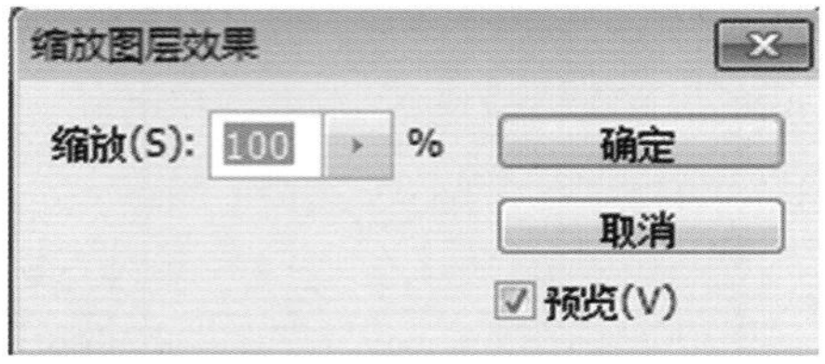

图2-34 【缩放图层效果】对话框

2.5 图层混合模式

Photoshop中的图层混合模式对网页图像的融合起着至关重要的作用。无论是位图还是矢量图，均能通过混合模式进行混合。

2.5.1 混合模式简介

混合模式决定了当前图层与下方可见图层的合成方式，不同的混合模式得到不同的图像合成效果。

混合模式在图像处理中主要用于调整颜色和混合图像。混合图像，主要在两个不同图像的图层之间进行；调整颜色，主要是在原图层与其副本图层之间进行。

2.5.2 混合模式分类

图层混合模式多达25种。在【图层】面板中，单击【正常】选项右边的三角按钮，即可以选择混合模式。这众多的混合模式，可以分成6大类，如图2-35所示。

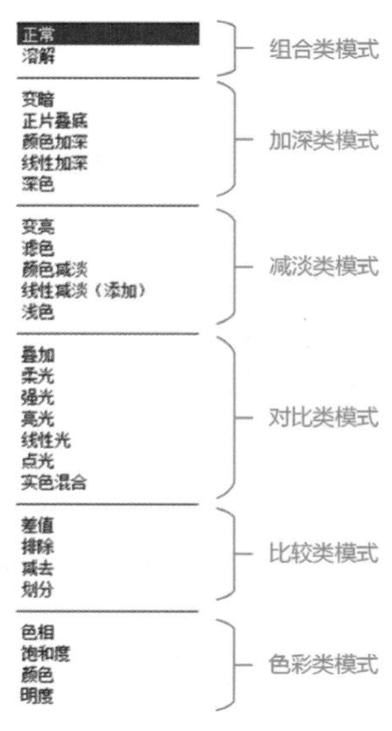

图2-35 混合模式类型

在所有混合模式中，有些是针对暗色调的图像混合，有些是针对亮色调的图像混合，有些则是针对图像中的色彩进行混合。无论是何种方式的混合，均会将两个或者多个图像融合为一幅图像。

比如，对比模式中的混合选项。此类模式实际上是能够加亮一个区域的同时又使另一个区域变暗，从而增加图像的对比度。该类型模式主要包括叠加模式、柔光模式、强光模式、亮光模式、线性光模式、点光模式和实色混合模式，各模式效果如表2–2所示。

表2–2　对比类模式中的各混合模式效果

上方图层图像	下方图层图像	叠加模式
柔光模式	强光模式	亮光模式
线性光模式	点光模式	实色混合模式

2.5.3　常用混合模式

在混合模式效果中，会有一些我们在设计工作中经常使用的混合模式，这些模式包括正常、正片叠底、柔光、叠加、滤色、强光、颜色等，下面我们介绍这些模式的含义和功能。

- **正常**　是默认的图层模式，不和其他图层发生任何混合。
- **正片叠底**　特点是可以使当前图像中的白色完全消失，另外，除白色以外的其他区域都会使底层图像变暗。无论是图层间的混合还是在图层样式中，正片叠底都是最常用的一种混合模式。
- **滤色**　特点是可以使图像产生漂白的效果，滤色模式与正片叠底模式产生的效果相反。
- **柔光**　变暗还是提亮画面颜色，取决于当前层颜色信息，如果当前层颜色亮度高于50%灰，底层会被照亮（变淡）。如果当前层颜色亮度低于50%灰，底层会变暗。如果当前层颜色亮度等于50%灰，则该颜色完全透明，底层保持原样不变。如果直接使用黑色或白色进行混合的话，能产生明显的变暗或者提亮效果，但是不会让覆盖区域产生纯黑或者纯白。

- **叠加** 与柔光类似，但作用强度高于柔光。
- **强光** 特点是可增加图像的对比度，它相当于正片叠底和滤色的组合。如果当前层颜色比50%灰色亮，则底层图像变亮，如果当前层颜色比50%灰色暗，则底层图像变暗。与柔光不同的是，如果直接使用黑色或白色进行混合的话，会直接覆盖底图，产生纯黑或者纯白。
- **颜色** 特点是可将当前图像的颜色应用到底层图像上，并大致保持底层图像原有的亮度。

以上模式的效果图如表2-3所示。

表2-3 常用混合模式效果

上方图层图像	下方图层图像	正常混合模式
正片叠底混合模式	滤色混合模式	柔光混合模式
叠加混合模式	强光混合模式	颜色混合模式

2.6 使用选区

在使用Photoshop CC编辑处理图像时，通常只需要处理图像的局部区域，此时就需要创建选区，以保护选区以外的图像不受编辑工具和命令的影响。在Photoshop中可以使用不同的工具创建出不同形状的选区，还可以对所创建的选区进行编辑。

2.6.1　选择区域和蒙版区域

选择区域就是用户根据自己的需要将图片中所需要部分进行选取后得到的区域，这样可以对其他非选择区域进行保护，或者方便选择区域的编辑加工，一般都是利用Photoshop CC提供的各种选择工具对各个区域进行不同形式地选择。

蒙版区域就是选框的外部（选框的内部就是选择区域），是受到保护的区域。

执行【选择】|【反向】命令，或者按快捷键Shift+Ctrl+I可以实现两个区域的互换，如图2–36所示。

2.6.2　创建选区的工具与命令

在Photoshop中有多种用来创建选区的工具和命令，主要包括套索工具、多边形套索工具、磁性套索工具、矩形选框工具、椭圆选框工具、快速选择工具、魔棒工具以及【色彩范围】命令。各种选区工具如图2–37所示。

反选前

反选后

图2–36　反选前后

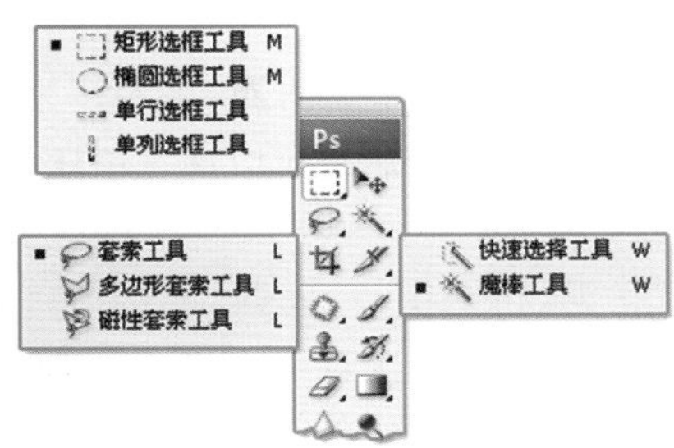

图2–37　创建选区的工具

常用选区工具的用法如表2–4所示。

表2–4　常用选区工具用法

工具名称	用法	效果
矩形选框工具	直接拖动，新建长方形选区	
	按下Shift新建，创建正方形选区	
椭圆选框工具	直接拖动，新建椭圆选区	
	按下Shift新建，创建正圆选区	
单行选框工具	直接单击鼠标，创建1像素高的通栏选区	

续表

工具名称	用法	效果
单列选框工具	直接单击鼠标，创建1像素宽的通栏选区	
套索工具	按下鼠标左键在屏幕中拖动鼠标，回到起点时释放鼠标形成随意形状的选区	
多边形套索工具	单击鼠标左键，拖曳鼠标到另一点并单击，定义一条直线。直到在开始处的点上单击完成整个选取框定义	
磁性套索工具	按住鼠标在图像边缘拖动，Photoshop会自动将选取边界吸附到图像边界上，当鼠标回到起点时形成一个封闭的选区	

2.6.3 选区基本操作

选区建立后，可以进行移动、取消、隐藏/显示、羽化、变换等操作。

1. 移动选区

选择移动工具，直接对选区进行拖曳，即可以移动选区和选区中的图像。在使用选区工具时，将鼠标移至选区内，按下鼠标左键进行拖动，可以仅仅移动选区。

2. 取消选区

按快捷键Ctrl+D可以取消选区。

3. 显示/隐藏选区

已有选区后，按快捷键Ctrl+H可以隐藏或显示选区。

4. 羽化选区

羽化可让选区内外衔接的部分虚化，起到渐变的作用从而达到自然衔接的效果。在用户作图过程中具体的羽化值取决于经验。羽化值越大，虚化范围越宽，也就是说颜色递变的越柔和。羽化值越小，虚化范围越窄。把羽化值设置小一点，反复羽化是羽化的一个技巧。

现在使用椭圆选框工具将【羽化】选项分别设为0和10，依次创建出两个正圆选区，然后填充为蓝色，不要取消选区，效果如图2–38所示。

执行【选择】|【修改】|【羽化】命令，或者在选区中右击鼠标选择【羽化】命令，在弹出的【羽化选区】对话框中修改羽化半径的数值，可以对已有选区进行羽化。

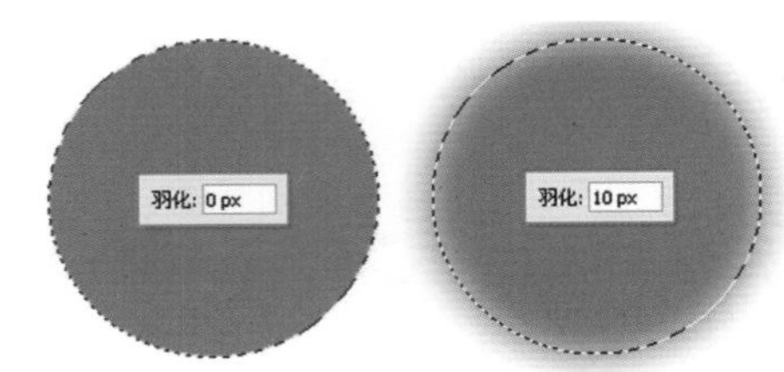

图2–38　不同羽化值效果

5. 变换选区

选区也可以变换，但不能直接按快捷键Ctrl+T，而是执行【选择】|【变换选区】命令。执行命令后，选区上出现变换框，如图2–39所示。拖动变换框，可以缩放、旋转、扭曲选区，调整好后，按Enter键即可。

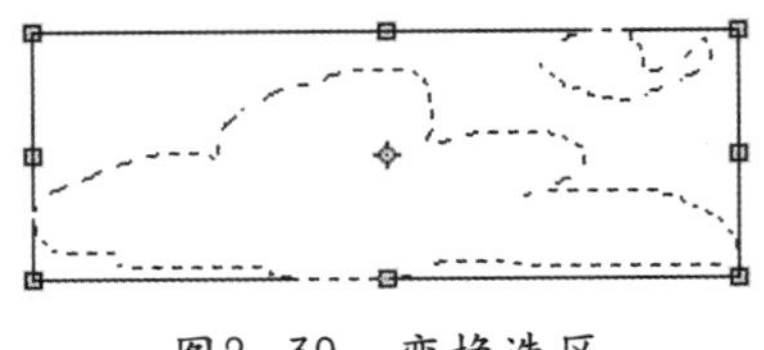

图2–39　变换选区

2.6.4 选区布尔运算

布尔运算是逻辑数学计算法，包括联合、相交、相减。在图形处理操作中引用了这种逻辑运算方法以使简单的基本图形组合产生新的形体。

在Photoshop的工具箱中所有和选区相关的工具，他们的属性栏必然有新选区■、添加到选区■、从选区减去■和与选区交叉■4个属性项，如图2–40所示，这4项就是选区的布尔运算。这4项属性的具体功能介绍如下。

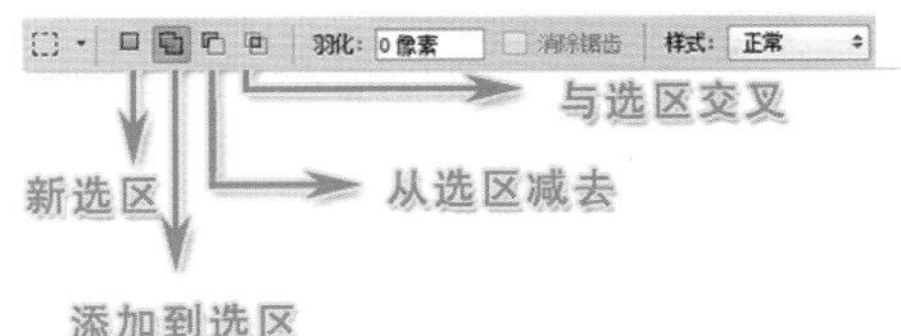

图2–40 布尔运算模式

- **新选区** 屏幕上只保持一个新建的选区。如果已有选区，在新建选区状态下，原来的选区会自动被取消。
- **添加到选区** 在此状态下，可以不断地添加选区到已有选区中。
- **从选区减去** 在此状态下，可以在原有选区的基础上减去新的选区。
- **与选区交叉** 在此状态下，已有选区后，再创建选区时，只有两个选区相交的部分会保留下来形成一个新的选区。

2.7 使用路径

在网页制作过程中，经常利用路径设计网页中的不规则形状，或者是利用路径抠图。

2.7.1 路径与路径面板

路径是Photoshop中的重要工具，其主要用于抠图，绘制光滑和精细的图形，定义画笔等工具的绘制轨迹。路径和选区可以互相转换。

路径是指以贝塞尔曲线为理论基础而绘制产生的线条，由一个或多个直线段或曲线段组成。线段的起始点和结束点由锚点标记，通过编辑路径的锚点，可以改变路径的形状。路径可以是开放的，也可以是闭合的。图2–41即为一条开放路径。

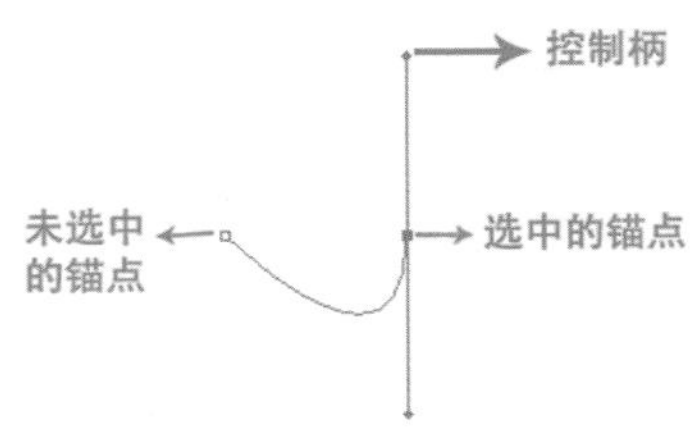

图2–41 开放路径

【路径】面板是编辑路径的一个重要操作窗口，显示在Photoshop画布中创建的路径信息。利用【路径】面板可以像利用【图层】面板管理图层一样，实现对路径的显示、隐藏和其他比如复制、删除、描边、填充和剪贴输出等操作。执行【窗口】|【路径】命令可以打开图2–42所示的【路径】面板。

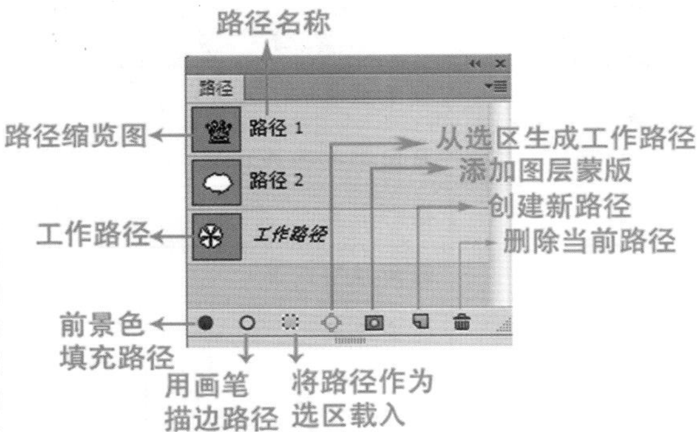

图2–42 【路径】面板

面板中的选项如下：

- **路径缩览图** 通过【路径】面板中的缩览图可以浏览每一条路径的形状。
- **路径名称** 区分【路径】面板中路径缩览图的名称。Photoshop默认的第1个路径名称为工作路径，然后依次为路径1、路径2……需要更改路径名称时，双击【路径】面板中的路径名称即可更改。
- **工作路径** 在【路径】面板中以蓝色显示的路径为工作路径。在Photoshop中，所有编辑只对当前工作路径有效，并且只能有一个工作路径。
- **前景色填充路径** 单击该按钮可以在显示路径的同时填充前景色。
- **用画笔描边路径** 单击该按钮可以在显示路径的同时以前景色描边路径。

- **将路径作为选区载入** 单击该按钮可将路径转换为选区，画布中不再显示路径，但是【路径】面板中路径仍然存在。
- **从选区生成工作路径** 创建选区后单击该按钮，选区转换为路径，原选区消失。
- **创建新路径** 单击该按钮创建的新路径名称为路径1。
- **删除当前路径** 单击该按钮删除选中的路径。
- **路径面板菜单** 编辑路径的命令菜单。单击【路径】面板右上角的三角按钮可以打开该菜单，菜单中的某些命令与面板中的选项重复。

2.7.2 创建路径的工具

Photoshop中的路径工具包括可以创建路径的贝赛尔路径工具和形状路径工具，以及用于选择路径的路径选择工具。这些工具在Photoshop的工具箱中可以看到，如图2–43所示，其功能如表2–5所示。

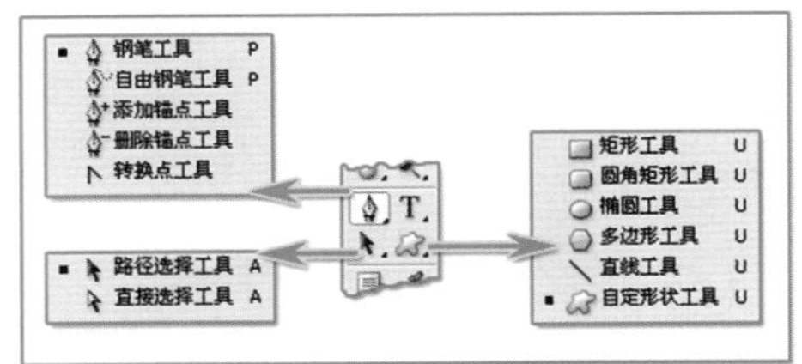

图2–43 路径工具

表2–5 Photoshop中的路径工具与其作用

类别	名称	图标	作用
贝赛尔路径工具	钢笔工具		绘制由多个线段连接而成的贝赛尔曲线
	自由钢笔工具		可以自由手绘形状路径
形状路径工具	矩形工具		创建矩形路径
	圆角矩形工具		创建圆角矩形路径
	椭圆工具		创建椭圆路径
	多边形工具		创建多边形或者星形路径
	直线工具		创建直线或者箭头路径
	自定形状工具		利用Photoshop自带形状绘制路径
选择路径工具	路径选择工具		选择并可移动整个路径
	直接选择工具		选择并可调整路径中锚点的位置
调整路径工具	添加锚点工具		在原有路径上添加锚点以满足编辑路径的需要
	删除锚点工具		删除路径中多余的锚点以适应路径的编辑
	转换点工具		转换路径锚点的属性

2.7.3 创建与调整路径

对于边缘复杂且清晰的图像，路径工具是最好的选取工具。通过路径能够进行选择图像，绘制光滑线条，定义画笔等工具的绘制轨迹。

1. 创建自由路径

路径工具组中，用来绘制自由路径的包括钢笔工具和自由钢笔工具。钢笔工具可以绘制高精度的图像，是最常用的路径锚点定义工具。钢笔工具可以绘制任意形状的贝赛尔曲线。使用该工具在图像中单击并拖动鼠标可创建平滑点，拖动时可以调整控制柄的长度和方向，生成平滑曲线。使用钢笔工具创建平滑点后，光标在该点显示为，按住Alt键光标变为时在该点上单击，可将平滑点变为角点，变成角点后可将其调整为直线路径或尖锐的曲线路径，如图2–44所示。

图2-44　绘制曲线路径

2. 创建形状路径

对于一些简单的图案，可以使用路径工具组中的形状工具。使用这些工具可以方便地绘制出基本的矢量形状。这些绘制工具包括矩形工具、圆角矩形工具、椭圆工具、多边形工具、直线工具、自定义形状工具，创建的各形状路径效果如图2-45所示。

图2-45　各种形状路径

3. 调整路径

对于较为复杂的图像，需要不断地调整路径才能达到最终目的，可以通过添加或删除锚点、转换锚点、复制路径、剪切路径等操作来调整路径。使用路径选择工具在路径上单击选中路径，能对其进行移动等操作，使用直接选择工具在锚点上单击会显示锚点处的控制柄，可通过移动锚点的位置和拖拉控制柄来调整路径，如图2-46所示。

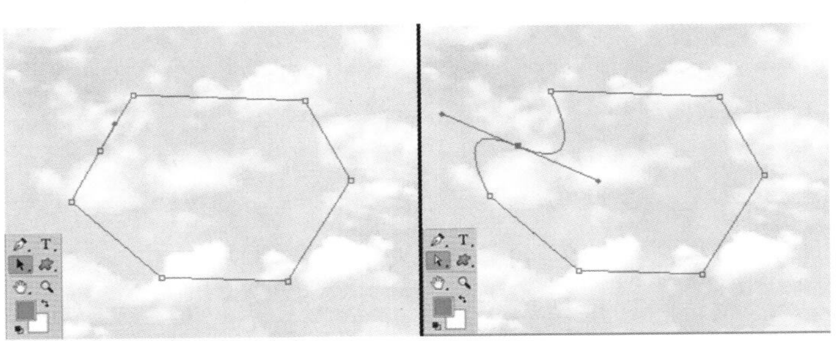

图2-46　选择路径和调整路径

使用添加锚点工具时，当鼠标放在路径上变成时，单击鼠标可添加锚点；选择删除锚点工具，将鼠标放在锚点上，当鼠标变成时，单击可删除该锚点，如图2-47所示。

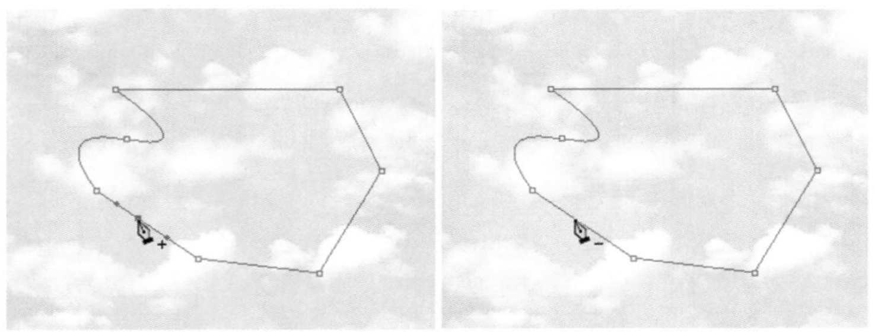

图2-47 添加和删除锚点

转换点工具可将曲线段与直线段相互转换，使用此工具在平滑点上单击可将该锚点转换为角点，曲线段转换为直线段。在直线段的角点上单击并拖动出控制柄可将直线段转换为曲线段，如图2-48所示。

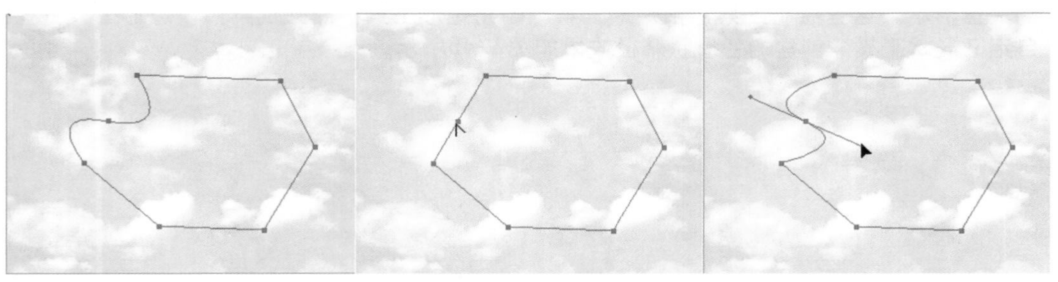

图2-48 转换点工具应用

当建立路径后，要想永久性保存该路径，需要双击工作路径，并且更改路径名称，即可将路径转换为永久路径。

在实际应用中，使用路径选择工具选中路径，按住Alt键并拖动鼠标可以复制该路径。同时，当存储了多个路径时，只能查看当前选择的路径，需要查看多个路径时，需要选中一个路径，按快捷键Ctrl+X剪切路径，然后选择另一个路径，按快捷键Ctrl+V将剪切的路径粘贴到当前路径上，即可同时查看多个路径。

在实际操作时，若需要将路径转换为选区进行各项操作，可以选择所要编辑的路径，然后单击【路径】面板中的【将路径作为选区载入】按钮或者按快捷键Ctrl+Enter即可，如图2-49所示。

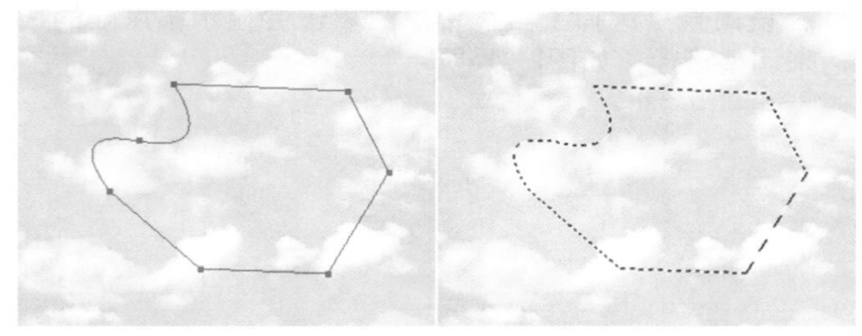

图2-49 将路径转换为选区

2.7.4 描边路径

路径和选区一样，在最终的设计成品中是不予显示的，需要对路径进行加工，才能看见相应的效果，描边路径就是将线条、图案等沿着路径轨迹显示，以实体化的方式将路径表现出来的一种常用的路径应用方式。描边中常用的工具是画笔工具，在描边前需要设置画笔的大小和形状。

选择画笔工具，设置不同的笔画大小可以对路径进行粗细不同地描边。选择路径后，在【路径】面板中单击【用画笔描边路径】按钮即可对路径进行描边，如图2-50所示。

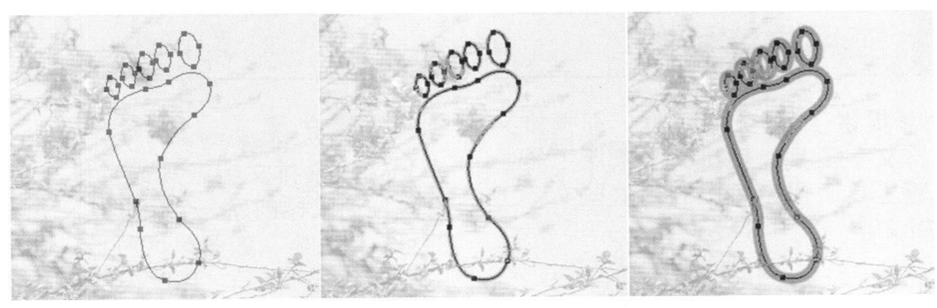

图2—50　不同画笔大小的路径描边效果

使用钢笔工具或者路径选择工具在路径上右击鼠标，在弹出的快捷菜单中选择【描边路径】命令，可在弹出的【描边路径】对话框中选择用于描边的工具。使用不同的工具，设置工具的不同的属性，能对路径进行各种形态地描边，如图2—51所示。

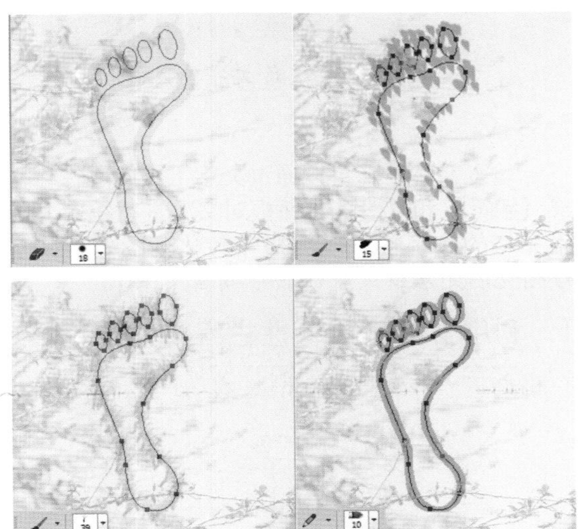

图2—51　使用不同描边工具的描边效果

2.7.5　路径填充

除了描边路径外，填充路径也是一个很重要的路径应用方式。

进行路径填充时，可以直接选择所要编辑的路径，然后单击前景色进行颜色设置，选择自己需要的颜色，然后单击【路径】面板中的【用前景色填充路径】按钮，即可对所选路径进行颜色填充，如图2—52所示。

同时，也可以在路径上右击鼠标，选择【填充路径】命令，弹出【填充路径】对话框，如图2—53所示，可以在【内容】选项组内选择不同的填充内容。

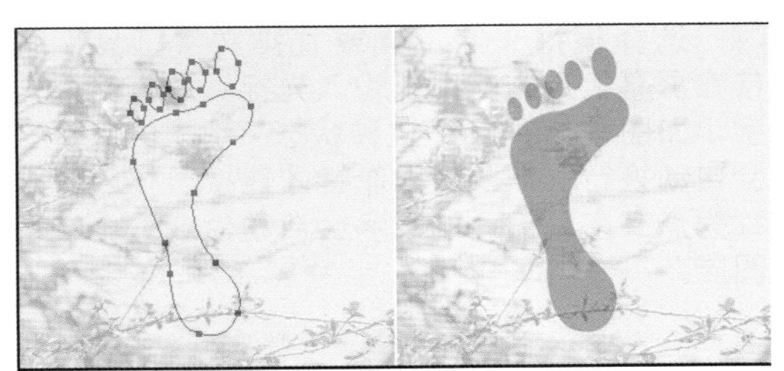

图2—52　对路径进行填充

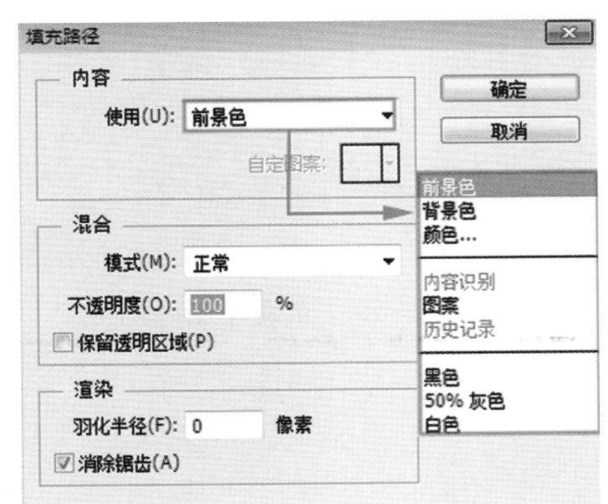

图2—53　【填充路径】对话框

图案也是经常使用的填充内容，使用图案填充路径的效果如图2—54所示。

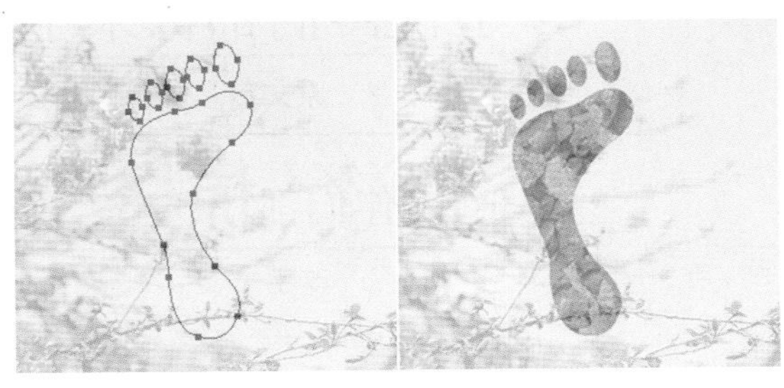

图2—54　图案填充路径

2.8 应用文字特效

Photoshop提供了4种文字工具，即横排文字工具、直排文字工具、横排文字蒙版工具、直排文字蒙版工具。用户可以利用这些文字工具创建并编辑文字。

2.8.1 创建点文字和段落文字

1. 点文字

选择横排文字工具或直排文字工具，直接在屏幕上单击，出现输入光标，即可输入文字，如图2—55所示。这种状态下输入的文字不会自动换行，需要按回车键才能换行，因此被称为点文字。输入的文字会自动生成一个文字图层。

图2—55 点文字输入

2. 段落文字

选择横排文字工具或直排文字工具，在屏幕上拖动鼠标创建一个文本框，出现输入光标，即可输入文字，如图2—56所示。这种状态下输入的文字会自动换行，因此被称为段落文字。

图2—56 段落文字输入

2.8.2 编辑文字

输入文字后，可以通过文字工具的属性栏，或【字符】和【段落】面板对文字进行编辑。编辑完毕的文字，可以栅格化转化为图像。文字栅格化后无法继续进行文字编辑操作。

1. 利用文字工具属性栏编辑文字

文字工具属性栏如图2—57所示。

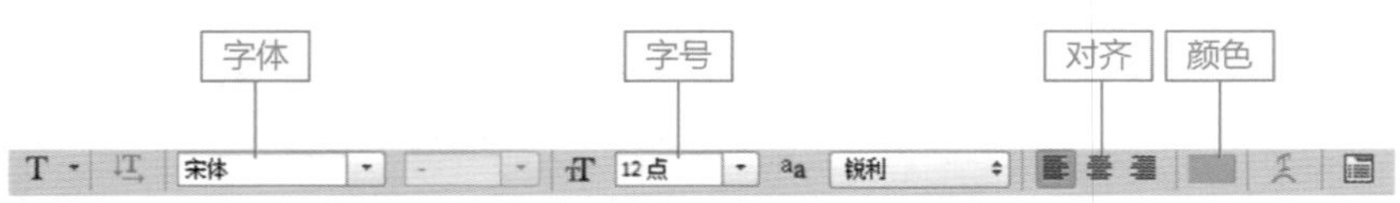

图2—57 文字工具属性栏

将文字选中（抹黑），即可在属性栏中更改其字体、字号、颜色等，如图2—58所示。

小伙伴们都惊呆了	小伙伴们都惊呆了
原文字	改字体
小伙伴们都惊呆了	小伙伴们都惊呆了
改字号	改颜色

图2—58 编辑文字

2. 利用【字符】和【段落】面板编辑文字

单击属性栏中的“切换字符和段落面板”按钮，即可打开【字符】面板和【段落】面板，如图2—59和图2—60所示。

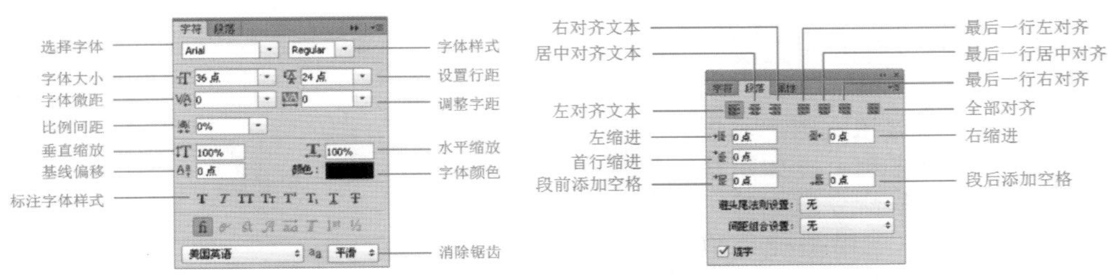

图2—59　【字符】面板　　　　图2—60　【段落】面板

选中文字或者段落，在面板中修改需要调整的参数或者单击相应的按钮即可编辑文字。其具体过程类似Word对文字的编辑，不再赘述。

3. 文字栅格化

在【图层】面板文字图层上右击鼠标，从弹出的快捷菜单中选择【栅格化文字】命令，即可将文字图层转化为普通图层，如图2—61所示。这时文字变成了图像，无法继续进行文字编辑。

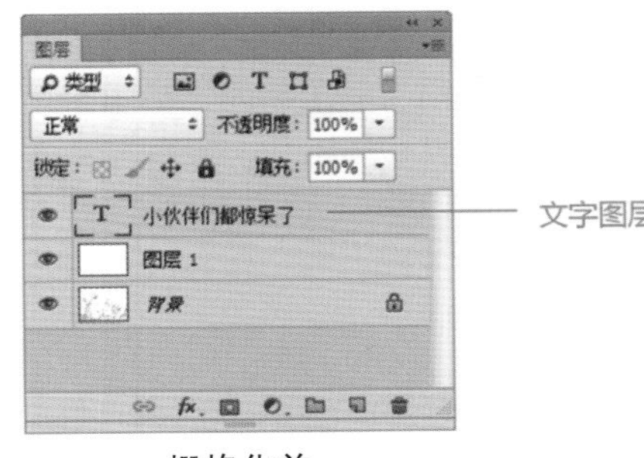

栅格化前

栅格化后

图2—61　文字栅格化

2.8.3　创建路径文字

在Photoshop中还可以创建沿指定线排列的文字，称为路径文字。使用钢笔工具或形状工具创建路径后，使用文字工具可以沿路径轮廓输入文字，也可以将封闭路径作为文本框输入文字，使文字产生特殊的排列效果，如图2—62所示。

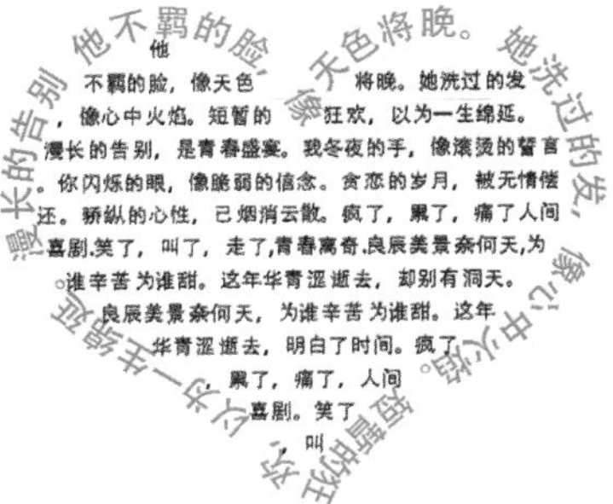

图2—62　路径文字

2.8.4　编辑路径文字

对沿路径排列的文字进行调整，可用直接路径选择工具进行拖动调整文字在路径上的位置，利用【字符】面板可以调整文字相对路径的偏移距离，如图2—63所示。

原图

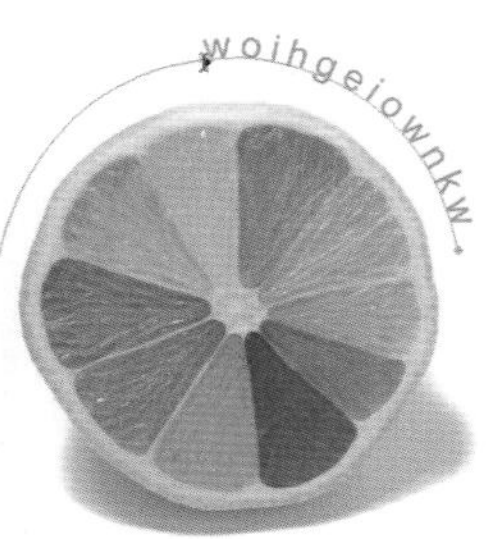

移动文字到路径右端

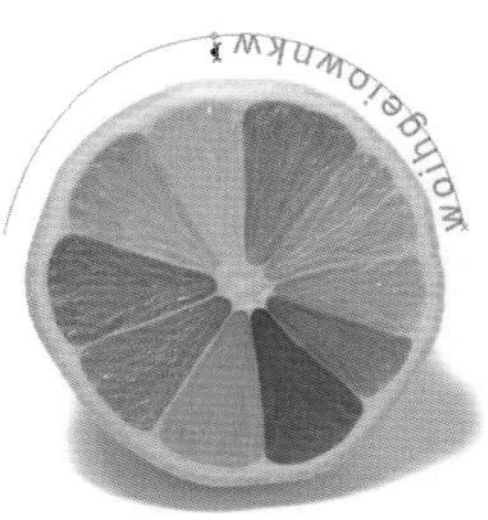

文字在路径下方反向排列

文字偏移路径5点

图2—63　调整路径文字

2.9 应用填充特效

在Photoshop中可以填充图层或者选区。填充的方式有多种，比如用快捷键填充，用【填充】命令填充等。填充的内容也有多种，包括纯色填充、渐变色填充、图案填充、内容识别填充等，最常见的是前3种。

2.9.1 纯色填充

最简便的纯色填充方法是利用快捷键填充。按快捷键Ctrl+Delete，可以填充背景色；按快捷键Alt+Delete，可以填充前景色，如图2–64所示。

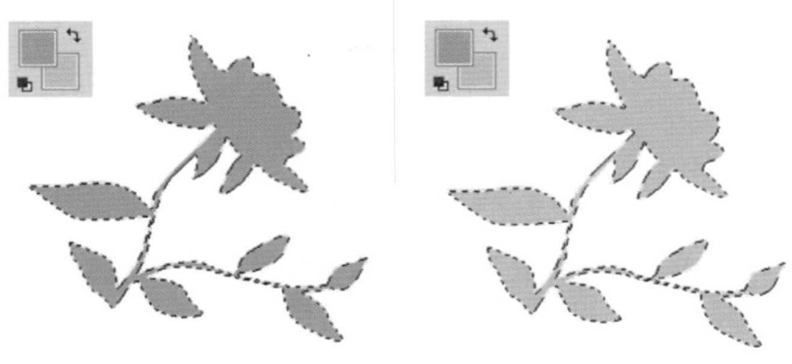

前景色填充　　背景色填充

图2–64　纯色填充

2.9.2 渐变色填充

渐变色填充需要使用渐变工具■。在工具箱中选取渐变工具后，其工具属性栏如图2–65所示。

图2–65　渐变工具属性栏

下面是属性栏中常用参数的介绍。

- **渐变拾色器**　单击渐变拾色器下拉按钮可以选择渐变颜色样式。
- **渐变类型**　■是线性渐变，效果如图2–66所示；■表示径向渐变，效果如图2–67所示；■表示角度渐变，效果如图2–68所示；■表示对称渐变，效果如图2–69所示；■表示菱形渐变，效果如图2–70所示。

图2–66　线性渐变

图2–67　径向渐变

图2–68　角度渐变

图2–69　对称渐变

图2–70　菱形渐变

- **模式**　用于设置应用渐变时的混合模式。
- **不透明度**　可设置渐变时填充颜色的不透明度。
- **反向**　启用此选项后，产生的渐变颜色将与设置的渐变相反。图2–71所示的渐变效果，在启用【反向】选项后，效果如图2–72所示。

图2–71　渐变效果

图2–72　反向效果

2.9.3 图案填充

利用【填充】对话框可以实现图案填充。执行【编辑】|【填充】命令，或者按快捷键Shift+F5，弹出图2–73所示【填充】对话框。在【内容】选项组中将【使用】选项设置为图案，然后在【自定图案】下拉列表框中选择一种图案，单击【确定】按钮即可完成图案填充，效果如图2–74所示。

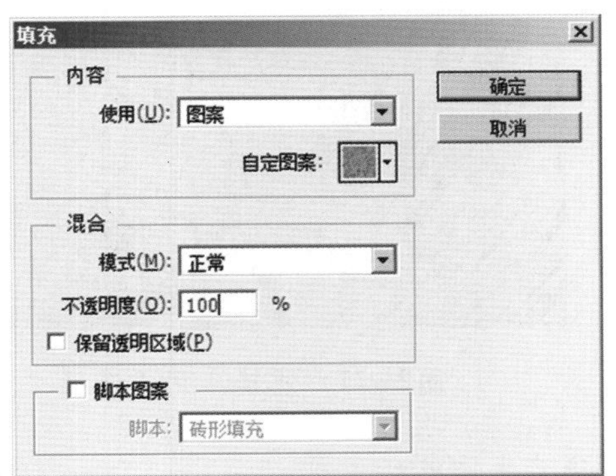

图2–73　【填充】对话框

图2–74　图案填充

2.10 应用滤镜

2.10.1 滤镜简介

Photoshop中的滤镜实质就是各种图像处理插件，不同的插件可以对图像产生不同的处理效果。也可以将滤镜理解为魔法镜，用它“照”一下图像，就让图像改变了模样，如图2–75所示。

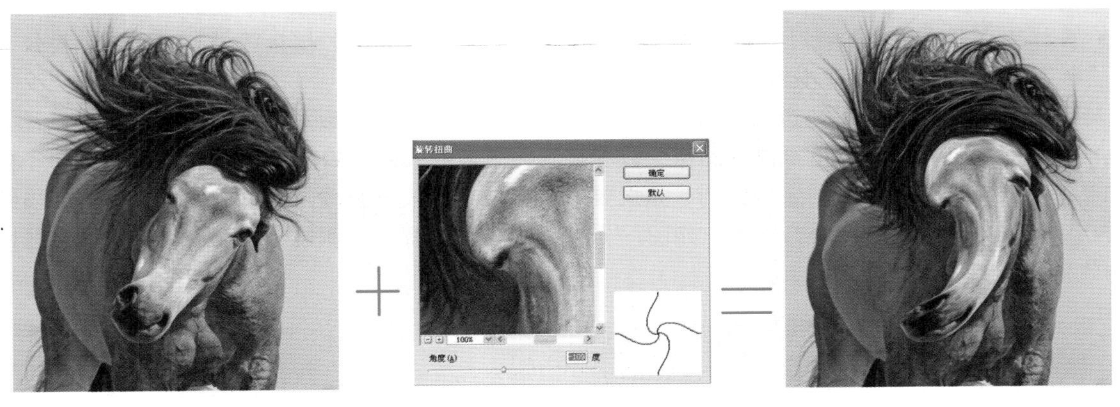

图2–75　魔法滤镜

2.10.2 滤镜的使用原则和方法

在Photoshop中系统默认为每个滤镜都设置了效果，当应用该滤镜时，自带的滤镜效果就会应用到图像中，还可以通过滤镜提供的参数对图像效果进行调整。

滤镜使用的原则和技巧如下：

- 使用滤镜处理图层中的图像时，该图层必须是可见图层。
- 选择一个图层后，执行【滤镜】菜单中的滤镜命令即可对该图层中的图像应用滤镜，如图2-76所示，如果图像中存在选区，则滤镜效果只应用在选区内的图像，如图2-77所示。

图2-76　滤镜应用于整个图像

图2-77　滤镜应用于选区

- 如果当前选中的是某一通道，则滤镜会对当前通道产生作用。
- 滤镜效果是以像素为单位进行计算的，因此，即使采用相同的参数处理不同分辨率的图像，其效果也会不同。
- 滤镜不能应用于位图模式或索引模式的图像，有一部分滤镜也不能应用于CMYK模式的图像。如果要对这些模式的图像应用滤镜，可执行【图像】|【模式】|【RGB模式】命令，将图像模式转为RGB模式后，再应用滤镜。
- 当应用了一个滤镜后，在【滤镜】菜单中的第1行会出现该滤镜的名称。执行该命令，或按快捷键Ctrl+F，可以按照上一次应用该滤镜的参数设置再次对图像应用该滤镜；按快捷键Shift+Ctrl+F，可以渐隐上次滤镜效果；按快捷键Ctrl+Alt+F，可以打开相应的滤镜对话框，重新设置该滤镜的参数。
- 当打开一个滤镜对话框时，按住Alt键，对话框右上角的【取消】按钮将变成【复位】按钮，单击其可以将该滤镜参数恢复到默认设置。

在滤镜对话框中，可通过预览窗口预览滤镜效果。将鼠标移到预览框内，光标会变为抓手工具，拖动鼠标，可移动预览框内的图像，以观察其他区域的效果，如图2-78所示。也可以单击⊞和⊟按钮放大和缩小图像的显示比例。如果要查看图像中的某一区域内的效果，可以将鼠标移到文档中，光标会显示为一个方框状，如图2-79所示，单击鼠标，在滤镜预览窗口中将显示该区域的效果，如图2-80所示。

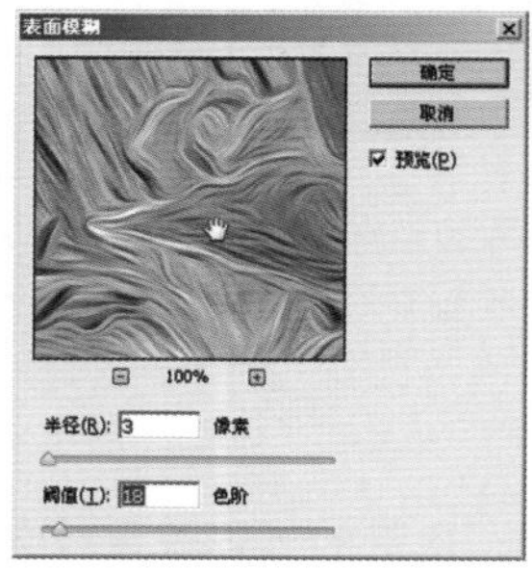

图2-78　预览平移

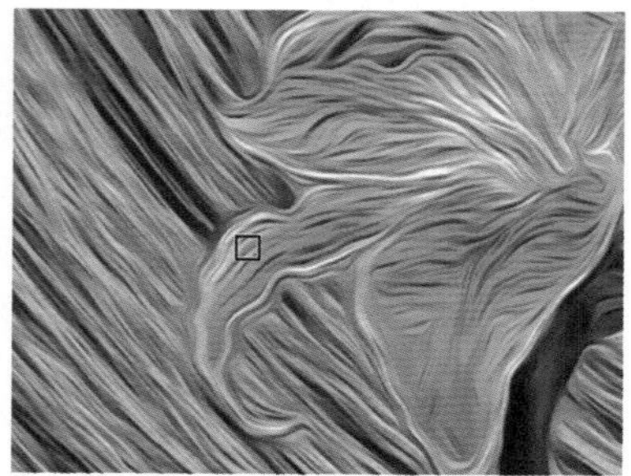

图2-79　指定预览部位

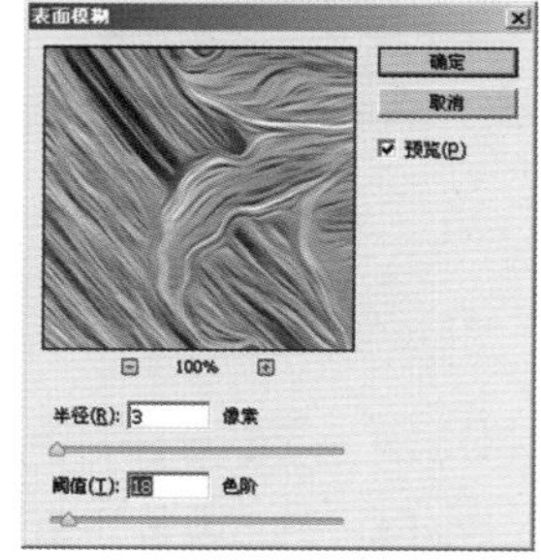

图2-80　预览指定区域效果

2.10.3　滤镜的分类

Photoshop中的滤镜分为内置滤镜和外挂滤镜两大类。内置滤镜通常显示在【滤镜】菜单的上部，其中【抽出】【液化】【油画】【消失点】等属于特殊滤镜，【风格化】【模糊】【扭曲】【锐化】等属于常规滤镜组，而由其他厂商开发的滤镜，即外挂滤镜，完成安装后，将显示在【滤镜】菜单的底部，如图2—81所示。

安装外挂滤镜的方法很简单，只要将下载的滤镜文件及其附属的一些文件拷贝到“Photoshop\Plug—Ins”路径下即可。

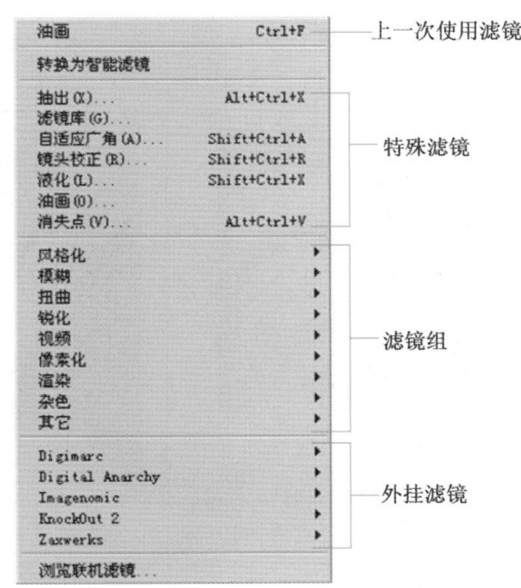

图2—81　【滤镜】菜单

2.10.4　常用滤镜效果

Photoshop中各类滤镜太多，很多滤镜极少使用，下表2—6展示了最常用的滤镜及效果。

表2—6　常用滤镜及效果

原图	风格化：风	风格化：浮雕	模糊：高斯模糊
模糊：动感模糊	模糊：光圈模糊	模糊：场景模糊	模糊：径向模糊（旋转）

续表

模糊：径向模糊（缩放）	扭曲：波浪	扭曲：极坐标	扭曲：水波

像素化：彩色半调	像素化：晶格化	像素化：马赛克	渲染：光照效果

渲染：镜头光晕	杂色：添加杂色	其他：最大值	其他：最小值

2.11 案例实战：漂亮的导航按钮

漂亮的导航按钮不但为网页增色，而且可以帮助用户快速找到需要的内容。本案例中的按钮利用多个不同的渐变填充制作出立体效果。

STEP|01 新建一个300×300像素、白色背景的文档。新建图层1，使用椭圆选框工具绘制一个半径为6厘米的圆。使用渐变工具为圆形添加渐变，渐变颜色从#234A70到#B9D9E5，按住Shift键拖动鼠标从下到上渐变，效果如图2-82所示。

图2-82 绘制渐变圆

STEP|02　新建图层2，不要取消选区，选中图层2，按快捷键Alt+S+M+C设置收缩量为4像素，效果如图2−83所示。

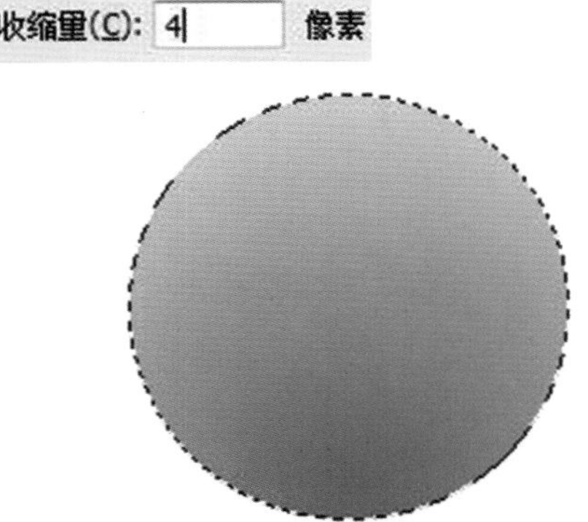

图2−83　设置收缩量

STEP|03　不要取消选区，选中图层2，设置渐变颜色从#0F5D9A到#C0E6EF，按住Shift键拖动鼠标从上到下渐变，按快捷键Ctrl+D取消选取，效果如图2−84所示。

图2−84　渐变填充图层2

STEP|04　选中图层2，按Ctrl键，鼠标单击图层2缩览图载入选区，然后按快捷键Alt+S+M+C设置收缩量为4像素。新建图层3，设置填充颜色为#005C81，按快捷键Alt+Delete为图层3填充颜色，效果如图2−85所示。

图2−85　填充颜色

STEP|05　新建图层4，选中图层4，按住Ctrl键，鼠标单击图层3缩览图载入选区。使用渐变工具为图层4填充“前景色到透明渐变”颜色，前景色为#57FLEA。再使用椭圆选框工具画一个较大的圆，右击鼠标选择【选择反向】命令。按Delete键删除选区中图像，按快捷键Ctrl+D取消选区。效果如图2−86所示。

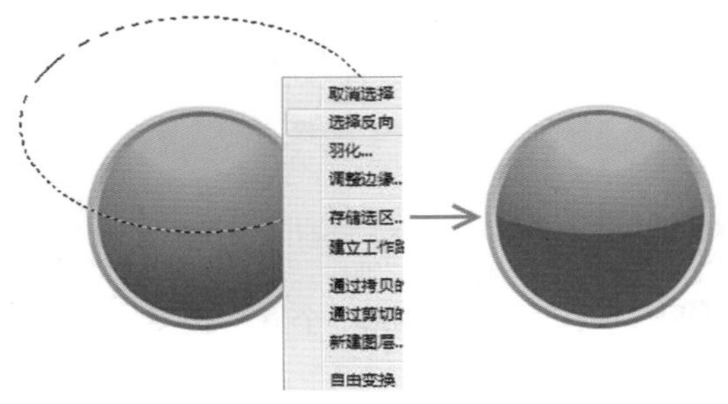

图2−86　渐变填充图层4

STEP|06　新建图层5，按下Ctrl键，鼠标单击图层3缩览图载入选区。然后使用渐变工具为图层5添加“前景色到透明渐变”颜色，前景色为#57FLEA。按快捷键Ctrl+D取消选区，效果如图2−87所示。

图2−87　渐变填充图层5

STEP|07　新建图层6，使用椭圆选框工具绘制一个高1厘米、宽1厘米的小圆，并将小圆填充为白色，效果如图2−88所示。

图2−88　绘制白色小圆

STEP|08　隐藏图层6，新建图层7，使用椭圆选框工具绘制一个高2.7厘米、宽2.7厘米的圆填

充为白色。继续绘制一个高2.2厘米、宽2.2的圆并移至合适位置，然后按Delete键删除图像。最后按快捷键Ctrl+D取消选区，得到的效果如图2–89所示。

图2–89 绘制白色圆环

STEP|09 在圆环上绘制一个圆形选区，单击右键选择【选择反向】命令。按Delete键，再按快捷键Ctrl+D取消选区，得到如图2–90所示效果。再用橡皮擦工具修饰一下棱角部分。

STEP|10 新建图层8，用相同的方法再绘制一个环形图形。最后显示所有图层，得到最终效果，如图2–91所示。

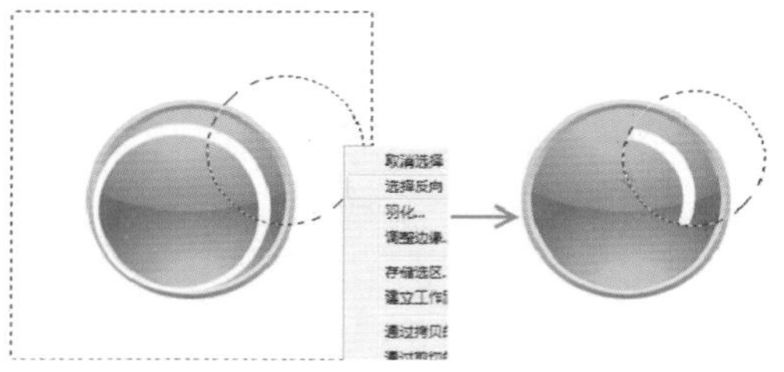

图2–90 制作高光区

图2–91 最终效果

2.12 案例实战：投影文字

为文字添加投影可以让文字与背景拉开距离，显得更有层次。常见的投影有单一的平面投影、具有变化的透视投影两种。在本案例中两种投影都将得到练习。

STEP|01 按快捷键Ctrl+N，新建一个宽为20厘米、高为14厘米、颜色模式为RGB的图像文件，选择渐变工具编辑如图2–92所示的渐变色，设置渐变类型为径向渐变，填充后效果如图2–93所示。

图2–92 编辑渐变色

图2–93 填充渐变色

STEP|02 选择横排文字工具，输入图2–94所示的文字，【图层】面板中会自动生成一个文字图层为“MCOYA”。然后在背景图层上方新建一个图层为“图层1”，按住Ctrl键，单击“MCOYA”图层的缩览图，载入选区，如图2–95所示，然后设置前景色为R62、G62、B62，按快捷键Alt+Delete填充前景色。

图2–94 输入文字

图2–95 载入选区

STEP|03 选择并复制“图层1”为“图层1副本”，复制后将“图层1副本”隐藏。选择“图层1”，使用移动工具向右移动“图层1”图像，得到平面阴影，效果如图2-96所示。

图2-96　平面阴影效果

STEP|04 将“图层1”隐藏，选择并显示“图层1副本”，按快捷键Ctrl+T显示自由变换框，单击鼠标右键，在弹出的菜单中选择【斜切】命令，调整角点，如图2-97所示；单击右键，从弹出的菜单中选择【自由变换】命令，调整中间点如图2-98所示；最后按Enter键应用变换。

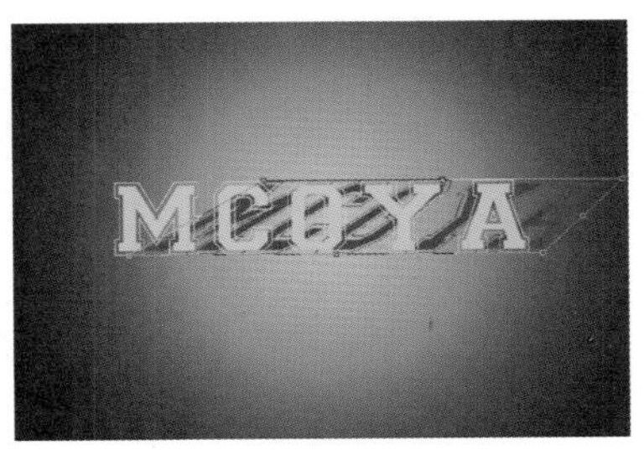

图2-97　调整角点

图2-98　调整中间点

STEP|05 选择“图层1副本”，执行【滤镜】|【模糊】|【高斯模糊】命令，打开【高斯模糊】对话框，设置参数如图2-99所示，效果如图2-100所示。

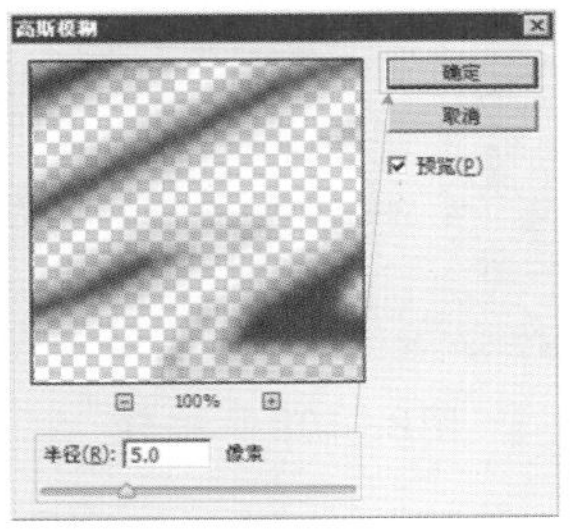

图2-99　设置参数

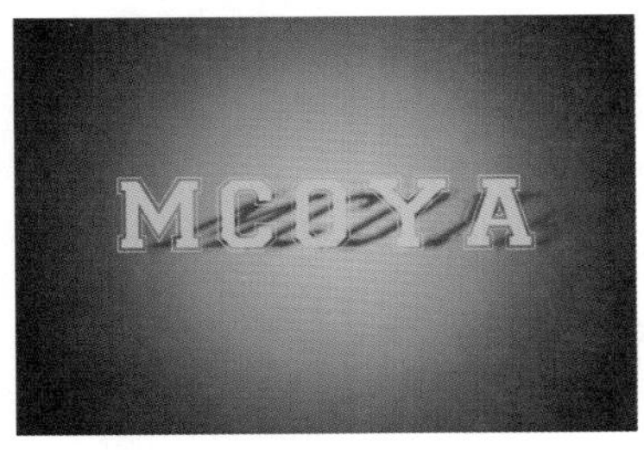

图2-100　模糊后效果

STEP|06 选择“图层1副本”，选用减淡工具，在其工具属性栏中设置范围为中间调，强度为24%，然后在文字的上方进行涂抹，效果如图2-101所示。

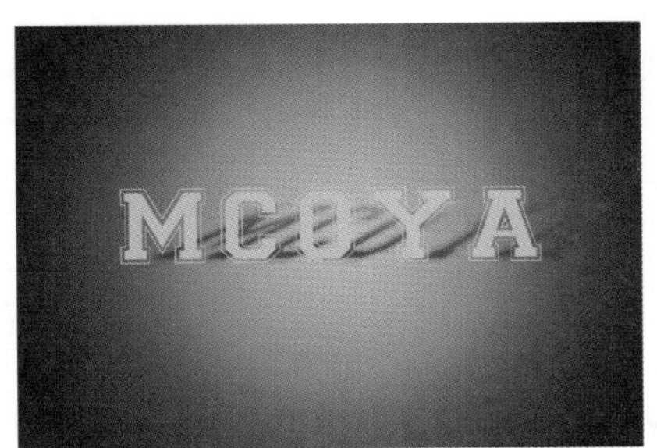

图2-101　最终效果

2.13 新手训练营

练习1：漂亮按钮

利用编辑渐变色来制作一个漂亮的渐变按钮，效果如图2-102所示。

图2-102 按钮

本练习的制作与上面的导航按钮制作有很多类似之处，建立选区，进行多个渐变填充，制作出按钮的立体效果和光感效果。

练习2：倒影字效果

倒影文字的效果如图2-103所示。

图2-103 倒影文字效果

倒影的制作很简单，首先复制文字，然后进行垂直翻转，放置到适合位置；最后调整图层不透明度即可。

第3章　网页动画制作基础

动画在网页中应用广泛，有的网站进入首页首先就是一段动画，当然，动画更多地应用于网络广告。早期的动画受制于网络速度，主要是使用Flash制作的矢量图动画。现在随着网络速度的提升和Web 2.0的广泛应用，网络动画越来越细腻，加入了2D甚至3D类CG技术。利【时间轴】面板，可以制作简单的逐帧动画和时间轴动画，可以编辑音频和视频，因此网页设计师越来越多地运用Photoshop来设计和制作网页动画、网络动态广告。

本章主要讲解Photoshop逐帧动画和时间轴动画的制作方法。

Photoshop CC

3.1 时间轴

动画由若干静态画面快速交替显示而成。人的眼睛会产生视觉残留，对上一个画面的感知还未消失，下一张画面又出现，因此产生动的感觉。可以说动画是将静止的画面变为动态的一种艺术手段，利用这种特性可制作出具有高度想象力和表现力的动画影片。

计算机动画是采用连续播放静止图像的方法产生景物运动的效果，即使用计算机产生图形、图像运动效果。计算机动画的原理与传统动画基本相同，只是在传统动画的基础上将计算机技术用于动画的处理和应用，并可以实现传统动画无法实现的效果。由于采用数字处理方式，动画的运动效果、画面色调、纹理、光影效果等可以不断改变，输出方式也多种多样。图3–1所示为人物奔跑的分解示意图。当连续播放时，即可产生奔跑的视觉效果。

图3–1　动画分解图

在Photoshop的【时间轴】面板中，可以完成所有关于创建、编辑动画的设置工作。在该面板中，可以以两种方式编辑动画，一种是帧模式，另外一种是视频模式。

3.1.1 帧模式时间轴

帧模式是最直接也最容易让人理解动画原理的一种编辑模式，它通过复制帧来创建出一幅幅图像，然后通过调整图层内容，来设置每一幅图像的画面，将每一幅画面连续播放就形成了动画。

打开一个图像文件，执行【窗口】|【时间轴】命令，可以打开【时间轴】面板，如图3–2所示。单击面板中间的三角按钮，在其下拉菜单中选择【创建帧动画】选项，然后再单击【创建帧动画】按钮，就打开了帧模式的【时间轴】面板，如图3–3所示。

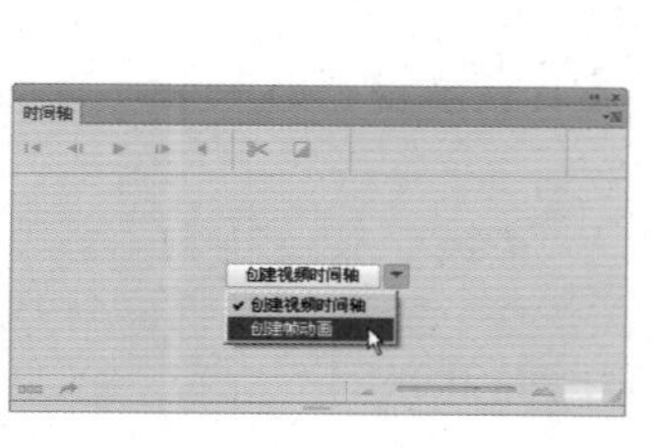

图3–2　【时间轴】面板

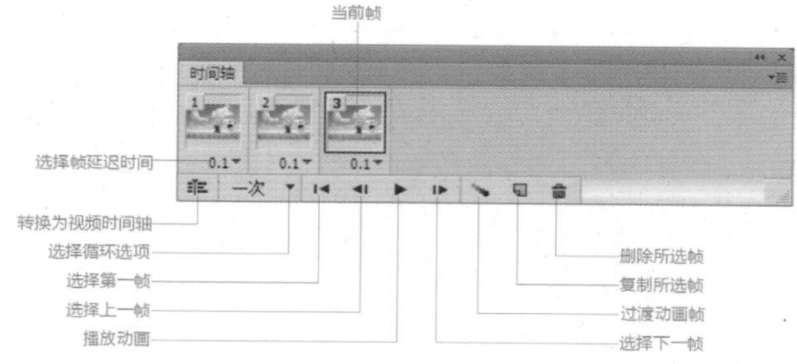

图3–3　帧模式的【时间轴】面板

在帧动画模式下，可以显示出动画内每帧的缩览图。使用面板底部的工具可浏览各个帧、设置循环选项，以及添加、删除帧或是预览动画。其中的选项及功能如表3–1所示。

表3-1　帧模式【时间轴】面板中的选项名称及功能

选项	图标	功能
选择循环选项	无	用于设置动画的播放次数。有【一次】【3次】【其他】和【永远】4个选项，单击【其他】，弹出【设置循环次数】对话框，在【播放】数值框中可输入播放的次数，例如4次，那么该动画就会循环播放4次
选择第一帧		要想返回面板中的第一帧时，可以直接单击该按钮
选择上一帧		单击该按钮选择当前帧的上一帧
播放动画		该按钮的初始状态为播放按钮。单击该按钮后按钮显示为停止，再次单击又返回播放状态
停止动画		
选择下一帧		单击该按钮选择当前帧的下一帧
过渡动画帧		单击该按钮打开【过渡】对话框，在该对话框中可以创建过渡动画
复制所选帧		单击该按钮可以复制选中的帧，即通过复制帧创建新帧
删除所选帧		单击该按钮可以删除选中的帧。当面板中只有一帧时，其下方的【删除所选帧】按钮不可用
选择帧延迟时间	无	单击帧缩览图下方的【选择帧延迟时间】下拉按钮，可选择该帧的延迟时间，或者选择【其他】选项打开【设置帧延迟】对话框，设置具体的延迟时间
转换为视频时间轴		用于在帧模式与视频模式之间相互转换

3.1.2　视频模式时间轴

Photoshop CC的视频动画相比以往版本，更加强大，能胜任大部分视频编辑。视频动画可以制作属性动画，可以编辑视频、音频，可以添加字幕。与帧动画不同的是，帧动画中只包含帧，而时间轴动画将帧包含在视频图层中。

执行【窗口】|【时间轴】命令，在打开的【时间轴】面板中选择【创建视频时间轴】，或单击帧模式的【时间轴】面板下方的按钮，可打开视频模式的【时间轴】面板，如图3-4所示。

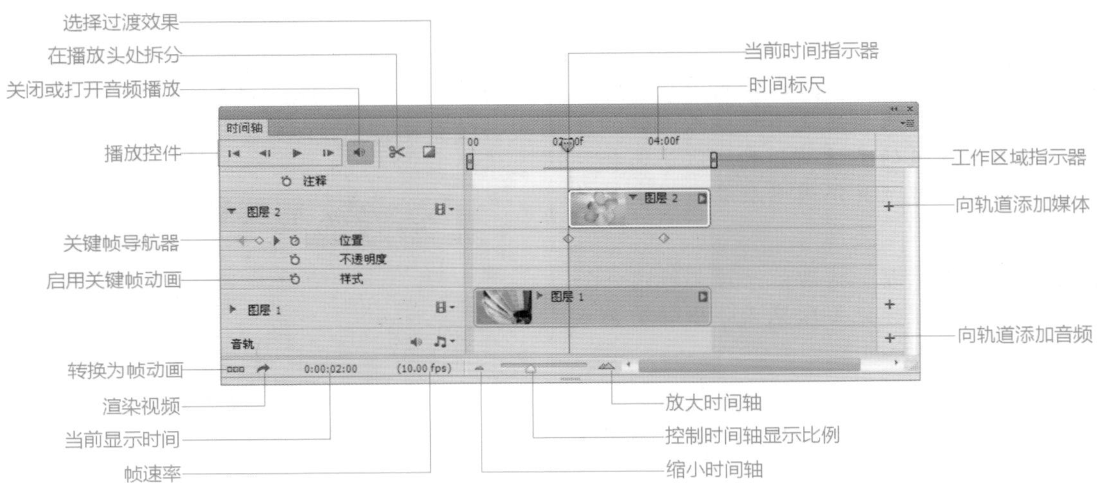

图3-4　视频模式【时间轴】面板

在时间轴中可以看到类似【图层】面板中的图层名字，其高低位置也与【图层】面板相同，其中每一个图层为一个轨道。单击图层左侧的箭头标志展开该图层所有的动画项目。不同类别的图层，其动画项目也有所不同。如文字图层与矢量形状图层，它们共有的是针对【位置】【不透明度】和【样式】的动画设置项目，不同的是文字图层多了一个【文字变形】项目，而矢量形状层多了两个与蒙版有关的项目。如果将普通图层转换为3D图层，那么除了共有的动画设置项目外，还增加了3D相关动画设置项目。在该模式中，面板中的选项名称及功能如下。

- **转换为帧动画** 用于将时间轴动画转换为帧动画。
- **当前时间指示器** 拖动当前时间指示器可导航帧或更改当前时间或帧。
- **关键帧导航器** 单击导航器的左右箭头按钮将当前时间指示器从当前位置移动到上一个或下一个关键帧。单击中间的按钮可添加或删除当前时间的关键帧。
- **图层持续时间条** 指定图层在视频或动画中的时间位置。要将图层移动到其他时间位置，可以拖动此条。要调整图层的持续时间，可以拖动此条的任一端。
- **时间标尺** 根据文档的持续时间和帧速率，水平测量持续时间（或帧计数）。刻度线和数字沿标尺出现，并且其间距随时间轴的缩放设置的变化而变化。
- **启用关键帧动画** 启用或停用图层属性的关键帧设置。选择此选项可插入关键帧并启用图层属性的关键帧设置。取消选择可移去所有关键帧并停用图层属性的关键帧设置。
- **工作区域指示器** 拖动位于顶部轨道任一端的标签，可标记要预览或导出的动画或视频的特定部分。
- **关闭或启用音频播放** 当导入视频文件并且将其放置在视频图层时，单击【启用音频播放】按钮后，播放动画图像的同时播放音频。

时间码0:00:00:00用于显示当前时间指示器位置处的当前时间，从右端起分别是毫秒、秒、分钟、小时。时间码后面显示的数值（10.00fps）是帧速率，表示每秒所包含的帧数。在该位置单击并拖动鼠标，可移动当前时间指示器的位置。

拖动位于顶部轨道的工作区域指示器（标记工作区域开始和工作区域结束），可标记要预览、导出的动画或视频的特定部分，如图3-5所示。

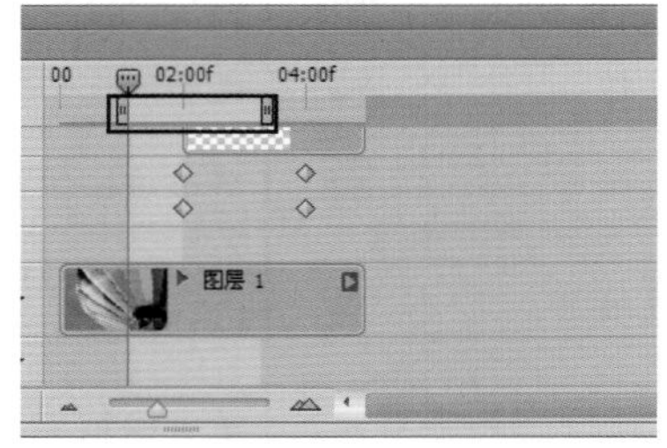

图3-5 指定播放、导出的区域

关键帧是控制图层位置、透明度或样式等内容发生变化的控件。当需要添加关键帧时，首先移动当前时间指示器到需要添加关键帧的位置，然后激活对应项目前的【启用关键帧动画】图标并编辑相应的内容，此时在图层持续时间条与当前时间指示器交叉处会自动添加关键帧，将对图层内容所做的修改记录下来，如图3-6所示。

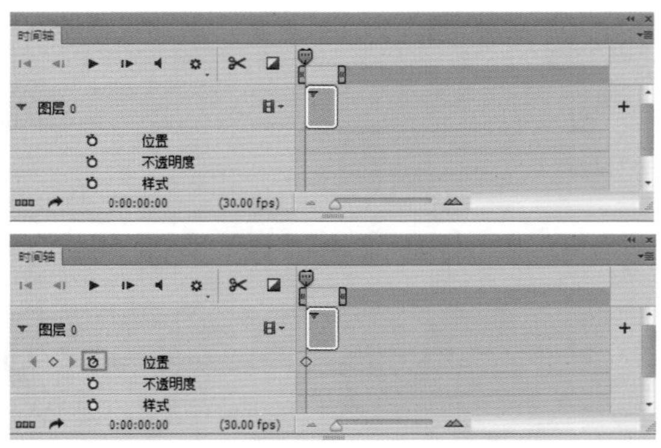

图3-6 创建关键帧

3.2 创建逐帧动画

在Photoshop的帧模式【时间轴】面板中，能够制作逐帧动画和简单的过渡动画。而在过渡动画中，可以根据过渡动画中的选项，创建不透明度、位置以及效果等动画效果。

逐帧动画就是一帧一个画面，将多个帧连续播放就可以形成动画。动画中帧与帧的内容可以是连续的，也可以是跳跃性的，这是该动画类型与过渡动画最大的区别。

在Photoshop中制作逐帧动画非常简单，只需要有效地利用动画与【图层】面板，不断地新建动画帧，然后配合【图层】面板，对每一帧画面的内容进行更改，如图3-7所示。

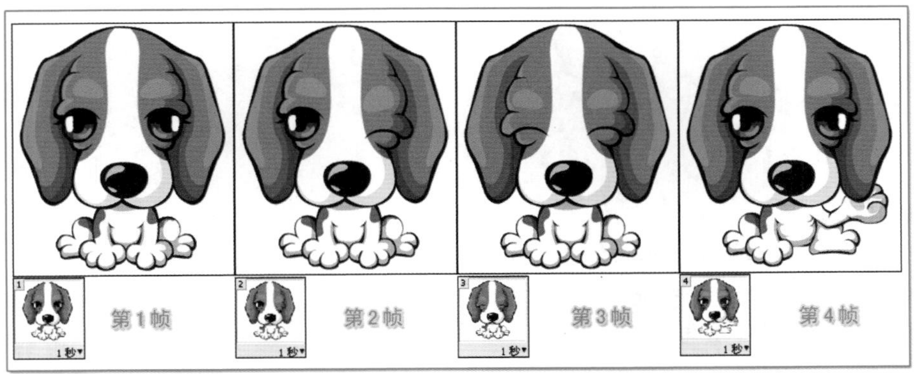

图3-7　创建逐帧动画

3.3 创建过渡动画

过渡动画是两帧之间所产生的效果、不透明度和位置变化的动画。单击帧模式【时间轴】面板底部的【过渡动画帧】按钮，弹出图3-8所示的【过渡】对话框。对话框中的选项及作用如表3-2所示。

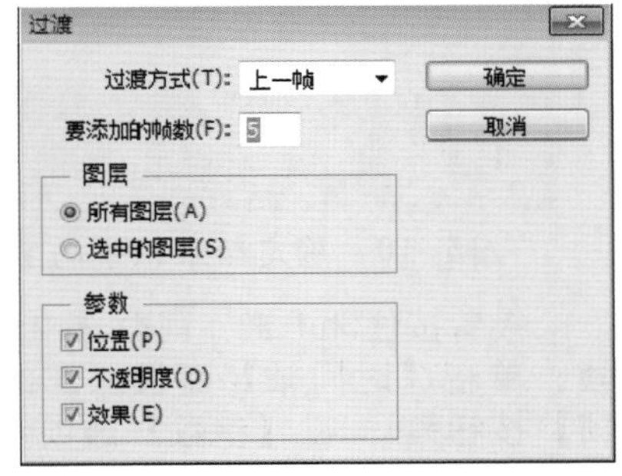

图3-8　【过渡】对话框

3.3.1 位置过渡动画

位置过渡动画是同一图层中的图像由一端移动到另一端的动画。

首先创建起始帧，飞机位于右下角，如图3-9所示。

表3-2　【过渡】对话框中的选项及作用

选项		作用
过渡方式	选区	同时选中两个动画帧时，显示该选项
	上一帧	选中某个动画帧时，可以通过选择【上一帧】或者【下一帧】选项，来确定过渡动画的范围
	下一帧	
要添加的帧数		输入一个值，或者使用向上或向下箭头键选取要添加的帧数，数值越大，过渡效果越细腻（如果选择的帧多于两个，该选项不可用）
图层	所有图层	启用该选项，能够将【图层】面板中的所有图层应用在过渡动画中
	选中的图层	启用该选项，只改变所选帧中当前选中的图层

续表

选项		作用
参数	位置	启用该选项，在起始帧和结束帧之间均匀地改变图层内容在新帧中的位置
	不透明度	启用该选项，在起始帧和结束帧之间均匀地改变新帧的不透明度
	效果	启用该选项，在起始帧和结束帧之间均匀地改变图层效果的参数设置

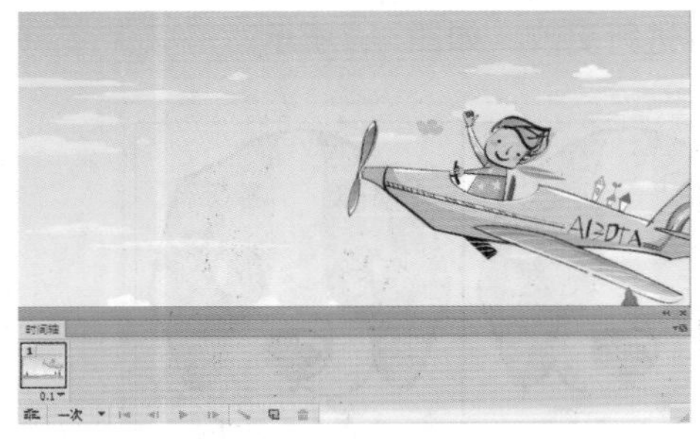

图3-9 确定起始帧中的主题位置

然后复制第一帧为第二帧(作为结束帧)，在第二帧中移动飞机至左上角位置，如图3-10所示。

图3-10 确定结束帧中的主题位置

接着按住Shift键，同时选中起始帧与结束帧。单击【时间轴】面板底部的【过渡动画帧】按钮，在【参数】选项组中启用【位置】选项，设置添加的帧数为5，其他选项默认。单击【确定】按钮后，在两帧之间创建了5个过渡帧，如图3-11所示。

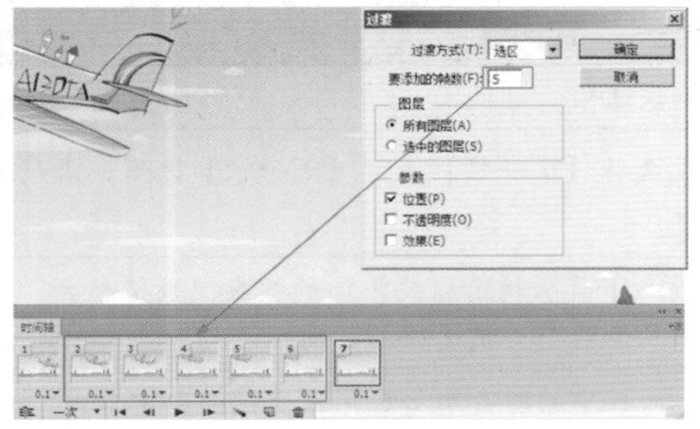

图3-11 创建位置过渡帧

单击【播放动画】按钮▶，得到的位置过渡动画效果如图3-12所示。

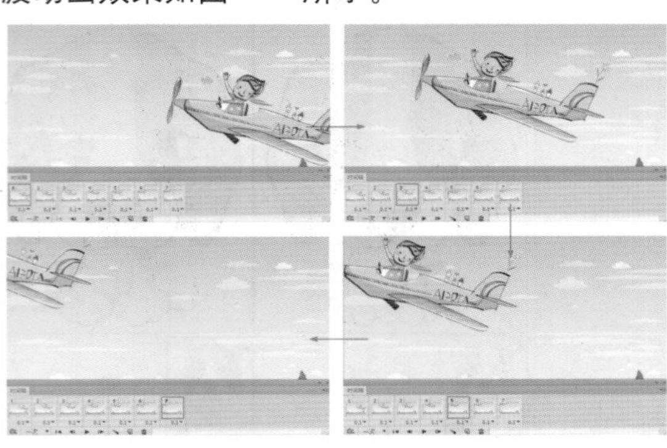

图3-12 位置过渡动画效果

3.3.2 不透明度过渡动画

不透明度过渡动画是同一图层的不透明度逐渐变高或变低的过渡动画。

与位置过渡动画相同，首先创建起始帧。在【时间轴】面板第一帧中，设置“图层1”的【不透明度】选项为100%，如图3-13所示。

图3-13 设置起始帧中的不透明度

接着复制第一帧得到第二帧（作为结束帧），在该帧中设置图层1的【不透明度】选项为0%，如图3-14所示。

然后选中第一帧，单击【过渡动画帧】按钮，在【参数】选项组中启用【不透明度】选项，设置过渡方式为下一帧，添加的帧数为5，单击【确定】按钮后，在第一帧后创建了5帧过渡帧，如图3-15所示。

图3-14 制作结束帧显示效果

图3-15 创建不透明度过渡帧

单击【播放动画】按钮▶，得到的不透明度过渡动画效果如图3-16所示。

图3-16 不透明度过渡动画效果

3.3.3 效果过渡动画

效果过渡动画是同一图层的图层样式因为前后帧参数不同而生成的过渡动画。

首先创建起始帧。在【时间轴】面板第一帧中，为文字图层添加【投影】样式，具体设置如图3-17所示。

接着复制第一帧得到第二帧（作为结束帧），在该帧中修改投影参数，如图3-18所示。

然后选中第一帧，单击【过渡动画帧】按钮，在【参数】选项组中启用【效果】选项，设置过渡方式为下一帧，添加的帧数为5，单击【确定】按钮后，在第一帧后创建了5帧过渡帧，如图3-19所示。

图3-17 设置首帧效果

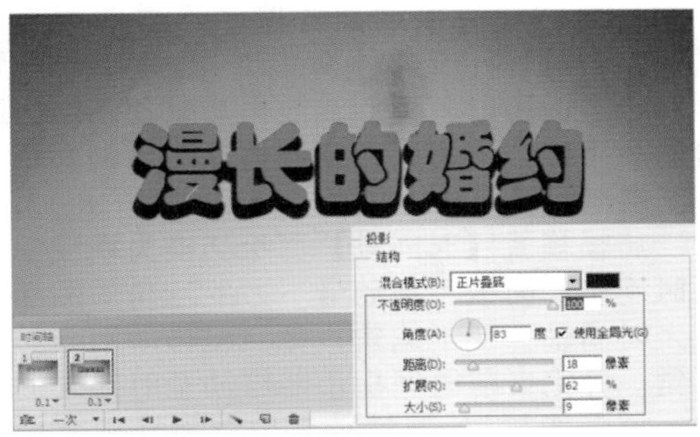

图3-18 设置结束帧效果

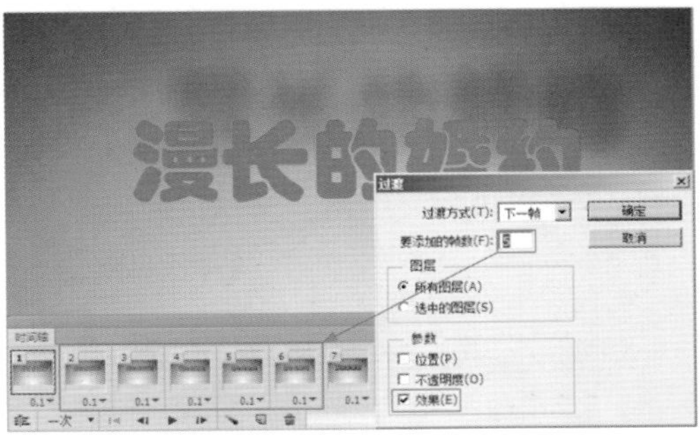

图3-19 创建效果过渡帧

单击【播放动画】按钮▶，得到的过渡动画效果如图3-20所示。

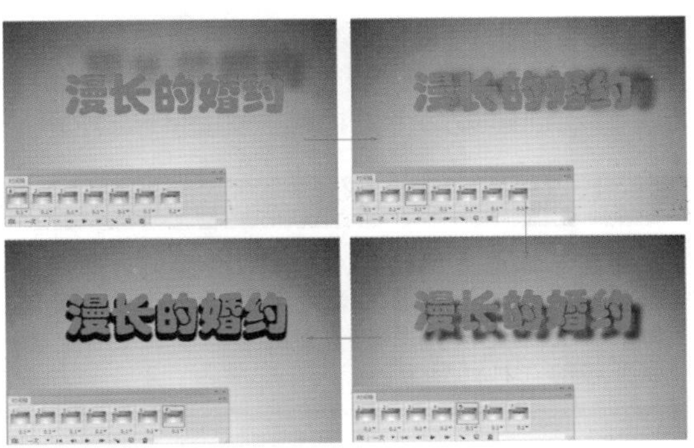

图3-20 过渡动画效果

3.4 视频时间轴动画

视频时间轴动画与帧动画的制作有很大的不同，它需要在图层持续时间条上建立属性关键帧，通过这些关键帧来编辑和制作动画。

不同图层会有不同的属性特征，而在视频时间轴中，主要分为普通图层时间轴动画、文本图层时间轴动画与蒙版图层时间轴动画3类。

3.4.1 普通图层时间轴动画

普通图层可以创建位置、不透明度与样式3种属性动画。这3种属性动画既可以单独创建，也可以同时创建，其效果与帧动画中的过渡动画相似。下面以位置属性动画为例介绍普通图层时间轴动画的制作。

将帧模式【时间轴】面板切换为视频模式【时间轴】面板，拖动最下方的三角形图标，放大时间轴，便于编辑。把飞机移动到画面右下角，并把当前时间指示器移动至时间轴的首端，展开图层1的属性，在位置属性栏上单击【启用关键帧动画】按钮，创建第一个关键帧，如图3-21所示。

图3-21 创建第一个关键帧

把当前时间指示器移动至时间轴的末端，按下鼠标左键将飞机移动到左上角，释放鼠标，自动创建第二个关键帧，如图3-22所示。

提示

在创建第二个关键桢时，也可以将当前时间指示器移动到指定位置后，首先单击【在播放头处添加或移去关键帧】图标◆生成第二个关键帧，然后再移动飞机的位置。

图3-22 创建第二个关键帧

单击【播放动画】按钮▶，即可看到飞机从右下角飞往左上角的动画效果了。

如果要为动画添加洋葱皮效果，单击【时间轴】面板右上角的小三角，弹出关联菜单，在其中单击选择【启用洋葱皮】命令，移动【当前时间指示器】，发现出现了重影效果，如图3-23所示。

图3-23 洋葱皮效果

注意

当洋葱皮效果不明显时，可以从【时间轴】面板的关联菜单中选择【洋葱皮设置】命令更改设置。设置对话框中的【洋葱皮计数】选项组可以设置重影数量，【帧间距】选项可以设置重影之间的间距，最大和最小不透明度百分比可以设置重影的透明程度，混合模式设置重影与原图的叠加效果。

提示

文本变形动画效果的创建方法与位置动画相同，只是不是在【样式】属性中，而是在文本图层的【文本变形】属性中创建。

3.4.2　文本图层时间轴动画

文本图层可以创建变换、不透明度、样式、文字变形4种属性动画，既可以编辑其中一种属性，也可以同时编辑多种属性。变换属性包含了位置属性，不仅可以制作出位置变化的动画，还可以做出缩放、旋转、扭曲等动画。

1．变换属性动画

将当前时间指示器移动到时间轴首端，选择文字工具输入文字，展开文字图层动画属性，单击变换属性栏前【启用关键帧动画】按钮，生成一个关键帧，如图3—24所示。

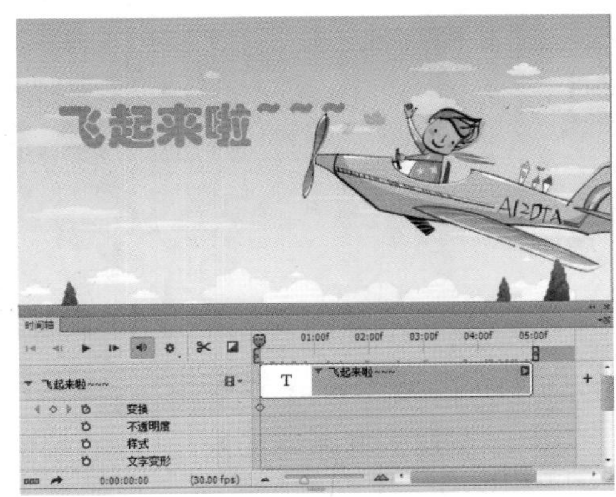

图3—24　创建第一个变换关键帧

将当前时间指示器移动到时间轴末端，单击【在播放头处添加或移去关键帧】图标◆生成第二个关键帧，按快捷键Ctrl+T变换文字，如图3—25所示。

图3—25　创建第二个变换关键桢

按Enter键确认变换，取消洋葱皮设置效果，然后单击【播放动画】按钮▶，可看到飞机从右下角飞往左上角，文字逐渐变大并旋转一定角度的动画效果了，如图3—26所示。

图3—26　变换动画效果

2．文字变形动画

文字变形动画就是将文字的前后变形效果做成动画。

将当前时间指示器移动到时间轴首端，单击文字变形属性栏前【启用关键帧动画】按钮，生成一个关键帧，如图3—27所示。

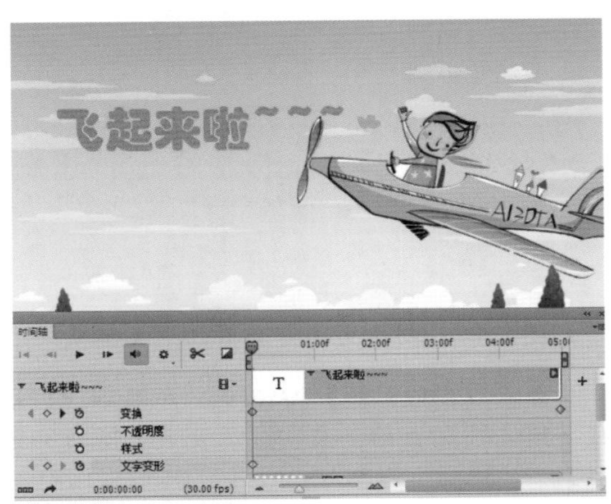

图3—27　创建文字变形第一个关键帧

将当前时间指示器移动到时间轴末端，在【图层】面板中双击文字图层选中所有文字，然后单击属性栏中的【创建文字变形】按钮，在弹出的【变形文字】对话框中选择【旗帜】样式，调整其参数，获得变形效果，如图3—28所示。

图3-28 旗帜变形

单击【确定】按钮，关闭【变形文字】对话框，单击文字变形栏前【在播放头处添加或移去关键帧】图标◆生成第二个关键帧，如图3-29所示。

图3-29 创建文字变形第二个关键帧

单击【播放动画】按钮▶，可看到飞机从右下角飞往左上角，文字逐渐变大、旋转并像旗子一样飘动，如图3-30所示。

图3-30 文字变形动画效果

3.4.3 蒙版图层时间轴动画

蒙版图层的时间轴动画效果中，除了普通图层中的位置、不透明度与样式外，还包括图层蒙版位置与图层蒙版启用两个属性。下面来看这两个属性在动画中的应用。

1. 图层蒙版位置动画

图层蒙版位置动画就是将蒙版的位置移动制作成动画，其制作方法与普通图层位置动画类似，不同的是，这里移动的是蒙版而不是图层上的图像。

打开图3-31所示文件。文件是一幅冬景，有独立的文字图层。

图3-31 冬景

在文字图层上方新建图层1，然后按快捷键Ctrl+Alt+G，建立剪贴蒙版。选择渐变工具，在属性栏渐变颜色下拉列表框中选择橙黄橙渐变，渐变样式选择对称渐变，然后从上到下拖动鼠标填充文字处，效果如图3-32所示。

图3-32 渐变填充

按下Alt键，单击【图层】面板上的【添加图层蒙版】按钮，为图层1添加一个黑色蒙版，图层1全部隐藏。使用多边形套索工具按住Shift键创建选区，并填充白色。这个时候只有白色区域显示出了图层1的颜色，如图3-33所示。

图3—33　编辑蒙版

按快捷键Ctrl+D取消选择，单击【图层】面板上图层缩览图与蒙蔽之间的【链接】图标取消链接，如图3—34所示。

图3—34　取消链接

进入视频模式【时间轴】面板，展开图层1的属性栏，将当前时间指示器移动到时间轴首端，确定当前图层1的蒙版被选中（在【图层】面板中，选中的蒙版缩览图外围有黑色框），选择移动工具，按住Shift键往上移动蒙版，直至看不到图层1的颜色。单击【时间轴】面板图层蒙版位置属性栏上的【启用关键帧动画】按钮，添加第一个关键帧，如图3—35所示。

图3—35　创建第一个关键帧

将当前时间指示器移动到时间轴末端，按住Shift键往下移动蒙版，直至在“林”字上能看到少许的图层1颜色，生成第二个关键帧，效果如图3—36所示。

图3—36　创建第二个关键帧

单击【播放动画】按钮▶，可看到随着蒙版的移动，文字的颜色不断变化，如图3—37所示。

图3—37　蒙版位置动画效果

2. 图层蒙版启用动画

图层蒙版启用动画指的是可以将蒙版的启用和停用切换做成动画。下面我们来看蒙版启用动画的制作。

删除上一实例图层蒙版位置属性栏上的两个关键帧，将图层1蒙版填充为白色，如图3—38所示。

在蒙版上创建一个矩形选区，框住所有文字，然后填充黑色，效果如图3—39所示。

图3–38 填充白色蒙版

图3–39 编辑蒙版

按快捷键Ctrl+D取消选区，将当前时间指示器移动到时间轴首端，按住Shift键在【图层】面板上单击蒙版缩览图，停用蒙版，然后单击图层蒙版启用属性栏前的【启用关键帧动画】按钮，生成第一个关键帧，如图3–40所示。

图3–40 创建第一个关键帧

将当前时间指示器移动到时间轴05f处，单击蒙版缩览图启用蒙版，创建第二个关键帧，如图3–41所示。

图3–41 创建第二个关键帧

采用相同的方法，分别在10f、20f、01:00处建立停用蒙版关键帧，在15f、25f处建立启用蒙版关键帧，如图3–42所示。

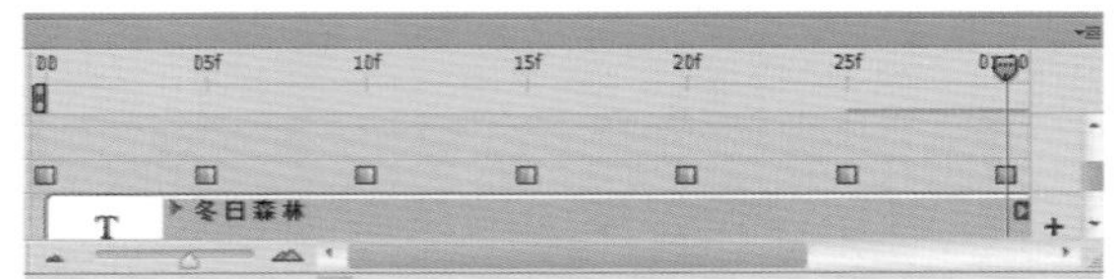
图3–42 创建其他关键帧

在时间轴关联菜单中选择【循环】播放命令，然后单击【播放动画】按钮▶，可看到两种文字颜色不断来回切换，如图3–43所示。

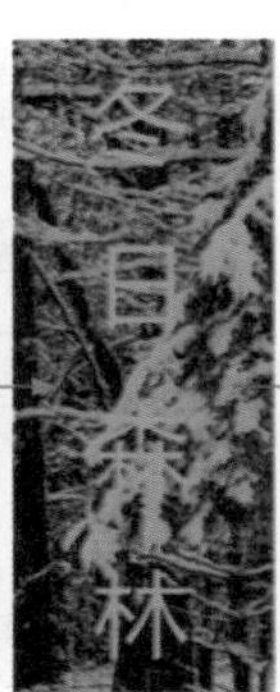
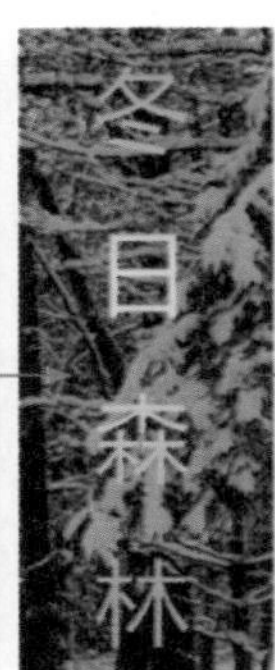
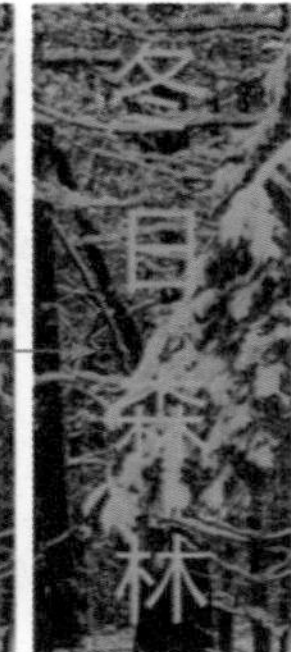
图3–43 蒙版启用动画效果

3.5 为动画添加音频和视频

制作好的动画，还可以添加音频和视频。在视频模式【时间轴】面板中，有音频轨道和视频轨道。

3.5.1 添加并编辑音频

单击音轨右侧的♫按钮，在弹出的下拉菜单中选择【添加音频】命令，可以为动画添加音频。

打开前面的时间轴位置动画，这是一架飞机飞行的动画，如图3–44所示。

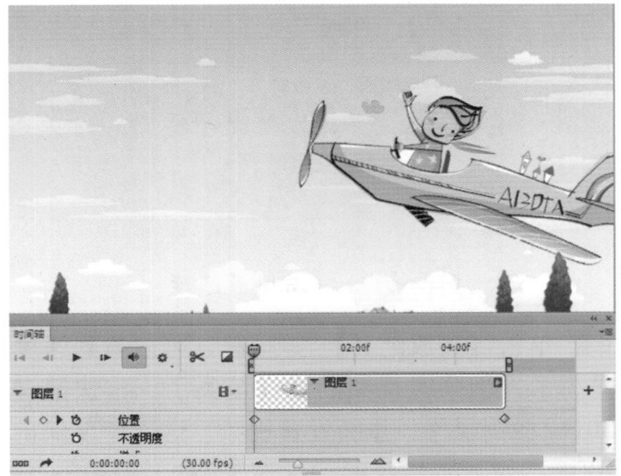

图3–44 打开动画文件

单击♫按钮，在弹出的下拉菜单中选择【添加音频】命令，从弹出的【打开】对话框中选择“好铃网–飞机起飞.mp3”文件，单击【打开】按钮，载入到时间轴的音轨中，如图3–45所示。

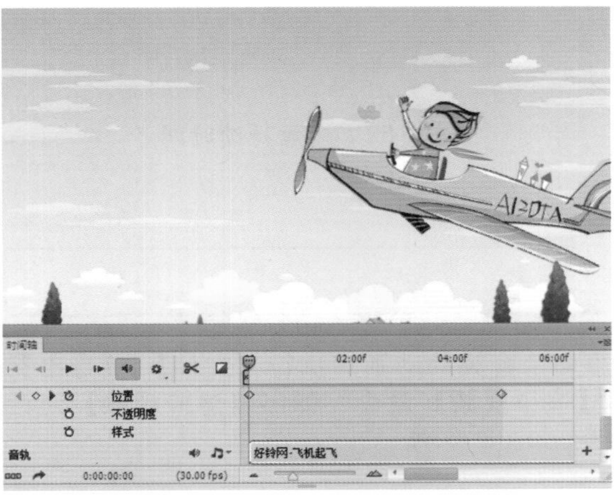

图3–45 载入音频文件

现在音频文件时长远远超过了动画时长。将当前时间指示器移动到原动画的末端即05:00处，单击【在播放头处拆分】按钮✂将音轨剪成两段，如图3–46所示。

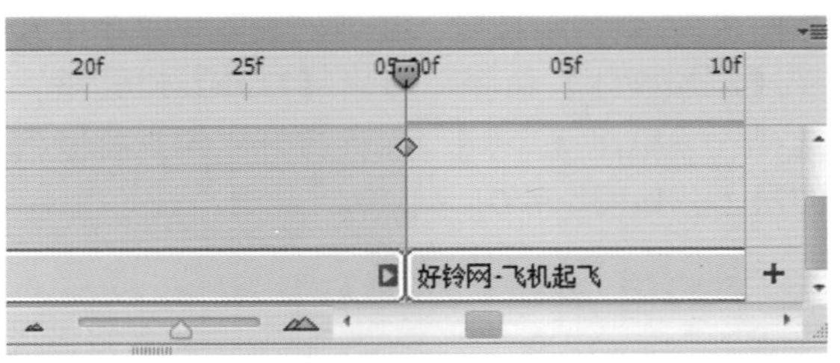

图3–46 拆分音频

选中后段音轨，按Delete键将其删除，如图3–47所示。

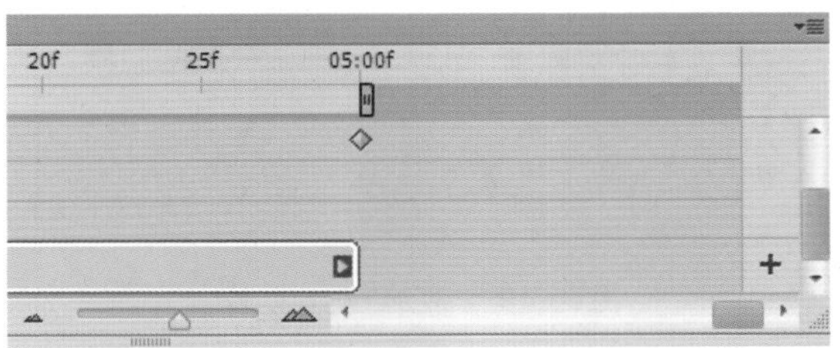

图3–47 删除后段音轨

在时间轴关联菜单中选择【循环】播放命令，然后单击【播放动画】按钮▶，即可听到添加的音频效果。飞机飞离画面声音应该逐渐降低，因此需要设置淡出效果。下面为这段音频添加淡出效果。

在时间轴上单击音频轨道选中音频，然后右击鼠标，在弹出的【音频】设置框中，将淡出设置为3秒，如图3–48所示。

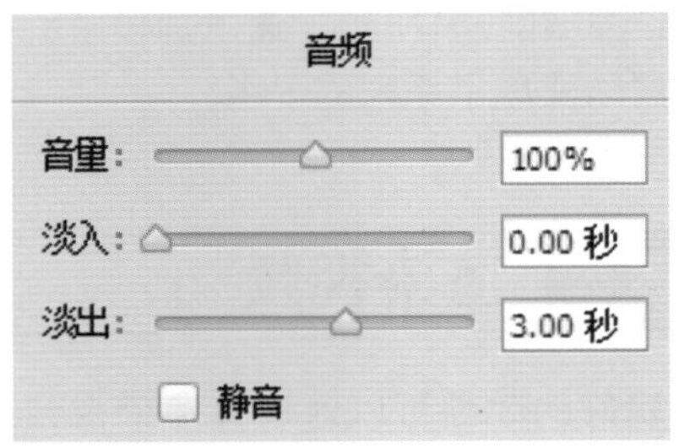

图3–48 设置音频淡出

单击【播放动画】按钮▶，即可听到音频随着飞机的远离逐渐降低了音量。

3.5.2 添加并编辑视频

除了添加音频外，还可以为动画添加视频。单击【时间轴】面板上某图层右侧的按钮，在弹出的下拉菜单中选择【添加媒体】命令，即可添加视频到图层中。

接着上面的动画编辑。单击【时间轴】面板图层1右侧的按钮，在弹出的下拉菜单中选择【添加媒体】命令，弹出【打开】对话框，选择“飞机起飞.mp4”文件打开，添加视频到图层上，如图3–49所示。

图3–49 添加视频文件

添加视频后，【图层】面板变为图3–50所示那样，增加了视频组。

单击【播放动画】按钮，即可看到一段实拍的飞机起飞画面。对插入的视频还可以进行编辑，可以拆分，可以更改播放速度和持续时间。视频的拆分与音频的拆分一样，下面介绍视频播放速度和持续时间的更改方法。

在时间轴上单击视频选中它，然后右击鼠标，在弹出的【视频】设置框中设置播放速度为200%，如图3–51所示。速度加倍了，播放持续时间自动变成了原来的一半。

图3–50 【图层】面板

图3–51 提高播放速度

单击【播放动画】按钮，可以看到速度提高了，但同时视频的声音消失了。按快捷键Ctrl+Z撤销操作，重新设置视频，这次速度保持100%不变，将持续时间设置为6秒，如图3–52所示。单击【播放动画】按钮，可以看到视频并有声音，但是在6秒以后的视频被剪除了。

图3–52 缩短持续时间

3.6 渲染视频

编辑好的动画可以通过【渲染视频】命令宣称成MP4等视频文件。

打开“添加音频.psd”文件，这是为飞机添加了音频的动画。执行【文件】|【导出】|【渲染视频】命令，弹出【渲染视频】对话框，如图3–53所示。

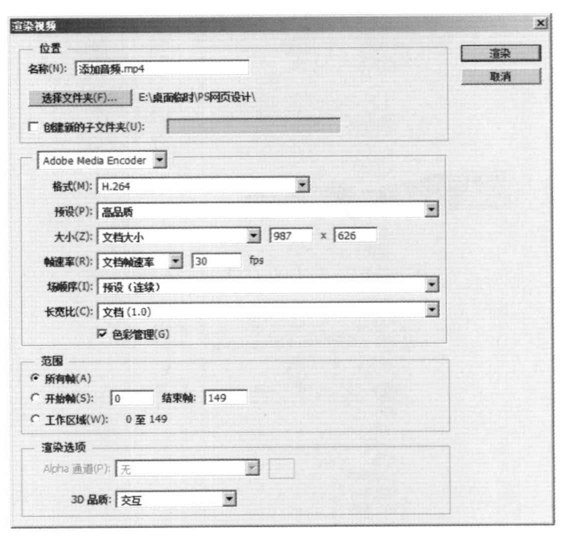

图3-53　【渲染视频】对话框

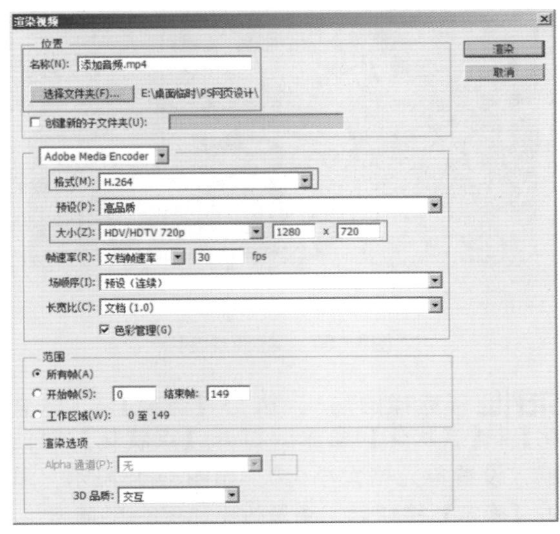

图3-54　渲染设置

在【位置】选项组中设置好视频名称、保存位置，设置格式为H.264——这种格式就是MP4格式，视频大小根据需要设置，这里选择HDV/HDTV 720p，其他保持默认，如图3-54所示。单击【渲染】按钮，即开始视频渲染。

渲染完毕，即可利用其他视频播放软件播放了，图3-55是使用Windows Media Player播放的效果。

图3-55　播放视频

3.7 案例实战：下雪动画

本实例主要通过【点状化】滤镜、【阈值】命令和【运动模糊】滤镜制作出下雪的效果，然后在【时间轴】面板中制作出动画效果，如图3-56所示。下面是具体的制作步骤。

图3-56　案例关键帧效果

STEP|01　按快捷键Ctrl+O打开素材"雪景.tif"文件，如图3-57所示，按快捷键Ctrl+J复制一个图层为图层1。

图3-57　打开素材

STEP|02　选择图层1，执行【滤镜】|【像素化】|【点状化】命令，打开【点状化】对话框，设置单元格大小为8，如图3-58所示，单击【确定】按钮后，图像效果如图3-59所示。

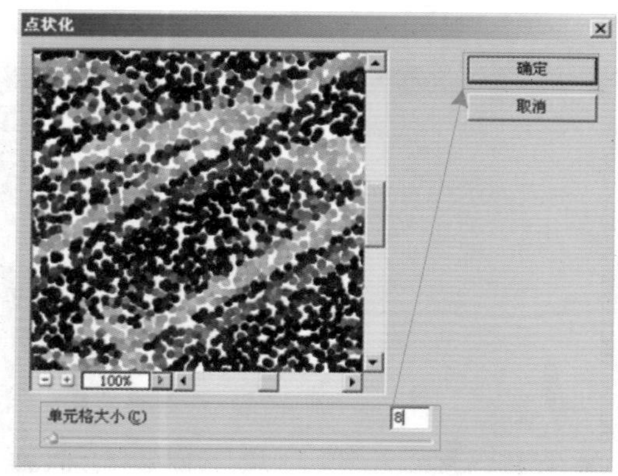

图3-58　【点状化】对话框

图3-59　图像效果

STEP|03　执行【图像】|【调整】|【阈值】命令，打开【阈值】对话框，调整参数，直到点状分布均匀即可，单击【确定】按钮，如图3-60所示，然后在【图层】面板中把图层1的混合模式设置为滤色，如图3-61所示，图像效果如图3-62所示。

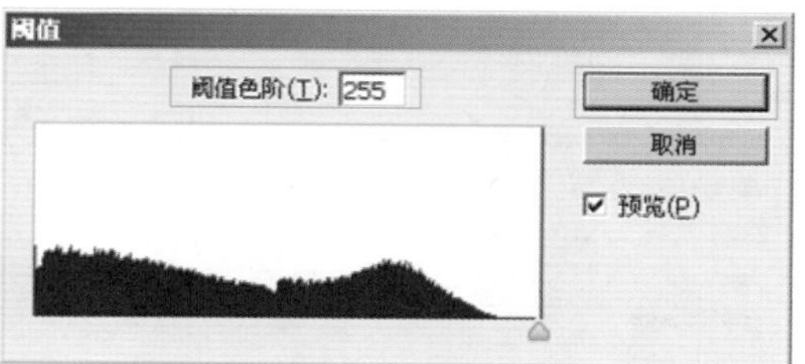

图3-60　【阈值】对话框

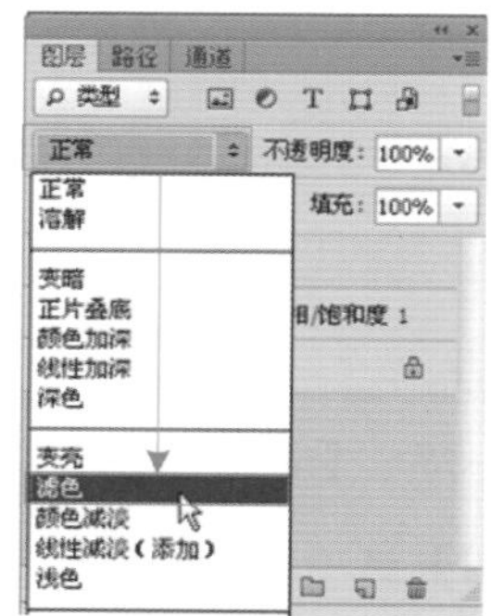

图3-61　更改图层混合模式

图3-62　图像效果

STEP|04　执行【滤镜】|【模糊】|【动态模糊】命令，打开【动态模糊】对话框，设置参数如图3-63所示，单击【确定】按钮后，图像效果如图3-64所示，然后在【图层】面板中把不透明度设置为75%。

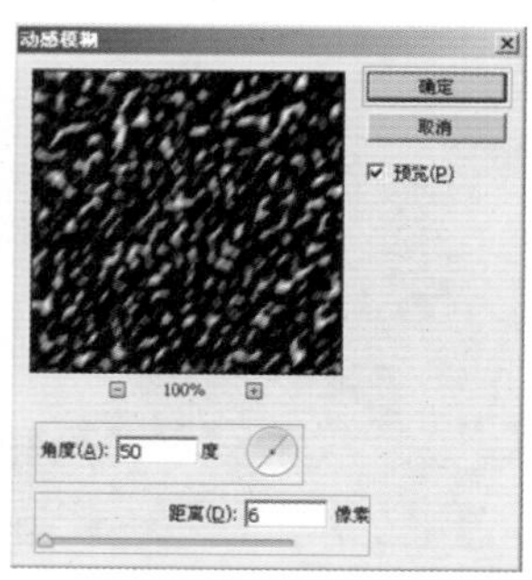

图3-63　模糊设置

图3-64　图像效果

STEP|05　执行【窗口】|【时间轴】命令，在弹出的【时间轴】面板中单击中间的【创建帧动画】按钮，如图3-65所示，这样就打开了帧模式的【时间轴】面板，如图3-66所示。

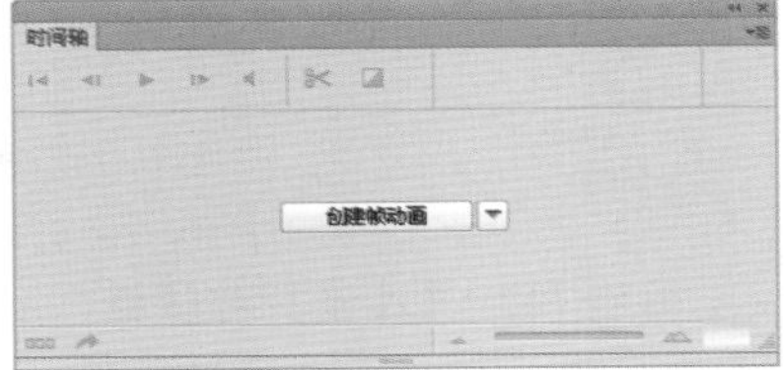

图3-65　创建帧动画

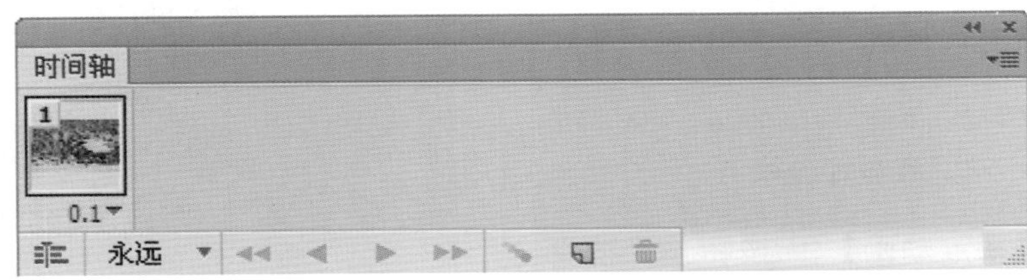

图3-66　帧模式【时间轴】面板

STEP|06　选择图层1，按快捷键Ctrl+T将图像等比放大，如图3-67所示，然后按Enter键应用变换，在【时间轴】面板中单击"0.1"后面的三角形下拉按钮，在打开的下拉菜单中选择"0.2"，设置当前帧的延迟时间为0.2秒，如图3-68所示。

图3-67　变换图像

图3-68　设置延迟时间

STEP|07　单击【时间轴】面板下方的【复制所选帧】按钮，得到第二帧，如图3-69所示。

图3-69　复制所选帧

STEP|08　使用移动工具，将图层1图像的右上角与背景层图像的右上角对齐，如图3-70所示。

图3-70　变换图像

STEP|09　单击【时间轴】面板下方的【过渡动画帧】按钮，打开【过渡】对话框，设置过渡方式为上一帧，要添加的帧数为3，如图3-71所示，单击【确定】按钮后，可在两帧之间添加过渡帧，如图3-72所示。

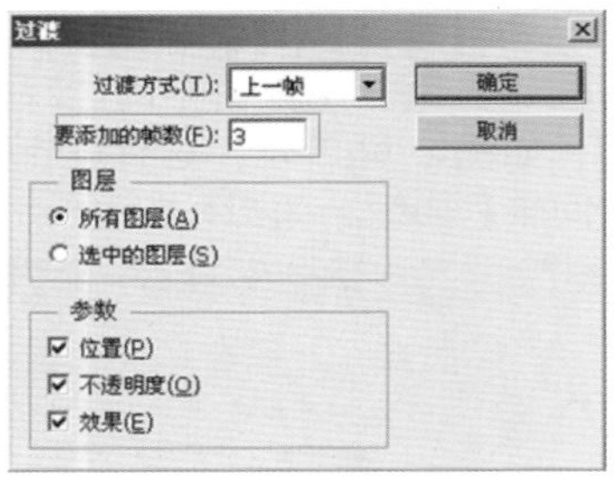

图3—71 【过渡】对话框

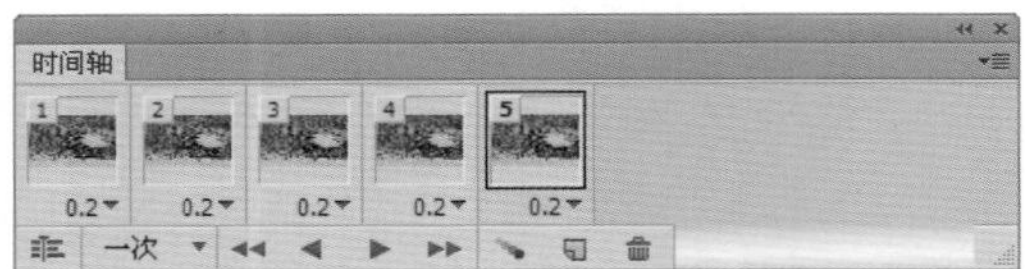

图3—72 添加过渡帧

STEP|10 单击【播放动画】▶按钮，或按空格键，即可播放动画，图3—73所示为播放中的画面。

图3—73 播放中的画面

3.8 案例实战：写字动画

本实例为写字方式签名动画，效果如图3—74所示。主要通过复制文字图层，应用图层蒙版将文字一笔一画地显示出来，然后在【时间轴】面板中进行逐帧编辑，下面是制作的具体步骤。

图3—74 案例静帧效果

STEP|01 按快捷键Ctrl+O打开素材“钢笔写字.psd”，图像和【图层】面板如图3—75和图3—76所示。

图3—75 打开素材

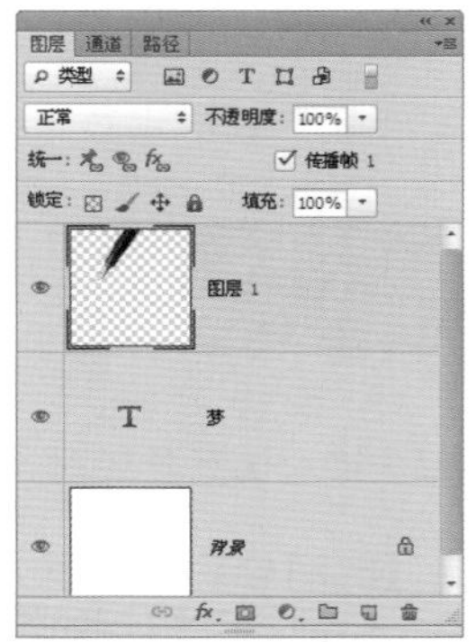

图3—76 【图层】面板

STEP|02 将“梦”文字图层隐藏，执行【窗口】|【时间轴】命令，打开【时间轴】面板，单击面板中间的三角按钮，在其下拉菜单中选择【创建帧动画】选项，如图3–77所示。然后再单击【创建帧动画】按钮，就打开了帧模式的【时间轴】面板，如图3–78所示。

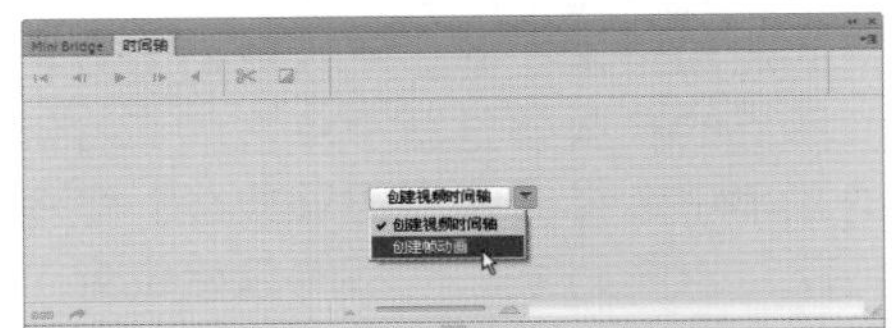

图3–77 创建帧动画

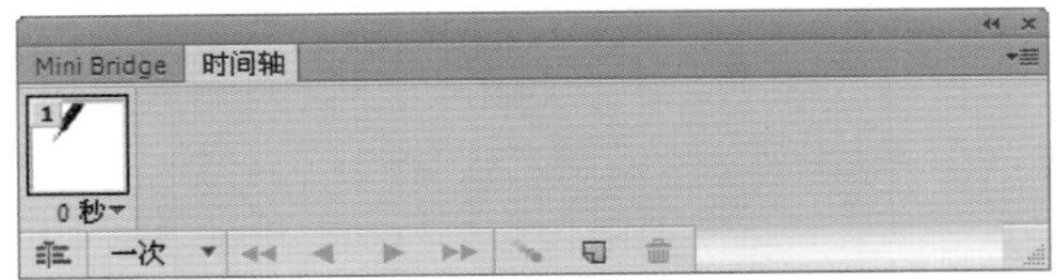

图3–78 帧模式【时间轴】面板

STEP|03 单击“0秒”处的三角按钮，在弹出的下拉菜单中选择“0.2秒”，然后单击【时间轴】面板下方的【复制所选帧】按钮，选择【图层】面板中的“梦”文字图层并将其显示，添加图层蒙版，设置前景色为黑色，涂抹蒙版将第一笔画以外的所有笔画隐藏，图像和“图层”面板如图3–79和图3–80所示。

图3–79 图像窗口

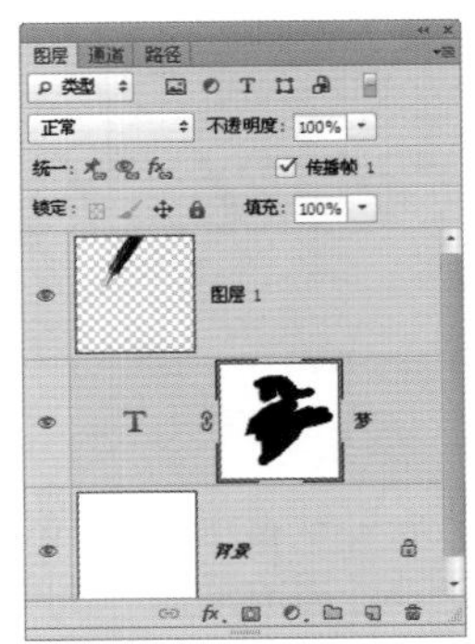

图3–80 【图层】面板

STEP|04 选择图层1，按快捷键Ctrl+J复制该图层为图层1副本，然后将图层1隐藏，使用移动工具将图层1副本的钢笔移至第一笔画的末端，如图3–81所示，这样动画的第二帧就完成了，【时间轴】面板如图3–82所示。

图3–81 图像窗口

图3–82 【时间轴】面板

STEP|05 在【时间轴】面板中单击【复制所选帧】按钮，然后在【图层】面板中复制“梦”文字图层为“梦副本”文字图层，将“梦”文字图层隐藏，单击“梦副本”文字图层的蒙版缩览图，把前景色设置为白色，在图像窗口中将文字的第一笔画与第二笔画之间的连笔擦出，图像和“图层”面板如图3–83和图3–84所示。

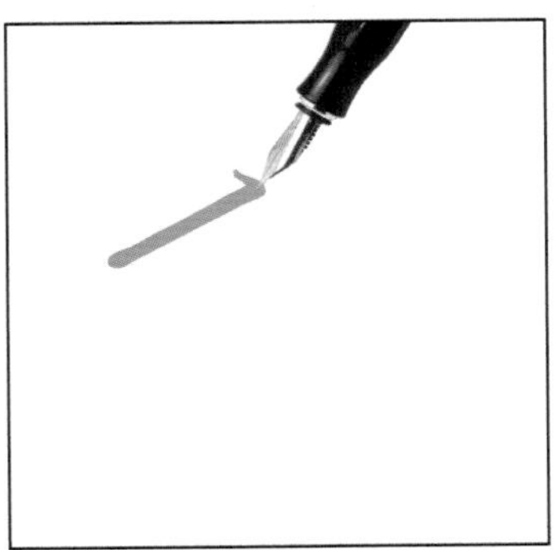

图3–83 图像窗口

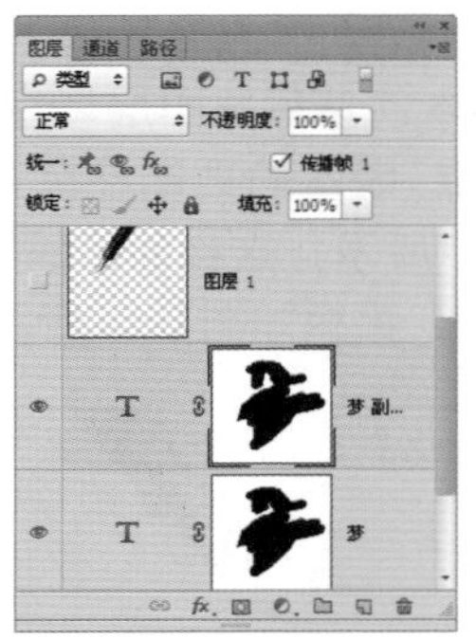

图3-84 【图层】面板

STEP|06 选择图层1副本，按快捷键Ctrl+J复制该图层为图层1副本2，然后将图层1副本隐藏，使用移动工具将图层1副本2的钢笔移至连笔的末端，如图3-85所示，这样动画的第三帧就完成了，【时间轴】面板如图3-86所示。

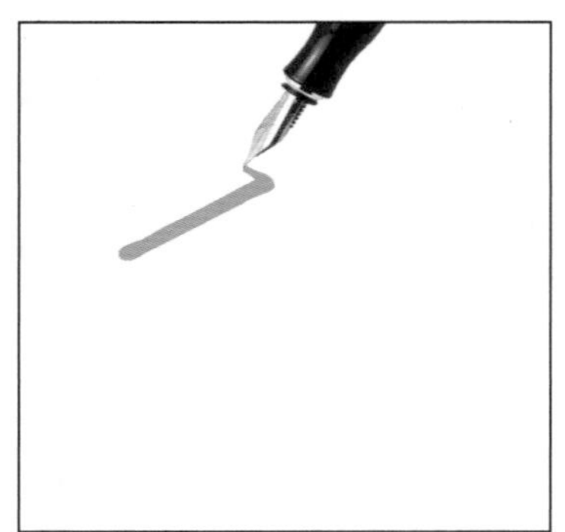

图3-85 图像窗口

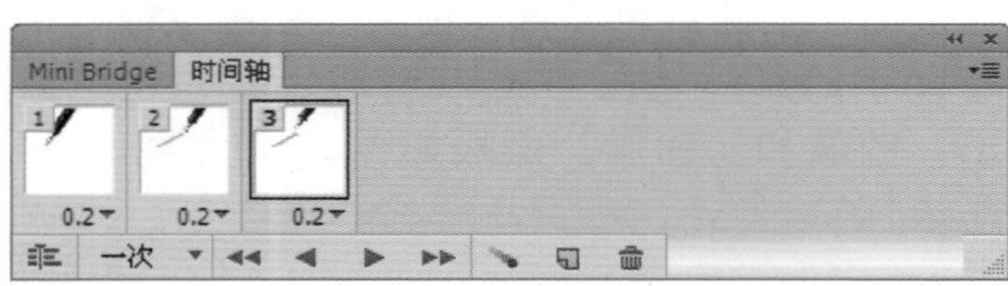

图3-86 【时间轴】面板

STEP|07 在【时间轴】面板中单击【复制所选帧】按钮创建第四帧。第四帧的动画由于是文字第二笔画的开始，所以其文字图层不变，仍是“梦副本”，只是钢笔的位置改变。选择图层1副本2，按快捷键Ctrl+J复制该图层为图层1副本3，将图层1副本隐藏。现在我们看不到第二笔画的起始位置在哪，所以我们可以在“梦副本”图层的蒙版缩览图中单击鼠标右键，在弹出的菜单中选择【停用图层蒙版】命令，这样我们就可以看到第二笔画的起始位置了。将钢笔移好位置后，启用图层蒙版，这时图像和【时间轴】面板如图3-87和图3-88所示。

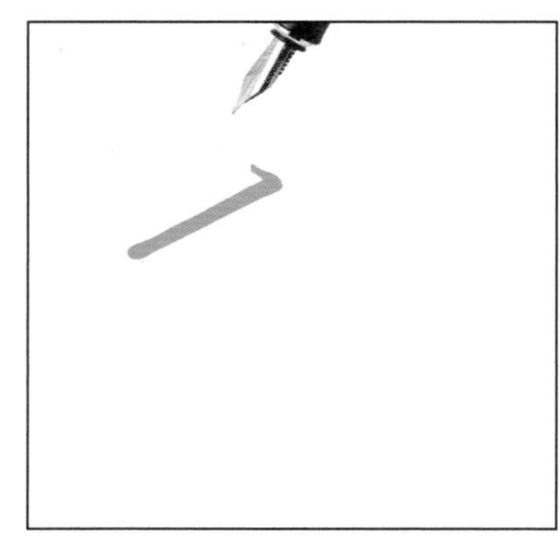

图3-87 图像窗口

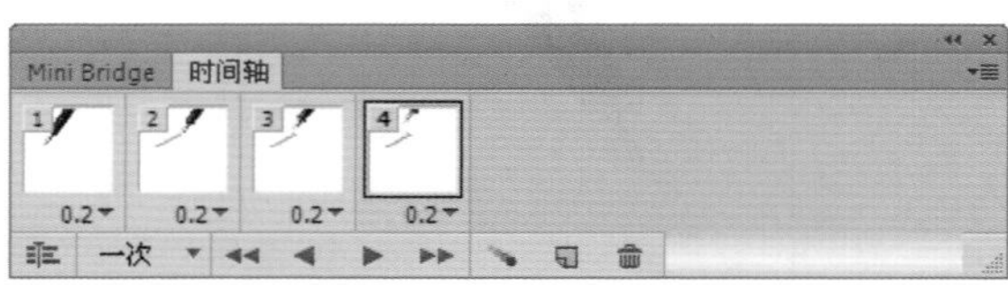

图3-88 【时间轴】面板

STEP|08 用上面相同的方法对剩下的关键帧进行编辑，完成后的【时间轴】面板如图3-89所示。

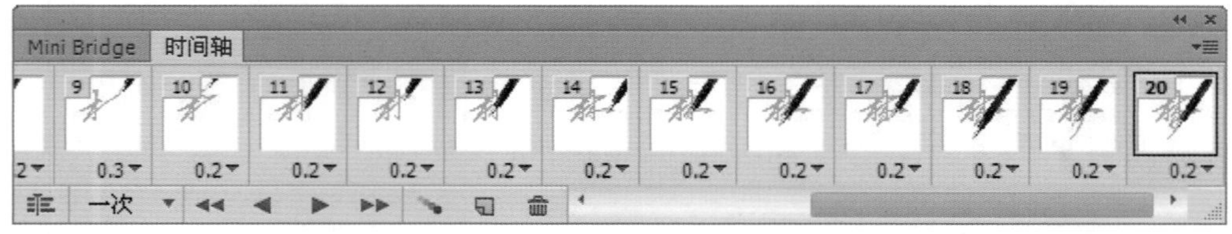

图3-89 【时间轴】面板

STEP|09 在【时间轴】面板中选择第1帧，在选择循环选项中，单击三角下拉按钮，在其下拉菜单中选择“永远”，然后单击【播放动画】按钮，或按空格键即可播放动画，图3-90所示为动画播放中的画面。

图3-90　播放中的画面

3.9 新手训练营

练习1：鬼脸表情动画

本练习的效果如图3-91所示。

图3-91　静帧效果

这是一个最简单的两帧动画。新建一个文件，使用钢笔工具、椭圆选框工具等绘制出卡通头像，并分别绘制出微笑表情和鬼脸表情。打开【时间轴】面板，创建逐帧动画，第一帧为微笑表情，设置持续时间为0.2秒，第二帧为鬼脸表情，设置持续时间为0.5秒，这样关键帧就编辑完成。

练习2：闪电动画

本练习效果如图3-92所示。

图3-92　闪电效果

在闪电图层上添加图层蒙版，然后复制多个，为每个复制后的图层进行不同的蒙版编辑，让闪电逐渐出现。最后将这些图层创建为关键帧，即可完成闪电动画。

练习3：跳入屏幕的文字

本练习的效果如图3-93所示。

图3-93 文字动画效果

首先要分别输入并复制文字，对不同图层的文字进行变换，最后在【时间轴】面板中进行编辑完成动画。

第4章　切片并导出网页文件

做好网页布局，以及整体外观效果后，当前的文件还无法直接用于网络。在网页设计制作中，我们采用的文件格式是Photoshop默认的PSD格式，这种格式肯定无法上传成为网页，需要通过【存储为Web所用格式】命令将文件输出为HTML文件。在利用该命令输出HTML文件前，有一个非常重要的操作——切片，将现有文件分割成多个小块，便于利用Dreamweaver软件编辑，便于网络浏览者可以快速浏览该网页。

本章主要讲解切片工具的用法，以及如何根据需要进行切片和最后的优化输出。

Photoshop CC

4.1 快速导出可放大浏览Web文件

在对网页设计文件进行切片之前，我们首先来了解Photoshop提供的图像局部放大浏览Zoomify。

利用Zoomify命令可以将大尺寸、高分辨率的高清图像发布于网页。它为高清图像同时生成JPEG预览图和HTML文件。浏览者单击JPEG预览图即可在旁边的图框中看到当前鼠标指向位置的放大后的高清图。当当网的图书封面预览就采用了类似技术处理，如图4–1所示。

图4–1　局部放大预览

在Photoshop中打开一幅高清图像，如图4–2所示。执行【文件】|【导出】|【Zoomify】命令，弹出【Zoomify导出】对话框，如图4–3所示。

在对话框中选择模板，设置好文件名称、保存路径、预览图大小，启用【在Web浏览器中打开】复选框，单击【确定】按钮，文件被导出并自动在浏览器中打开，如图4–4所示。

图4–2　高清壁纸

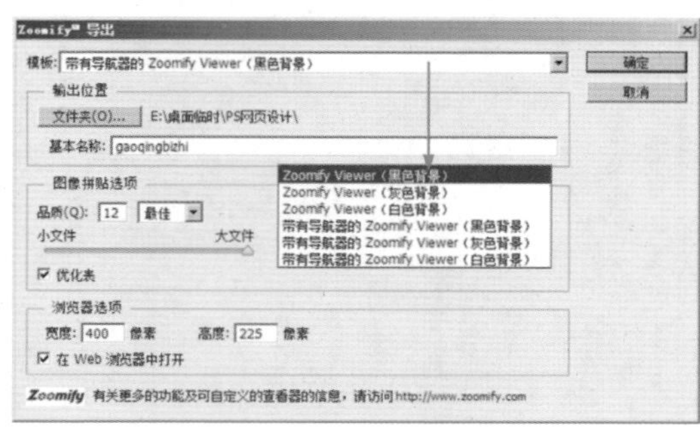

图4–3　导出对话框

图4–4　预览Zoomify

4.2 创建切片

有3种方式可以为图像创建切片。一种是使用切片工具直接拖动鼠标创建，一种是基于参考线创建，还有一种是基于图层创建。

使用切片工具创建的切片称做用户切片；通过图层创建的切片称做基于图层的切片。当创建新的用户切片或基于图层的切片时，将会生成自动切片来占据图像的其余区域。

4.2.1 使用切片工具创建切片

在工具箱中选择切片工具后，在画布中拖动鼠标即可创建切片，如图4–5所示。其中，灰色为自动切片。

图4-5 使用切片工具创建切片

4.2.2 基于参考线创建切片

基于参考线创建切片的前提是文档中存在参考线。选择工具箱中的切片工具，单击工具选项栏中的【基于参考线的切片】按钮，即可根据文档中的参考线创建切片，如图4-6和图4-7所示。

图4-6 参考线

图4-7 切片效果

提示

通过参考线创建切片后，切片与参考线就没有关联了。即使清除或者移动参考线，切片也不会被改变或者清除。

技巧

要想隐藏或者显示所有切片，可以按快捷键 Ctrl + H；要想隐藏自动切片，可以在切片选择工具的工具选项栏中单击【隐藏自动切片】按钮。

4.2.3 基于图层创建切片

基于图层创建切片是根据当前图层中的对象边缘创建切片。方法是选中某个图层后，执行【图层】|【新建基于图层的切片】命令，效果如图4-8所示。

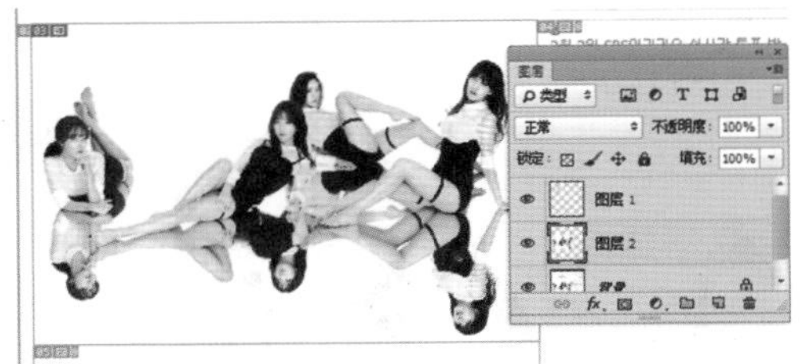

图4-8 基于图层创建切片

4.3 编辑切片

创建切片后，利用切片选择工具可以移动、组合切片，也可以复制或删除切片。还可以为指定的切片设置输出选项。

4.3.1 选择切片

编辑所有切片之前，首先要选择切片。在Photoshop中选择切片有其专属的工具，那就是切片选择工具。选择切片选择工具，在画布中单击，即可选中切片，如图4-9所示。选中的切片边框颜色变成橘黄色。

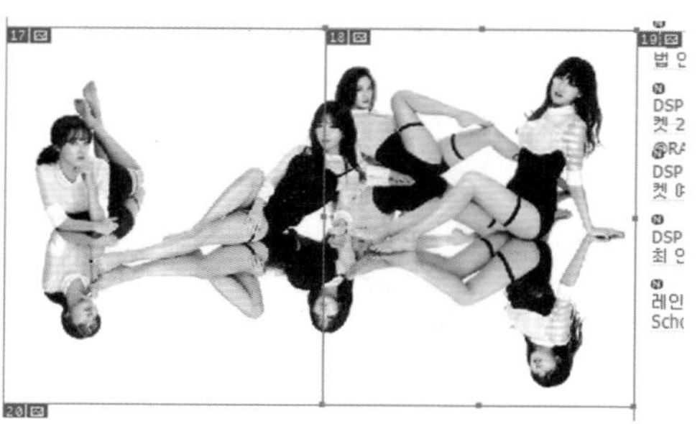

图4—9 选择切片

如果要同时选中两个或者两个以上切片，那么可以按住Shift键，连续单击相应的切片，如图4—10所示。

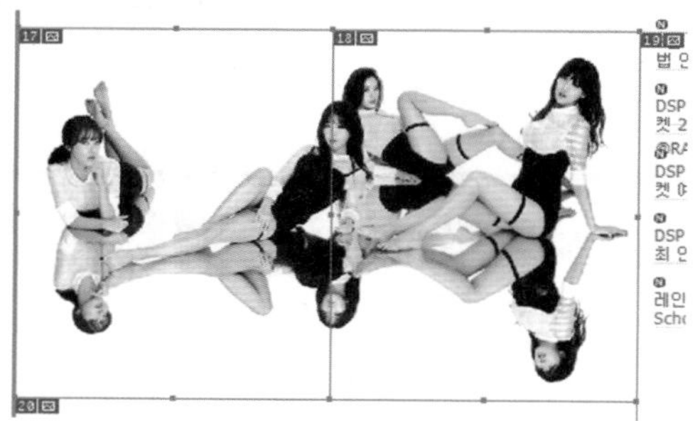

图4—10 选中多个切片

4.3.2 调整切片大小和移动切片

选中的切片可以调整大小，也可以移动位置。使用切片选择工具拖动切片定界框上的控制点即可调整切片的大小，如图4—11所示。

图4—11 调整切片大小

按下鼠标拖动切片，则可以移动切片的位置，如图4—12所示。切片移动后，会生成自动切片填补移动后的区域。

图4—12 移动切片

技巧

按住Shift键可以限制在垂直、水平方向上，或者45度对角线上移动。如果按住Alt键拖动切片，则可以复制切片。

4.3.3 划分切片

可以均分选中的切片。使用切片选择工具选中一个切片，单击工具属性栏中的【划分】按钮，弹出【划分切片】对话框，如图4—13所示。在该对话框中可以设置水平或垂直等分切片。

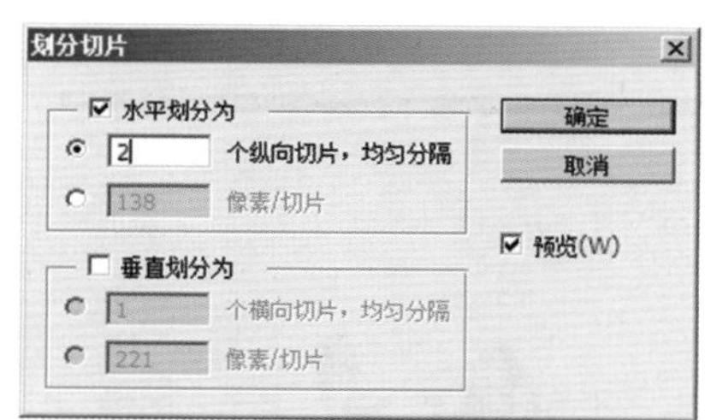

图4—13 【划分切片】对话框

选择【个纵向切片，均匀分隔】单选项，设置数量后，可以纵向上均分切片，如图4—14所示。选择【个横向切片，均匀分隔】单选项，设置数量后，可以横向上均分切片，如图4—15所示。

图4—14 纵向均分

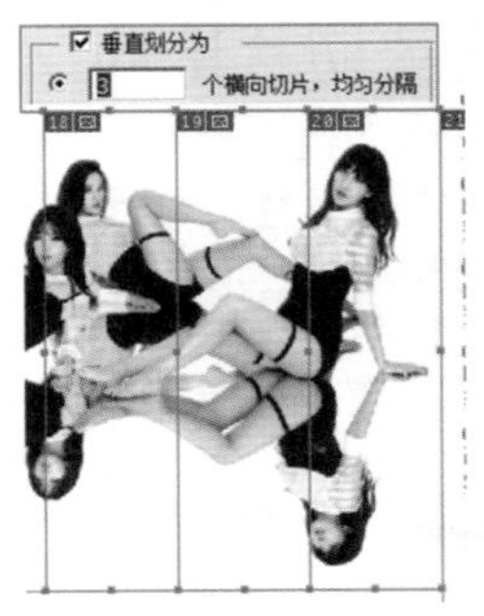
图4-15　横向均分

选择水平划分为【像素/切片】单选项，设置数量后，可以纵向上按设定高度从上往下划分切片，如图4-16所示。选择垂直划分为【像素/切片】单选项，设置数量后，可以横向上按设定宽度从左往右划分切片，如图4-17所示。

图4-16　固定高度划分

图4-17　固定宽度划分

4.3.4　组合切片

一个切片可以划分为多个切片，反过来，也可以将多个切片组合为一个切片。使用切片选择工具选中多个切片，右击鼠标，从弹出的快捷菜单中选择【组合切片】命令，即可将当前选中的多个切片组合成一个切片，如图4-18所示。

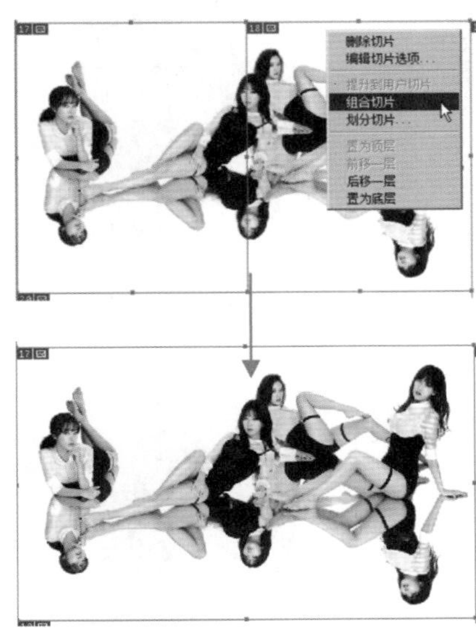

图4-18　组合切片

4.3.5　删除切片

选中切片后，按Delete键即可将其删除。执行【视图】|【清除切片】命令可以清除所有创建的切片，但同时会保留一个全图像大小的自动切片，如图4-19所示。该切片无法删除，只能隐藏。

图4-19　清除切片效果

4.3.6　转化为用户切片

基于图层的切片和自动切片无法进行移动、组合、划分操作。如果需要对基于图层的切片和自动切片进行这些操作，首先需要将其转化为用户切片。另外，所有自动切片在优化时都采用共同的优化设置，若要为其设置不同的优化设置，也需要将其转化为用户切片。

使用切片选择工具选中需要转化的切片，如图4-20所示，单击工具属性栏中的【提升】按钮，即可将其转化为用户切片，如图4-21所示。

图4—20 选中自动切片

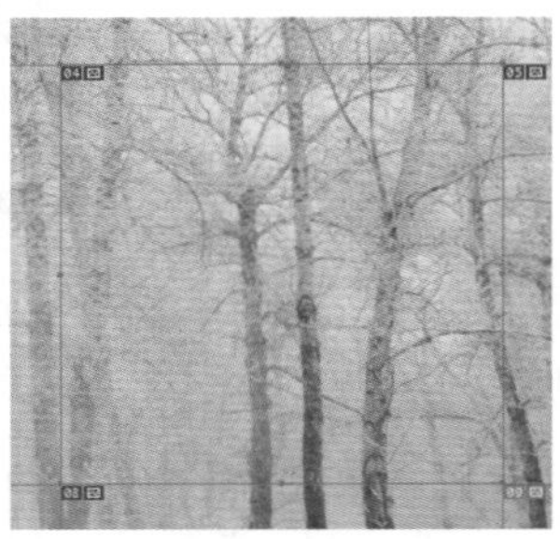

图4—21 提升成用户切片

4.3.7 设置切片选项

Photoshop中的每一个切片除了包括显示属性外，还包括Web属性。使用切片选择工具选中一个切片后，单击工具选项栏中的【为当前切片设置选项】按钮，打开【切片选项】对话框，如图4—22所示。其中，各个选项及作用如表4—1所示。

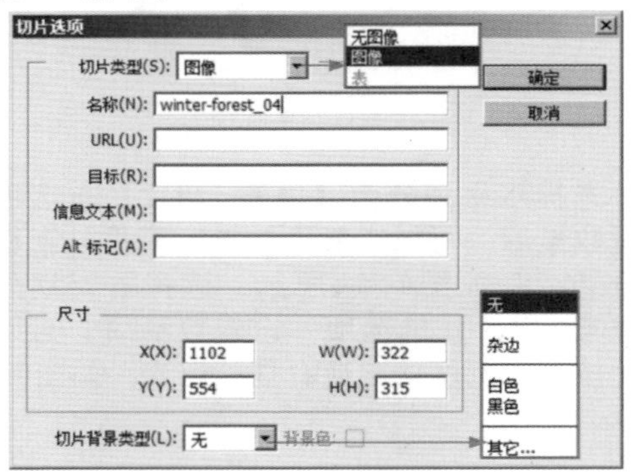

图4—22 【切片选项】对话框

表4—1 【切片选项】对话框中的选项及作用

选项	作用
切片类型	该选项用来设置切片数据在Web浏览器中的显示方式，分为图像、无图像与表3种
名称	该选项用来设置切片名称
URL	该选项用来为切片指定URL，可使整个切片区域成为所生成Web页中的链接
目标	该选项用来设置链接打开方式，分别为_black、_self、_parent与_top
信息文本	为选定的一个或多个切片更改浏览器状态区域中的默认消息。默认情况下，将显示切片的URL（如果有）
Alt标记	指定选定切片的Alt标记。Alt文本出现，取代非图形浏览器中的切片图像。Alt文本还在图像下载过程中取代图像，并在一些浏览器中作为工具提示出现
尺寸	该选项组用来设置切片尺寸与切片坐标
切片背景类型	选择一种背景色来填充透明区域（适用于图像类型切片）或整个区域（适用于无图像类型切片）

注意

URL 选项可以输入相对 URL 或绝对（完整）URL。如果输入绝对 URL，一定要包括正确的协议（例如，http://www.baidu.com 而不是 www.baidu.com）。

当设置【切片类型】选项为【无图像】选项后，【切片选项】对话框更改为如图4—23所示。可以输入要在所生成Web页的切片区域中显示的文本，此文本可以是纯文本或使用标准HTML标记设置格式的文本。

提示

在无图像类型切片中，设置显示在单元格中的文本，在文档窗口中是无法显示的。要想查看，需要生成 HTML 网页文件。

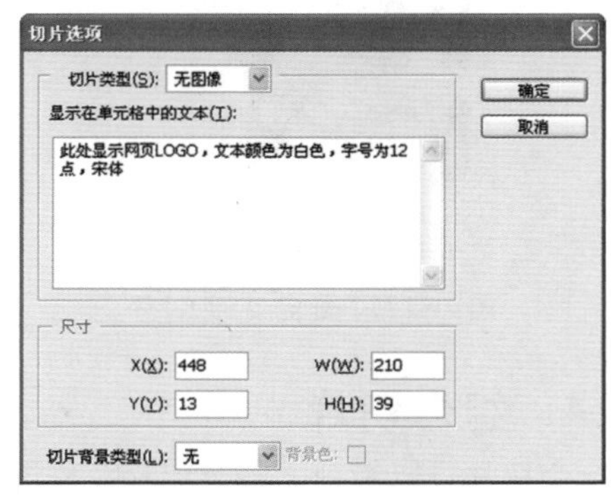

图4—23 【无图像】选项

4.4 优化与导出Web图像

划分好切片的网页设计稿就可以优化导出了。利用【存储为Web所用格式】命令，为了最大化地降低输出文件的大小，有利网络浏览，可以对不同的切片应用不同的优化设置。

4.4.1 存储为Web所用格式对话框

打开一张已经划分好切片的文件，执行【文件】|【存储为Web所用格式】命令，打开【存储为Web所用格式】对话框，如图4-24所示。

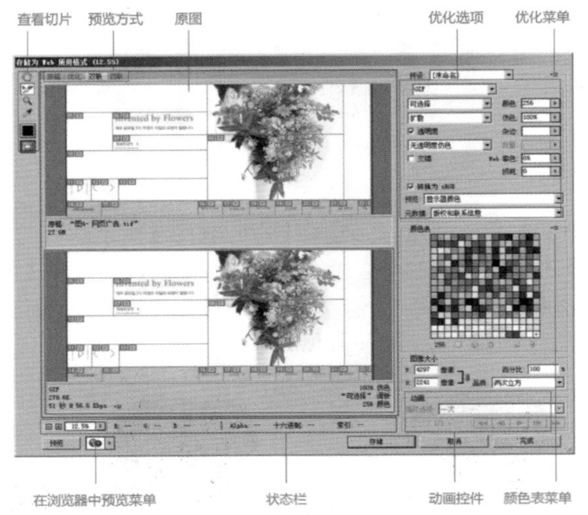

图4-24　【存储为Web所用格式】对话框

对话框中的各个选项及功能如下。

- **查看切片**　在对话框左侧区域中包括查看切片的不同工具：抓手工具、切片选择工具、缩放工具、吸管工具、吸管颜色与切换切片可见性。
- **预览方式**　在图像预览窗口中包括4个不同显示方式：原图、优化、双联与四联。
- **优化选项**　在优化选项区域中，选择下拉列表中的不同文件格式选项，会显示相应的参数。
- **动画控件**　如果是针对动画图像进行优化，那么在该区域中可以设置动画播放选项。
- **状态栏**　显示光标所在位置的图像的颜色值等信息。
- **优化菜单**　包含【存储设置】【优化文件大小】【链接切片】【编辑输出设置】等命令。
- **颜色表菜单**　包含【新建颜色】【删除颜色】命令以及对颜色进行排序的命令等。

4.4.2 优化为GIF和PNG-8格式

GIF和PNG-8是用于压缩具有单调颜色和清晰细节的图像（如艺术线条、徽标或带文字的插图）的标准格式。与GIF格式一样，PNG-8格式可有效地压缩纯色区域，同时保留清晰的细节。这两种文件均支持8位颜色，因此可以显示多达256种颜色。确定使用哪些颜色的过程称为建立索引，因此GIF和PNG-8格式图像有时也称为索引颜色图像。为了将图像转换为索引颜色，Photoshop会构建颜色表，该表存储图像中的颜色并为这些颜色建立索引。如果原始图像中的某种颜色未出现在颜色表中，应用程序将在该表中选取最接近的颜色，或使用可用颜色的组合模拟该颜色。

这两种格式优化项如图4-25所示，其中重要参数如下。

图4-25　GIF优化项

- **优化的文件格式**　用于设置采用哪种文件格式进行优化。
- **颜色**　用于设置优化后的颜色数量。颜色数越少，优化后的文件越小，但优化后的图像与原图差别就越大。
- **透明度**　确定是否在优化后保留透明，启用该复选框，将保留原图的透明效果；取消该复选框，则原图透明区域将被【杂边】选项所设置的颜色填充。
- **杂边**　设置填充透明区域的颜色。选择无，就表示用白色填充。
- **Web靠色**　指定将颜色转换为更接近Web面板等效颜色的容差级别。数值越大，转换的颜色越多。

Photoshop CC网页设计与配色从新手到高手

- **损耗** 通过有选择地扔掉数据来减小文件大小，损耗值越高，则会丢掉越多的颜色数据，如图4—26所示。通常可以应用5～10的损耗值，既不会对图像品质有大的影响，又可以大大减少文件大小。该选项可将文件大小减小5%～40%。

损耗0

损耗100

图4—26 不同损耗效果

4.4.3 优化为JPEG格式

JPEG是用于压缩连续色调图像（如照片）的标准格式。该选项的优化过程依赖于有损压缩，它有选择地扔掉颜色数据。

该格式优化项如图4—27所示，其中的重要参数如下。

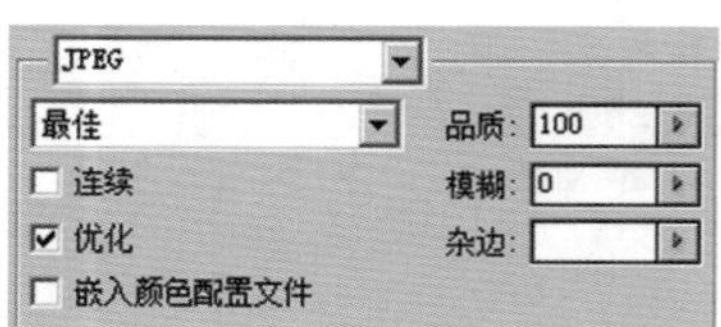

图4—27 JPEG优化项

- **压缩品质/品质** 用于设置压缩程度。品质越高，压缩越小，图像保留细节越多，文件越大。
- **连续** 启用该选项，可以使图像在Web浏览器中以渐进方式显示。
- **优化** 启用该选项，可以创建文件大小更小的JPEG图像。

4.4.4 化为PNG—24格式

PNG—24适合于压缩连续色调图像，所生成的文件比JPEG格式生成的文件要大得多。使用该格式的优点在于可在图像中保留多达256个透明度级别。该格式优化项如图4—28所示，其设置同GIF和PNG—8。

图4—28 PNG—24优化项

4.4.5 优化为WBMP格式

WBMP格式是用于优化移动设备图像的标准格式。它支持1位颜色，即图像只包含黑色和白色像素，如图4—29所示。

原图

优化后

图4—29 WBMP格式效果

4.5 切片和导出要点

切片后的网页图像还需要利用Dreamweaver进一步编辑，因此切片不仅仅是把图片分割成小块。为了便于后续的编辑，切片需要遵循一定原则。

1. 不需要切的元素

在Photoshop中完成的网页效果设计，只是一个网页建成后的效果展示。在切片的时候，并非效果图中所有的元素都需要切。以下元素不需要切。

- 采用网页标准字体录入的文字不用切。比如，采用宋体、黑体、微软雅黑等字体录入的中文文字，采用Arial、Arial Black、Times New Roman、Verdana等字体录入的英文文字。这些文字几乎能被所有计算机识别，因此可以保留为文字状态，而不必当做图片使用。
- 纯色背景。单色元素可以直接在Dreamweaver中用代码描述，因此不需要作为图片使用。

2. 切片顺序

切片时按照先从上到下，然后从左到右的顺序进行，划分的时候先整体后局部，如图4-30所示。

从上往下

从左到右

图4-30　划分顺序

3. 大图划小

一张完整的大图不适合作为一个切片，而应该划分为多个切片，每个切片的大小在50kB左右适宜，如图4-31所示，这样便于网络浏览加载。

图4-31　大图划分成多块

4. 按钮独立划出

网页中的按钮独立划分，如图4-32所示，便于以后编辑中可以进一步处理和更换。注意，做了投影等效果的按钮，其投影也应该包括在切片内。

图4-32　按钮划分

5. 标志和文字保持完整

标志图案和文字应该保持完整，不能分割，它们都应该各自处于同一个切片内，如图4-33所示。这样便于显示的完整性，也便于今后的修改。

图4-33　文字应保持完整

6. 渐变图可只切1px宽或高

渐变背景图，垂直渐变的，只切1px宽，高与渐变高相等；水平渐变的，只切高1px，宽与渐变等宽。图4-34所示为垂直渐变切片。

图4-34　垂直渐变背景切片

7. 导出设置

切片完毕，在具体导出的时候，需要注意以下几点。

- 隐藏不需要切片的单色背景和标准字体文字。
- 对卡通类图像，一般采用GIF、PNG-8格式，并且可以根据情况降低颜色数。
- 对色彩丰富的照片，一般采用JPEG格式优化，优化品质可以设置为60%。
- 按钮切片用GIF、PNG格式，并启用【透明度】复选框。
- 公用并且形状不是矩形的图像，需要单独导出，并启用【透明度】复选框。

4.6 案例实战：百丽首页切片

本案例对百丽服饰首页进行切片。对制作好的网页效果文件进行切片前，需要分析网页中的元素哪些是静止不变的，哪些是共用元素。对于共用元素，一般需要单独导出，导出时应该隐藏其他图层。百丽首页效果图如图4-35所示。

图4-35　百丽首页效果

STEP|01　打开百丽首页效果文件，查看其内容和图层，如图4-36所示。

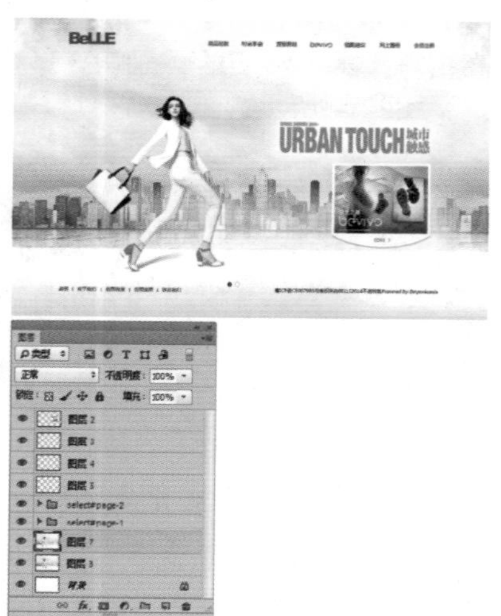

图4-36　查看组成

STEP|02　根据查看，得知网页头部（页眉），标志是独立的图，标题文字是标准字体；主体部分，背景是两张模特图，“城市触感”是共用部分，悬浮于背景图上；底部（页脚），表示图片切换的圆形图标是共用的，文字是标准字体。图4-37中红圈所指的就是需要独立输出的共用图。

图4-37　共用图

STEP|03　选择切片工具，首先从上到下将页面、主体、页脚切片，如图4-38所示。

图4-38　整体切片

STEP|04　隐藏所有文字图层，隐藏共用图图层，如图4-39所示。

STEP|05　执行【文件】|【存储为Web所用格式】命令，打开图4-40所示对话框。

图4—39　隐藏共用图和文字

图4—40　存储为Web格式

STEP|06　分别选中切片1、2，设置优化格式为JPEG，品质为60%，如图4—41所示。选中切片3，设置优化格式为GIF，设置颜色数为2，如图4—42所示。

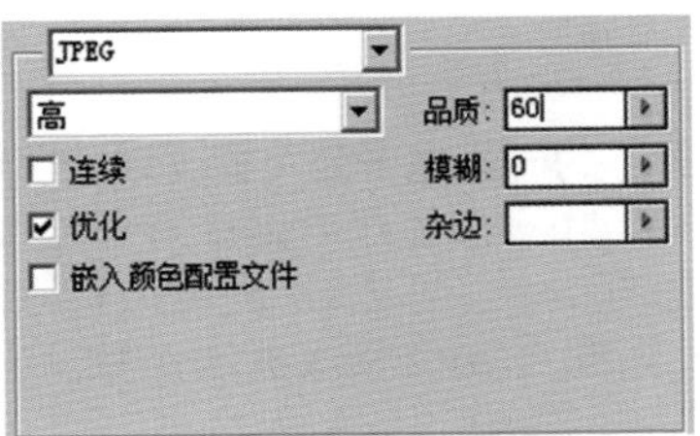

图4—41　JPEG优化

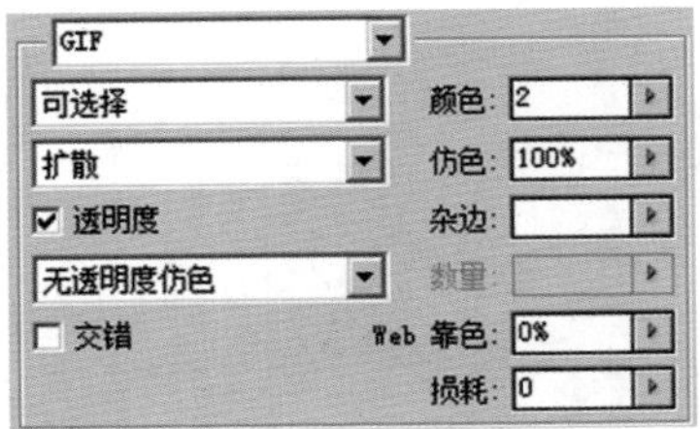

图4—42　GIF优化

STEP|07　单击【存储】按钮，选择百丽文件夹，设置名称为baili（网页图片只能用数字、英文命令），【切片】选项设置为所有切片，然后单击【保存】按钮，导出切片，如图4—43所示。

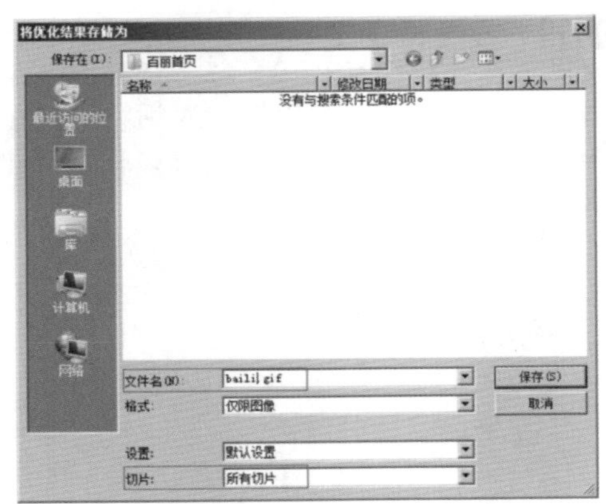

图4—43　导出切片

STEP|08　显示出共用图所在图层，并隐藏整个背景，同时选中图层2、3、4、5，执行【图层】|【新建基于图层的切片】命令，创建共用部分的切片，如图4—44所示。

图4—44　基于图层创建切片

STEP|09　执行【文件】|【存储为Web所用格式】命令，打开【存储为Web所用格式】对话框。首先选中切片8，设置格式为PNG—24，如图4—45所示；然后分别选中切片3、13、15，设置格式为GIF，设置颜色为8，如图4—46所示。

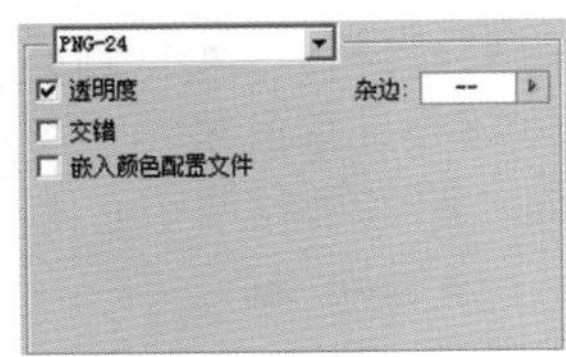

图4—45　PNG—24优化

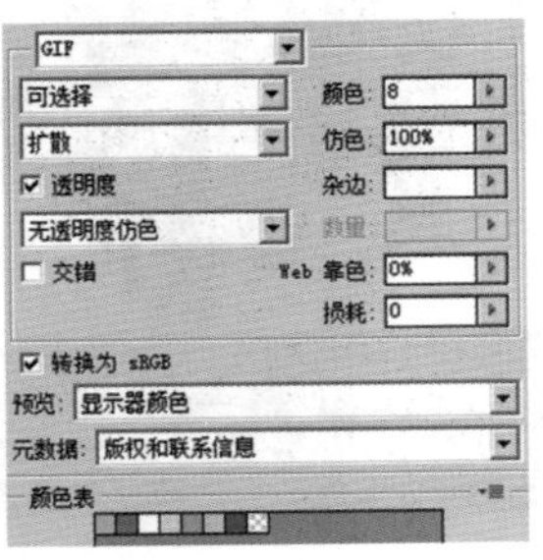

图4—46　GIF优化

STEP|10 按住Shift键，使用对话框左侧的切片选择工具，将切片3、8、13、15同时选中，单击【存储】按钮，弹出存储对话框，按照图4-47所示进行设置，然后单击【保存】按钮，完成切片导出。

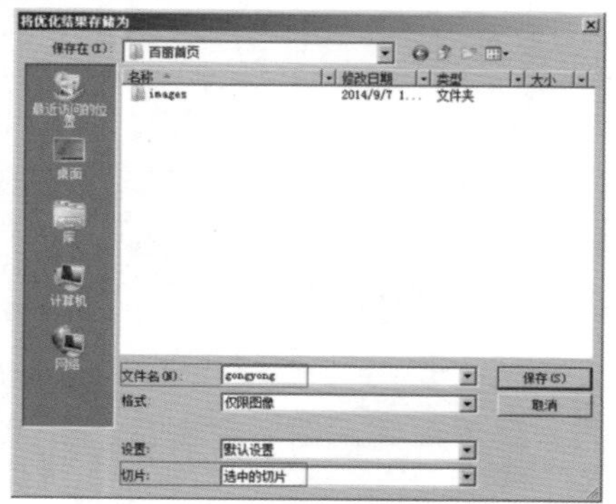

图4-47 共用切片导出

STEP|11 打开百丽首页文件夹，可以看到其下包括一个image文件夹，这是导出切片时程序自动创建的文件夹。打开该文件夹，可以看到所有导出的切片图像都在，如图4-48所示。

提示

如果在保存对话框中，设置【格式】选项为【HTML和图像】，则可以同时导出切片图像和HTML文件。本案例设置为【仅限图像】，因此只是导出了切片图像。

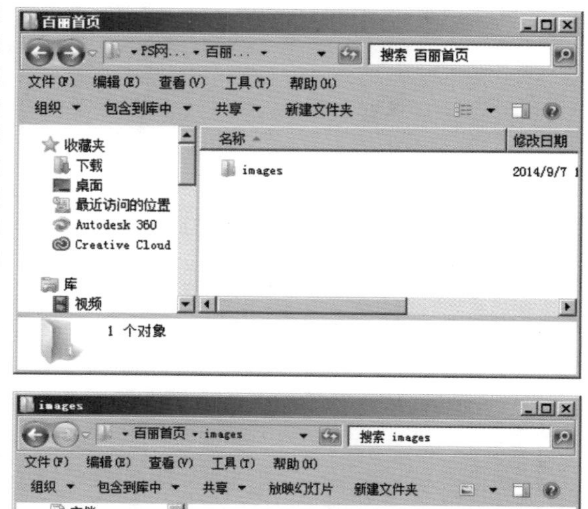

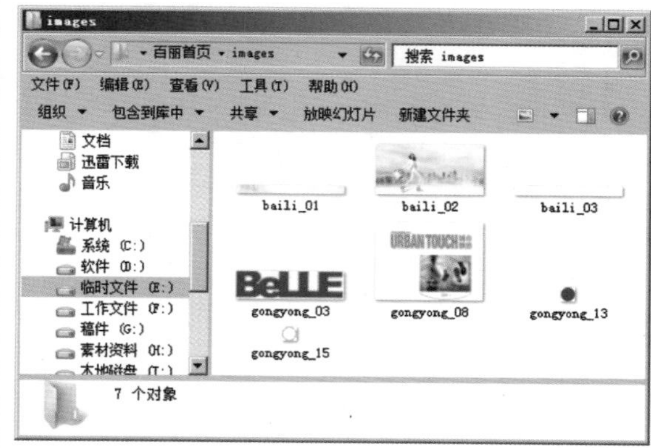

图4-48 输出的切片文件

4.7 新手训练营

练习1：为一家餐饮公司首页划分切片并导出

本案例为一家餐饮公司的首页。在页眉上有公司标志和导航按钮，在页脚处有欢迎文字和电话。主体部分是菜品展示，单击按钮应该可以切换菜品，如图4-49所示。

图4-49 餐饮网站首页效果

练习2：为一家电子公司首页划分切片并导出

本案例为一家生产电池的电子公司。主体部分将做成Flash，可以动态切换多张图。页脚左侧第一张图位置也将做成动态的，用于展示当前的产品，如图4-50所示。

图4-50 电子公司首页效果

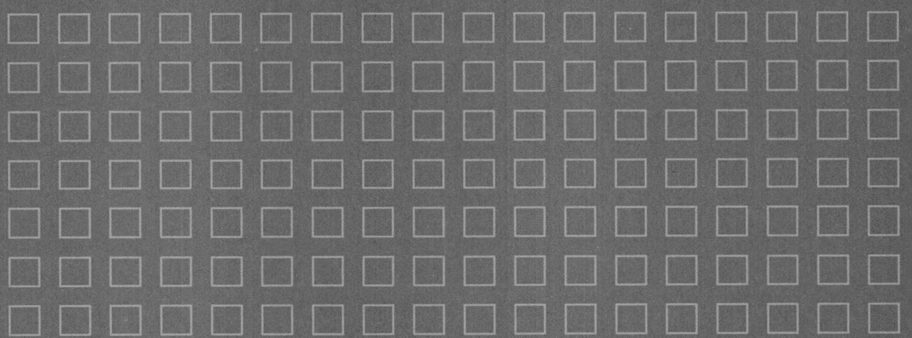

第5章 网页图标设计

图标在日常生活中起着重要的作用，可以给人以提示、警示等作用，同时也广泛地应用于网页设计之中，连接着各个不同的网站。图标在网页中扮演着重要的桥梁作用，方便用户在不同的网站之间进行切换浏览。不同网站的图标有着不同的设计风格，体现着所属网站的总体风格和设计特色，吸引和引导用户进入网站中浏览。

根据图标实际用途的不同，设计师要设计出符合网页风格，同时又要具有实用性的图标作品，本章节中列出了几个相关的实例，展示图标的具体制作过程。

Photoshop CC

5.1 网页图标概述

5.1.1 图标概念

图标是具有指代意义的图形符号，具有高度浓缩并快捷传达信息、便于记忆等特性。图标有广义和狭义之分。广义的图标泛指一切图形化的标识，如图5-1所示的交通标识。狭义的图标，专指计算机软件界面中的各种图形标识，网页图标即是其中的一个大类。

图5-1 交通标志

网页图标是网页中特定的图形符号，不同的网页图标具有不同的符号意义，都带有直观明了的视觉感，能够让用户一目了然地了解到网站的风格类型，方便用户更快捷地寻找到自己所需的信息。图5-2所示为网名“zhoutiaoqing”网友设计发布的矢量图风格网页图标，图5-3是网名为“navyxia”网友设计发布的网页图标。

图5-2 矢量网页图标

图5-3 带投影网页图标

5.1.2 网页图标的主要应用

网页图标的每个图案都是具有特定的含义的，可以表示一个栏目、功能或命令等，比如一个衣服的小图标，浏览者很容易便能辨别出这是跟衣服有关的网站，同时可以省去大段的内容功能介绍，也有利于不同国家之间不同语言用户地相互交流和沟通，如图5-4所示。

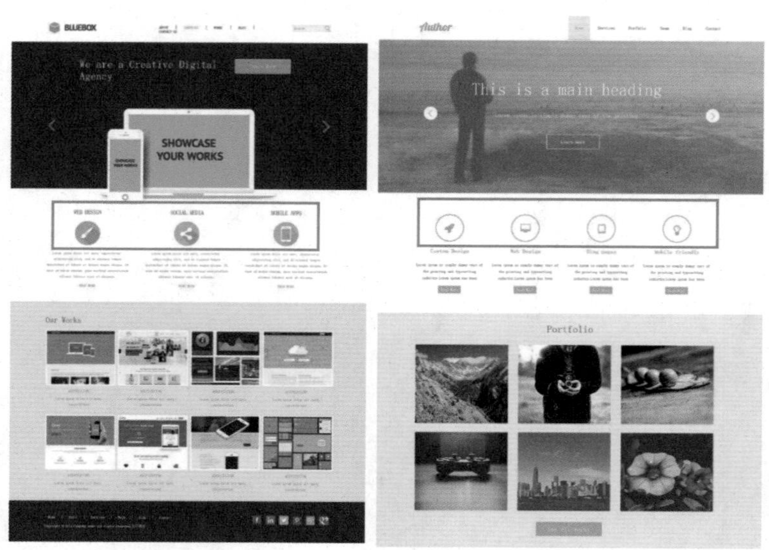

图5-4 网页图标的优势

在网页设计中，会根据不同的需要来设计不同类型的网页图标。最常见到的是用于导航菜单的导航图标，以及用于链接其他网站的友情LOGO图标。图5-5是网页中的导航图标。

图5-5　导航图标

网络图标也广泛用于功能提示，最常见的如搜索、服务、上传、下载图标等。图5-6所示为法国某商务社交网站的功能图标。

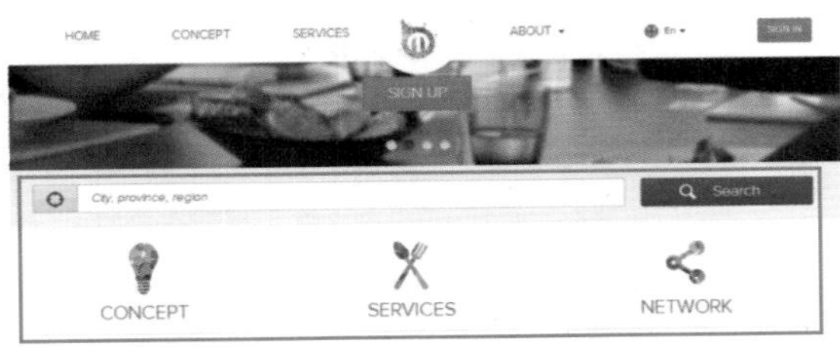

图5-6　功能图标

5.1.3　网页图标设计原则

图标设计的基本原则就是要尽可能地发挥图标的优点——比文字直观、比文字漂亮，减少图标的缺点——不如文字表达得准确。因此图标设计的原则主要有以下几点。

第一，可识别性原则。

可识别性原则，意思是说，图标的图形要能准确表达相应的操作。换言之，就是让人一看就要明白他所代表的含义，这是图标设计的灵魂，如图5-7所示。

图5-7　图标可识别性

第二，风格统一性原则。

同一个界面，同一个网页，其所采用的图标应该风格统一。不要将不同风格的图标堆砌在一起，那样既不美观，又降低了图标的识别性，如图5-8所示。设计图标时，可以从这些角度来考虑图标的风格：简约还是精致？平面还是立体？抽象还是具体？严谨还是卡通？冷色还是暖色？方形还是圆形？加框还是不加框？

图5-8　风格不统一的图标设计

建议根据网站类型和风格，在具体设计图标前定义好整套图标的色板。设计中所有图标都只从定义的色彩中选色，如此能保证颜色的统一。

第三，视觉美观。

追求视觉效果，一定是要在保证差异性、可识别性、统一性原则的基础上，才可以考虑更高层次的审美需要。图5-9所示是网名“小汤圆没有馅”网友发布的一组漂亮的扁平化图标设计。

图5-9　扁平化图标设计

5.1.4　图标的保存格式

图标以简明的图案、颜色为主，因此网页图标保存格式主要是GIF与PNG-8两种。GIF和PNG-8可支持256种索引色，不但占用空间小，完全满足一般图标的颜色表现，而且支持透明，便于图标在不同背景中的应用。

5.2 实战案例：商务网站图标制作

网站中的导航菜单多种多样，除了纯文字导航菜单和单色图标外，还可以利用图形来装饰导航菜单。在网站导航栏目中加入相应的图标，如图5–10所示，既可以美化网站，又形象地表达了栏目含义。在制作具有装饰效果的图标时要特别注意构图简洁，以便于识别。

图5–10　商务图标

STEP|01 新建一个700×500像素、白色背景的文档。新建图层1命名为“屋顶”，使用“钢笔工具”画出一个形状。双击该图层调整图层样式，如图5–11所示。

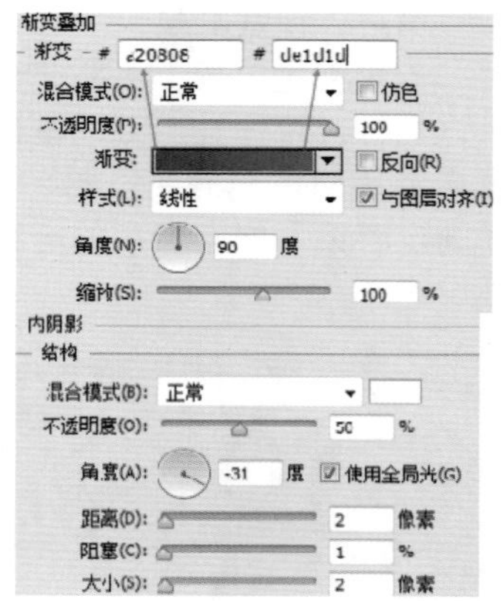

图5–11　调整图层样式1

STEP|02 复制“屋顶”图层得到“屋顶副本”图层，执行【编辑】|【变换】|【水平翻转】命令，把两个部分对接起来，如图5–12所示。

STEP|03 双击“屋顶副本”图层，调整该图层的图层样式，如图5–13所示。

图5–12　复制图层

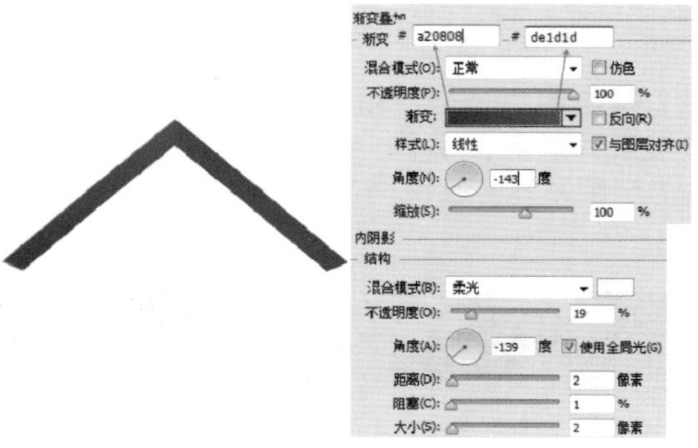

图5–13　调整图层样式2

STEP|04 新建“屋顶左”图层，使用钢笔工具绘制图形，填充颜色#700707，如图5–14所示。

图5–14　绘制图形

STEP|05 复制“屋顶左”图层并更名得到“屋顶右”图层，执行【编辑】|【变换】|【水平翻转】命令，把两个部分对接起来，如图5–15所示。

图5–15　复制并翻转图层

STEP|06 在“背景”图层上面新建一个图层，命名为“身体”，用钢笔工具勾出下图所示的路径并填充黑色，双击“身体”图层，调整该图层的图层样式，如图5-16所示。

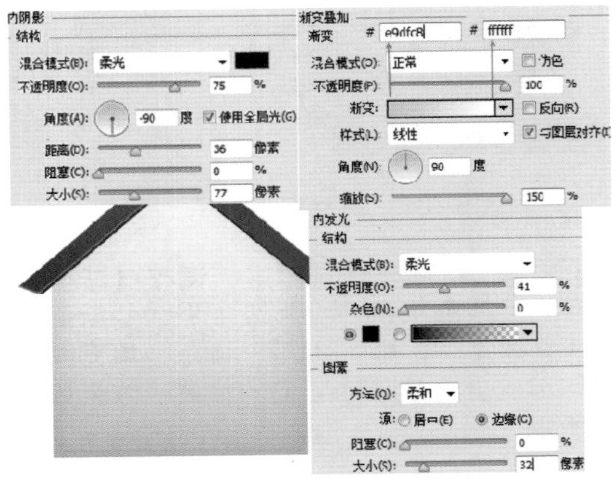

图5-16　调整图层样式3

STEP|07 复制“屋顶左”和“屋顶右”图层，分别命名为“屋顶阴影左”和“屋顶阴影右”，隐藏其他图层，执行【合并可见图层】命令，把“屋顶阴影左”和“屋顶阴影右”合并更名为“屋顶阴影”，填充颜色#5F5343，并把图层位置调整到“屋顶左”图层下面，向下稍微移动。如图5-17所示。

图5-17　制作屋顶阴影

STEP|08 按住Ctrl键单击“身体”图层缩览图，按快捷键Shift+Ctrl+I执行【选择反向】命令，按Delete键删除多余阴影。执行【滤镜】|【模糊】|【高斯模糊】命令，设置参数。如图5-18所示。

图5-18　删除多余阴影

STEP|09 新建“门”图层并绘制一扇门，双击该图层，调整图层样式，如图5-19所示。

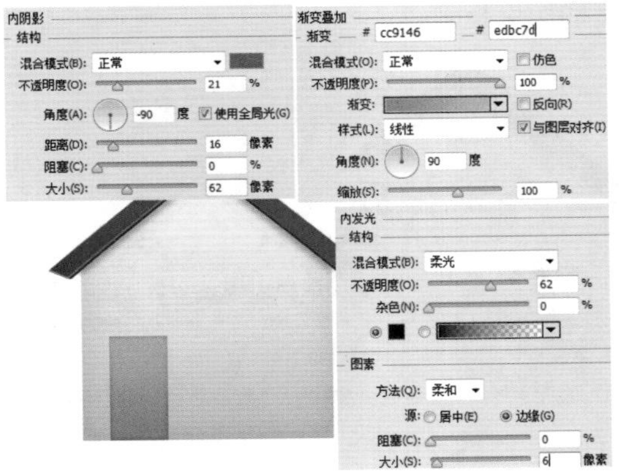

图5-19　调整图层样式4

STEP|10 新建图层1，选择圆角矩形工具绘制半径3像素，宽40像素，高30像素的黑色矩形。双击该图层，调整图层样式。复制该图层并向下移动。把这两个图层和图层“门”合并命名为“门”，如图5-20所示。

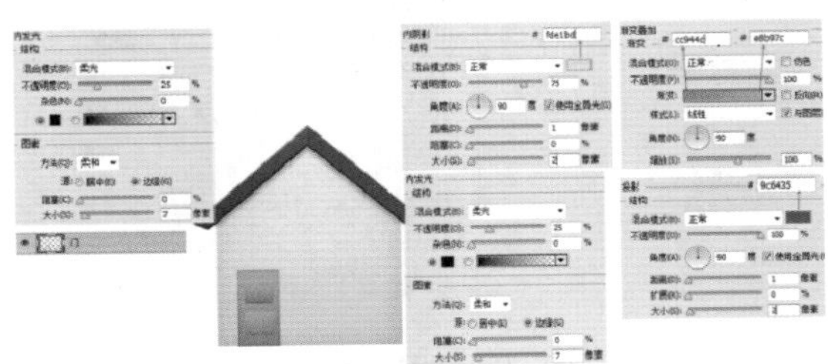

图5-20　绘制门

STEP|11 新建“把手”图层，使用椭圆工具绘制一个小圆，双击该图层，调整图层样式，如图5-21所示。

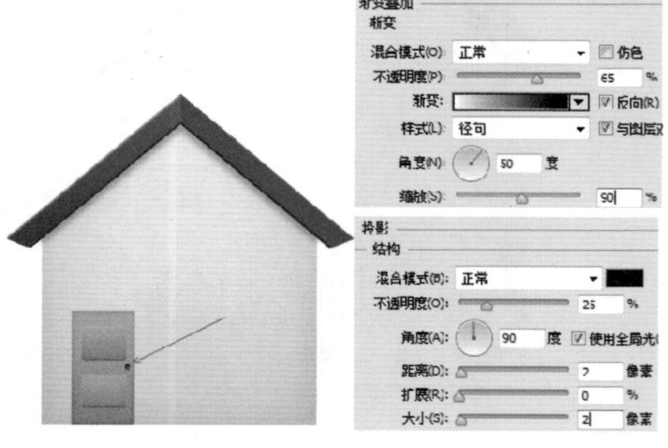

图5-21 制作把手

STEP|12 新建“形状1”图层，使用钢笔工具绘制图5-22所示的图形，双击该图层，调整该图层的图层样式。

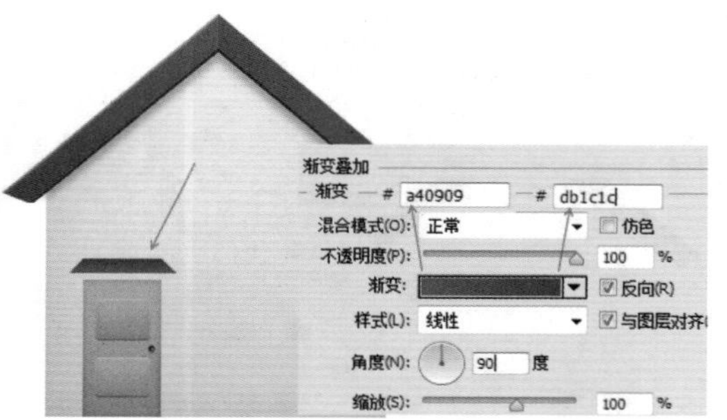

图5-22 绘制形状1

STEP|13 新建“形状2”图层，使用钢笔工具绘制图5-23所示的图形，并设置图层样式参数。

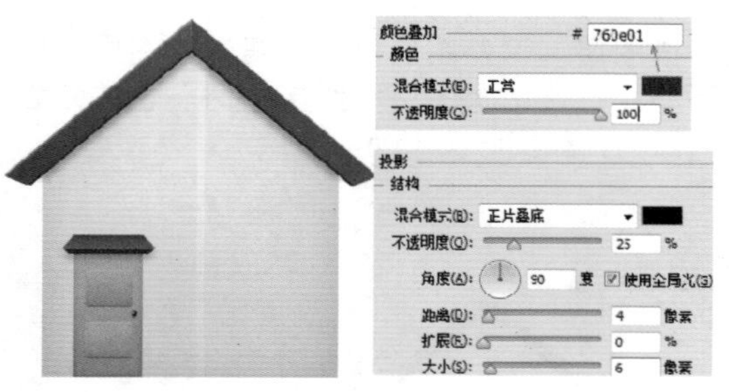

图5-23 绘制形状2

STEP|14 在“身体”图层上面新建图层1，填充黑色，双击该图层调整图层样式，如图5-24所示。

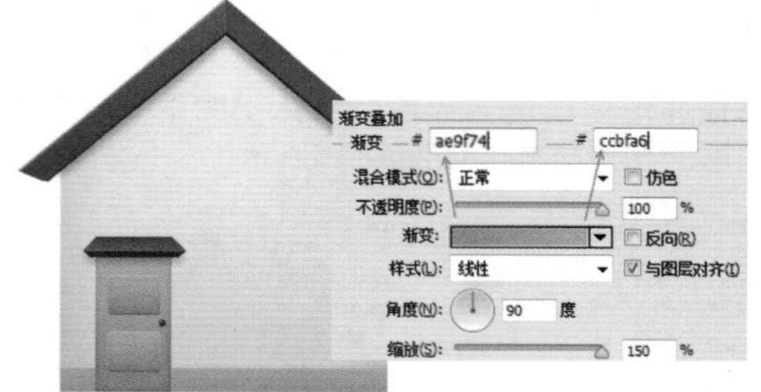

图5-24 调整图层样式5

STEP|15 复制“形状1”图层，调整【渐变叠加】样式，颜色从#E1B06E到#BD8645渐变，其他参数不变。复制“形状2”图层，填充颜色#A26431，并合理移动它们的位置，效果如图5-25所示。

图5-25 复制图层

STEP|16 使用矩形选框工具绘制窗户，并调整图层样式，如图5-26所示。

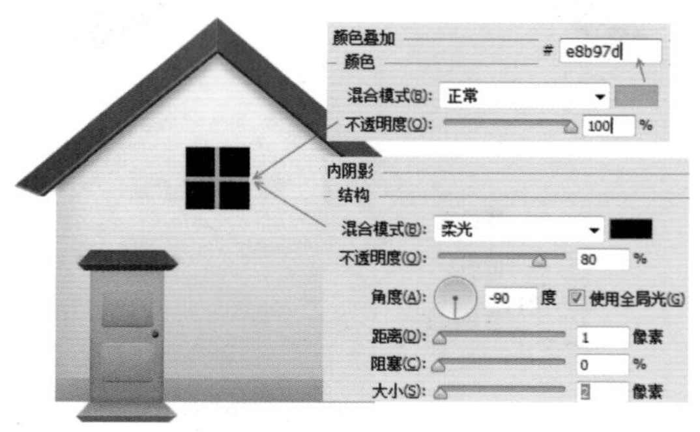

图5-26 绘制窗户

STEP|17 复制两次“门”图层，并调整成窗户大小，把“形状1”“形状2”的复制图层合并为“形状3”并复制以及调整成适合窗户的大小，如图5-27所示。

图5-27　复制并调整图层

STEP|18　把构成窗户的这些图层合并为"窗户"图层，并复制两次，等比例缩小70%，调整位置，如图5-28所示。

图5-28　复制"窗户"图层

STEP|19　新建图层，绘制烟囱，添加渐变，如图5-29所示。

STEP|20　新建图层，绘制栅栏，添加渐变，如图5-30所示。

图5-29　绘制烟囱

图5-30　绘制栅栏

STEP|21　执行【文件】|【置入】命令，导入小树素材，调整位置。效果如图5-31所示。

图5-31　导入小树素材

5.3　实战案例：网站Logo图标制作

网页中的LOGO图标也是常见的图标。下面图5-32是可爱洋服的网站标识，它与其品牌标识是相同的。由于可爱洋服的定位是前卫、时尚的服装品牌，所以在设计的过程中要突出这一特点，具体制作过程如下所述。

STEP|01　在Photoshop中新建一个500×600像素、分辨率为72的文档。新建图层1后，选择工具箱中的圆角矩形工具，其选项栏中的参数设置如图5-33所示。设置前景色为橘黄色，在画布中绘制出圆角矩形。

图5-32　可爱洋服图标

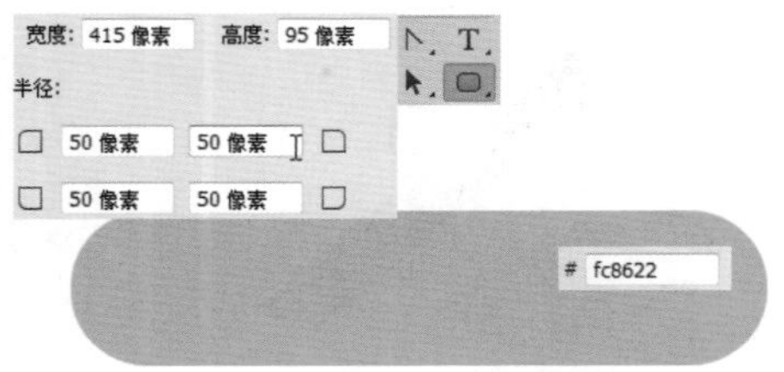

图5–33　绘制圆角矩形

STEP|02　双击图层1，打开【图层样式】对话框，通过该对话框为圆角矩形添加黑色描边效果，如图5–34所示。

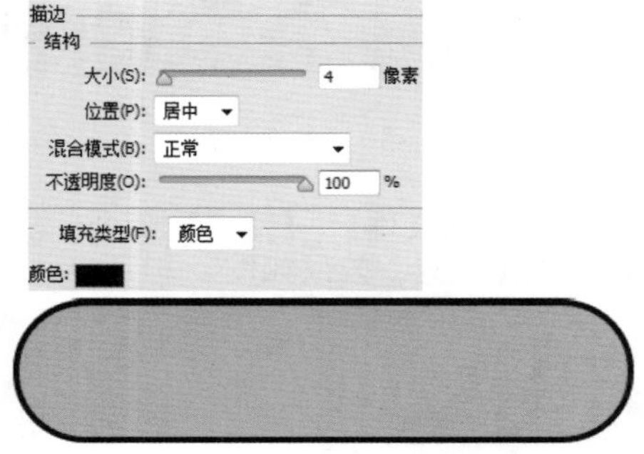

图5–34　添加图层样式

STEP|03　选择横排文字工具T输入文本，全选文字，打开【字符】面板，对文本属性进行设置，如图5–35所示。

图5–35　输入并设置文字

技巧

全选文本后，按住Alt键按向左、向右箭头，可以快速增大或减小字符的字间距。

STEP|04　双击文本图层，打开【图层样式】对话框，添加描边效果，如图5–36所示。在圆角矩形正下方输入文本。

STEP|05　选择多边形工具，启用【星形】选项，同时设置其选项栏中的其他参数，依次在新建图层上绘制红色和白色星形，如图5–37所示。

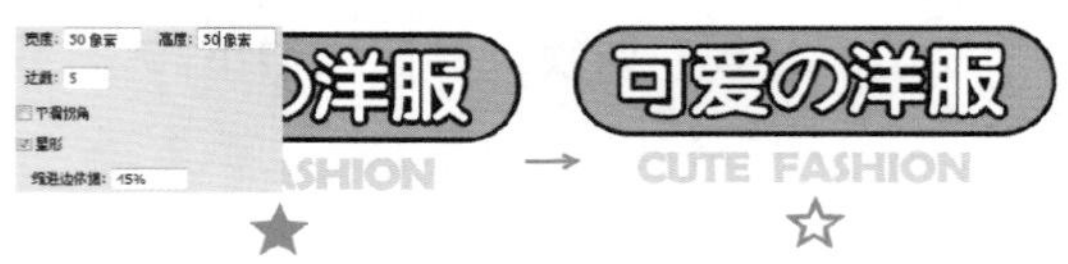

图5–36　为文本添加图层样式

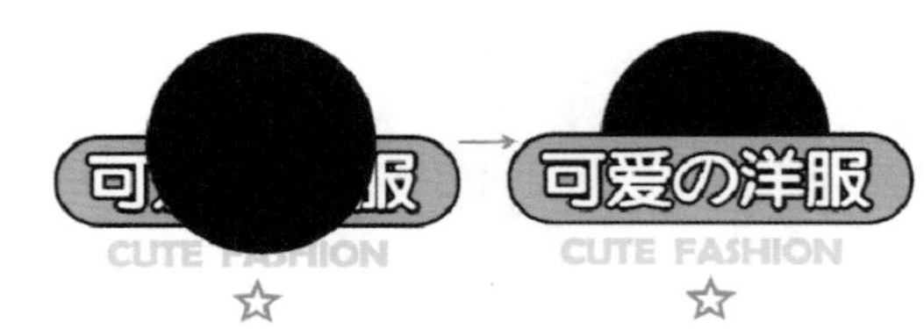

图5–37　绘制星形

STEP|06　使用椭圆选框工具，按下Shift键在新建图层上绘制正圆，填充黑色。绘制矩形选区，将遮盖圆角矩形的部分删除，如图5–38所示。

图5–38　制作半圆

STEP|07　最后，参照以上步骤，绘制3个不同颜色的星形。然后使用钢笔工具绘制其他图形，最终效果如图5–39所示。

图5–39　最终效果

5.4 实战案例：网站动态图标制作

在网页中经常会看到动态图标，一种是Flash动画图标，一种是GIF动画图标。下面以图5−40“网上留言”图标为例，讲解动态图标的制作方法。

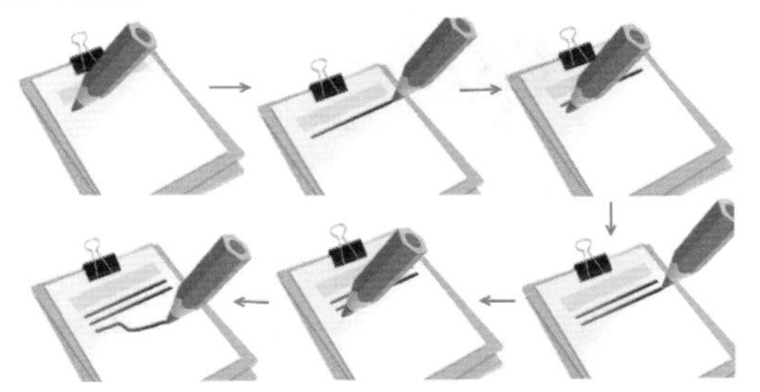

图5−40　“网上留言”动态图标

STEP|01　在Photoshop中新建一个860×845像素、分辨率为72像素/英寸的文档。使用矩形工具绘制矩形路径，如图5−41所示。

图5−41　绘制矩形路径

STEP|02　使用直接选择工具选中路径锚点调整路径形状，按快捷键Ctrl+Enter将路径转换为选区，新建图层并填充颜色，双击该图层添加【渐变叠加】图层样式，如图5−42所示。

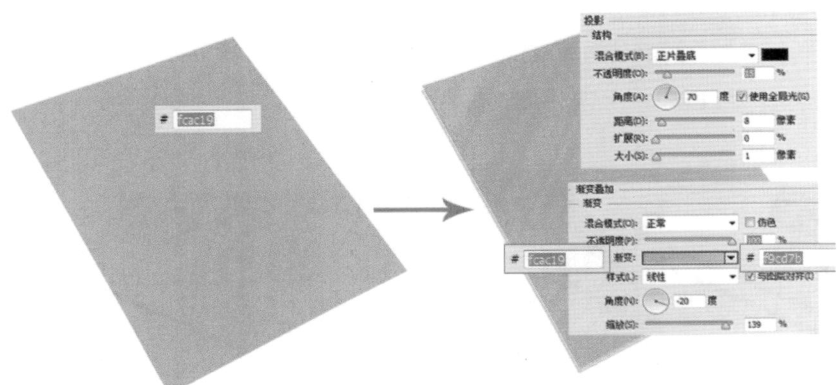

图5−42　调整路径并填充颜色

STEP|03　复制上一图层，按快捷键Ctrl+T进行变换调整。双击该图层，添加【渐变叠加】图层样式，如图5−43所示。

图5−43　变换并添加渐变

STEP|04　复制上一图层，按快捷键Ctrl+T进行变换。双击该图层，调整【渐变叠加】图层样式，如图5−44所示。

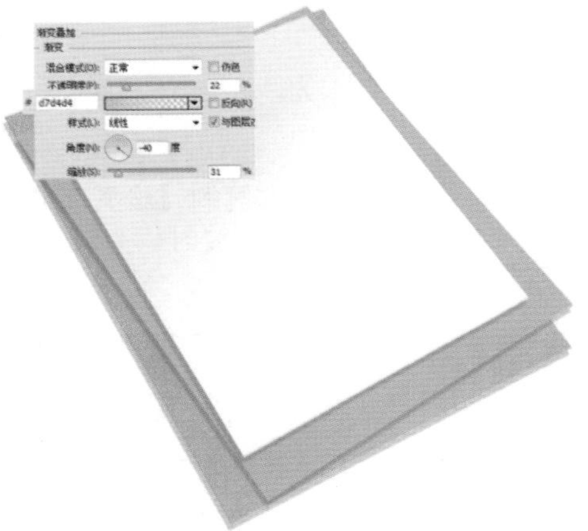

图5−44　变换并调整样式

STEP|05 导入图片素材“夹子”，双击该图层，添加【投影】图层样式。使用钢笔工具和渐变工具完成象征文字的线条的制作，如图5–45所示。

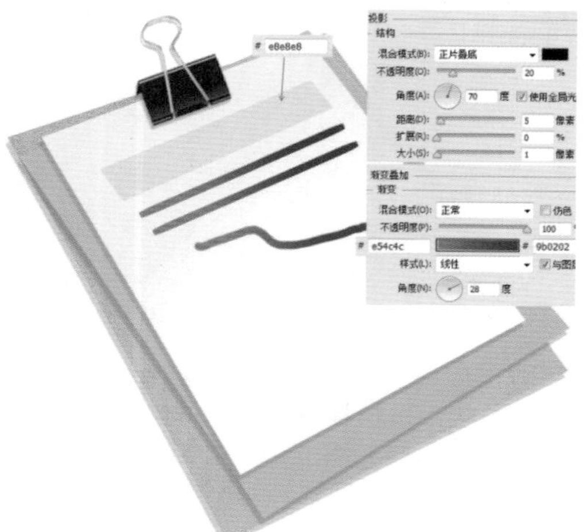

图5–45 导入“夹子”素材添加线条

STEP|06 导入图片素材“铅笔”，如图5–46所示。

图5–46 导入“铅笔”素材

STEP|07 执行【窗口】|【时间轴】命令，打开【时间轴】面板，拖动右侧的【设置工作区域的结尾】滑块，设置动画播放时间为2秒，如图5–47所示。

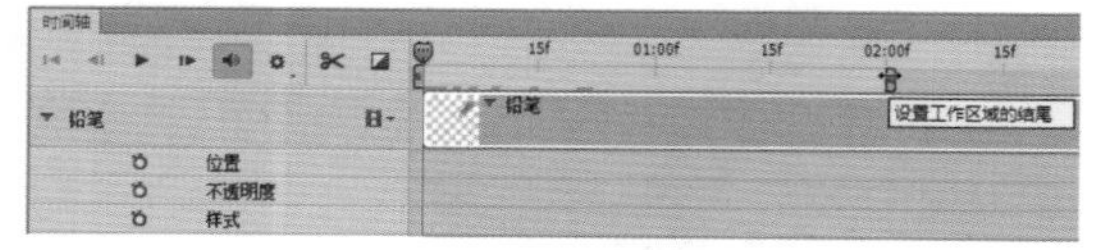

图5–47 设置动画播放时间

STEP|08 在【图层】面板中只显示“铅笔”与“文字1”图层，选中“铅笔”图层，将【时间轴】面板中的当前时间指示器指向首端，单击该图层中位置属性的【启用关键帧动画】按钮创建关键帧，如图5–48所示。

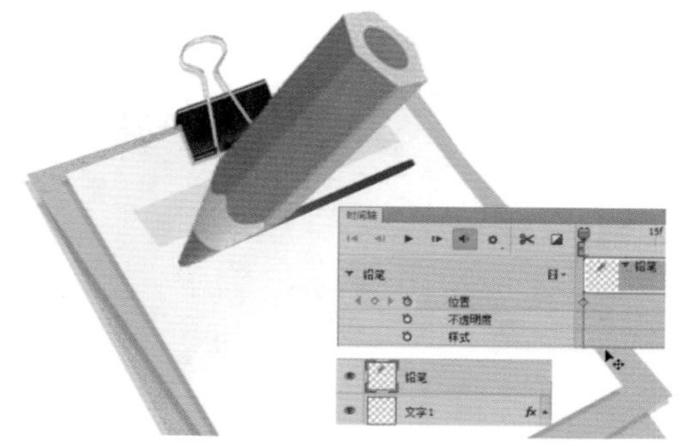

图5–48 创建第一个关键帧

STEP|09 拖动【当前时间指示器】至如图5–49所示位置，调整铅笔的位置，单击位置属性的“在播放头处添加或移去关键帧”按钮◇，创建第二个关键帧。

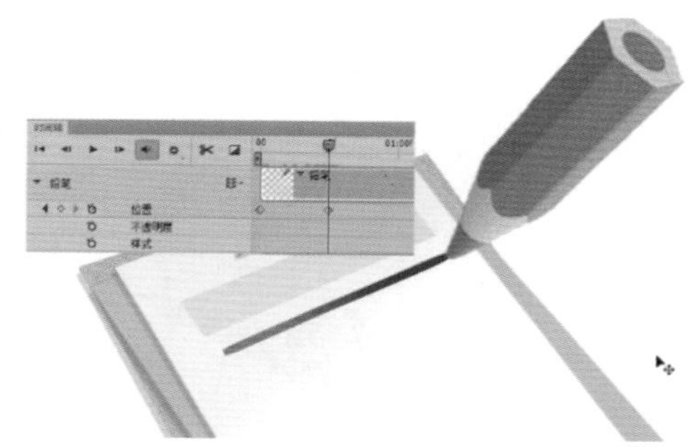

图5–49 创建第二个关键帧

STEP|10 选中“文字1”图层，将当前时间指示器从当前位置移动到上一个关键帧。然后单击“文字1”图层中不透明度属性的【启用关键帧动画】按钮创建关键帧，如图5–50所示。同时设置“文字1”图层的不透明度为0%。

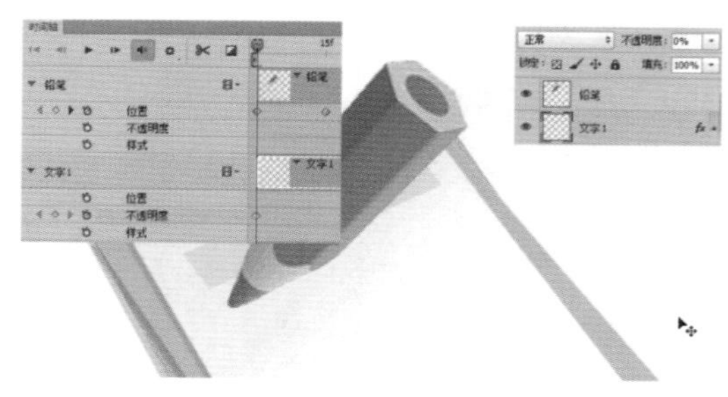

图5–50 创建“文字1”图层第一个关键帧

STEP|11 使用同样的方法，将当前时间指示器移动到下一位置，如图5—51所示，同时设置“文字1”图层的不透明度为100%。

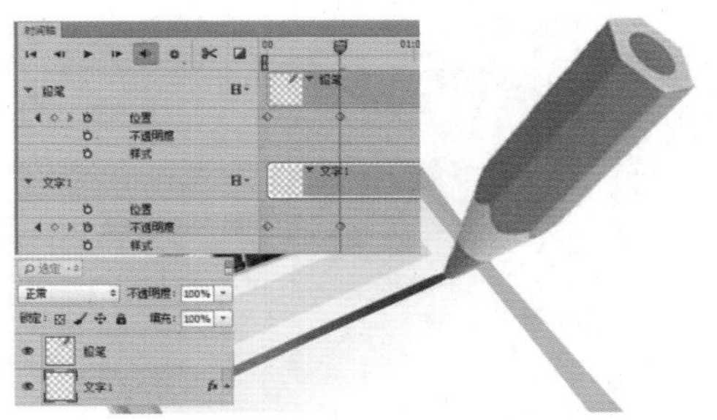

图5—51　创建“文字1”图层第二个关键帧

STEP|12 使用相同方法，不断移动铅笔位置，依次创建“文字2”“文字3”图层不透明度关键帧，如图5—52所示。

STEP|13 至此，整个时间轴动画制作完成，预览动画，效果如图5—53所示。

STEP|14 执行【文件】|【存储为Web所用格式】命令，或者按快捷键Shift+Alt+Ctrl+S打开【存储为Web所用格式】对话框，直接单击【存储】按钮，在弹出的【将优化结果存储为】对话框中的【保存类型】下拉列表中选择【仅限图像】选项，单击【保存】按钮即可。

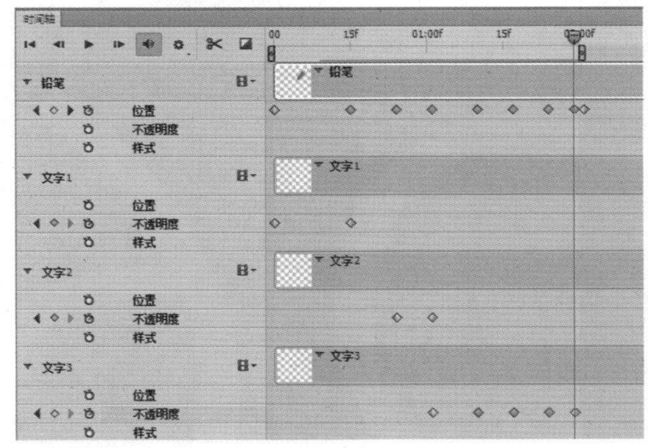

图5—52　创建其他关键帧

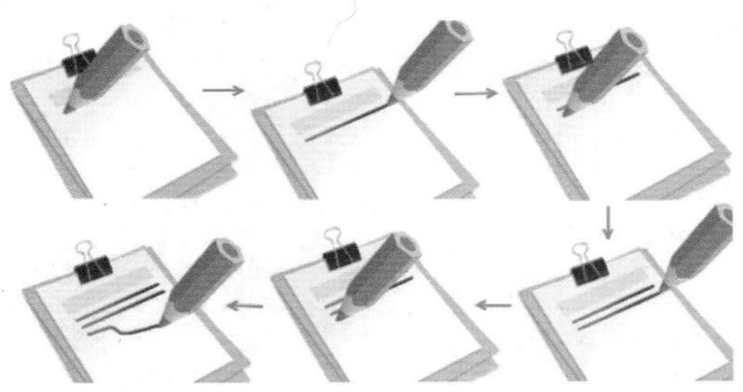

图5—53　完成时间轴动画制作

5.5 新手训练营

练习1：可爱的微信图标

本练习的效果如图5—54所示。这个图标表达了微信的可爱和八卦。利用钢笔工具绘制出路径，然后转化选区进行菱形渐变填充。绘制上睫毛和眉毛后，添加投影效果即可完成图标的制作。

图5—54　微信图标

练习2：扁平化留言簿图标

本练习的效果如图5—55所示。这个图标用一支铅笔和便笺纸表达出留言、记事的信息。绘制一个圆角矩形图案，然后添加细线，做成便笺纸。为便笺纸添加90°投影效果，并复制两个。将复制的便笺降低亮度，错开放置，这样便做出了便笺本。最后添加铅笔、铅笔投影等，即可完成整个图标。

图5—55　留言簿图标

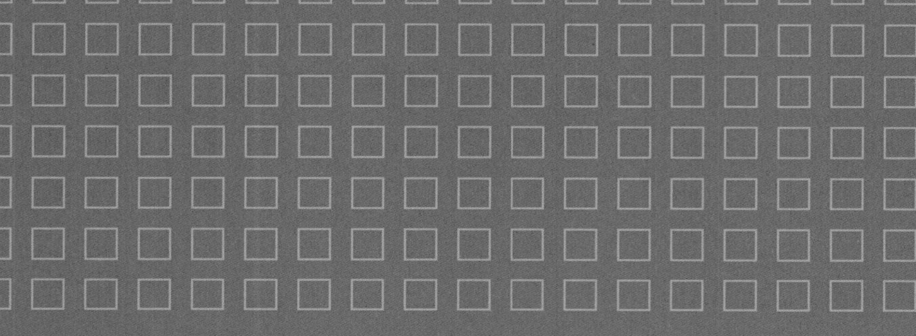

第6章　网页导航条设计

网页导航是指通过一定的技术手段，为网页的访问者提供一定的途径，使其可以方便地访问到所需的内容。导航是网页的一个重要组成部分，是链接各个站点的纽带，导航设计有时候会决定一个网页的成败，同时导航也是提高站点易用性的关键，所以在设计导航的过程中，要体现出导航的特点，要方便用户的浏览和使用，防止用户在点击的过程中产生困惑，做到主次分明，效果突出，简单明了。

Photoshop CC

6.1 网页导航条概述

网页导航条是链接网站各个站点的纽带，在整个网页中起着极其重要的引导作用。好的导航条能够给整个网页增光添彩，这就要求设计人员在设计的过程中应该掌握一些原则和技巧，使制作出来的导航能够满足特定网页的需求，现将这些原则和技巧介绍如下。

6.1.1 导航条设计的原则和技巧

1. 坚持一个导航栏

除了大型门户网站因为资讯类别庞杂导航项目众多外，对于绝大多数网站来说通常一个导航栏（条）就足够了。不要增加不必要的导航栏（条），可以用下拉菜单代替。这样可以使界面看起来更简洁明了。图6−1是门户网新浪网的导航栏，图6−2是中小型网站导航栏。

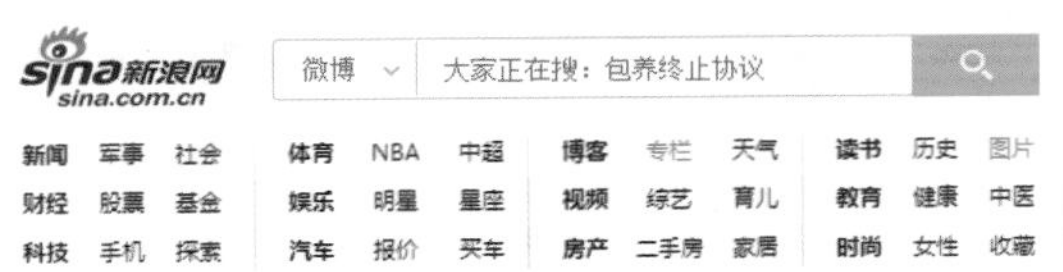

图6−1　新浪网导航栏

图6−2　中小型网站导航栏

2. 清晰、简单、明显的菜单选项

使用清晰、简单易懂的文本，尽可能做到简单并能够表达清楚。这样可以方便用户的使用，使他们不会感到困惑，同时也会增加页面的美观。图6−3为自在村创意网导航菜单。

图6−3　导航菜单

3. 不要使用多于两级的下拉菜单

尽量不要使用多于两级的下拉菜单，除非特别必要。使用多于两级的下拉菜单会增加操作过程的繁琐性，应该尽可能地做到减少菜单项目。图6−4所示为两级下拉菜单。

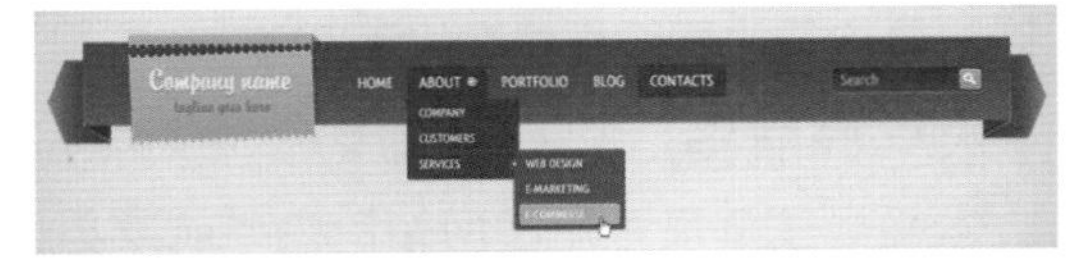

图6−4　两级下拉菜单

4. 下拉菜单中不要多于10个选项

切勿在下拉菜单中放置多于10个的选项，如图6−5所示。如果这样达不到设计要求，就重新设计栏目中的分类。

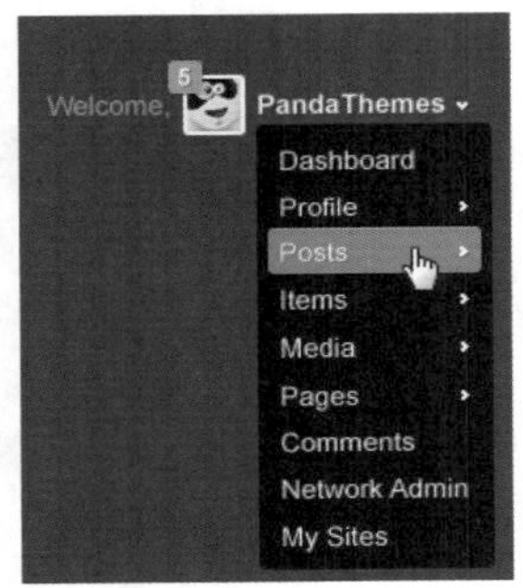

图6−5　下拉菜单选项

5. 不要只放图标

图标是很重要的，但是如果菜单上只有图标的话，部分人会对图标产生不解，导致用户流失。在导航栏中，文字是第一要素。如图6−6所示，导航栏简洁别致，但用户不一定都能明白各图标的含义，譬如那个瓶子是表示饮料类产品还是各类奶瓶？

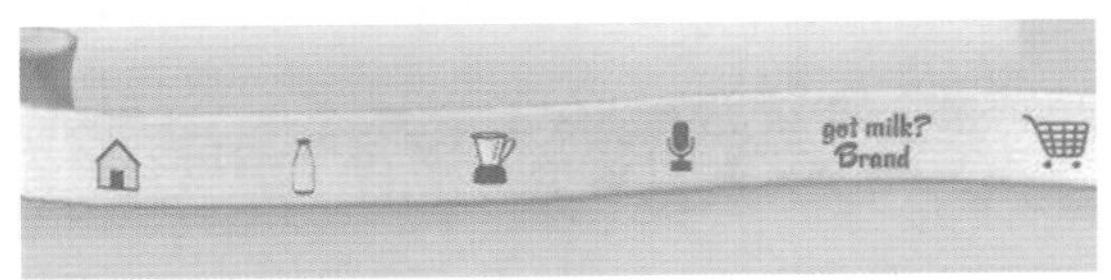

图6−6　图标导航栏

6. 让设计方便触摸屏用户使用

触摸屏技术已经被广泛采用，所以要让设计的导航栏方便触摸屏电子产品（比如IPAD）用户的使用。尤其对于下拉菜单而言，让它们更加容易被点击，而不是只能使用光标停留。

6.1.2 导航样式

导航是网站风格的主要组成部分，一个好的导航可以在确定网页风格的同时，也会使页面层次清晰。导航制作一直是设计师需要重点思考的问题，也是网页创意的重要体现，现在互联网最流行的导航样式有以下几种。

1．水平导航条

水平导航条最常用于网站的主导航菜单，以水平方式排列导航项，通常放在网站所有页面的上方或下方，如图6–7所示。水平导航条有时伴随着下拉菜单，当鼠标移到某个导航项上时会弹出它下面的二级子导航项。导航项一般是文字链接、按钮形状或者选项卡形状。水平导航条受屏幕宽度限制，因此导航条内栏目或者链接数有限。

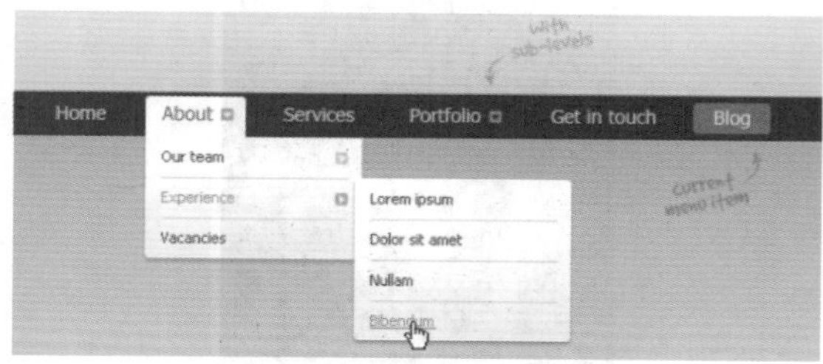

图6–7 水平导航条

2．垂直导航条

垂直导航条是以垂直的方式排列导航条，如图6–8所示，导航项被排列在一个单列上，在主内容区满足读者从左到右的阅读习惯，左边的垂直导航条比右边的垂直导航条效果要好。垂直导航条可以与子导航菜单一起使用，也可以单独使用。它多用于包含很多链接的网站主导航，由于可以处理很多链接，当垂直菜单太长时可能将用户淹没，这时可以尝试限制引入的链接数，使用飞出式子导航菜单以提供网站的更多信息。同时考虑将链接分放在直观的类别当中，以帮助用户很快地找到自己感兴趣的链接。

3．选项卡导航

选项卡导航可以设计成任何想要的样式，它存在于各种各样的网站里，并且可以纳入任何视觉效果，对用户有积极的心理效应，如图6–9所示。选项卡导航通常需要更多的标签、图片资源以及CSS，不太适用于链接很多的情况。

图6–8 垂直导航条

图6–9 选项卡导航条

4．面包屑导航

它是二级导航的一种形式，辅助网站导航，如图6–10所示。面包屑对于多级别层次结构的网站特别有用。它们可以帮助访客了解到自己当前在整个网站中所处的位置。如果访客希望返回到某一级，它们只需要点击相应的面包屑导航项。一般格式是水平文字链接列表，通常在两项中间伴随着左箭头以指示层及关系。

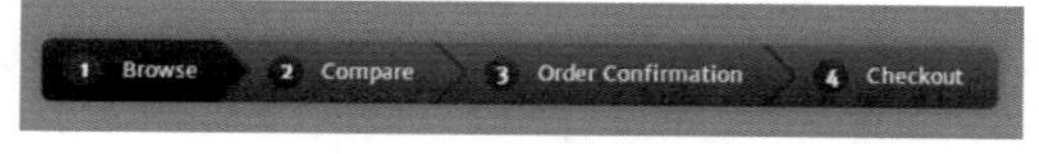

图6–10 面包屑导航条

面包屑不适于浅导航网站。当网站没有清晰的层次和分类的时候，使用它也可能产生混乱。面包屑导航最适用于具有清晰的多层次分类内容的网站。

5．标签导航

标签经常用于博客和新闻网站中。它们常常被组织成一个标签云，导航项按字母顺序排列（通常用不同大小的链接来表示这个标签下有多少内容），或者按流行程度排列，如图6–11所示。标签是出色的二级导航而很少用于主导航，它可以提高网站的可发现性和探索性，通常出现在边栏或底部。如果没有标签云，标签则通常存在于文章顶部或底部的信息中，这种设计让用户更容易找到相似的内容。

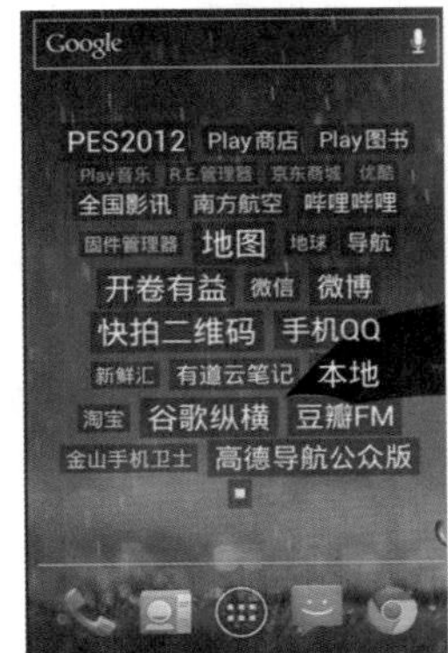

图6–11　标签导航

6．搜索导航 >>>>

近些年来网站检索已成为流行的导航方式。它非常适合拥有无数页面并且有复杂信息结构的网站，如图6–12所示，搜索也常见于博客和新闻网站，以及电子商务网站。

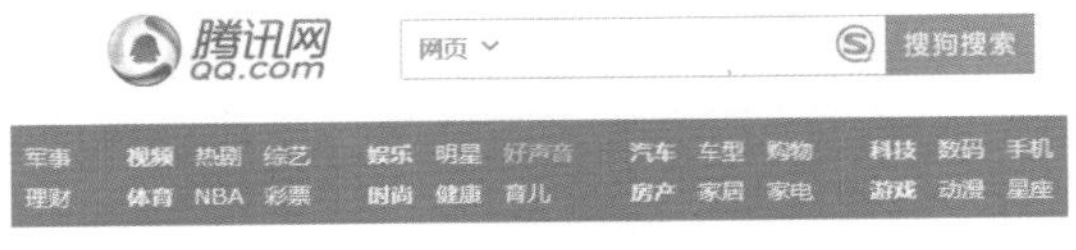

图6–12　搜索导航

搜索导航对于清楚自己搜索目的的访客非常有用，但是有了搜索并不代表着就可以忽略好的信息结构。它对于那些没有明确搜索目的或是想发现潜在兴趣内容的浏览者也非常重要。

搜索栏通常位于顶部或在侧边栏靠近顶部的地方。

7．飞出式菜单和下拉菜单导航 >>>>

飞出式菜单（与垂直/侧边栏导航一起使用）和下拉菜单（一般与顶部水平栏导航一起使用）是构建良好导航系统的好方法。它使网站整体上看起来很整洁，而且使深层次章节很容易被访问，用于多级信息结构中。使用JavaScript和CSS可隐藏和显示菜单，显示在菜单中的链接是主菜单项的子项，菜单通常在鼠标悬停在上面时被激活，如图6–13所示。

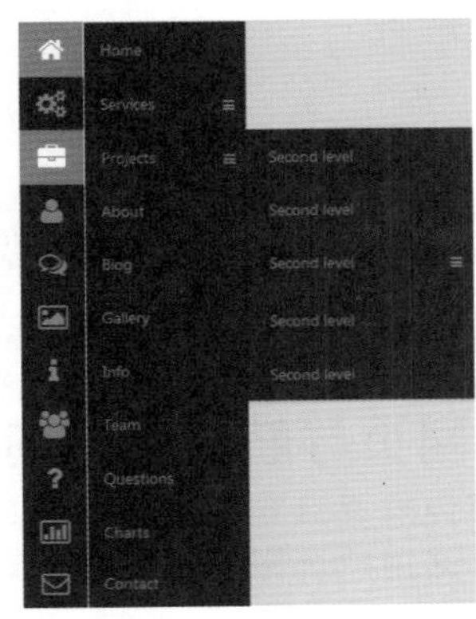

图6–13　飞出式菜单

飞出式菜单和下拉菜单可以在视觉上隐藏数量繁多或很复杂的导航层次，可以根据用户的需求来显示子页面和局部导航。

8．分面/引导导航 >>>>

分面/引导导航（也叫做分面检索或引导检索）最常见于电子商务网站。引导导航提供额外的内容属性筛选，假设用户在浏览笔记本，引导导航可能会列出大小、价格、品牌等选项，基于这些内容属性，用户可以导航到条件匹配的产品，如图6–14所示。

分页/引导导航几乎总是使用文字链接，设置在不同的类别下或是下拉菜单下，常常与面包屑导航一起使用。它方便了用户购物，提升了购物体验，使用户更容易找到他们真正想要的东西。

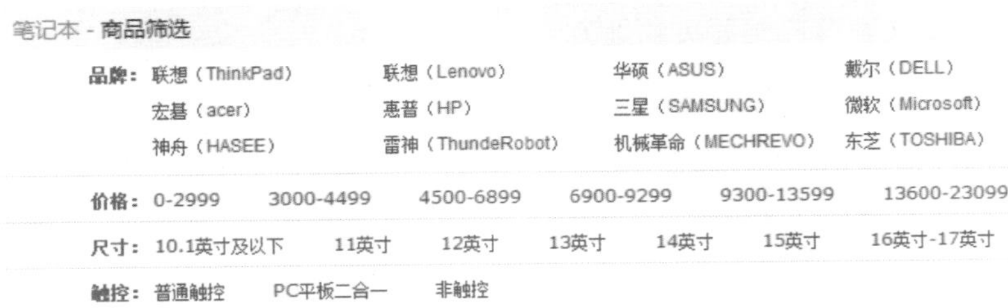

图6–14　分页/引导导航

9. 页脚导航

页脚导航通常用于次要导航，并且可能包含了主导航中没有的链接，或是包含简化的网站地图链接，如图6–15所示。访客通常在主导航中找不到他们想要的东西时会去查看页脚导航。页脚导航常用于放置其他地方都没有的导航项，通常使用文字链接，偶尔带有图标。

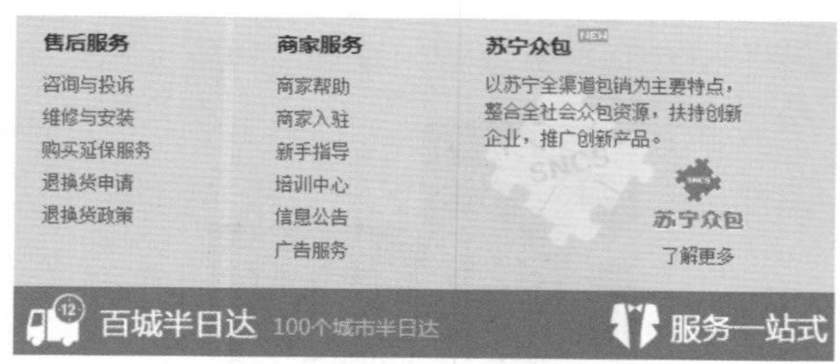

图6–15　页脚导航

6.1.3　网页导航优化方向

每个用户想要从网站上获取的东西都是不一样的，根据用户选择的不同需要对导航进行合理化的优化，下面列出了主要的优化方向。

1. 提高有效导航的利用率

将用户最常用或效果最佳的导航放在最醒目的位置，方便用户的使用，提高工作效率。

2. 去除无人使用的导航

导航并不是越多越好，只要提供够用、有效的导航就行，结合利用率和实现度，将那些没人使用或点击转化较差的导航进行精简。

3. 提高导航与内容的关联度

不要误导用户，不要试图去做哗众取宠的标题党，如果一个导航拥有了较好的利用率和实现度，那么千万不要辜负用户的期望，要为他们提供相符的高质量的内容，这样才能真正地留住用户。

4. 优化导航内容的组织和展示

如果有效性不高，用户经常需要在导航页中逗留一段时间才能找到自己想要去的地方，那么导航就失去了其最根本的价值。如何更好地展示导航的内容是一个复杂的问题，这涉及到信息设计、分类、排序等多个方面。

6.1.4　导航条设计欣赏

为了吸引更多的用户，网站设计师们需要绞尽脑汁，使出浑身解数来把导航条设计得更加漂亮，并且符合网站的整体风格，突出其特色。能够在众多的网站设计中脱颖而出是一件需要充分唤醒大脑创意细胞的不易之事。下面来欣赏一些优秀的导航条设计。

用抽屉的形式来表现导航条，木质材质的导航可以提高网站的质感和美感，加深用户对网站的认可度和审美印象，如图6–16所示。

图6–16　木质抽屉导航条

两条水平的白色虚线和一条灰色的垂直线仿佛是缝在布上的线脚。这种风格给人一种自然以及手工的感觉，如图6–17所示。

图6–17　线脚式导航条

使用纸片来搭建导航条的整体框架，可以增加导航的整体活泼感，在灰色、黑色的背景中使用粉色、蓝色和黄色的纸片可以使导航更加地亮眼，吸引浏览者的眼睛，增加点击量，如图6–18所示。

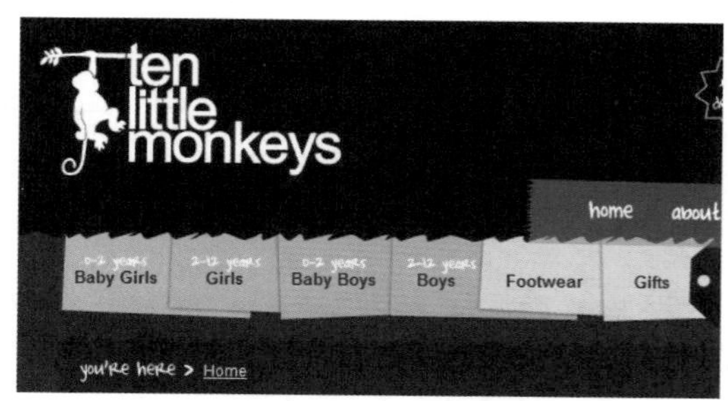

图6–18　纸片导航条效果

点击时呈现下陷效果的导航条，视觉上给人一种纸条或者按键的流动感，静中带动，增加了整个页面的层次感，如图6–19所示。

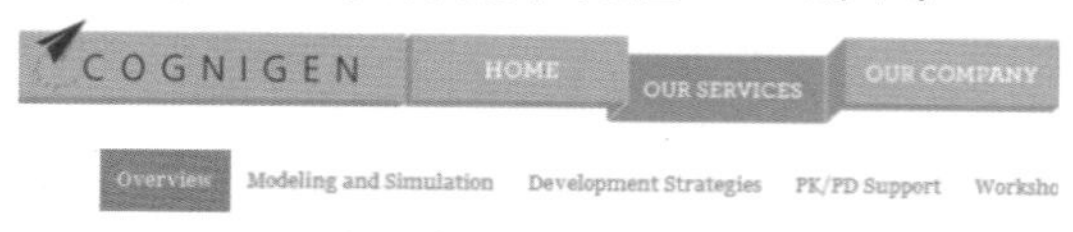

图6–19　按键式导航条

采用手绘简笔画的方式来具象表现导航条中的内容，在一目了然的同时，使页面更加地俏皮可爱，如图6—20所示。

图6—20　简笔画导航效果

当点击导航条中的某个按键时，按键下面会出现一条蓝色的下划线，表示此按键已经被选中，字体和下划线的颜色跟背景色相差很大，可以起到突出显示的作用，如图6—21所示。

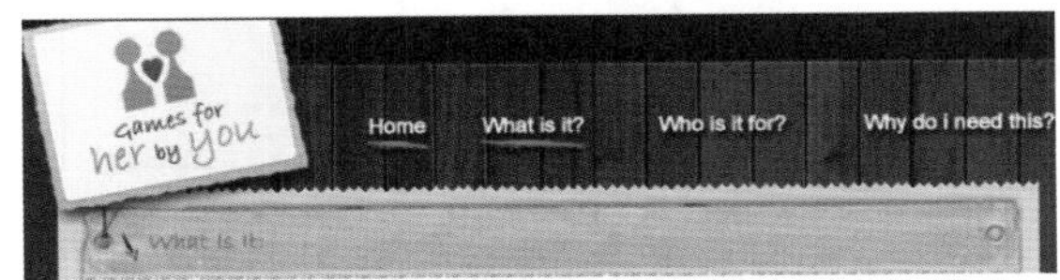

图6—21　带有下划线的导航效果

整个页面中使用箭头来代表整个导航，简单又极易操作，用户可以向右拉动滚动条来选择自己想要的页面内容，如图6—22所示。

简洁页面的简洁导航设计，给人清新凉爽的感觉，如图6—23所示。

餐饮类网站中出现的跟饮食相关的导航页面，如图6—24所示。在导航中出现了一个黑色的铁锅，当用户打开页面的时候，第一时间就会抓住用户的眼睛，跟饮食主题切合的同时，又会引导用户打开其他链接。

图6—22　带有箭头的导航页面

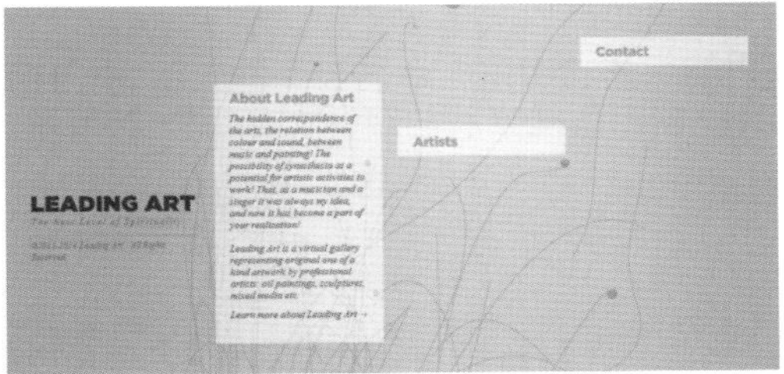

图6—23　简洁清爽的导航设计

图6—24　餐饮类导航页面

6.2　案例实战：网页导航条设计案例1

网页中导航条的类型多种多样，成功的导航条都是主体突出，简洁，配色合理的。本案例中的导航条比较适合风格轻松愉快的网站，小夹子和纸片都呈现出活泼闲适的感觉，是导航条设计中的一个小小的创意，如图6—25所示。

图6—25　导航条

STEP|01　新建一个宽度和高度分别为600像素和180像素的白色背景的文档，命名为“导航条设计1”，如图6—26所示。

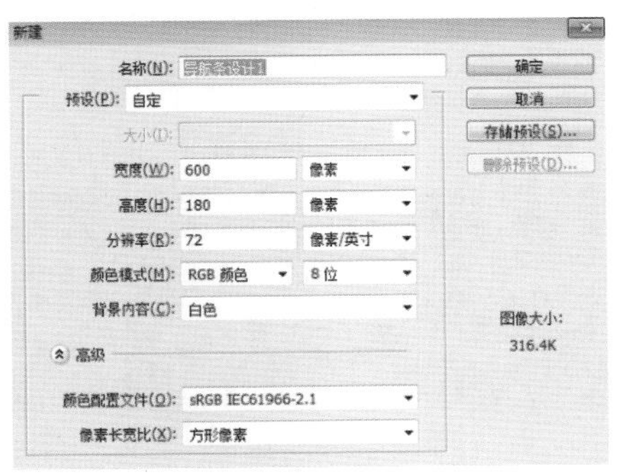

图6—26　新建文档

STEP|02 给白色背景填充b6b9a8颜色，效果如图6–27所示。

图6–27 填充颜色

STEP|03 新建图层，命名为“绳索”，使用钢笔工具绘制一条绳索状的路径，如图6–28所示。

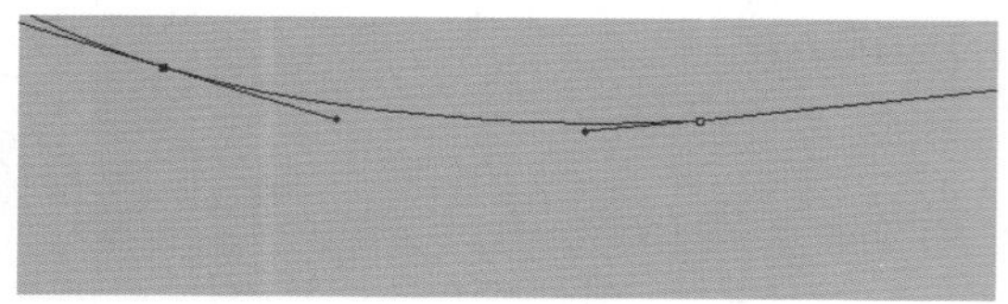

图6–28 绘制绳索路径

STEP|04 将前景色设置为白色，使用5像素大小的画笔对路径进行描边，单击【路径】面板中的【用画笔描边路径】按钮，即可对路径进行描边，画笔工具的设置和描边效果如图6–29所示。

画笔纹理设置

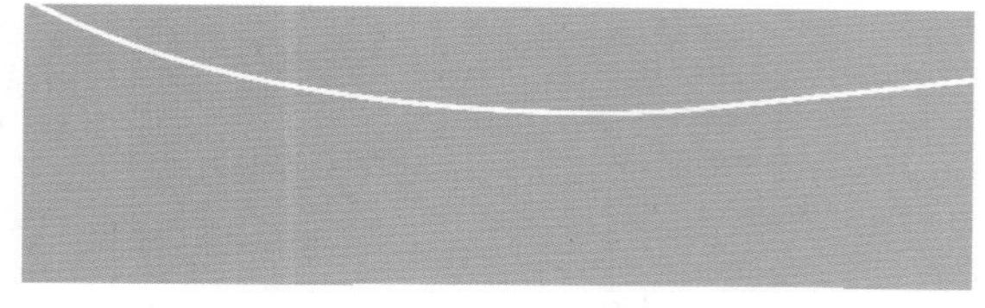

描边效果

图6–29 对路径进行描边

STEP|05 新建图层，命名为“纸片背景1”，使用矩形选框工具绘制一个矩形，填充#E3D712颜色，并为其添加投影，投影设置及其效果如图6–30所示。

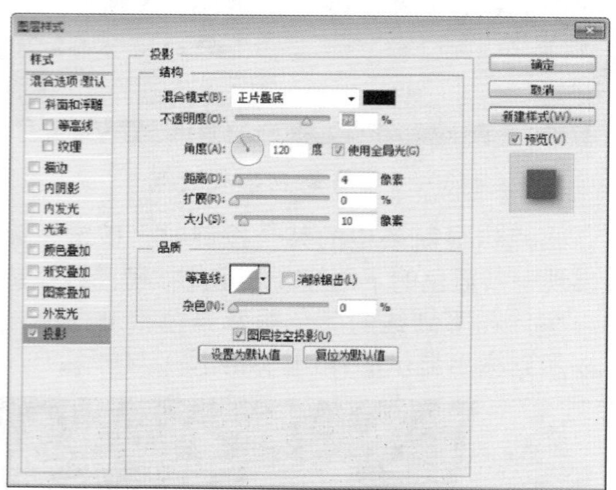

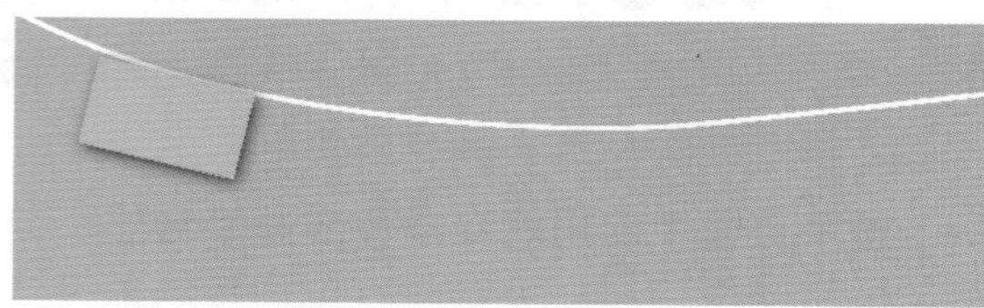

图6–30 绘制纸片

STEP|06 拖入素材“夹子”，并调整纸片和夹子的相对位置，效果如图6–31所示。

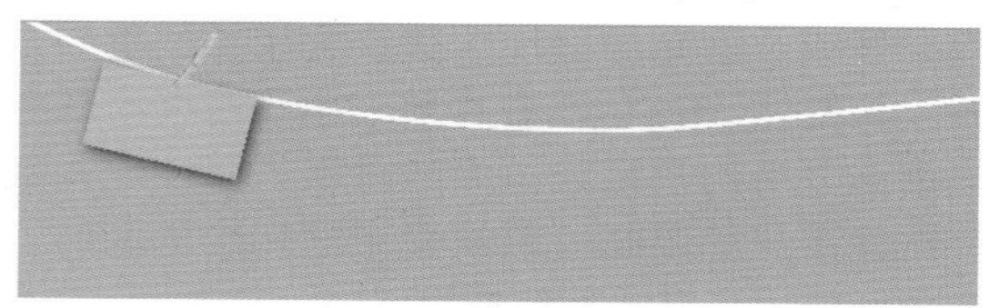

图6–31 拖入素材“夹子”

STEP|07 使用横排文字工具在纸片上输入文字services，文字属性设置如图6–32所示，并适当地调整其位置。

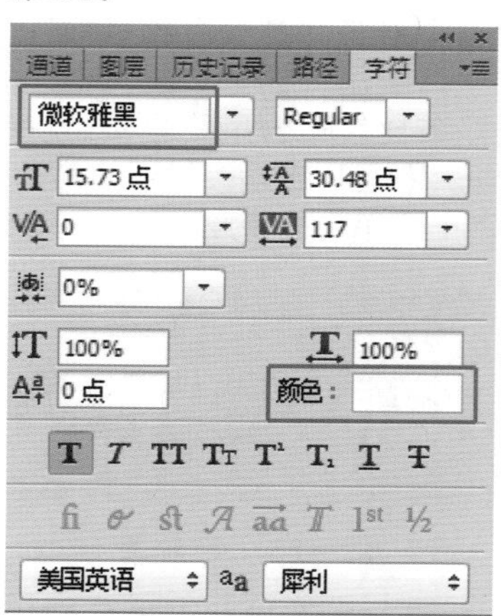

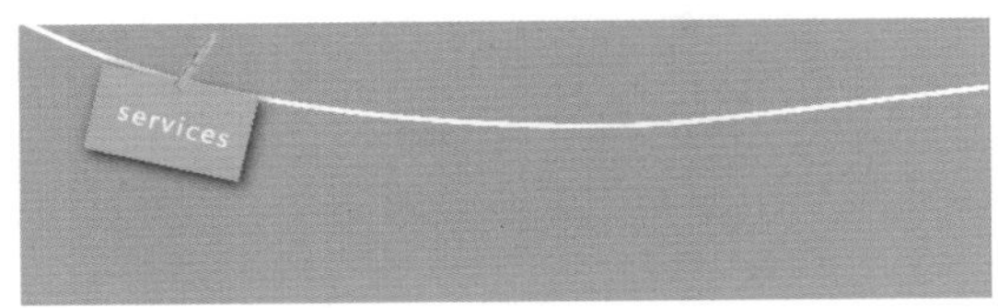

图6—32 输入文字

STEP|08 新建组，重命名为“纸片1”，将“纸片背景1”“services”和“夹子”图层都拖入新建的“纸片1”组中。按快捷键Ctrl+J对“纸片1”进行3次复制，依次将其命名为“纸片2”“纸片3”“纸片4”，如图6—33所示。

图6—33 复制纸片组

STEP|09 将复制的组依次使用移动工具移动到画布的右边，将夹子和纸片的相对位置进行相应调整，并将“纸片2”“纸片3”“纸片4”中的纸片背景颜色依次修改为#1099C6、#3DAC0B、D00C20。填充的方法是将前景色进行相应颜色的修改，然后按下Ctrl键并单击所要填充的图层，选中相应背景，并按快捷键Alt+Delete进行填充。效果如图6—34所示。

图6—34 修改纸片背景色

STEP|10 将“纸片2”“纸片3”“纸片4”中的文字依次修改成work、about、contact，并利用移动工具对文字的位置进行相应地调整，效果如图6—35所示。

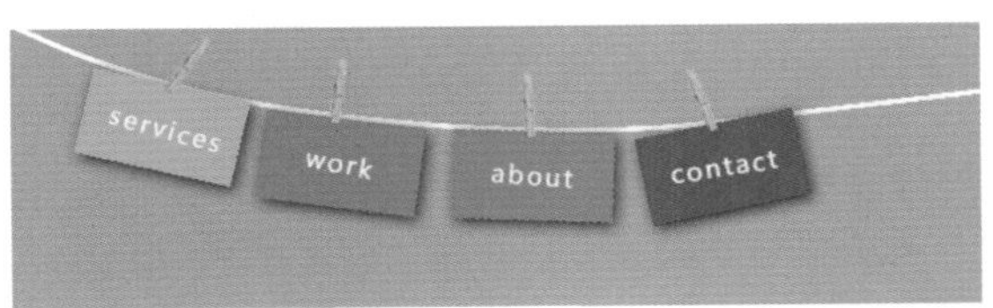

图6—35 修改文字

STEP|11 将“猫头鹰”素材拖入画布中，命名为“猫头鹰1”，并复制一个图层，命名为“猫头鹰2”。利用移动工具和快捷键Ctrl+T对两个素材图层的相对位置和大小进行调整，效果如图6—36所示。

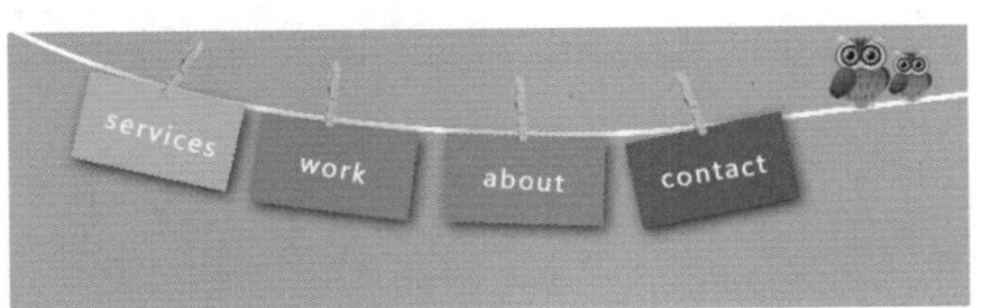

图6—36 添加并调整“猫头鹰”素材

6.3 案例实战：网页导航条设计案例2

导航条的风格要与网站的整体风格保持一致，本案例中讲的就是童趣网站导航设计，因为面向的对象是少年儿童，所以会采用黄色、绿色等比较鲜艳且富有朝气的颜色，网站名称采用白色，是为了在深色的背景上突出显示网站名称，给人一个视觉焦点，如图6—37所示。

图6—37 导航条2

STEP|01 按快捷键Ctrl+N新建一个宽度和高度分别为600像素和300像素、背景为白色的文档，命名为“导航条设计2”，如图6–38所示。

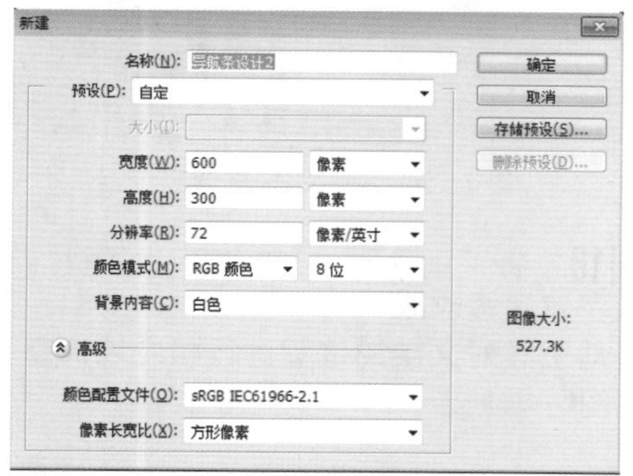

图6–38 新建文档

STEP|02 将前景色设置为#26252D，然后选中背景层，按快捷键Alt+Delete填充背景，效果如图6–39所示。

图6–39 填充背景

STEP|03 新建图层，命名为“纸片1”，使用钢笔工具绘制一个不规则的撕纸效果矩形。按快捷键Ctrl+Enter将路径转化为选区，将前景色修改为#A1D33F，按快捷键Alt+Delete给选区填充颜色，效果如图6–40所示。

图6–40 绘制撕纸效果矩形

STEP|04 双击“纸片1”图层，为纸片添加【投影】图层样式，参数设置和效果如图6–41所示。

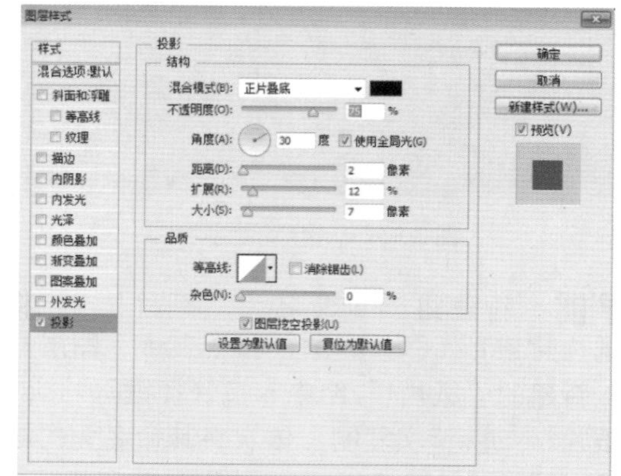

图6–41 添加【投影】图层样式

STEP|05 使用横排文字工具在纸片上输入文字baby girls，文字设置参数和效果如图6–42所示。

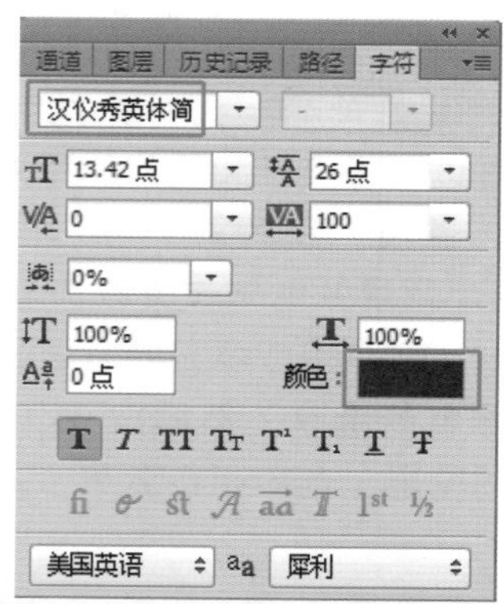

图6–42 添加文字

STEP|06 新建组，取名为“组1”，将“纸片1”和“baby girls”图层都移到“组1”中。对

“组1”进行复制，复制4次，将名字依次重命名为“组2”“组3”“组4”“组5”，然后使用移动工具依次安排各组的位置，并按快捷键Ctrl+T对各组的倾斜角度进行适当调整，效果如图6–43所示。

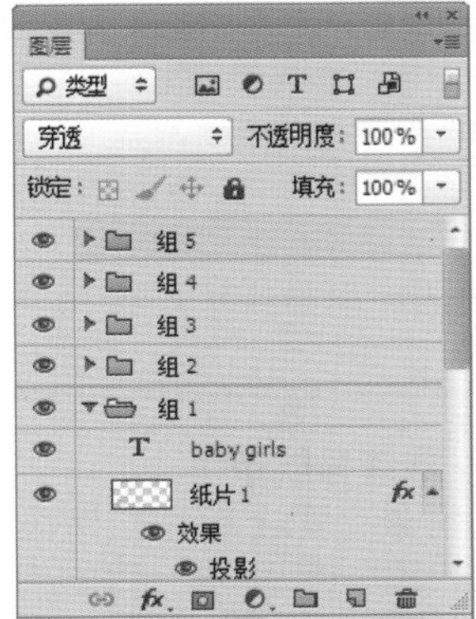

图6–43　复制并调整组中图层

STEP|07　将“组2”“组3”“组4”“组5”中的文字依次修改为girls、baby boys、boys、gifts，并使用移动工具和快捷键Ctrl+T对其位置和角度进行相应地调整，效果如图6–44所示。

图6–44　修改文字

STEP|08　将前景色设置为#E5C112，然后分别选中“组2”“组4”中的纸片图层，按下Ctrl键并单击鼠标载入图层选区，再按快捷键Alt+Delete填充颜色，效果如图6–45所示。

图6–45　修改纸片颜色

STEP|09　将“蜜蜂”素材拖入到文档中，并使用移动工具和快捷键Ctrl+T调整素材的位置、大小和角度，如图6–46所示。

图6–46　调整“蜜蜂”素材

STEP|10　输入网站的品牌名称“TEN LITTLE BEES”，并将其放置在“蜜蜂”素材的右边，设置字体参数如图6–47所示。

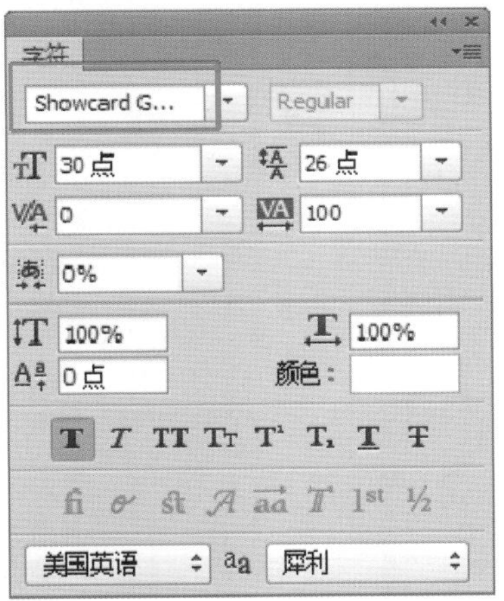

图6–47　网站名称属性设置

STEP|11　使用移动工具调整素材“蜜蜂”和“TEN LITTLE BEES”文字的位置，效果如图6–48所示。

图6—48　导航条效果

6.4 新手训练营

练习1：选卡导航条

该案例效果如图6—49所示。这个导航条严谨中带着轻松，添加的投影让导航条看起来有一定幅度，卷曲着放在平台上。

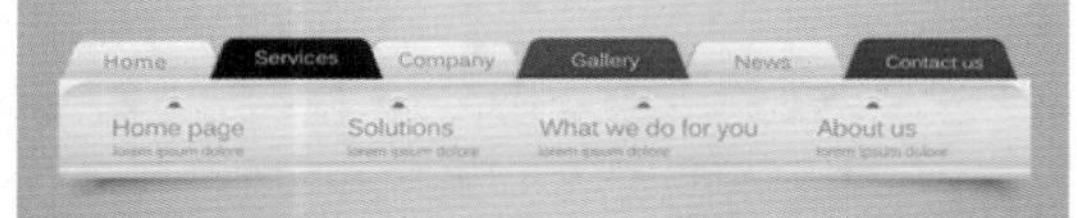

图6—49　选卡导航条效果图

练习2：雪景导航条

美丽的雪景，配上粉色，渲染出了女性心中的浪漫，如图6—50所示，因此作为一个以女性用户为主的网站来说，在冬季来临之际，让网站的导航条上堆满积雪是个不错的主意。

图6—50　雪景导航条效果图

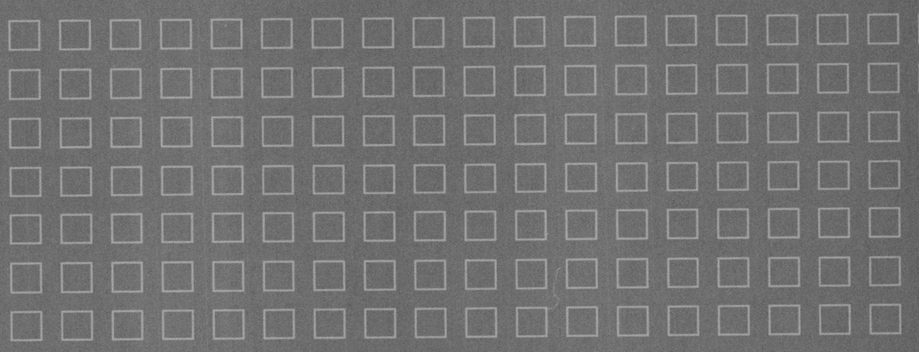

第7章　网页广告设计

随着网络的逐渐发展，网络广告的力量也越来越强大，潜移默化地影响着人们的日常生活，以至于网络成为四大媒体（电视、广播、报纸、杂志）之后的第五大媒体。Photoshop在广告制作领域中，发挥着重要的作用，可以制作出各种形式的网络广告。

本章将根据网络广告的不同形式，利用Photoshop来制作各种效果的静态和动态广告。

Photoshop CC

Photoshop CC网页设计与配色从新手到高手

7.1 网络广告类型

网络在人们的日常生活和交流沟通中扮演着重要的角色，成为一个重要的新型媒体。如何充分利用网络媒体投放广告成为商家、设计师必须考虑的问题。网络广告从最初的横幅广告发展到如今，出现多种形式，如全屏广告、对联广告、流媒体广告等。下面介绍常见的网络广告类型。

7.1.1 Banner广告

Banner广告，又称为横幅广告、旗帜广告，是互联网广告中最基本的呈现形式，是将表现商家广告内容的图片放置在广告商的页面上，如图7–1所示，它是以GIF、JPG、SWF等格式建立的静态或者动态的图像文件。Banner广告内嵌在网页中，可以使用JAVA等语言使其产生交互性，可以用Flash等动画制作工具增强效果的表现力。Banner广告，根据发布位置和大小不同，大型门户网将其划分为通栏广告（一般高100像素）、矩形广告（摩天大楼广告，一般高260像素左右）、按钮广告（一般高度在150像素以内）。矩形广告和按钮广告一般位于页面左侧或者右侧分栏中，矩形广告高度大于按钮广告。图7–2是搜狐网上的Banner广告划分。

图7–1　横幅广告

图7–2　搜狐网Banner广告

7.1.2 全屏广告

全屏广告也可以认为是Banner广告，它是高度更高的通栏广告。只不过在寸土寸金的网络上，极少有客户能承受一个大尺寸的固定位置长时间播出的广告价格，因此全屏广告都是弹出式的，在网页打开的时候自动弹出，8秒左右后自动关闭。图7–3是新浪网的弹出式全屏广告。全屏广告的高度一般大于400像素，宽度一般是950像素。

图7–3　弹出式全屏广告

全屏广告一般存在于门户网站的首页，有的是静态的，有的是动画，几秒钟后自动消失，正常显示门户网站的内容。这种广告能在第一时间映入浏览者的视线中，加深浏览者对页面内容的印象。图7–4所示为全屏动画广告。

图7–4　全屏动画广告

7.1.3 对联广告

对联广告也是网页中常见的一种广告形式，该广告是在页面主题内容完全显示的情况下，在其两侧的空白区域位置出现的一种看上去像对联的广告形式。此种广告只能在分辨率为1024×768像素及以上的屏幕正常显示。对联广告的尺寸一般在100像素×300像素左右，既能完整地呈现广告内容，又不会影响页面的整体内容和布局，如图7-5所示。

图7-5　对联广告

7.1.4　流媒体广告

流媒体广告就是采用了流媒体技术的网络广告，又叫做富媒体广告，有视频流媒体广告和音频流媒体广告两种。音频流媒体广告类似广播广告，视频流媒体广告类似电视广告。流媒体广告一般采用自动弹出播放或鼠标响应播放两种类型，播放时间一般在5秒左右。图7-6所示为流媒体广告。

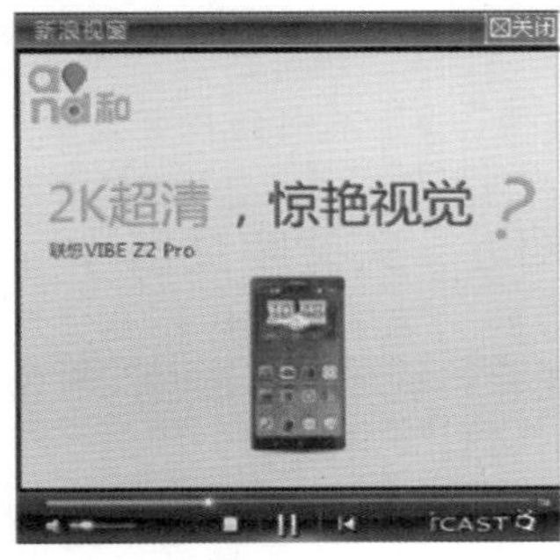

图7-6　流媒体广告

7.2　网页广告设计技巧

网页广告尺寸往往比传统广告小很多，"自我展示"时间十分短暂。如何在极短的时间里通过一个小块释放出吸引人的广告呢？除开传统广告设计讲求的美观、创意外，网页广告更强调信息的简单，视线流畅。其实，如果把海报设计的要点"简单、醒目、有力"用在网页广告设计上，是非常妥当的。下面以Banner广告设计为例，介绍网页广告设计的一些常见技巧。

1．颜色数目少，对比突出

颜色越多，信息就越分散，就越不宜留住读者的视线。因此Banner广告中的用色越少越好。同时，广告中各颜色之间，广告颜色与网页颜色之间，需要对比突出，如图7-7所示。

图7-7　颜色突出

2．用图简单，裁剪有力

用图简单，指的是用主题单一并突出的图，用背景简单的图，用近景图，用特写图。简单的图更有力，更吸引人，如图7-8所示。

同一张图，通过不同形式的裁剪，可以获得不同的效果。如果单从有力角度来说，局部比整体有力，不对称比对称有力，倾斜比水平有力，如图7-9所示。

复杂　简单

复杂　简单

复杂　简单

图7-8　用简单的图

原图

裁剪后

图7–9　不同的裁剪效果

3．字体相近，关键字突出

广告中的文字采用字体不要太多，尤其是字体风格要保持接近，不适合同时使用风格迥异的字体，如图7–10所示。同时，广告中的关键字需要特别突出。注意，最突出的只能有一个，不要并列突出，更不要多点突出。图7–11的文字处理是不恰当的，不知道哪个才是关键。

图7–10　文字调整前后对比

4．视觉路线简单，相似元素抱团

设计中的视觉路线要符合从左到右，从上到下的阅读习惯，不要让视线来回往返，如图7–12所示。来回的视线跳跃，视觉容易疲劳；同时，因为信息分散，不方便大脑对信息的加工，读者看了后也难记忆。通过将相似元素组合在一起，并按照阅读习惯进行排列，即可获得好的记忆效果。

图7–11　不恰当的文字处理

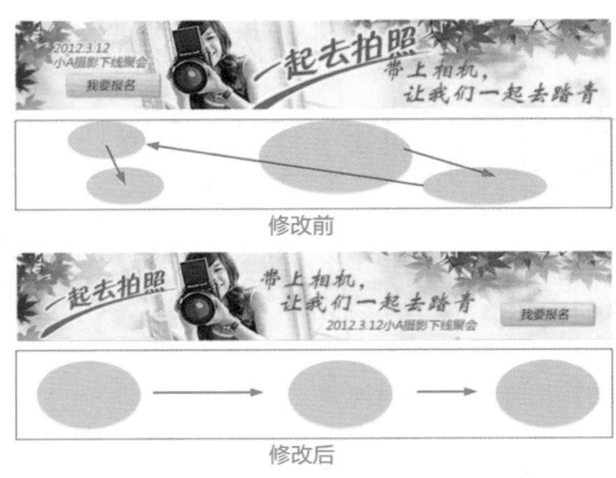

图7–12　视觉路线修改前后

7.3　案例实战：横幅动画广告

下面将要制作的是网页横幅动画广告。通过使用淡蓝色调的背景来体现音乐网站清新的风格，通过文字的闪动和线条的动态变化，来体现网站快速和及时更新的基本要求。

本实例主要是通过【时间轴】面板中的位置关键帧来实现的，使用移动工具在画布上移动图片建立关键帧，得到动画效果。

STEP|01　新建640×90像素、分辨率为72像素/英寸的文档，分别导入素材，如图7–13所示。

图7–13　导入素材

STEP|02　执行【窗口】|【时间轴】命令打开时间轴选择“人物”图层，单击位置属性前的【在播放头处添加或移去关键帧】按钮，在00f上建立关键帧，如图7–14所示。

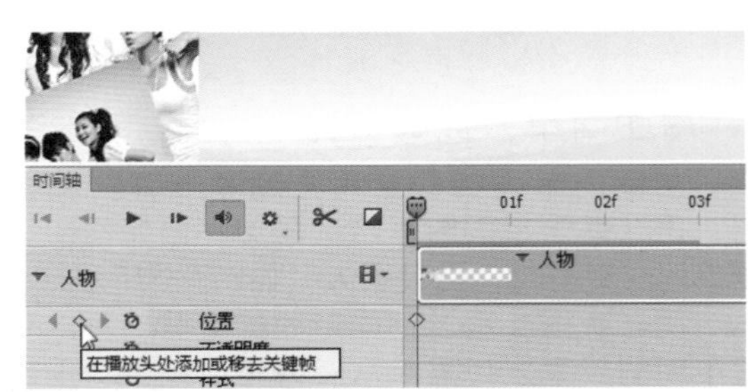

图7–14　创建关键帧

STEP|03 继续单击位置属性前的【在播放头处添加或移去关键帧】按钮，在02f上建立关键帧，使用移动工具将人物图片向右方移动，如图7—15所示。

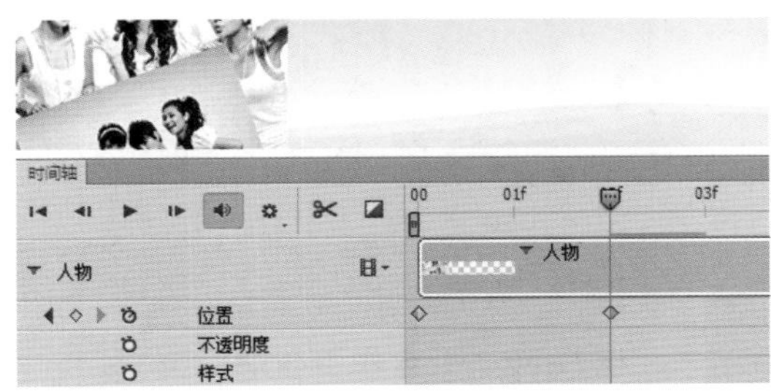

图7—15 创建第2个关键帧

STEP|04 继续选择人物图层，在10f上建立关键帧，使用移动工具将人物图片向上方移动，创建第3个关键帧，如图7—16所示。

图7—16 创建第3个关键帧

STEP|05 移动当前时间指示器到17f处，在此处建立关键帧，使用移动工具将人物图片向下方移动，创建关键帧，如图7—17所示。

图7—17 创建第4个关键帧

STEP|06 继续采用上述方法，在26f上建立关键帧，使用移动工具将人物图片向上方移动，如图7—18所示。

图7—18 创建第5个关键帧

STEP|07 使用横排文字工具输入文字并填充颜色，按快捷键Ctrl+T改变文字的方向，将当前时间指示器移动到29f处，将该层轨道的首端拖至29f处，如图7—19所示。

图7—19 移动轨道开始端

STEP|08 复制文字，将文字颜色改为白色，把当前时间指示器移动到01:00f处，将该层轨道的首端拖至01:00f，将轨道的末端拖至01:03f处，如图7—20所示。

图7—20 调整白色文字轨道位置

STEP|09 继续采用上述方法，复制“我的音乐盒拷贝”图层，将轨道的首端拖至01:07f，将轨道的末端拖至01:10f处，如图7—21所示。

图7—21 文字动画

STEP|10 新建图层，使用钢笔工具绘制线条图案，绘制完成之后，复制线条图层，并分别调整其位置和角度，如图7–22所示。

图7–22 绘制线条效果

STEP|11 选择最下方的线条图层，在01:01f处建立位置关键帧，使用移动工具将线条拖出画布外。在01:18f处建立关键帧，并将线条移动到画布中得到动画效果，如图7–23所示。

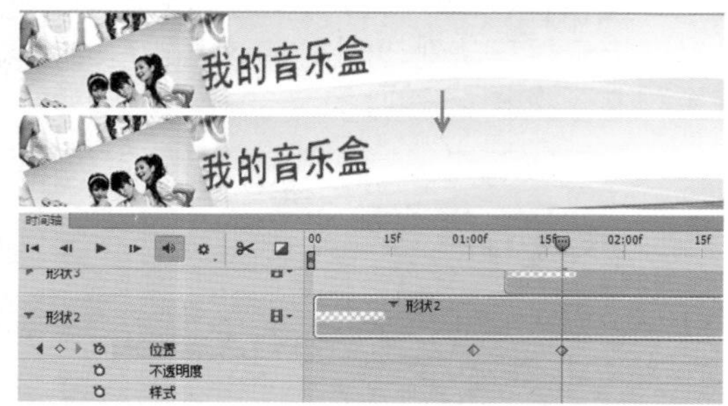

图7–23 创建下方线条动画

STEP|12 采用上述方法，选择下起第2个线条图层，在01:25f处建立关键帧，将中间线条拖出画布外。在02:05f处建立关键帧，并将线条移动到画布中，如图7–24所示。

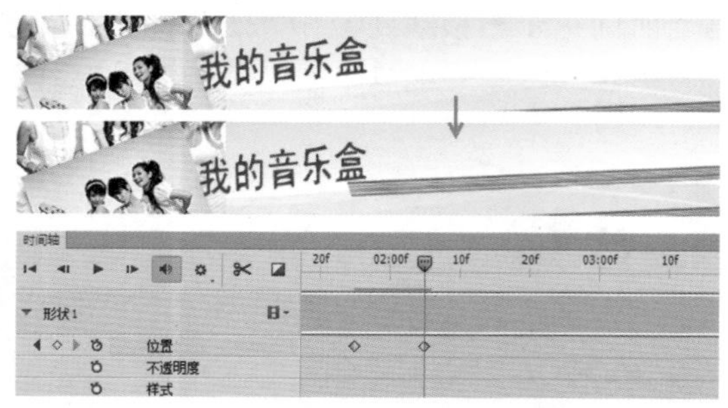

图7–24 创建第2根线条的移动动画

STEP|13 选择下起第3个线条图层，继续采用上述方法添加关键帧，如图7–25所示。

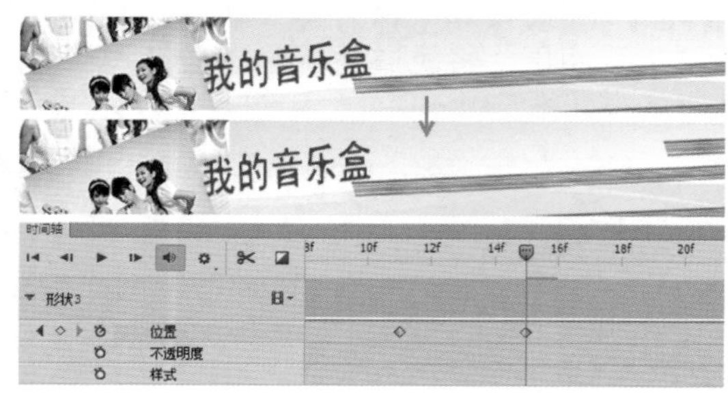

图7–25 下起第3根线条动画

STEP|14 选择最上方线条，继续使用上述方法添加关键帧，创建移动动画，如图7–26所示。

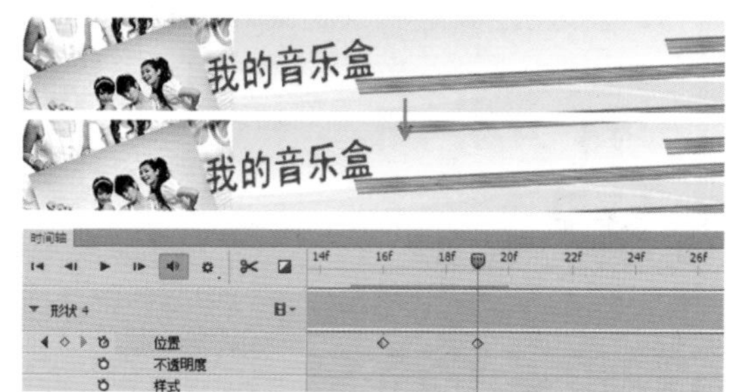

图7–26 上方线条移动动画

STEP|15 按快捷键Ctrl+J复制下起第2个线条图层，并填充为白色，把当前时间指示器移动到02:22f处，将轨道首端拖至02:22f，将轨道末端拖至02:25f处，得到线条闪动画效果，如图7–27所示。

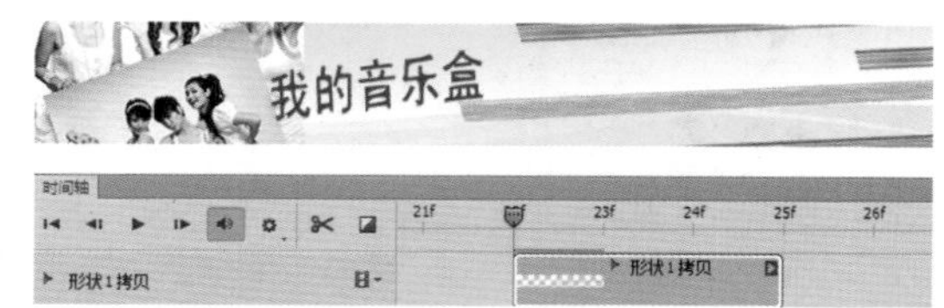

图7–27 线条闪动效果

STEP|16 复制白色线条，采用上述方法调整轨道持续时间添加闪动效果，如图7–28所示。

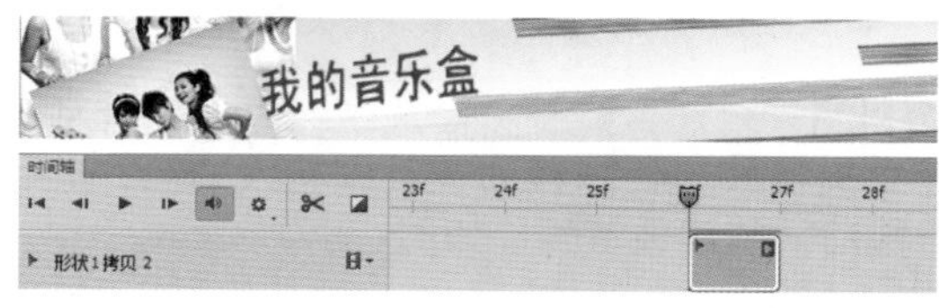

图7–28 复制线条并调整

STEP|17 使用横排文字工具T输入文字并填充颜色，将文字轨道首端拖至02:27f处，如图7–29所示。

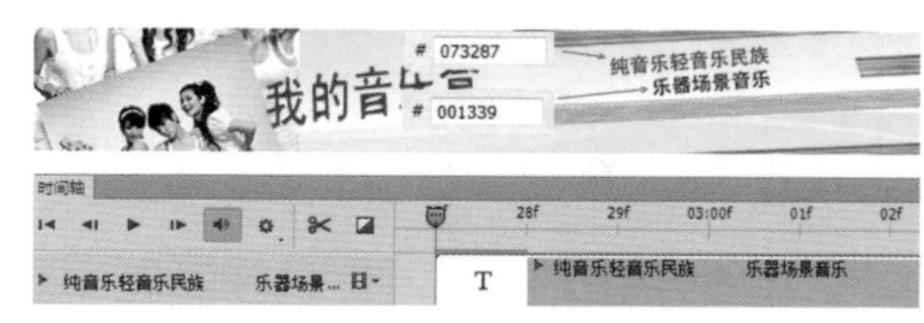

图7–29 调整文字轨道位置

STEP|18 按快捷键Ctrl+J复制文字，并填充颜色为白色，将轨道首端拖至02:29f，将轨道末端拖至03:00f处，如图7–30所示。

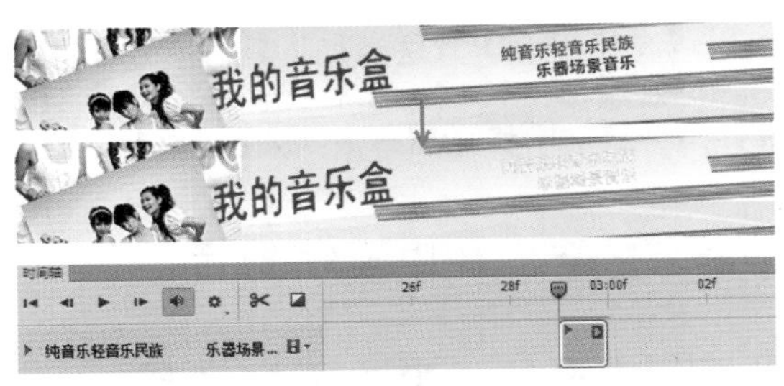

图7—30　调整白色文字轨道位置

STEP|19　复制上述白色文字并调整轨道位置，如图7—31所示。

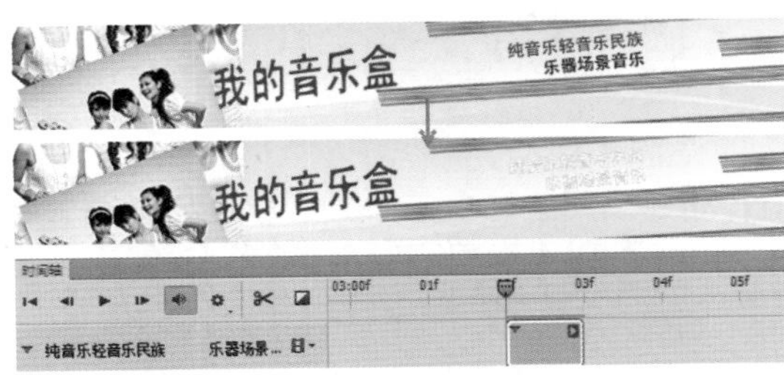

图7—31　复制文字并调整

STEP|20　采用上述方法复制“我的音乐盒拷贝2”图层，调整轨道位置至03:06f处，如图7—32所示。

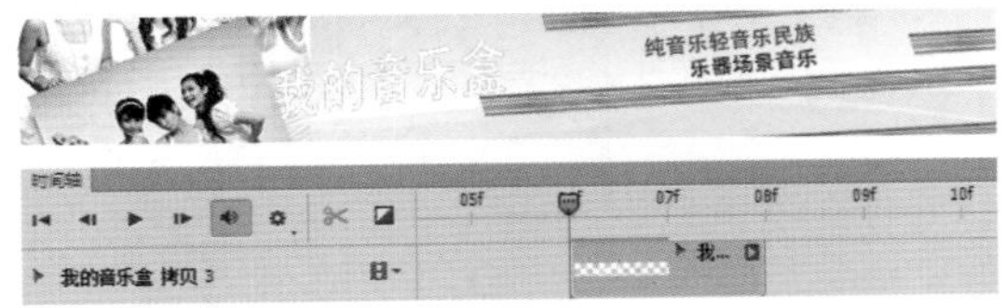

图7—32　复制图层并调整轨道位置

STEP|21　导入背景和音乐之声LOGO素材，放置在如图7—33所示的位置。

图7—33　导入素材

STEP|22　选择背景素材，将其轨道首端移至03:13f处并建立关键帧，使用移动工具将素材往右移动并拖出画布外。在03:22f处建立关键帧，并将背景素材移回到画布中，如图7—34所示。

STEP|23　选择LOGO素材，将轨道首端移至03:13f处并创建关键帧，使用移动工具将LOGO往左移出画布。在03:22f处建立关键帧，并将LOGO移回画布中，如图7—35所示。

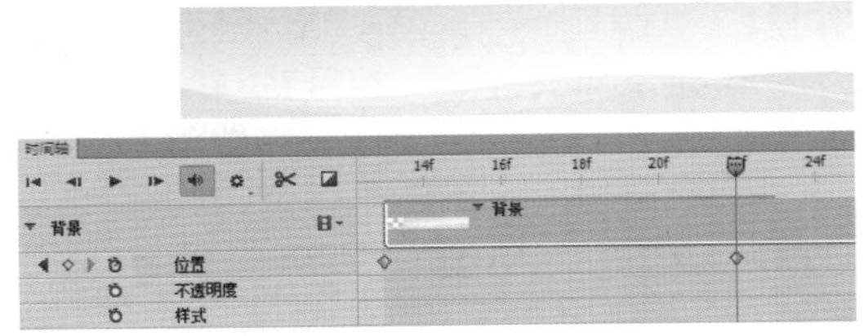

图7—34　创建背景素材动画

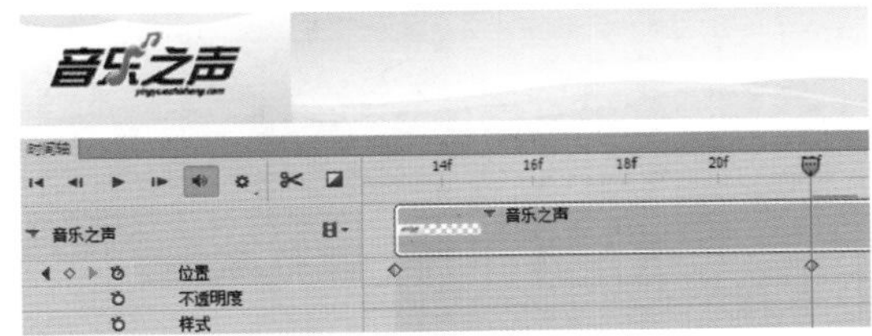

图7—35　LOGO动画效果

STEP|24　一字一图层的方法输入文字“中国领先音乐社区”，并填充为黑色。将这些文字层均向上移动并移出画布。选择“中”图层，在03:23f处添加关键帧。然后在03:28f添加关键帧，使用移动工具将文字移至画布上面，如图7—36所示。

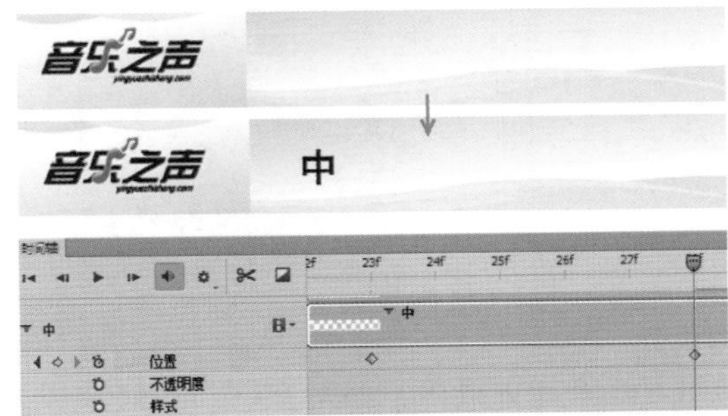

图7—36　“中”字动画

STEP|25　采用上述方法为“国”添加动画。首先在03:28f处添加关键帧，然后在04:03f处添加关键帧，将文字移至画布上，如图7—37所示。

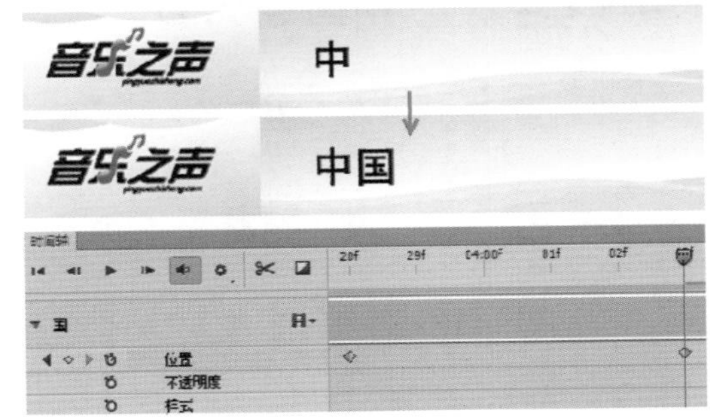

图7—37　“国”字动画

STEP|26 采用上述方法添加"领"字动画，首先在04：03f处添加关键帧，然后在04：10f处添加关键帧，并将文字移至画布上，如图7–38所示。

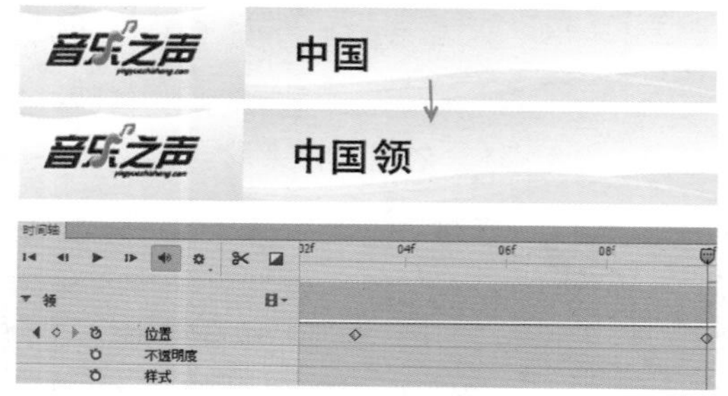

图7–38 "领"字动画

STEP|27 采用上述方法添加"先"字动画，在04：08f处添加关键帧，然后在04：13f处添加关键帧，并将文字移至画布上，如图7–39所示。

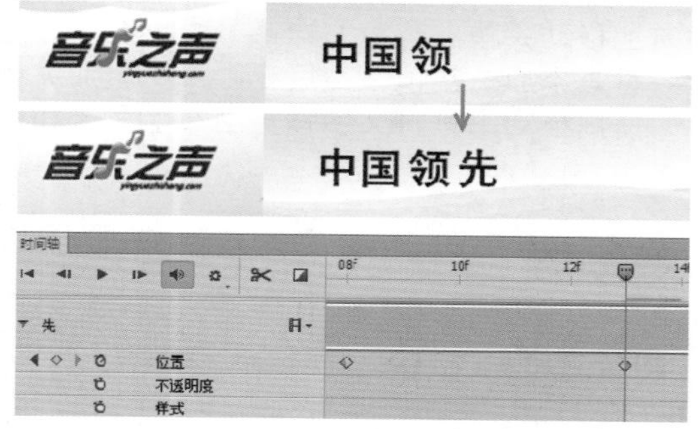

图7–39 "先"字动画

STEP|28 采用上述方法添加"音"字动画，在04：13f处添加关键帧，然后在04：18f处添加关键帧，并将文字移至画布上，如图7–40所示。

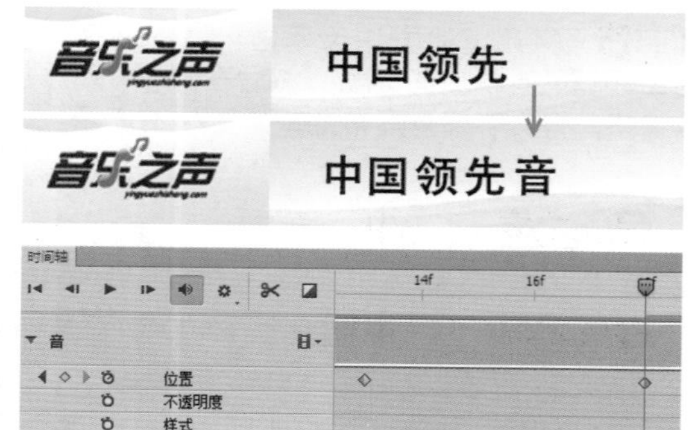

图7–40 "音"字动画

STEP|29 采用上述方法添加"乐"字动画，在04：18f处添加关键帧，然后在04：23f处添加关键帧，并将文字移至画布上，如图7–41所示。

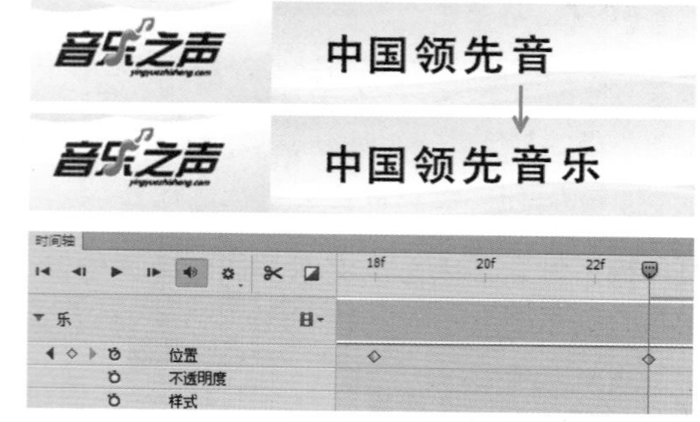

图7–41 "乐"字动画

STEP|30 采用上述方法添加"社"字动画，在04：23f处添加关键帧，然后在04：28f处添加关键帧，并将文字移至画布上，如图7–42所示。

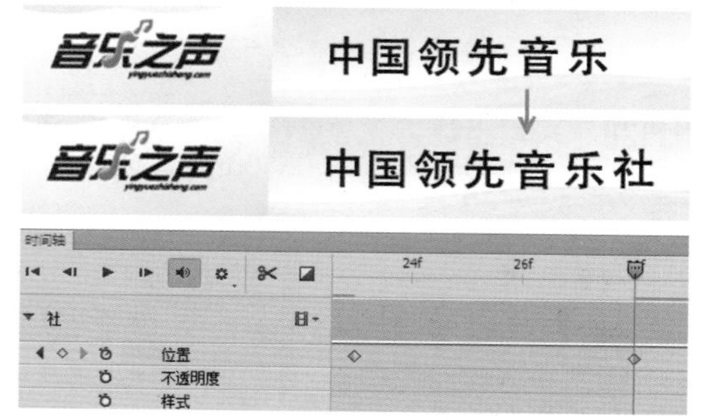

图7–42 "社"字动画

STEP|31 采用上述方法添加"区"字动画，在04：28f处添加关键帧，然后在05：03f处添加关键帧，并将文字移至画布上，如图7–43所示。

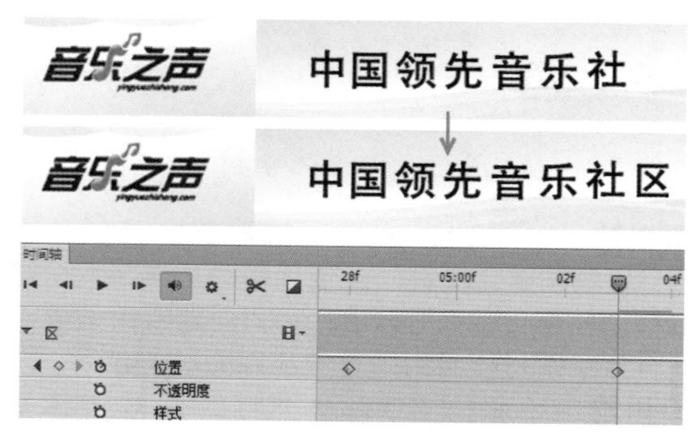

图7–43 "区"字动画

7.4 案例实战：静态全屏广告

静态全屏广告是在网页的首页中出现，进而快速传递信息的一种广告形式，本节中将制作一个化妆品静态全屏广告。案例中选择淡紫色作为广告的底色，清新自然，衬托出化妆品清爽、舒适的品质，同时突出女性的柔和美和恬淡、高雅的气质。具体的制作步骤如下所述。

STEP|01 新建一个500×400像素，分辨率为72像素/英寸的白色背景文档，新建图层1，为图层添加前景色到透明的渐变，如图7-44所示。

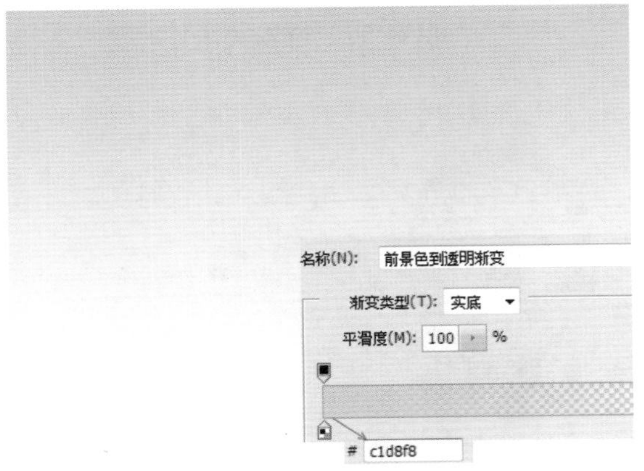

图7-44　添加渐变效果

STEP|02 导入人物素材图片，新建图层2，选中图层2，按下Ctrl键单击“人”图层载入选区，然后添加白色到透明的渐变。效果如图7-45所示。

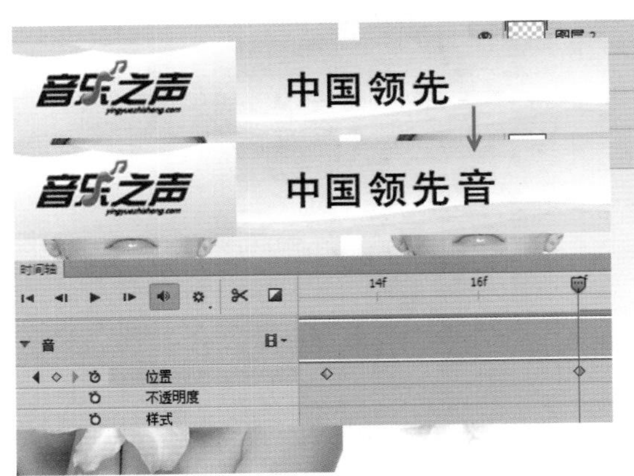

图7-45　为人物添加渐变效果

STEP|03 导入水滴素材，并调整到合理位置，如图7-46所示。

图7-46　导入水滴素材

STEP|04 在图层1上面新建图层3，为图层添加径向渐变效果，如图7-47所示。

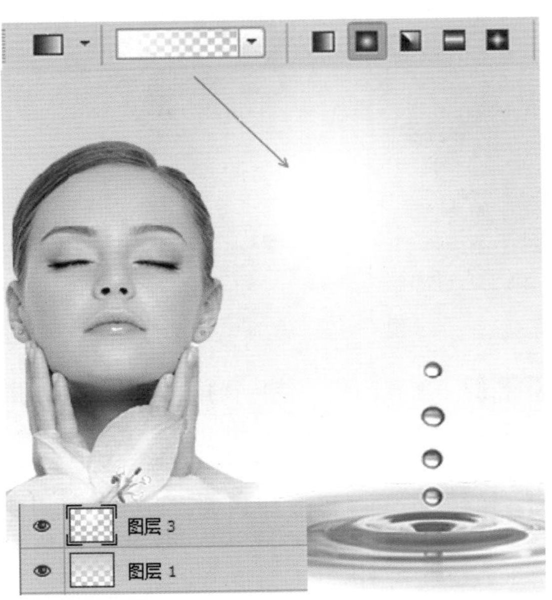

图7-47　为图层添加径向渐变效果

STEP|05 继续导入化妆品素材，并放置在合适位置，如图7-48所示。

图7-48 导入化妆品素材

STEP|06 在图层最上面新建三个图层，分别使用多边形工具绘制大小适宜的四角星形，填充白色，为图片增强视觉效果。如图7-49所示。

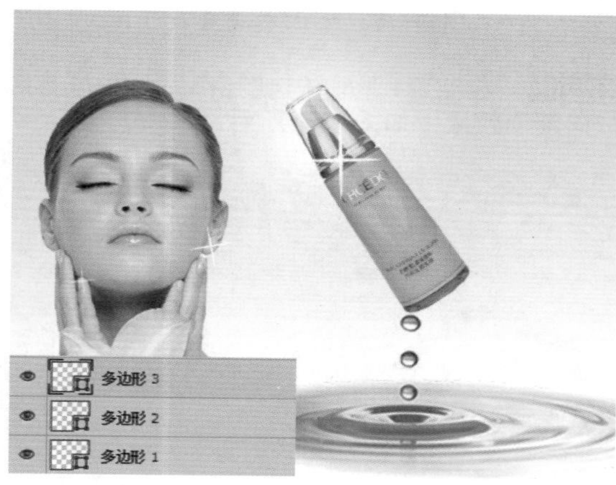

图7-49 添加四角星形

STEP|07 新建图层，使用横排文字工具在图层中输入文本，文本颜色为#F1AAE8。为文字添加描边效果，如图7-50所示。

STEP|08 在图层最上面新建图层4，使用椭圆选框工具绘制圆形选区，设置前景色为#2C9ED9，对图层进行填充，如图7-51所示。

STEP|09 执行【滤镜】|【模糊】|【高斯模糊】命令，设置半径为5像素，如图7-52所示。

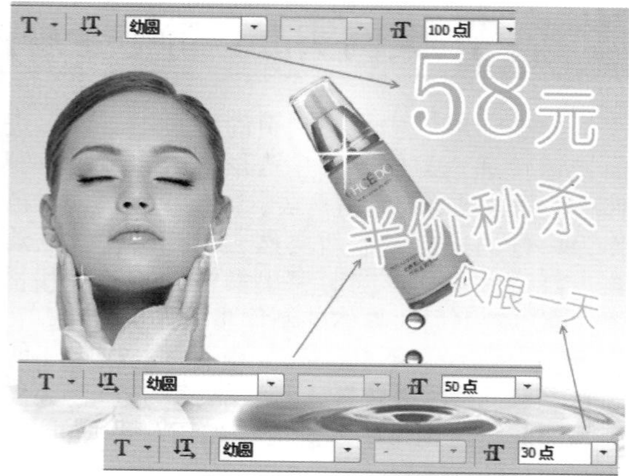

图7-50 输入文本

图7-51 绘制圆形

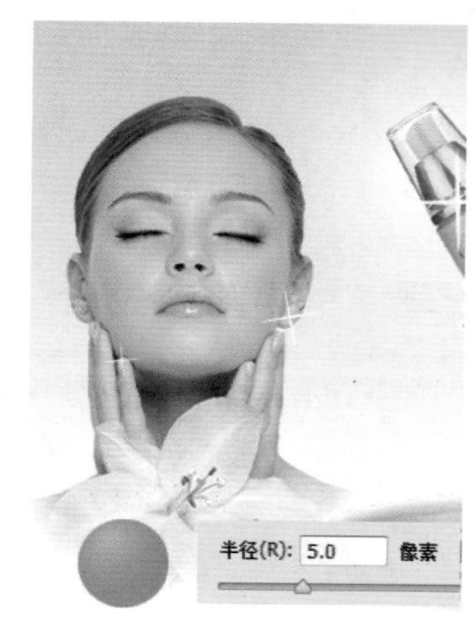

图7-52 为圆形添加模糊效果

STEP|10　新建图层，使用横排文字工具输入文本，设置文本颜色为白色，如图7—53所示。

图7—53　添加文字

STEP|11　按上述同样步骤绘制其他圆并添加文字，效果如图7—54所示。

图7—54　最终效果图

7.5 案例实战：弹出式窗口动画广告

在门户网站中常见的弹出窗口广告以产品广告为主，下面制作的就是网上购物网站的广告。

该网上购物广告是在紫色的背景中输入蓝色的广告语，不仅醒目而且整体色彩较为协调。在制作动画时，重点在于对广告语的复制、放大与旋转，这关系到最终的动画效果。

STEP|01　新建一个400×300像素，分辨率为72像素/英寸的文档，新建图层1，在工具箱中设置前景色和背景色，选择渐变工具，设置从前景色到背景色渐变，由左到右拉出如图7—55所示的线性渐变。

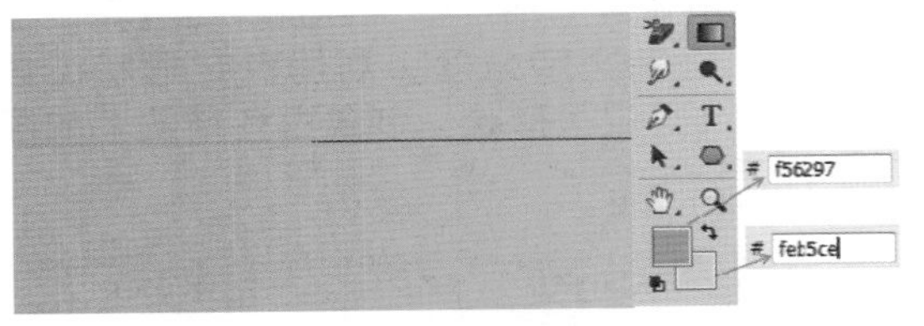

图7—55　填充背景

STEP|02　按快捷键Ctrl＋N新建一个35×30像素，分辨率为72像素/英寸，背景透明的文档。使用多边形工具在画布左上角位置创建宽度和高度均为15像素的白色五角星，如图7—56所示。

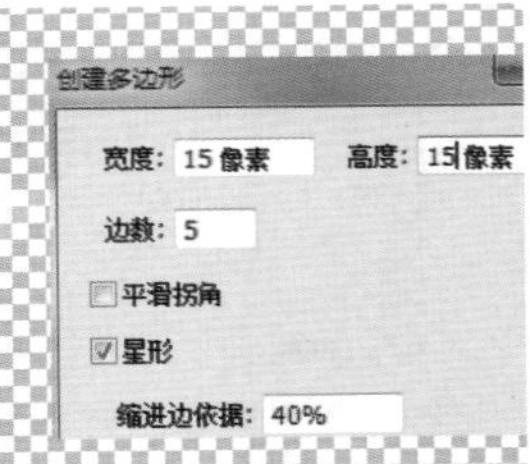

图7—56　创建五角星

STEP|03　执行【编辑】|【定义图案】命令，在弹出的对话框中输入图案的名称并单击【确定】按钮。返回文件1中新建图层2，执行【编辑】|【填充】命令，在打开的【填充】对话框中选择【使用】下拉列表中的【图案】选项，选中定义的图案，填充在整个画布中，并且设置该图层的不透明度，如图7—57所示。

图7—57　使用图案填充

STEP|04 新建图层3，选择圆角矩形工具，设置圆角半径为15像素，在画布下方创建380×130像素的白色圆角矩形。选择椭圆选框工具，按住Shift键分别在圆角矩形4个角位置上建立正圆选区，按Delete键删除选区中的白色，如图7–58所示。

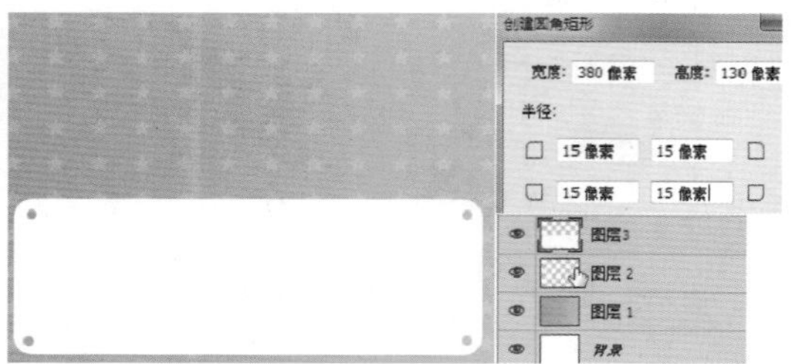

图7–58 绘制圆角矩形

STEP|05 复制图层3并重命名为图层4，将图层4放置在图层3下方，更改其填充颜色为黑色，设置图层的不透明度为20%，利用移动工具分别向下和向右移动5个像素，效果如图7–59所示。

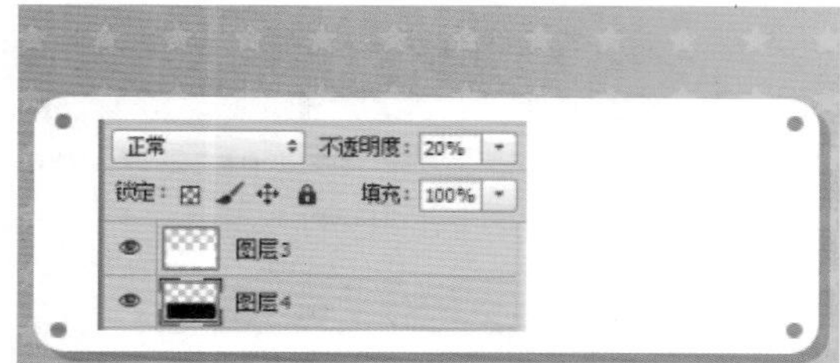

图7–59 创建产品放置区域

STEP|06 导入图片素材，分别按快捷键Ctrl+T将其成比例缩小，调整位置如图7–60所示。使用横排文字工具在图片下方输入相应的产品名称，文本颜色为#B1AFAF。

图7–60 展示产品

STEP|07 新建图层5，选择矩形工具，在画布左上角位置创建矩形路径，使用直接选择工具和转换点工具调整其形状。然后按快捷键Ctrl+Enter将其转换为选区，使用设置的前景色对其填充，最后取消选区，效果如图7–61所示。

图7–61 创建不规则图形

STEP|08 复制该图层并放置在原图层下方，更改填充颜色为黑色，降低其不透明度为20%，并且利用【自由变换】命令中的【斜切】和【扭曲】选项调整形状。在最上方新建图层6，使用多边形套索工具建立不规则选区，由右至左填充由紫色到透明的线性渐变，如图7–62所示。

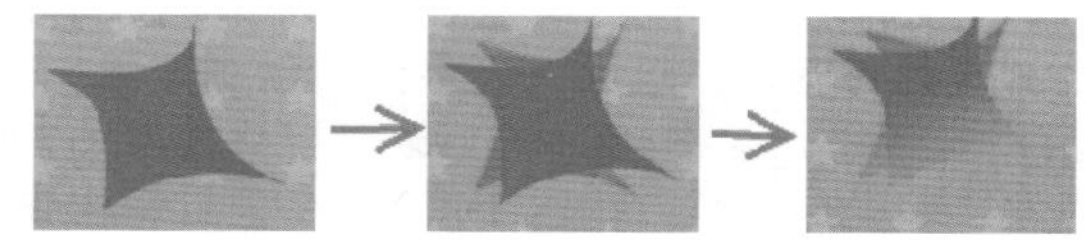

图7–62 创建不规则图形的阴影

STEP|09 选择横排文字工具，在深紫色不规则区域中输入“抢”字，并且执行【自由变换】命令旋转文字角度。利用自定形状工具中的“箭头7”形状，创建白色箭头，如图7–63所示。

图7–63 在不规则图形中创建文字

STEP|10 继续使用横排文字工具，在圆角矩形左上方输入“全场半价促销”字样，双击该图层打开【图层样式】对话框，启用投影样式，设置不透明度为65%，距离为6像素，大小为0；启用颜色叠加样式，设置叠加颜色为#2BF0B2；启用描边样式，设置描边颜色为白色，其他参数默认，效果如图7–64所示。

图7–64 创建广告语

STEP|11 利用圆角矩形工具在文本右侧创建半径为25像素的白色圆角矩形，并且将步骤（10）中设置的图层样式复制到该图层中，更改投影样式中的不透明度为30%，距离为5像素；更改描边样式中的大小为2像素。接着在上方创建高光，效果如图7–65所示。

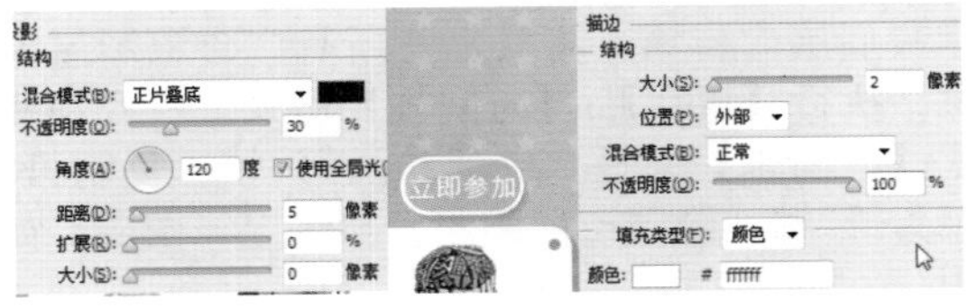

图7–65 创建按钮

STEP|12 下面制作该广告中的标志，标志由中文“拍拍”和其拼音组成。利用Arial Black和“方正粗倩简体”分别输入“PaiPai”和“拍拍”字样，并且为中文文字添加2像素的白色描边，如图7–66所示。

STEP|13 在字母图层下方新建6个图层，利用多边形套索工具创建6个不同大小、不同形状的不规则矩形选区，由左至右依次填充颜色为#3BE6B0、#FFCC33、#7FF5D0、#5BC7FE、#B696FE、#F3A1FC，并且将“拍拍”文字的图层样式分别复制到这6个图层中，如图7–67所示。

图7–66 输入广告中的网站标志

图7–67 创建字母背景

STEP|14 右击字母图层，执行【栅格化文字】命令，将其转换为普通图层，选择矩形选框工具框选字母，将其逐一移至相应的矩形中。在【图层】面板中调整字母背景矩形的上下位置，并且将填充不透明度设置为50%，效果如图7–68所示。

图7–68 调整背景和字母位置

STEP|15 在图层最上方分别输入“新品专卖街新登场”与“42元起售”广告语字样，并且为其添加2像素的白色描边。结合Shift键同时选中这两个图层，使其中心对齐，如图7–69所示。

图7–69 输入两组广告语

STEP|16 隐藏“42元起售”，将广告语文本图层复制5个并且隐藏。选中原始文本图层，按快捷键Ctrl+T，单击工具选项栏中的【保持长宽比】按钮，各项参数设置如图7–70所示，按Enter键结束。

图7–70 制作旋转文本

STEP|17 显示并选中上一文本图层，成比例放大相同倍数，旋转60°。依此类推，逐一向上调整复制的文本图层，最上面的一个复制图层文本保持不变，效果如图7–71所示。

STEP|18 复制4个“42元起售”图层，从上起第2个图层开始至第4个图层成比例放大120%，依次设置旋转角度为–30°、–100°和30°。设置第5个图层成比例放大150%，旋转–30°，效果如图7–72所示。

图7–71 依次旋转文本

图7–72 旋转另一组文本

STEP|19 现在开始创建广告语旋转动画。显示最底层广告语，将其上方所有广告语图层隐藏。执行【窗口】|【时间轴】命令，打开帧模式【时间轴】面板，创建动画第1帧。复制第1帧为第2帧，隐藏当前图层，显示上一图层，如图7–73所示。

图7–73 在时间轴中创建帧

STEP|20 使用相同的方法创建第3帧至第6帧，将广告语“香水专卖街新登场”动画创建完成，将第6帧的延迟时间设置为1.0秒，动画将在该帧停顿，如图7–74所示。

STEP|21 复制第6帧为第7帧，更改该帧的延迟时间为无延迟，隐藏当前图层显示上一图层。使用相同的方法创建广告语“42元起售”动画，并且将最后一帧的帧延迟时间更改为1.0秒。至此，网上购物动态网页广告制作完成。按快捷键Shift＋Ctrl＋Alt＋S保存文档为GIF动画。

图7–74　更改帧延迟时间

7.6 新手训练营

练习1：摄影网页动画Banner制作

本练习效果如图7–75所示。在Banner制作中，背景由多种色块和谐搭配组成，加上圆环图案，呈现出一种朦胧光晕效果。背景制作完成后，添加两张摄影图，分别对两张图像插入关键帧，制作从无到有的动画效果。

图7–75　摄影网动态Banner广告

练习2：茶叶网站静态Banner制作

本练习效果如图7–76所示。茶艺是饮茶活动过程中形成的文化现象。本案例整体以淡淡的绿色调为主，体现出清新感。在Banner的制作上，茶叶图片以圆形出现，加上绿色的边框，呈现出一种优美、雅致感。

图7–76　茶叶网Banner广告

第8章 网页色彩基础

色彩是网页设计中的重要组成部分，当用户浏览网页时，好的色彩可以让浏览者眼前一亮，给其留下深刻的印象。在网页色彩的使用方面，要考虑到网站的风格、主题表现、情感传递等设计因素，使整体风格统一，同时又做到主题突出，在形式和内容上带给浏览者美的享受。

在本章中，将会向读者介绍色彩的基础知识、色彩情感诉求，以及网页安全色运用，帮助读者更好地了解色彩对于网页设计的重要性。

Photoshop CC

8.1 认识网页色彩

网页设计对色彩具有强烈的依赖性，色彩是人眼感知到的第一个要素，所以色彩的选择和搭配效果的好坏都会对用户的感官产生重要的影响，这是决定用户会不会浏览网页的关键一步。

不同的色彩会给用户带来不一样的情感体验，这样更有助于设计作品在信息传达中发挥感情攻势，让浏览者感到快乐、清爽或者温馨，从而达到刺激消费、宣传产品、加深网站印象等目的。如图8—1所示。

网页配色的恰当与否将直接影响到访问者的情绪，恰当的色彩搭配会给访问者带来很强的视觉冲击力。图8—2所示网页，虽然用色较少，当浏览者看到网页时，简单的配色却会给其留下深刻、清爽的印象，同时蓝色也象征着心理治愈，十分切合网站的主题。

图8—1　色彩的视觉感

图8—2　色彩的合理搭配

8.2 色彩理论概述

学习色彩如何影响网页效果的前提是先要了解色彩本身的构成要素、物理属性、混合原理等相关知识，这是搭建具有良好传播效果的网页的基础。

8.2.1　色彩的三要素

自然界中任何颜色都包含有色相、亮度、饱和度三个属性，这是构成颜色的最基本的三个要素，现将各个属性的特点介绍如下。

1．色相

色相指色彩的相貌，是区别色彩种类的名称。色相是根据光的波长划分的，只要波长相同，色相就相同，波长不同才产生色相的差别。红、橙、黄、绿、蓝、紫等每个字都代表一类具体的色相，它们之间的差别就属于色相差别。当人们称呼到其中某一色的名称时，就会有一个特定的色彩印象，这就是色相的概念。正是由于色彩具有这种具体的相貌特征，我们才能感受到一个五彩缤纷的世界。如果说亮度是色彩隐秘的骨骼，色相就是色彩华美的肌肤。色相体现着色彩外向的性格，是色彩的灵魂，如图8—3所示。

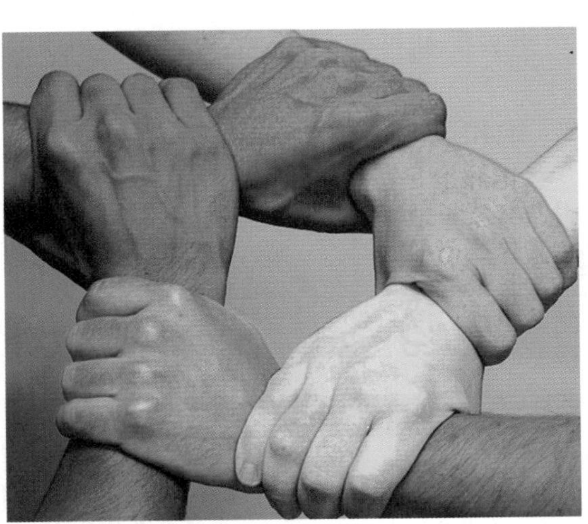

图8—3　色相

如果把光谱的红、橙、黄、绿、蓝、紫首尾相连，制作一个圆环，在红和紫之间插入半幅，构成环形的色相关系，便称为色相环。在6种基本色相中间各插入一个中间色，其首尾色相按光谱顺序为：红、橙红、橙、黄、黄绿、绿、青绿、蓝绿、蓝、蓝紫、紫、红紫，构成十二基本色相，这十二色相的彩调变化，在光谱色感上是均匀的。如果进一步再找出其中间色，便可以得到二十四色相，如图8—4所示。

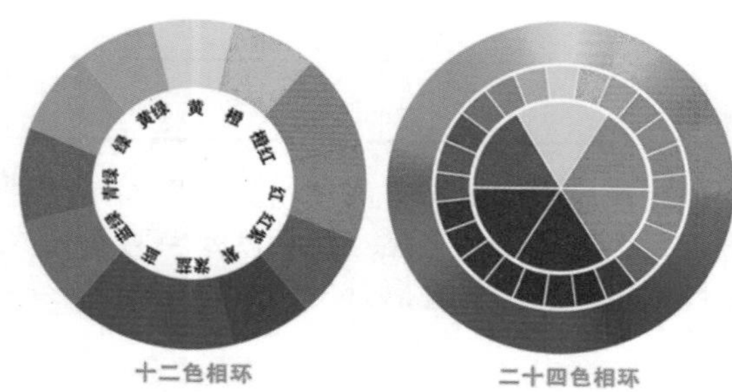

图8—4　色相环

2．饱和度

饱和度是指色彩的纯净程度。可见光辐射，有波长相当单一的，有波长相当混杂的，也有处在两者之间的，黑、白、灰等无彩色就是波长最为混杂，纯度、色相感消失造成的。光谱中红、橙、黄、绿、蓝、紫等单色光都是最纯的色光。

提示

纯色是饱和度最高的一级。光谱中红、橙、黄、绿、蓝、紫等色光是最纯的高饱和度的光；色料中红色的饱和度最高，橙、黄、紫等色饱和度较高，蓝、绿色饱和度最低。

饱和度取决于该色中含色成分和消色成分（黑、白、灰）的比例，含色成分越大，饱和度越高；消色成分越大，饱和度越低，也就是说，向任何一种色彩中加入黑、白、灰都会降低它的饱和度，加得越多就降得越低。

当在蓝色中混入了白色时，虽然仍旧具有蓝色相的特征，但它的鲜艳度降低了，亮度提高了，成为淡蓝色；当混入黑色时，鲜艳度降低了，亮度变暗了，成为暗蓝色；当混入与蓝色亮度相似的中性灰时，它的亮度没有改变，饱和度降低了，成为灰蓝色，如图8—5所示。

图8—5　不同的饱和度

黑白网页和彩色网页给人的感受是大相径庭的，色彩的不同会造成视觉感上的强烈差异，一般情况下，黑白网页会给人单调、无趣、疲惫等视觉和心理感受，而彩色网页则会利用其饱满、丰富的色彩给人更多富含趣味性的体验。如图8—6所示。

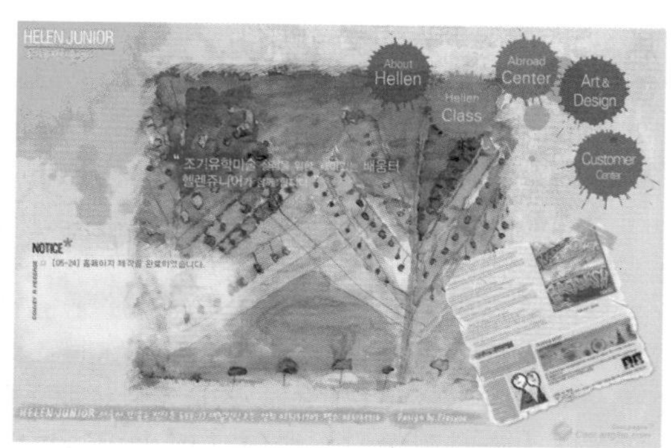

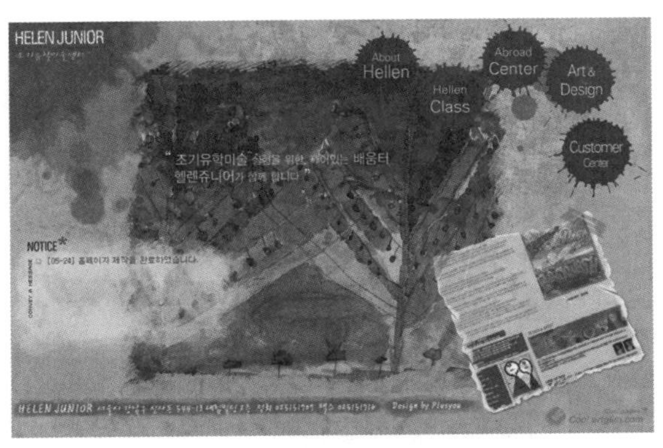

图8—6　彩色与灰色网页

3. 亮度

亮度是表示人对发光体或被照射物体表面的发光或反射光强度实际感受的物理量，是色彩形成空间感与色彩体量感的主要依据，起着“骨架”的作用。在无彩色中，亮度最高的色为白色，亮度最低的色为黑色，中间存在一个从亮到暗的灰色系列，如图8—7所示。

图8—7　不同亮度

亮度在三要素中具有较强的独立性，它可以不带任何色相的特征而通过黑白灰的关系单独呈现出来，就像是骨架可以单独支撑存在一样。

色相与饱和度则必须依赖一定的明暗才能显现，色彩一旦发生，明暗关系就会同时出现，在进行一幅素描的过程中，需要把对象的有彩色关系抽象为明暗色调，这就需要设计者有对明暗的敏锐判断力。人们可以把这种抽象出来的亮度关系看做色彩的骨骼，它是色彩结构的关键，如图8—8所示。

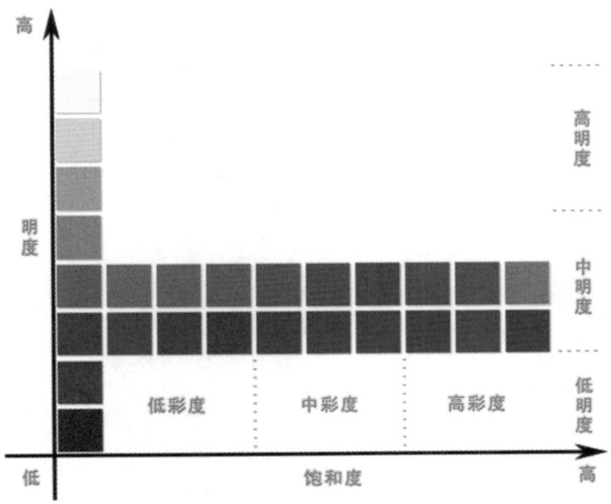

图8—8　亮度与饱和度之间的关系

注意

在有彩色中，任何一种纯度色都有着自己的亮度特征。例如，黄色为明度最高的色，处于光谱的中心位置，紫色是亮度最低的色，处于光谱的边缘位置，一个彩色物体表面的光反射率越大，对视觉刺激的程度越大，看上去就越亮，这一颜色的明度就越高。

8.2.2　色彩的混合原理

客观事物中的色彩种类繁多，但总体来说可以分为两大类：一类是原色，指的是红、黄、蓝；另一类则是混合色。其中，使用间色再进行调配的颜色称为复色。原色强烈，混合色较温和，复色在明度和纯度上相对较弱，各类间色与复色的补充组合形成丰富多彩的画面效果。从理论上讲，所有的间色、复色都是由三原色调和而成的。

所谓三原色，就是指这3种色中的任意一色都不能由另外两种原色混合产生，而其他颜色可以由这三原色按照一定的比例混合出来，色彩学上将这3个独立的颜色称为三原色。

将两种或多种色彩互相进行混合，形成与原有色不同的新色彩称为色彩的混合。色彩混合方法可归纳成加色法混合、减色法混合和空间混合3种类型。

1. 加色法混合

加色法混合指色光混合，也称第一混合，当不同的色光同时照射在一起时，能产生另外一种新的色光，并随着不同色混合量的增加，混色光的明度会逐渐提高，将红、绿、蓝3种色光分别做适当比例的混合，可以得到其他不同的色光，如图8−9所示。反之，其他色光无法混合出这3种色光来，故称红、绿、蓝为色光的三原色，它们相加后可得到白光。

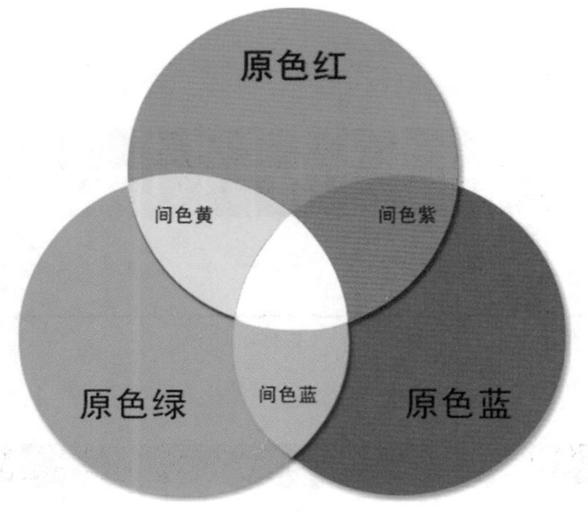

图8−9　加色法混合

提示

加色法混合效果是由人的视觉器官来完成的，因此它是一种视觉混合。加色法混合的结果是色相改变、明度提高，而纯度并不下降。加色法混合被广泛应用于舞台灯光照明及影视、电脑设计等领域。

2．减色法混合

减色法混合即色料混合，也称第二混合。在光源不变的情况下，两种或多种色料混合后可以产生新色料，其反射光相当于白光减去各种色料的吸收光，反射能力会降低。故与加色法混合相反，减色法混合后的色料色彩不但色相发生变化，而且明度和纯度都会降低。所以混合的颜色种类越多，色彩就越暗越混浊，最后近似于黑灰的状态，如图8−10所示。

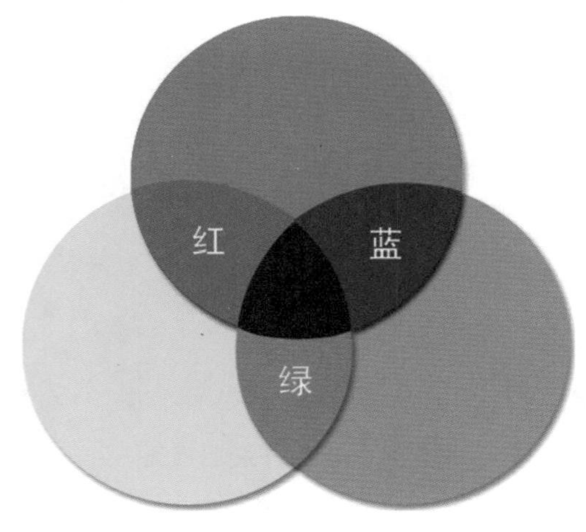

图8−10　减色法混合

3．空间混合

空间混合法亦称中性混合、第三混合，是在一定的视觉空间中，将两种或多种颜色穿插、并置在一起，能在人眼中产生混合的效果。其实颜色本身并没有真正混合，它们不是发光体，而只是反射光的混合。其明度等于参加混合色光的明度平均值，既不减也不加。

空间混合比减色法混合明度高，因此色彩效果显得丰富、响亮，有一种空间的颤动感，表现自然、物体的光感更为闪耀。

注意

空间混合的产生需要具备的条件：对比各方的色彩比较鲜艳，对比较强烈；色彩的面积较小，形态为小色点、小色块、细色线等，并成密集状；色彩的位置关系为并置、穿插、交叉等；有相当的视觉空间距离。

8.3　颜色模式及其转换

制作网页时要了解何种颜色模式适合在显示器中使用。如果想要将制作好的网页打印出来，就需要从一种颜色模式转换为另一种颜色模式。颜色模式是一种用来确定显示和打印电子图像色彩的模型。要先对颜色模式有所了解，才能够更好地将其运用于网站页面的设计之中。

8.3.1　颜色模式

Photoshop中包含了多种颜色模式，每种模式的图像描述和重现色彩的原理及所能显示的颜色数量各不相同。常见的有如下5种模式。

1．RGB颜色模式

RGB颜色模式是工业界的一种颜色标准，是通过对红（Red）、绿（Green）、蓝（Blue）3个颜色通道的变化以及它们相互之间的叠加来得到各式各样的颜色的。这个标准几乎包括了人类视力所能感知的所有颜色，是目前运用最广的颜色系统之一，如图8−11所示。

图8-11　RGB颜色模式分析图

电脑屏幕上的所有颜色，都是由红色、绿色、蓝色三种色光按照不同的比例混合而成的。一组红色、绿色、蓝色就是一个最小的显示单位。屏幕上的任何一个颜色都可以由一组RGB值来记录和表达。其中每两种颜色的等量，或者非等量相加所产生的颜色如表8-1所示。

对RGB三基色各进行8位编码，这3种基色中的每一种都有一个从0（黑）~255（白色）的亮度值范围。当不同亮度的基色混合后，便会产生出256×256×256种颜色，约为1670万种，这就是人们常说的"真彩色"。

表8-1　RGB颜色混合表

混合公式	色板
RGB两原色等量混合公式：	
R（红）+G（绿）生成Y（黄）（R=G） G（绿）+B（蓝）生成C（青）（G=B） B（蓝）+R（红）生成M（洋红）（B=R）	
RGB两原色非等量混合公式：	
R（红）+G（绿↓减弱）生成Y→R（黄偏红） 红与绿合成黄色，当绿色减弱时黄偏红	
R（红↓减弱）+G（绿）生成Y→G（黄偏绿） 红与绿合成黄色，当红色减弱时黄偏绿	
G（绿）+B（蓝↓减弱）生成C→G（青偏绿） 绿与蓝合成青色，当蓝色减弱时青偏绿	
G（绿↓减弱）+B（蓝）生成C→B（青偏蓝） 绿和蓝合成青色，当绿色减弱时青偏蓝	
B（蓝）+R（红↓减弱）生成M→B（品红偏蓝） 蓝和红合成品红，当红色减弱时品红偏蓝	
B（蓝↓减弱）+R（红）生成M→R（品红偏红） 蓝和红合成品红，当蓝色减弱时品红偏红	

提示

如果初次接触Photoshop，要理清颜色混合之间的关系确实有很大的难度，不过，可以自己动手在Photoshop中制作一个辅助记忆的色相环，形象地描述上述枯燥的公式，例如：R＋B（等量）＝M，为品红，当红色不断减弱时，品红偏向蓝色，红色完全消失时，颜色就变为了纯正的蓝色。

2．CMYK颜色模式

CMYK也称做印刷色彩模式，是一种依靠反光的色彩模式，其中4个字母分别指青（Cyan）、洋红（Magenta）、黄（Yellow）、黑（Black），在印刷中代表4种颜色的油墨。当光线照到有不同比例C、M、Y、K油墨的纸上，部分光谱被吸收后，反射到人眼的光产生颜色。在混合成色时，随着C、M、Y、K 4种成分的增多，反射到人眼的光会越来越少，光线的亮度也会越来越低，如图8-12所示。只要是在印刷品上看到的图像，就是通过CMYK模式表现的，比如期刊、杂志、报纸、宣传画等。

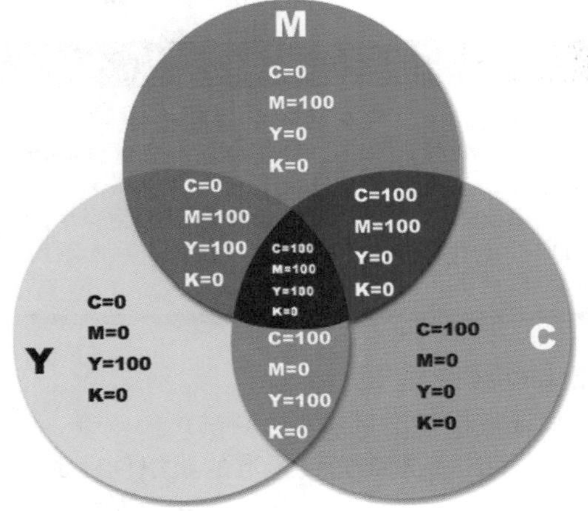

图8-12　CMYK颜色模式分析图

3．HSB颜色模式

HSB颜色模式对应的媒介是人的眼睛。它不是将色彩数字化成不同的数值，而是基于人对颜色的感觉，让人觉得更加直观一些。各个字母分别代表色相（Hue）、饱和度（Saturation）和明亮度（Brightness），其中色相（Hue）是基于从某个物体反射回的光波，或者是透射过某个物体的光波；饱和度（Saturation）是某种颜色中所含灰色数量的多少，含灰色越多，饱和度越低；明亮度（Brightness）是对一个颜色中光的强度的衡量，明亮度越大，则色彩越鲜艳。HSB颜色模式分析如图8—13所示。

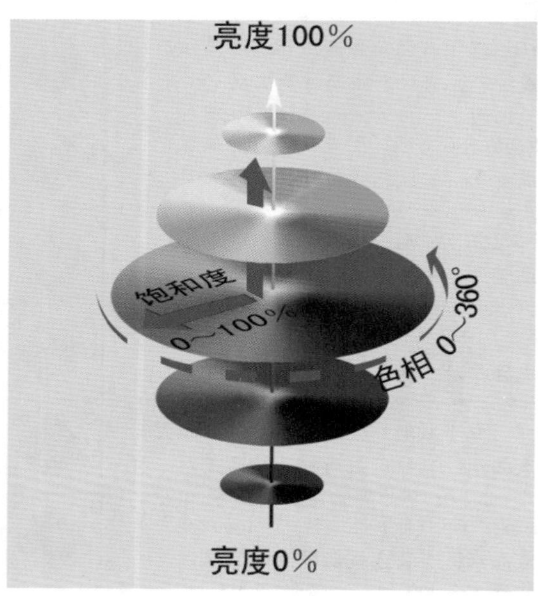

图8—13 HSB颜色模式分析图

技巧

在HSB模式中，所有的颜色都用色相、饱和度、亮度3个特性来描述。它可由底与底对接的两个圆锥体立体模型形象地来表示。其中轴向表示亮度，自上而下由白变黑；径向表示色饱和度，自内向外逐渐变高；而圆周方向，则表示色调的变化，形成色环。

4. Lab颜色模式

Lab颜色模型是基于人对颜色的感觉，它是由专门制定各方面光线标准的组织创建的数种颜色模型之一，是通过数学方式来表示颜色，不依赖于特定的设备，这样能确保输出设备经校正后所代表的颜色能保持其一致性。其中L指的是亮度，a是由绿至红，b是由蓝至黄，如图8—14所示。

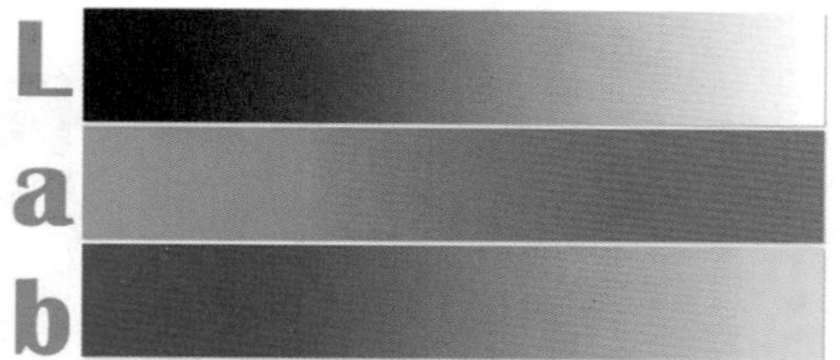

图8—14 Lab色彩模式分析图

提示

Lab色彩空间涵盖了RGB和CMYK。所以Photoshop内部从RGB颜色模式转换到CMYK颜色模式，也是经由Lab当做中间量来完成的。

5. 索引颜色

索引颜色采用一个颜色表存放并且索引图像中的颜色。是网上和动画中常用的图像模式，当彩色图像转换为索引颜色的图像后包含近256种颜色。

如果原图像中的一种颜色没有出现在颜色表中，程序会选取已有颜色中最相近的颜色或者使用已有颜色模拟该颜色。索引颜色只支持单通道图像（8位/像素），因此，可以通过限制调色板、索引颜色减小文件大小，同时保持视觉上的品质不变，如图8—15所示。

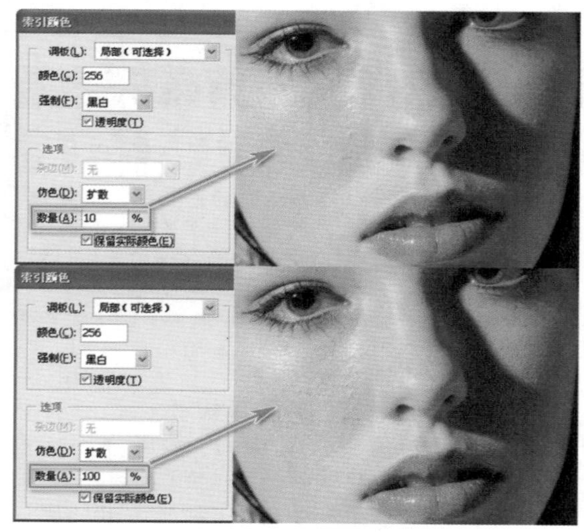

图8—15 索引颜色

注意

当图像是8位/通道，且是索引颜色模式时，所有的滤镜都不可以使用。

8.3.2　色彩模式转换

为了在不同的场合正确输出图像，有时需要把图像从一种模式转换为另一种模式。在Photoshop中通过执行【图像】|【模式】命令，来转换需要的颜色模式。这种颜色模式的转换有时会永久性地改变图像中的颜色值，同时有些颜色在转换后会损失部分颜色信息，因此在转换前最好保存一个备份文件，以便在必要时恢复图像。

技巧

将RGB模式图像转换为CMYK模式图像时，CMYK色域之外的RGB颜色值被调整到CMYK色域之内，从而缩小了颜色范围。

在将彩色图像转换为索引颜色时，会删除图像中的很多颜色，而仅保留其中的256种颜色，同时产生一个表格。图8-16所示是许多多媒体动画应用程序和网页所支持的标准颜色数。只有灰度模式和RGB模式的图像可以转换为索引颜色模式。由于灰度模式本身就由256级灰度构成，因此转换为索引颜色后无论颜色还是图像大小都没有明显的差别。但是将RGB模式的图像转换为索引颜色模式后，图像的尺寸将明显减小，同时图像的视觉品质也将受损。

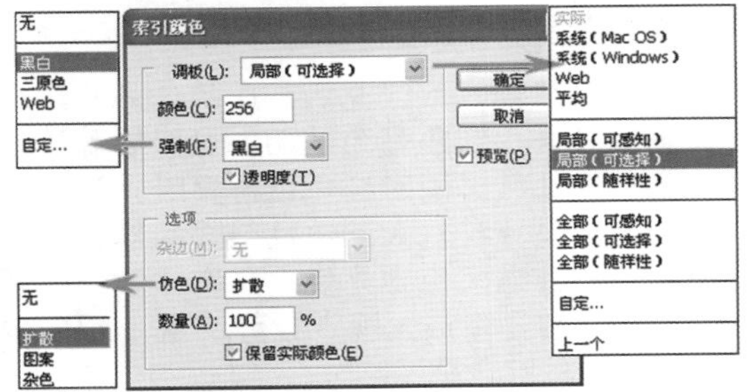

图8-16　【索引颜色】对话框

提示

如果将RGB模式的图像转换成CMYK模式，图像中的颜色就会产生分色，颜色的色域就会受到限制。因此，如果图像是RGB模式的，最好选在RGB模式下编辑，然后再转换成CMYK图像。

8.4　色彩分析

色彩对人的感观和感受的影响，是客观存在的。设计者不仅要掌握基本的网站制作技术，还需要掌握网站色彩对人的影响。接下来将从色相情感、色调想象、色彩感知三个方面来分析色彩对人的影响。

8.4.1　色相情感

不同的颜色会带给受众不同的心理感受，每一种颜色都会包含其特定的视觉传达意义，如表8-2所示。同时随着饱和度、透明度等各个因素的变化，颜色所传达出的意义又会发生相应的变化。

表8-2　色相情感

色彩	积极的含义	消极的含义
红色	热情、亢奋、激烈、喜庆、革命、吉利、兴隆、爱情、火热、活力	危险、痛苦、紧张、屠杀、残酷、事故、战争、爆炸、亏空
橙色	成熟、生命、永恒、华贵、热情、富丽、活跃、辉煌、兴奋、温暖	暴躁、不安、欺诈、嫉妒

续表

色彩	积极的含义	消极的含义
黄色	光明、兴奋、明朗、活泼、丰收、愉悦、轻快、财富、权力、自然、和平、生命、	病痛、胆怯、骄傲、下流
绿色	自然、和平、生命、青春、畅通、安全、宁静、平稳、希望	生酸、失控
蓝色	久远、平静、安宁、沉着、纯洁、透明、独立、遐想	寒冷、伤感、孤漠、冷酷
紫色	高贵、久远、神秘、豪华、生命、温柔、爱情、端庄、俏丽、娇艳	悲哀、忧郁、痛苦、毒害、荒淫
黑色	庄重、深沉、高级、幽静、深刻、厚实、稳定、成熟	悲哀、肮脏、恐怖、沉重
白色	纯洁、干净、明亮、轻松、朴素、卫生、凉爽、淡雅	恐怖、冷峻、单薄、孤独
灰色	高雅、沉着、平和、平衡、连贯、联系、过渡	凄凉、空虚、抑郁、暧昧、乏味、沉闷

依据色相划分，常见的色系有7种：红色系、橙色系、黄色系、绿色系、青色系、蓝色系、紫色系。下面结合网页设计介绍不同颜色情感的运用。

1. 红色情感

红色是热情奔放、充满喜庆的色彩，年轻的新婚夫妻采用红色最为贴切，可以展现青年生机勃勃的朝气。同时红色色感温暖，性格刚烈而外向，是一种对人刺激性很强的颜色，容易引起人的注意，也容易使人兴奋、激动、紧张、冲动，容易造成人视觉疲劳。图8–17所示为色相环中的红色范围。

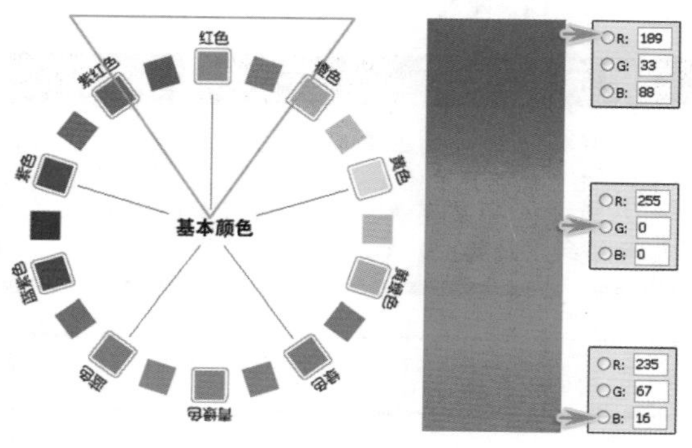

图8–17 色相环中的红色范围

用红色为主色的网站不多，在大量信息的页面中有大面积的红色，不易于阅读。但是如果搭配好的话，可以起到振奋人心的作用。最近几年，以红色为主色的网站越来越多。

将红色运用在网站中时要十分注意颜色的搭配，因为大面积的红色容易引起视觉疲劳，不易于阅读，如果搭配得当，则会达到良好的视觉效果，如图8–18所示，简单的红色调中搭配了白色的商品LOGO，既可以吸引浏览者注意力，同时又突出了主题。

图8–18 红色为主的网页

提示

红色在网页中大多用于突出颜色，因为鲜明的红色极易吸引人们的目光。高亮度的红色通过与灰色、黑色等非彩色搭配使用，可以得到现代且激进的感觉。低亮度的红色依靠散发出的冷静沉重感营造出古典的氛围。

2. 橙色情感

橙色是一种充满活力的颜色，给人健康的感觉，橙色的食物可以使人食欲大增。有些国家的僧侣主要穿着橙色的僧侣服，他们解释说橙色代表着谦逊。橙色也会给人一种朝气活泼、温馨、时尚的感觉，可以改善人消极压抑的心情。图8–19所示为色相环中的橙色范围。

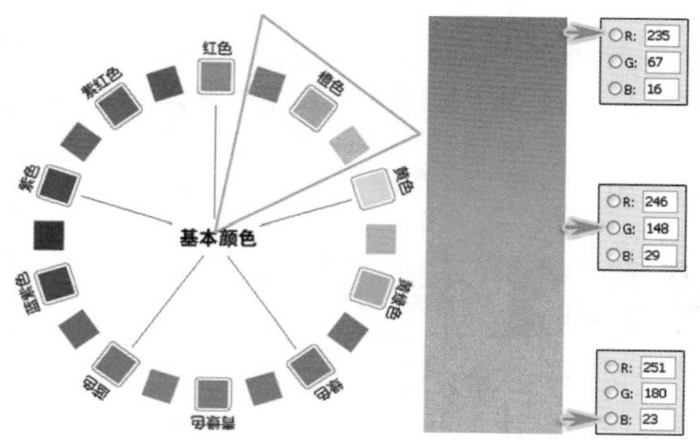

图8–19 色相环中的橙色范围

注意

橙色的波长仅次于红色，因此它也具有长波长导致的特征：使脉搏加速，并有温度升高的感受。橙色是十分活泼的光辉色彩，是暖色系中最温暖的色彩。它使人们联想到金色的秋天、丰硕的果实，因此是一种富足、快乐而幸福的颜色。橙色明视度高，在工业安全用色中可以作为警戒色使用。同时橙色与淡黄色相配有一种很舒服的过渡感。但一般不能与紫色或深蓝色相配，这将给人一种不干净、晦涩的感觉，所以在运用橙色时，要注意选择搭配的色彩和表现方式。

在网页中使用橙色作为主色调，强化了网页的视觉效果，同时其中又加入了绿色和白色作为点缀，使网页整体上看起来更加清新、错落有致，使页面更加生动，突出了网页所要宣传的主题，如图8–20所示。

图8-20 橙色为主的网页

技巧

橙色是可以通过变换色调营造出不同氛围的典型颜色，它既能表现出青春的活力，也能够实现沉稳老练的效果，所以橙色在网页配色中的使用范围是非常广泛的。

3. 黄色情感

黄色是三原色之一，属于高明度色，有明快、轻薄的性格特征，能够刺激大脑中与焦虑有关的部分，因此具有警告的效果。比如日常生活中见到的马路上的指示灯。黄色也代表了早上第一道曙光的颜色，代表了太阳的光与热，充满了朝气与希望，给人留下光明、辉煌、充实、成熟、温暖、透明的感觉。图8-21所示为色相环中的黄色范围。

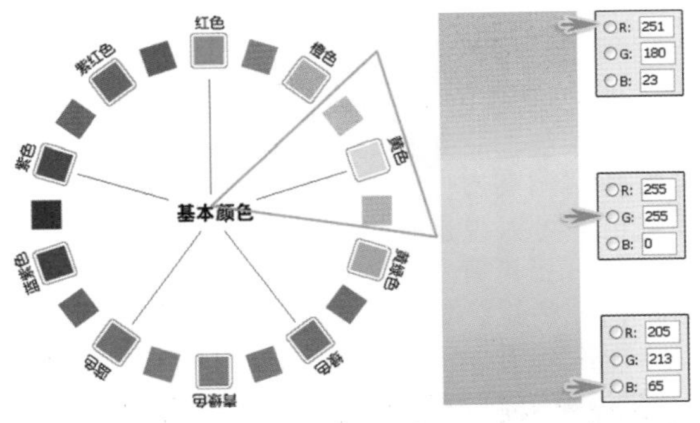

图8-21 色相环中的黄色范围

提示

黄色是亮度最高的色，在高明度下能够保持很强的纯度。黄色的灿烂、辉煌象征着希望与热情；黄色的至极是金色，象征着富贵、权利与享乐，是一种骄傲的色彩。黄色与红色色系的配合可以产生辉煌华丽、热烈喜庆的效果，与蓝色色系的配合可以产生淡雅宁静、柔和清爽的效果。

黄色是所有颜色中反光最强的。当颜色加深的时候，黄色的明亮度最大，其他颜色都变得很暗。它有激励，增强活力的作用，能够增加清晰度，便于交流，所以是站点配色中使用最为广泛的颜色之一。

4. 绿色情感

绿色与人类息息相关，是永恒的欣欣向荣的自然之色，它是由蓝色和黄色对半混合而成的，被看做是一种和谐的颜色，象征着生命、平衡、和平和生命力。有缓解眼部疲劳的作用，给人带来一种安静、祥和、舒缓的感觉，所以为了保护眼睛，平常要尽量多看一些绿色，或者对于经常使用电脑的用户，可以把电脑桌面设置成和绿色有关的界面。图8-22所示为色相环中的绿色范围。

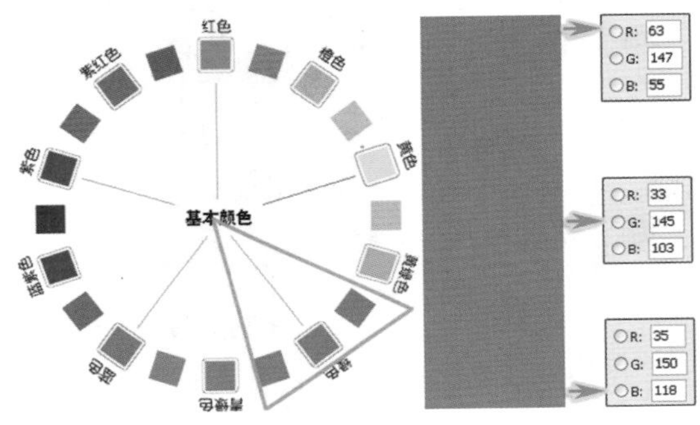

图8-22 色相环中的绿色范围

绿色给人一种健康的感觉，也经常用于与健康医疗相关的站点，在商业设计中，绿色所传达的清爽、理想、希望、生长的意象，符合了服务业、卫生保健业的诉求。在工厂中为了避免工作时眼睛疲劳，许多机械设备也都采用了绿色。

在图8-23中，背景为绿色，前景中插入了具有多种色彩的动画人物，白色的文字非常突出，强烈地吸引着浏览者的视线。页面中颜色逐渐推进和递增变化，增加了页面色彩的层次感。

图8-23 绿色为主的网页

5. 蓝色情感

蓝色会使人自然地联想起大海和天空，所以会使人产生一种爽朗、开阔、清凉的感觉。作为冷色的代表颜色，蓝色会给人很强烈的安稳感，同时蓝色还能够表现出美丽、文静、理智、安详、和平、淡雅、洁净、可靠等多种感觉。低彩度的蓝色主要用于营造安稳、可靠的氛围，而高彩度的蓝色可以营造出高贵、严肃的氛围。蓝色与绿色、白色的搭配在现实生活中也是随处可见的。图8-24所示为色相环中的蓝色范围。

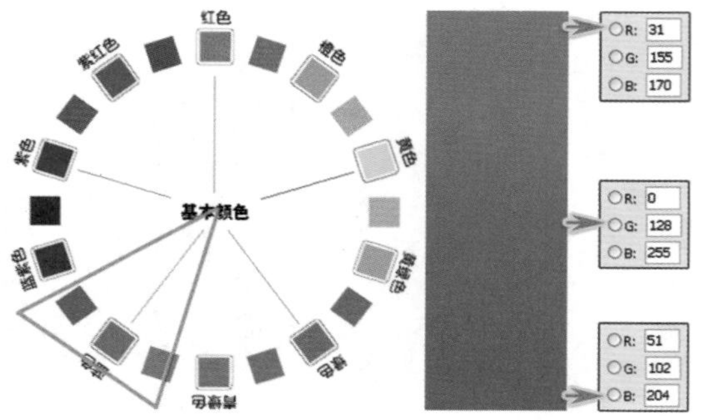

图8-24　色相环中的蓝色范围

由于蓝色沉稳的特性，具有理智、准确的意象，所以经常使用在商业设计的站点中。需要强调科技、效率时，大多选用蓝色作为标准色，如电脑、汽车、影印机、摄影器材等产品网站，如图8-25所示。另外蓝色也代表忧郁，这是受了西方文化的影响，这个意象也运用在文学作品或感性诉求的商业设计中。

图8-25　蓝色为主的网页

> **提示**
>
> 蓝色是博大的色彩，天空和大海是最辽阔的景色，都呈蔚蓝色，无论深蓝色还是淡蓝色，都会使人们联想到无垠的宇宙，因此，蓝色也是永恒的象征。蓝色在纯净的情况下并不代表感情上的冷漠，它只不过代表一种平静、理智与纯净而已。蓝色的用途很广，可以安定情绪，天蓝色可用做医院、卫生设备的装饰，或者夏日的衣饰、窗帘等。

6. 紫色情感

紫色是波长最短的可见光波，是非知觉的颜色，美丽而又神秘，给人留下深刻的印象，它既富有威胁性，又富有鼓舞性，给人一种忠诚的虔诚感，象征着神秘与庄重、神圣和浪漫，有强烈的女性化特色。图8-26所示为色相环中的紫色范围。

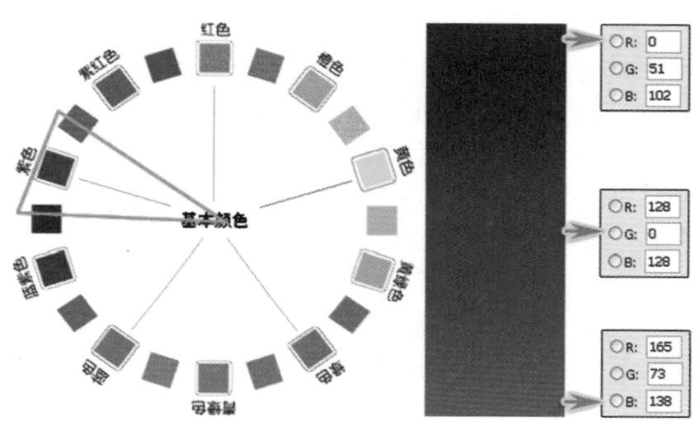

图8-26　色相环中的紫色范围

紫色与红色结合而成的紫红色是非常女性化的颜色，它给人的感觉通常都是浪漫、柔和、华丽、高贵、优雅、奢华与魅力。特别是粉红色，可以说是女性化的代表颜色。图8-27所示的页面具有非常强烈的现代奢华感，时尚张扬的配色组合符合该页面所要表达的主题，让人印象深刻。

图8-27　紫色为主的网页

提示

高彩度的紫红色可以表现出超凡的华丽，而低彩度的粉红色可以表现出高雅的气质。紫红色并不能随意在所有的站点中使用，但使用恰当的紫红色会给人留下深刻的印象。高彩度的紫色和粉红色之间的搭配通常都能得到较好的效果。

7. 黑白灰情感

黑白灰是最基本和最简单的搭配，白字黑底、黑字白底都非常清晰明了、简单大方。黑白灰色彩是万能色，可以跟任意一种色彩搭配，也可以帮助两种对立色彩和谐过渡。为某种色彩的搭配苦恼的时候，不防试试黑白灰。

白色具有高级、科技的意象，通常需和其他色彩搭配使用。纯白色会带给人寒冷、严峻的感觉，所以在使用白色设计网页时，都会掺一些其他的色彩，如象牙白，米白，乳白，苹果白，白色是永远流行的主要色，如图8—28所示。

图8—28　白色为主的网页

黑色具有深沉、神秘、寂静、悲哀、压抑的心理感受。黑色和白色，它们在不同的时候给人的感觉是不同的，黑色有时给人沉默、空虚的感觉，但有时也给人庄严肃穆的感觉。白色有时给人无尽的希望感，但有时也给人恐惧和悲哀的感受。表达何种情感具体要看与哪种颜色搭配在一块。

图8—29所示的电视剧宣传网页以黑色作为背景，昏黄色的人物居于中间，整体上给受众一种神秘、恐怖、昏暗的未知感，视觉冲击强烈，主次分明，黑色和黄色两种颜色的搭配表现出了一种古铜色的幽暗、神秘气息，让浏览者想要点击去探个究竟，跟恐怖电视剧的形象气质十分贴合。

图8—29　黑色为主的网页

灰色是日常生活中经常见到的颜色，它的使用方法同单色一样，是通过调整透明度的方法来产生灰度层次，使页面效果素雅统一。灰色具有中庸、平凡、温和、谦让、中立和高雅的感觉，如图8—30所示。

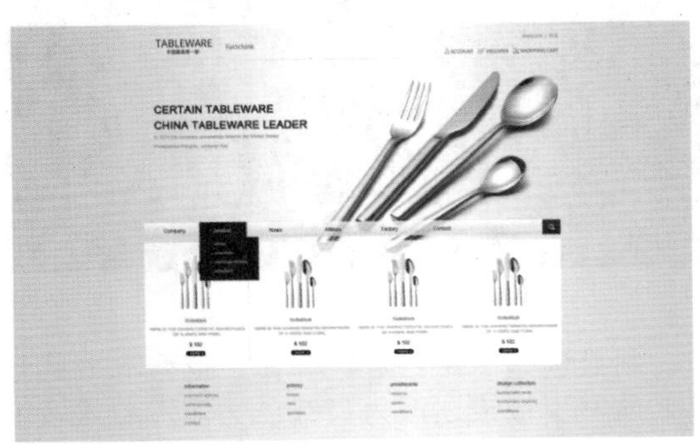

图8—30　灰色为主的网页

在色彩世界中，灰色恐怕是最被动的色彩了，它是彻底的中性色，依靠邻近的色彩获得生命。灰色一旦靠近鲜艳的暖色，就会显出冷静的品格；若靠近冷色，则变为温和的暖灰色。与其用“休止符”这样的字眼来称呼黑色，不如把它用在灰色上，因为无论黑白的混合、半色的混合、全色的混合，最终都导致中性灰色。灰色意味着一切色彩对比的消失，是视觉上最安稳的休息点。

8.4.2　色调想象

色彩本身是无任何含义的，联想产生含义，色彩在联想间影响人的心理，左右人的情绪，不同的色彩联想给每种色彩都赋予了特定的含义。这就要求设计人员在用色时不仅是单单地运用，还要考虑诸多因素，例如，浏览者的社会背景、类别、年龄、职业等，社会背景不同的群体，浏览网站的目的也不同，而彩色给他们的感受也不同，同时带给客户的利益多少也不同，也就是说要认真分析网站的受众群体，多听取反馈信息，进行总结与调整。

表达活力的网页色彩搭配必定要包含红紫色，如图8–31所示，红紫色搭配它的补色黄绿色，将更能表达精力充沛的气息。较不好的色彩是红紫色加黄色，或红紫色加绿色，并不是说整个网页上不能搭配这两种色彩，而是相对运用的面积上应加以考虑。这两种色彩对比也许暂时给人振奋的感觉，但会削弱网页整体的效果。唯有黄绿色加上红紫色，才是充分展现热力、活力与精神的色彩。

图8–31　红紫色联想

粉红色是一种由红色和白色混合而成的颜色，通常也被描述成为淡红色，散发着浪漫唯美的气质。把数量不一的白色加在红色里面，可造成一种明亮的红。这种色彩多用在女性的身上，代表女性的美丽和温柔的天性，同时暗示着女性的优雅和高贵的风度。而深粉色则代表着感谢，更能显出女孩子的娇柔可爱。在网页设计中使用浪漫的色彩如粉红、淡紫和桃红（略带黄色的粉红色），会令人觉得柔和、典雅，如图8–32所示。

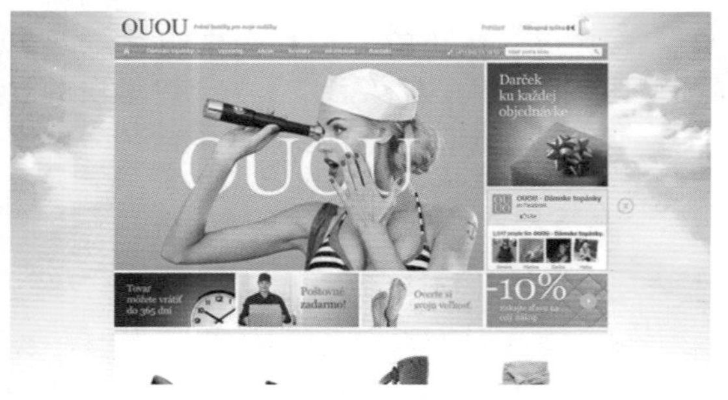

图8–32　粉红色联想

海蓝色介于蓝色和天蓝色之间，属于蓝色颜色之一，寓意着美丽、文静、理智、安详与洁净。海蓝色是最为大众所接受的颜色之一。采用这种颜色搭配的网页可以解释成值得信赖的网页。警官、海军军官或法官都穿着深色、稳定的海军蓝服装，以便在值勤时表现出庄严、支配的权威感。图8–33所示的网页中，当用蓝色作为背景，不仅给浏览者带来安宁感，而且表达出教学实力强大，值得信赖的信息。

图8–33　深蓝色联想

紫色是由红色和蓝色调和而成的，从一个画家的观点来说紫色是最难调配的一种颜色，透露着诡异的气息，所以能制造奇幻的效果。在紫色中渗入少量的白色可以使紫色变得更加地柔美、动人、和谐，增加了更多的女性气息和特色，给人一种甜美、可爱的亲切感，如图8–34所示。

图8–34　紫色联想

在商业活动中，颜色受到仔细地评估，一般流行的看法是：灰色或黑色系列可以象征“职业”，因为这些颜色较不具个人主义，有中庸之感；灰色其实是鲜艳的红色或橘色最好的背景色。这些活泼的颜色加上低沉的灰色，可以使原有的热力稍加收敛、含蓄一些。虽然灰色不具刺激感，却富有实际感，它传达出一种实在、严肃、稳重的成熟气息，当与其他颜色搭配时，显得更加地富有灵气，如图8–35所示。

图8–35　灰色联想

8.4.3　色彩知觉

人们在平常的穿衣打扮中，选择什么样的颜色都会流露出个人的喜好和心情，网页的设计师也是这样，首先要考虑的是在一幅作品当中所要传递的信息，这是设计者的目的所在，是相当重要的，在作品里面要能从表面看出实质，能够使读者遐想到一些什么。为此在网页色彩搭配时，设计者应该考虑到色彩的象征意义以及对浏览者的影响，如图8–36所示。

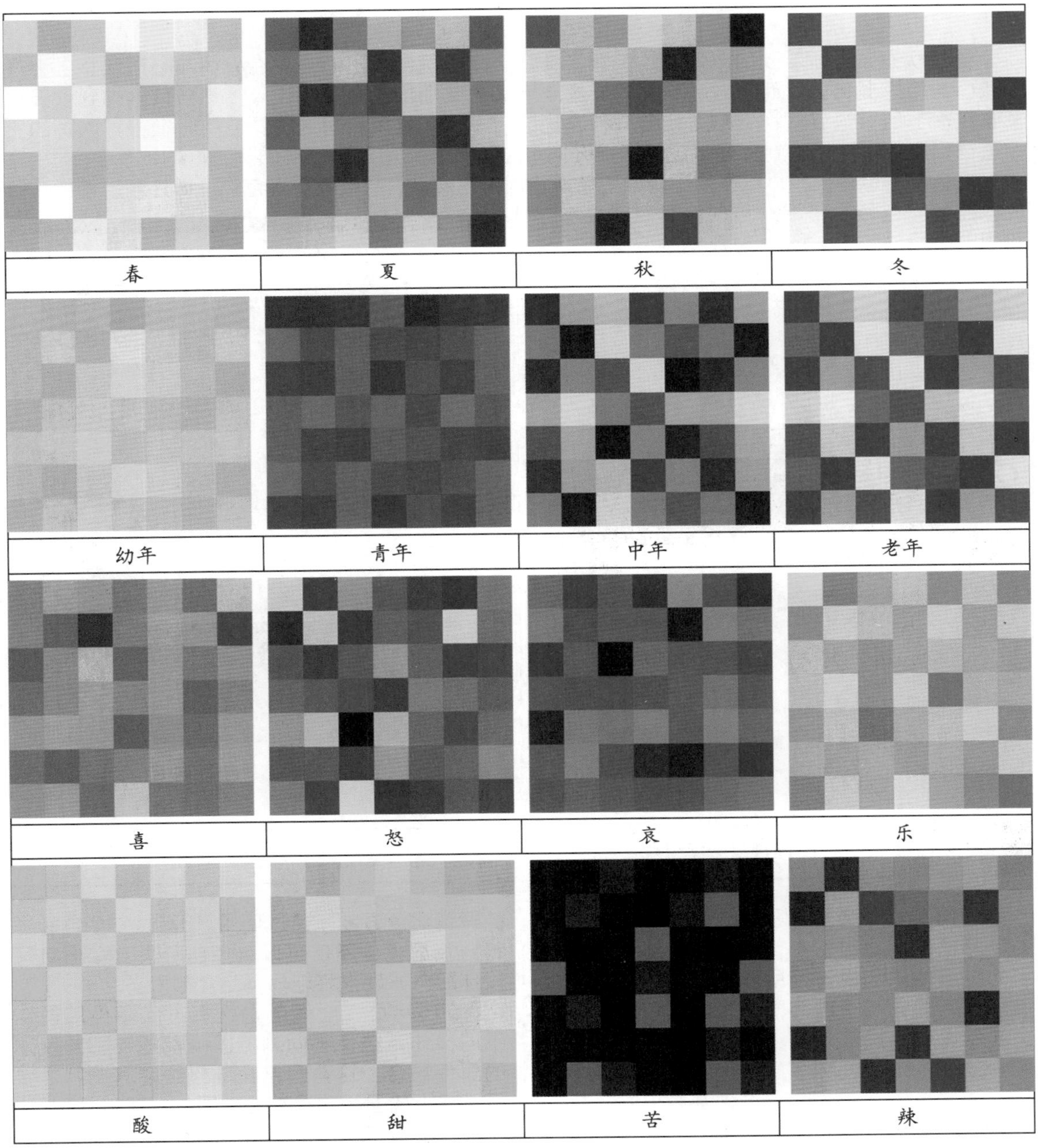

春	夏	秋	冬
幼年	青年	中年	老年
喜	怒	哀	乐
酸	甜	苦	辣

Photoshop CC网页设计与配色从新手到高手

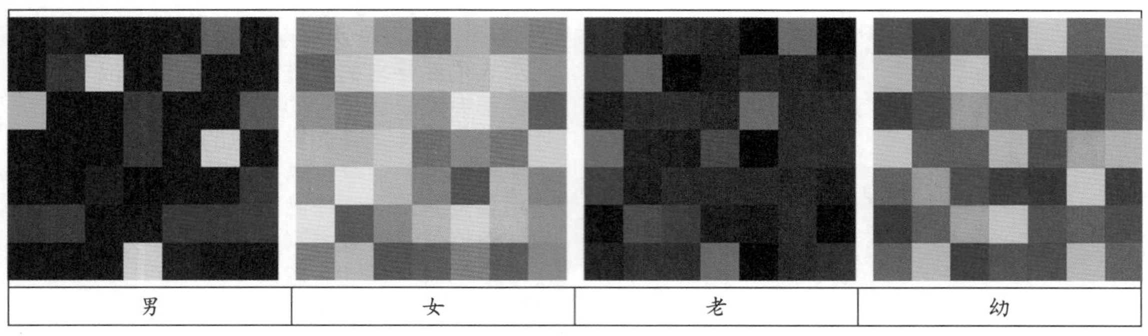

图8—36　色彩知觉

通过观察以上所看到的色彩图片，读者肯定会随着颜色的不断变化在心情和心理状态上会产生微小的相应变化，从而会做出不同的反应。例如，黄灿灿的金黄色让人情不自禁地想到秋天以及收获季节的喜悦感，视觉感上就会有种满足感，设计者可以利用这些颜色的特征根据网页的主题进行相应地设计，达到更好地宣传和提升网页整体艺术文化内涵的目的。

在色彩的运用上，可以采用不同的主色调，因为色彩具有象征性。暖色调，即红色、橙色、黄色、赭色等色彩的搭配，可使主页呈现温馨、和煦、热情的氛围。图8—37所示的网页背景为红色，搭配绿色和黄色，呈现活泼的感觉。

图8—37　暖色调网页

冷色调，即青色、绿色、紫色等色彩的搭配，可使主页呈现宁静、清爽的氛围，如图8—38所示。

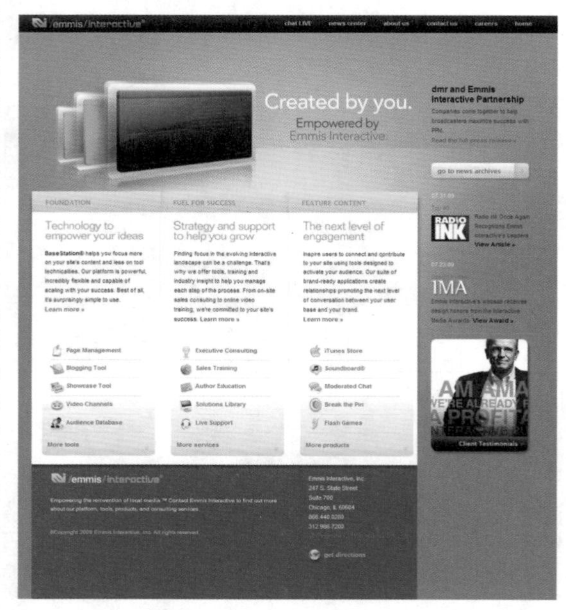

图8—38　冷色调网页

8.5 216网页安全色

当网页设计师选择了一个合理且有创意性的色彩搭配方案时，在传输到用户终端时，最后的显示效果和设计师所要达到的效果之间会出现一定的偏差，因为即使相同的色彩也会受到显示设备、操作系统、浏览器等各种因素的综合影响。

为此，对于一个网页设计师来说，了解并且利用网页安全色可以拟定出更安全、更出色的网页配色方案，通过使用216网页安全色彩进行网页配色，不仅可以避免色彩失真，而且可以使配色方案很好地为网站主题服务。

216网页安全颜色是指在不同硬件环境、不同操作系统、不同浏览器中都能够正常显示的颜色集合，这些颜色在任何终端浏览用户显示设备上的显示效果都是相同的。所以使用216网页安全颜色进行网页配色时可以避免颜色失真问题，如图8-39所示。216网页安全颜色可以控制网页的色彩显示效果，达到网页的最佳显示。

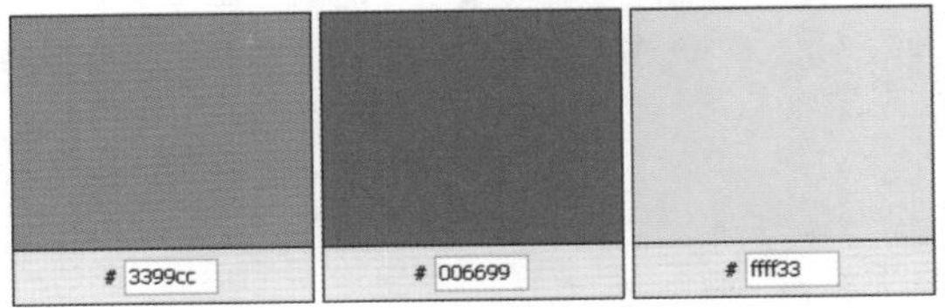

图8-39 网页安全色

216网页安全色在需要实现高精度的渐变效果或显示真彩图像或照片时会有一定的欠缺，但用于显示徽标或者二维平面效果时却是绰绰有余的。不过我们也可以看到很多站点利用其他非网页安全色做出了新颖独特的设计，所以我们并不需要刻意地追求使用局限在216网页安全色范围内的颜色，而是应该更好地搭配使用安全色和非安全色。

用户不需要特别记忆216网页安全色彩，很多常用网页制作软件中已经携带216网页安全色彩调色板，非常方便。图8-40显示了216网页安全色之间的关系。

在设计网页时，如果使用的是Dreamweaver软件，在该软件的属性调板上能找到颜色的十六进制代码。

Photoshop是常用的平面设计软件，网页中插图的美化和加工通常是在这款软件中进行的。它的使用频率很高。在【色板】面板菜单中选择【Web安全颜色】【Web色谱】和【Web色相】命令，载入该调板中的任何色彩在任何计算机中显示都可以保证显示效果是一样的，如图8-41所示。

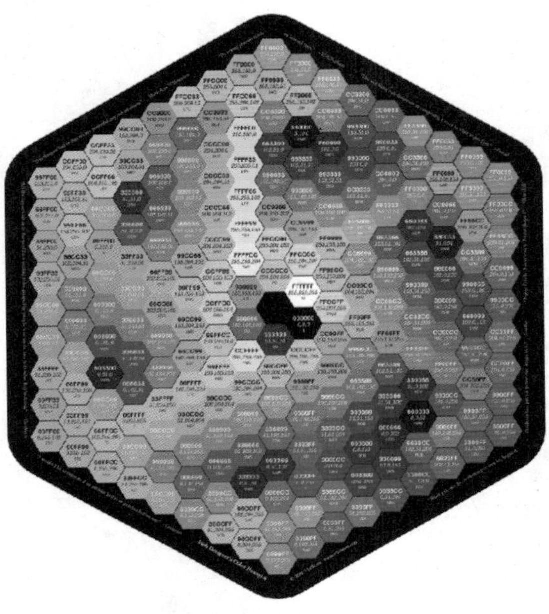

图8-40 216网页安全色间的相互关系

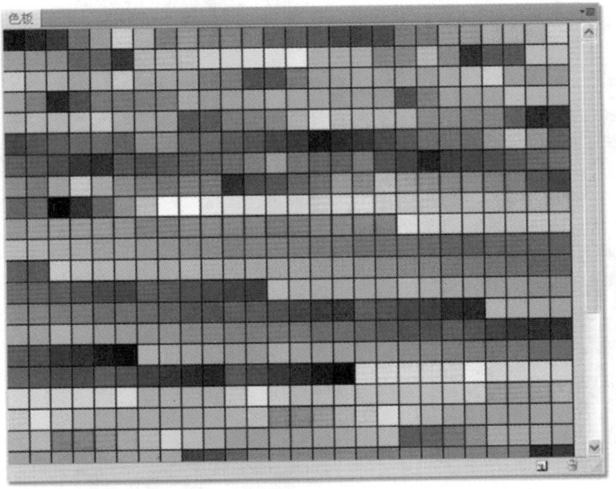

图8-41 Web安全颜色显示

第9章　色彩于网页设计中的应用

网页中的色彩是网页吸引浏览者的第一个关键因素，因为首先映入人眼帘的是颜色，只有好的颜色搭配才会引起受众的关注，增加用户对网站进一步了解的可能性。所以说色彩是设计师在进行创意设计时要考虑的关键要素，关注客户的视觉需求，才能更好地服务于客户，提升网站的整体知名度。在网页中，设计师可以通过色彩的合理应用从而发挥情感攻势，刺激需求，达到宣传网站整体形象和产品的目的。

本章在色彩构成的基础上，分别从网页色彩分类、网页色彩搭配的原则和方法以及网站色彩搭配分析等方面，来着重介绍网页中色彩的运用。

Photoshop CC

9.1 网页中的色彩分类

在网页中，色彩根据其作用的不同，可以分为3类：静态色彩、动态色彩、突出色彩。其中静态色彩和动态色彩各有用途，它们之间相互影响、相互协作。处理好色彩之间的关系，才能使页面色彩统一和谐。

图9－1所示网页中的静态色彩是网页中的背景颜色和文字颜色；动态色彩是网页中的Banner图片中具有的颜色。

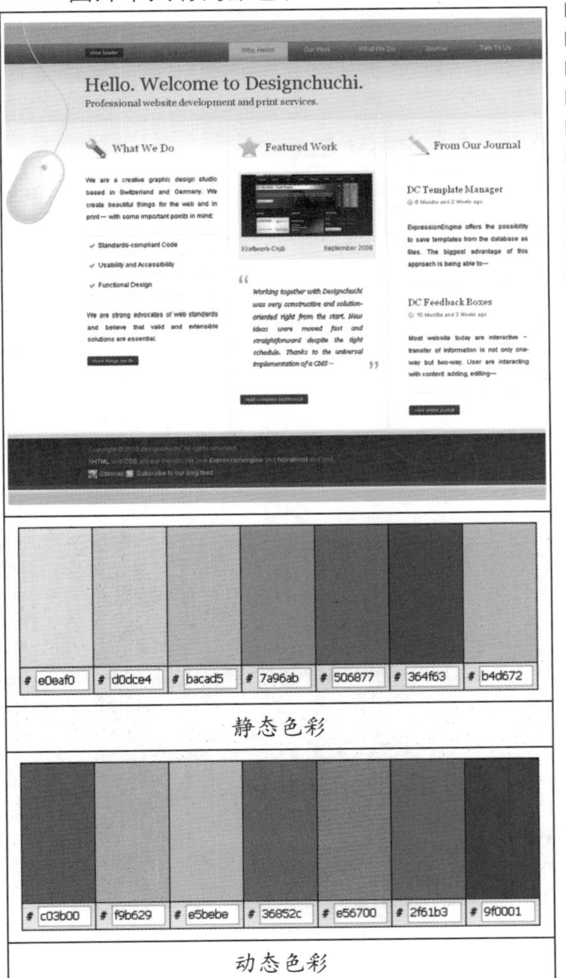

图9－1　静态与动态色彩

9.1.1 静态色彩

这里讲的静态色彩并不是指静止不变的色彩，而是结构色彩、背景色彩和表格色彩等带有特殊识别意义的、决定网站色彩风格的色彩。

静态色彩主要是由框架色彩构成的，也包括背景色彩等其他色块形式的色彩。框架色彩是决定网站色彩风格的主要因素，不论插图或者网络广告如何更换，最初和最终给浏览者留下深刻印象的就是框架色彩。

大型站点的装饰很少，大多数色彩是以HTML的形式直接填充在表格里的，十分直接地展示出来。对门户网站来说，静态色彩是网站风格的决定者，有着惊人的魅力和强烈的识别作用，如图9－2所示，该网站就是主要利用静态色彩来完成网页色彩搭配的。

图9－2　静态色彩为主的网页

提示

以静态色彩为主体的网站主要是大型的门户、资讯和电子商务等信息内容型的站点。在大量信息中，为了起到引导阅读的作用，动态色彩需要用跳跃的、引人注目的色彩。

9.1.2 动态色彩

动态色彩不是指运动物体携带的色彩，而是插图、照片和广告等复杂图像中带有的色彩，这些色彩通常无法用单一色相去描绘，并且带有多种不同的色调，随着图像在不同页面的更换，动态色彩也跟着改变。

以动态色彩为主体的网站主要是图片尺寸大、图片信息多的图片展示型的站点，或者是产品网站、彩信网站和图片多的资讯站点等。图9－3所示的是以产品展示为主的网站，所以

Photoshop CC网页设计与配色从新手到高手

动态色彩较为突出、明亮，而静态色彩在该网页中只起辅助作用。

图9-3　动态色彩为主的网页

在分析网站色彩之后，可以看出静态色彩决定了网站的色彩风格和网站给访问者的色彩印象。动态色彩则属于即时更换的图片或者广告中带有的颜色。不论动态色彩多么艳丽，也只能针对单独页面起到强烈的视觉引导作用。更换页面后，动态色彩就消失了。浏览者离开网站更不会记得动态色彩。

这样说并不代表动态色彩不重要，相反，两种色彩都十分重要，各有用途，需要相互协调合作。静态色彩的作用是永久的，动态色彩的作用是即时的。图9-4所示的页面，导航栏目背景的淡紫色渐变为静态色彩，它与产品中的颜色互相融合，使网页有着整体和谐统一的视觉感。

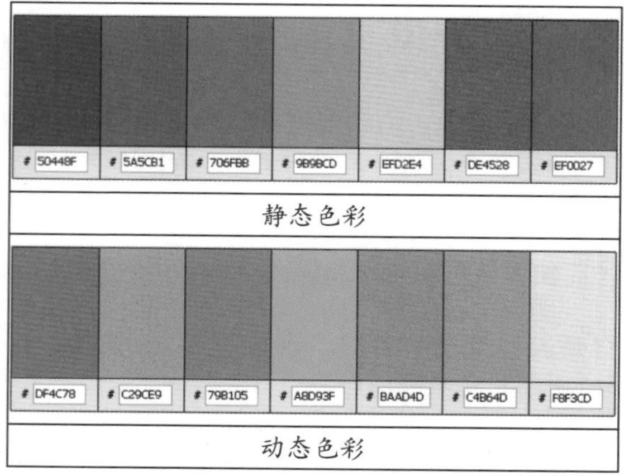

图9-4　静态色彩与动态色彩相结合

9.1.3　突出色彩

突出色彩又名强调色彩，是网站设计中有特殊作用的色彩，是为了达到某种视觉效果才临时显示的色彩（有可能鼠标移走后就消失不见），或者是与页面静态色彩对比反差较大的色彩，或者是导航条中带有广告推荐意义的特殊色彩，或者是在大段信息文字中重点突出文字上的色彩。图9-5所示的页面，在灰色调的网页中，紫红色的按钮是那么的亮眼，召唤着人去点击。

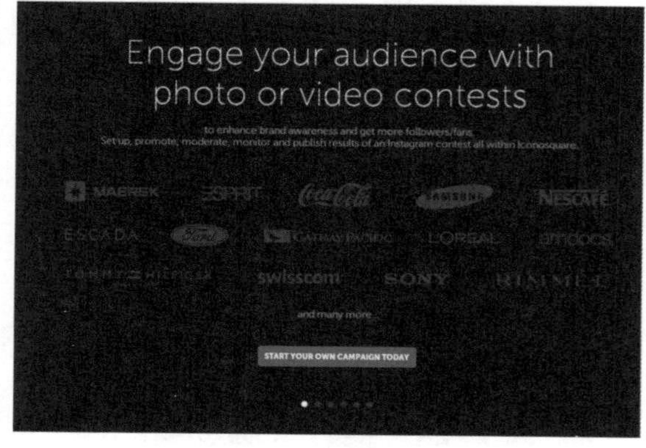

图9-5　强调色彩

强调色彩在网页中起到突出、强调信息和负载元素的作用，这些元素主要包括导航条、表格信息、广告文字等。可以增强关键信息的存在感和着重性，如图9-6所示的网页，就是强调颜色的代表。

图9-7所示的网页，产品展示区域突出。特别是以展示产品为主的网站，经常将网站基本色调设置为无彩色色调，进而突出产品图片。

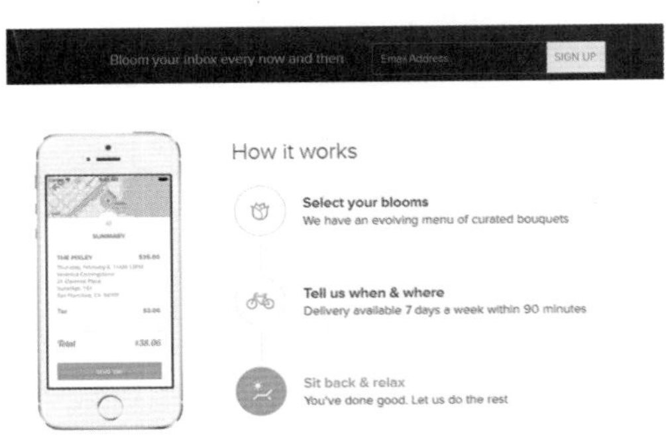

图9-6　强调色应用

图9-7　突出产品区域

9.2 网页色彩搭配经验

在选择网页色彩时，除了考虑网站本身的特点外还要遵循一定的艺术规律，从而设计出精美的网页。打开一个网站，给用户留下第一印象的既不是网站丰富的内容，也不是网站合理的版面布局，而是网站的色彩。网页设计属于一种平面效果设计，除立体图形、动画之外，在平面图上，色彩的冲击力是最强的，它很容易给用户留下深刻的印象。因此，在设计网页时必须要高度重视色彩的搭配。

1. 特色鲜明

如果一个网站的色彩鲜明，很容易引人注意，会给浏览者耳目一新的感觉。图9-8所示的网页，设计者在用了大面积的红色这一饱含热情和温暖的色彩之后，又在主体事物上采用了黑色这一比较深沉稳重的颜色，增强了页面活力，突出了家具的稳重和舒适感，给浏览者留下深刻的印象。图9-9所示的网页中，在白色的背景下，中间焦点部分采用以绿色为主，掺杂红色和蓝色的卡通图案，颜色的强烈对比，突出了中间的主题。

图9-8　红黑搭配

图9-9　强烈对比

2. 讲究艺术性

设计者在网页设计中需要大胆进行艺术创新，设计出既符合网站要求，又有一定艺术特色的网站。

图9-10所示的网页类似于中国画，写意抽象但又结合时尚的版式，使人感觉比较现代，具有特色；图9-11所示为具有素描效果的网页，从创作理念以及背景用色上看与中国画的风格截然不同。

图9-10　中国画风格网页

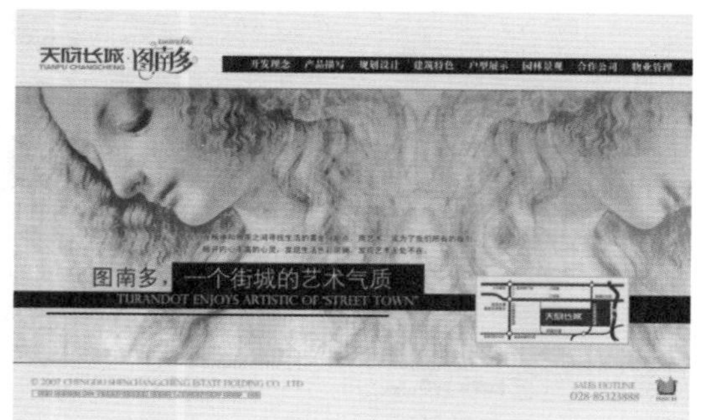

图9-11　素材风格网页

3．恰当使用黑色

黑色是一种特殊的颜色，如果使用恰当、设计合理，往往产生很强烈的艺术效果，在图9-12所示的网页中，大面积的黑色背景与白色、黄色以及绿色相搭配，同时加上一些艺术元素，使作品从效果到内涵变得截然不同。

图9-12　使用黑色的艺术性

4．搭配合理

合理的色彩搭配能给人一种和谐、愉快的感觉。图9-13所示为色彩较少的网页，它以灰色调为主，并结合白色使用，给人以干净、整齐的视觉感受；图9-14所示的网页采用的色彩非常多，但是主色调以红色为主，导航和主体部分都采用了红色，绿色作为辅助颜色丰富了画面。

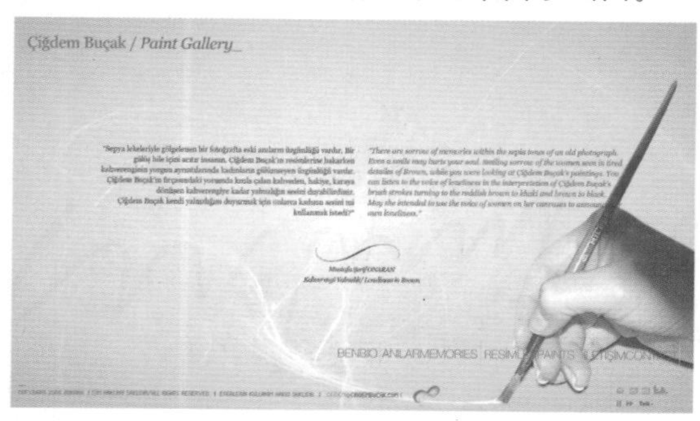

图9-13　颜色较少的网页

图9-14　色彩丰富的网页

5．背景色以素淡为主

背景色一般采用素淡、清雅的色彩，应避免采用花纹复杂的图片和纯度很高的色彩作为背景，同时背景色要与文字的色彩对比强烈一些，图9-15所示的就是以淡雅色彩为背景色的页面。对特定页面，也可以采用深色背景，但是要注意变化。图9-16所示的背景是从红色到暗红色再到黑色的渐变颜色，呈现出一种过渡和层次感，页面显得大气、厚重。

图9-15　以淡色为背景

图9-16　渐变的深色背景

9.3 网页色彩搭配方法

网页色彩搭配的常用方法包括对比、调和、呼应、平衡、强调等5种。下面详细介绍这5种方法的运用。

9.3.1 对比

两种及以上的色彩组合后，根据颜色之间的差异大小会形成不同的表现效果。

1. 色相对比

两种及以上色彩组合后，由于色相差别而形成的色彩对比效果称为色相对比。它是色彩对比的根本，其对比强弱程度取决于色相之间在色相环上的距离（角度），距离（角度）越小对比越弱，反之则对比越强。

零度对比

无彩色对比：虽然无色相，但它们的组合在现实生活中具有很强的实用价值，如黑与白、黑与灰、中灰与浅灰，黑与白与灰、黑与深灰与浅灰等，如图9-17所示。

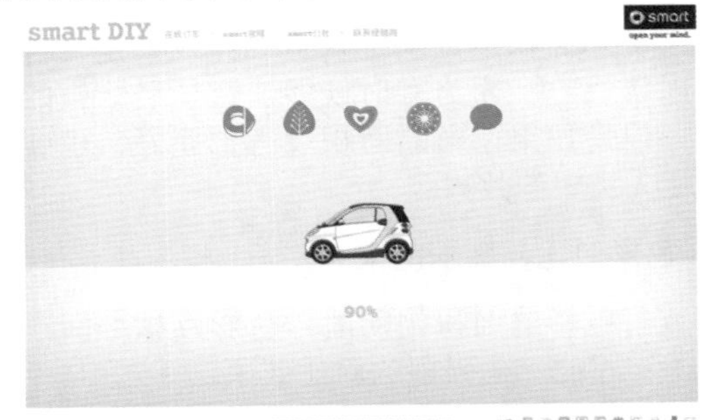

图9-17　无色彩对比

无彩色与有彩色对比：黑与红、灰与紫，或黑与白与黄、白与灰与蓝等，这种对比效果既大方又活泼，无彩色面积大时，偏于高雅、庄重，如图9-18所示，有彩色面积较大时会增加整体画面的活泼灵动感，如图9-19所示。

图9-18　无彩色面积较大的网页

图9-19　有彩色面积较大的网页

调和对比

弱对比类型：比如深蓝色与浅蓝色。如图9-20所示，该网页的背景颜色就是浅蓝色到深蓝色渐变。调和对比颜色之间的差异性不会太大，产生的效果较丰富、活泼，又不失统一、雅致、和谐。

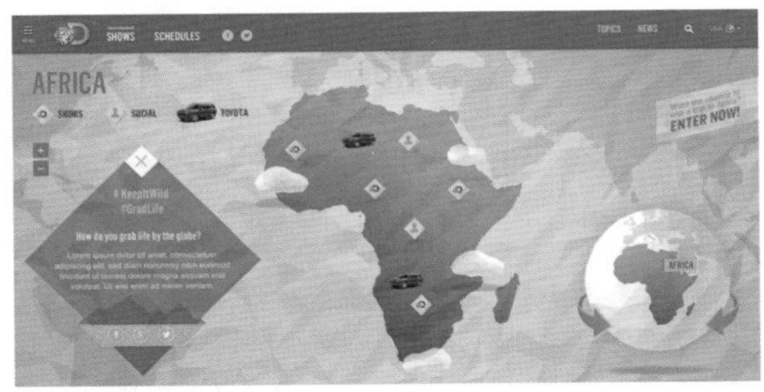

图9-20　弱对比色彩网页

中差色相对比类型：如黄与绿色对比等，如图9-21所示，效果明快、活泼、饱满、使人兴奋，对比既有相当的强度，又不失调和。

图9-21　中差色相对比

强烈对比

强烈对比为极端对比类型，指的是颜色之间的差异性很大，带给人的视觉冲击也是很强烈的，极易抓住人的眼，如红色与绿色、黄色与紫色对比等。图9-22所示为紫色的网页背景与黄色的网页主题。

图9-22　强烈对比色彩网页

2. 明度对比

两种及以上色彩组合后，由于明度不同而形成的色彩对比效果称为明度对比。它是色彩对比的一个重要方面，是决定色彩方案明快、清晰、沉闷、柔和、强烈、朦胧与否的关键。

图9-23所示分别为蓝色不同明度的对比效果。同样都是以蓝色为主要背景，由于蓝色的明度不同，而形成了两个不同感觉的色彩方案。一个对比较强，给人以明快、清爽的感觉，而另一个对比较弱，给人以和谐、统一的感觉。

图9-23　明度对比

3. 纯度对比

两种及以上的色彩组合后，由于纯度不同而形成的色彩对比效果称为纯度对比。它是色彩对比的另一个重要方面。在色彩设计中，纯度对比是决定色调华丽、高雅、古朴、粗俗、含蓄与否的关键。

图9-24所示的是橙色的纯度对比，由于加入较多的灰色，网页效果更加趋于稳重。

图9-24　纯度对比

4. 面积与位置对比

色彩面积也是决定网页设计效果是否合理的因素之一，因为有时候即使选择了恰当的颜色，但是如果色彩的面积没有把握好，也会出现让人失望的效果。

色彩对比与面积的关系

当色彩的面积相同时，色彩互相之间产生抗衡，才能产生强烈的对比效果。

随着面积的增大，对视觉的刺激力量加强，反之则削弱，如图9-25所示。因此，色彩的大面积对比可造成眩目效果。对比双方的属性不变，一方增大面积，取得面积优势，而另一方缩小面积，将会削弱色彩的对比。

图9-25　网页中等面积的色彩对比

当具有相同性质与面积的色彩时，形的聚散状态将影响颜色效果。形状聚集程度高者受他色影响小，注目程度高，反之则相反。

图9-26所示的页面在使用大面积的绿色背景的情况下，只用了少量的红色作为点缀，点缀的红色集中在一起，达到引人注目的效果。

图9-26　色彩大面积与小面积的对比

色彩对比与位置的关系

由于对比着的色彩在平面和空间中都处于某一位置上，所以对比效果不可避免地要与色彩的位置发生关联。对比双方的色彩距离越近，对比效果越强，反之则越弱。当双方互相呈接触、切入状态时，或者一色包围另一色时，对比效果更强。如图9-27所示，周围黑色包围着红色，重点色彩位于视觉中心，最易引入注目。

图9-27　色彩对比与位置的关系

注意

在网页中，井字形构图形成4个交叉点，将重点色彩放置于交叉点上，也会引人注目。

5. 综合对比

多种色彩组合后，会在色相、明度、纯度等方面产生不同的差异和变化，随着这些差异和变化的不同所综合出的效果也是大相径庭的，这种多属性、多差别对比效果，显然要比单项对比丰富、复杂，如图9-28所示。

图9-28　综合对比

9.3.2　调和

狭义的色彩调和，要求提供不带尖锐的刺激感的色彩组合。这样的色彩搭配，平淡、乏味、单调，视觉可辨度差，容易使人产生厌烦、疲劳的不适应感等。但是，色相环上大角度色相对比的配色对眼睛具有强烈的刺激，会造成炫目感，更易引起视觉疲劳，使浏览者心理随着失去平衡而显得焦躁、紧张、不安。因此，为了改善由于色彩对比过于强烈而造成的不和谐局面，达到一种广义的色彩调和，即色调既鲜艳夺目、强烈对比、生机勃勃，而又不过于刺激、尖锐、眩目，就必须运用强刺激调和方法。强刺激调和方法平衡对比和调合，既有对比产生的刺激，又有适当的调和抑制过分的对比刺激，从而产生恰到好处的美的享受。

1. 面积法

将色相对比强烈的双方面积反差拉大，使一方占据面积上的绝对优势，处于主导地位，另一方则面积小，处于从属地位。图9-29所示的页面，大面积的蓝色背景搭配小面积的黄色、橙色等，既色彩对比强烈，又没有压迫和眩目感。

图9-29　面积法调和

2. 阻隔法

在组织鲜色调时，在色相对比强烈的各高纯度色之间，嵌入金、银、黑、白、灰等分离色彩的线条或块面，以调节色彩的强度，使原配色有所缓冲，产生新的符合视觉感受的色彩效果。

图9-30所示的页面，在紫红色中加入较小面积的灰色、白色以及黑色，既时尚、华丽，又避免了大面积的紫红色对浏览者心理的过度冲击。

图9-30　阻隔法调和

3. 统调法

在组合多种色相对比强烈的色彩时，为使其统一、协调，往往加入某个共同要素统一色调、支配全体色彩，这种调和方法称为色彩统调。图9-31所示的网页是由多种颜色组成的，为了使其协调，分别在绿色与蓝色中添加了白色，降低了各种颜色的纯度，达到了既整本协调，又主体突出的效果。

提示

在使用统调法时，不仅可以通过色相进行统调，还可以使用明度和纯度进行统调，同样也可以达到色彩统一、谐和的效果。

图9-31　统调法调和

4. 削弱法

使色相对比强烈的颜色，在明度、纯度两方面拉开距离，减少色彩的同时对比，避免刺眼、生硬、火爆的弊端，起到减弱矛盾、冲突，增强画面的稳定和协调的作用。如红色与绿色的组合，因色相对比距离大，明度、纯度反差小，感觉粗俗、烦燥、不安。但分别加入明度和纯度因素后，情况会得到改观。譬如，红色+白色=粉色，绿色+黑色=墨绿，这两种颜色组合好比红花绿叶，自然、生动，如图9-32所示。

图9-32　削弱法调和

5. 综合法

将两种及以上方法综合使用即为综合法。图9-33所示的页面，当绿色与橙色组合时，使用面积法使橙色面积较大，绿色面积较小。同时在橙色背景中加入浅灰色、在主体对象的黄色与绿色中加入中灰色，使整个网页色调更加协调。这是同时运用了面积法和阻隔法的结果。

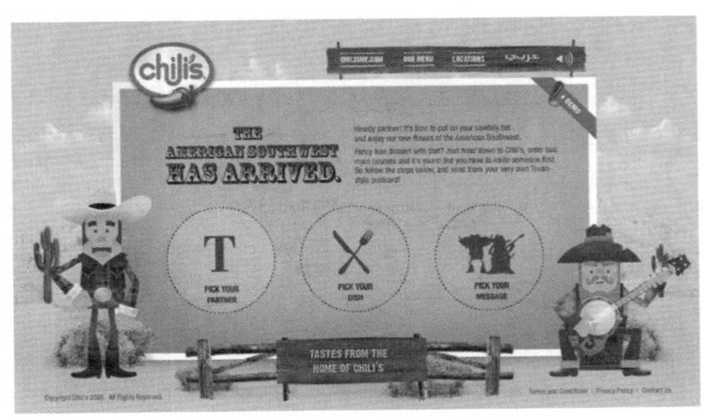

图9－33　综合法调和

9.3.3　呼应

色彩呼应也称色彩关联，当在同一平面、空间的不同位置使用色彩时，为了使其相互之间有所联系避免孤立状态，可以采用相互照应、相互依存、重复使用的手法，从而取得具有统一协调、情趣盎然的节奏美感。色彩呼应手法一般有以下两种。

1．分散法

将一种或几种色彩同时放置在网页的不同部位，使整体色调统一在某种格调中，如图9－34所示，浅绿、浅红、墨绿等色组合，浅色作大面积基调色，深色作小面积对比色。此时，较深的颜色最好不要仅在一处出现，可适当在其他部位呼应，如瓶盖处、花盆中较密集的植物部位以及第一个栏目条等，使其产生相互对照的势态。

图9－34　色彩分散法

注意

色彩不宜过于分散，以免使网页呆板、模糊、零乱。

2．系列法

使一个或多个色彩同时出现在不同的页面，组成系列设计，能够使该网站产生协调、整体的感觉。图9－35所示的网页中，灰色、绿色出现在所有页面中，并且鼠标响应颜色也统一采用绿色，使整个网站页面干净、统一、协调。

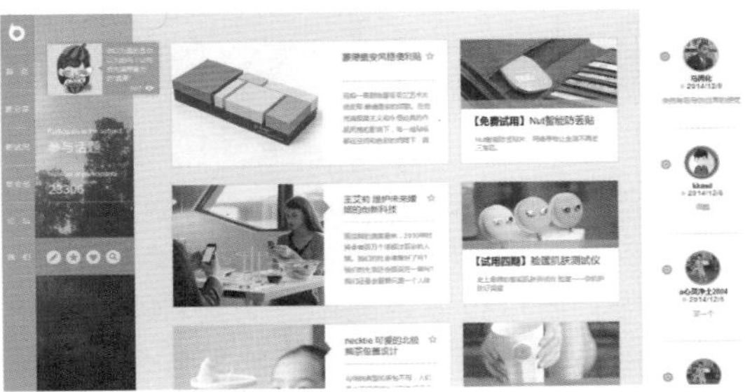

首页

居家分享页

图9－35　色彩系列法

9.3.4　平衡

色彩平衡是网页设计中的一个重要环节。通过网页的色彩对称、色彩均衡以及色彩不均衡的搭配，可以控制网页中颜色的分布，使页面整体达到平衡。

1．色彩对称

对称是一种形态美构成形式，是一种绝对的平衡。色彩的对称给人庄重、大方、稳重、严肃、安定、平静等感觉，但也易产生平淡、呆板、单调、缺少活力等不良印象。

色彩的左右对称：中心对称轴左右两边的色彩形态。图9－36所示的页面，由深蓝色到浅蓝色的渐变，既左右对称，又上下对称。

图9-36　色彩的左右对称

色彩放射对称：以对称点为中心，所有的色彩按照一定的角度围绕着中心点对称排列。

图9-37所示页面中的地球为对称点，两边所有的暗红色条状按照一定的角度排列于地球周围，形成色彩的放射对称。

图9-37　色彩放射对称

色彩回旋对称：回旋角作180度处理时，两边形成螺旋浆似的形态。图9-38所示页面中的紫色弧形，以圆心为对称点，成螺旋浆状排列，构成色彩回旋对称。

图9-38　色彩回旋对称

2. 色彩均衡

均衡是形式美的另一种构成形式。虽然是非对称状态，但由于在力学支点左右保持了异形同量、等量不等形的状态，所以整个页面仍然是稳定的，平衡的。

图9-39所示的页面色彩构成既活泼、丰富、多变、自由、生动、有趣，又具有良好的平衡状态，因此，最能适应大多数人的审美要求，是配色的常用手法。

图9-39　色彩均衡

注意

色彩的平衡包含上下平衡及前后平衡等，都要注意从一定的空间、立场出发做好适当的布局调整。

3. 色彩不均衡

色彩布局没有取得均衡的构成形式，称为色彩的不均衡。在对称轴左右或上下显示色彩的强弱、轻重、大小等方面存在着明显的差异，表现出视觉及心理的不稳定性。由于它有奇特、新潮、极富运动感、趣味性十足等特点，在一定的环境及方案中可大胆加以应用，被人们所接受和认可，称为“不对称美”。

图9-40所示的页面虽然色彩布局没有取得均衡的构成，但是由于设计师在页面左侧采用了红色与绿色的对比，在右侧采用了橙色与蓝色的对比，并且页面中的图形组合具有趣味性，所以整个页面丰富有趣，视觉效果不错。丰富了视觉感受。

图9—40　色彩不均衡

注意

若处理不当，极易产生倾斜、偏重、怪诞、不安定、不大方的感觉，一般认为是不美的。色彩不均衡设计，一般有两种情况，一种是形态本身呈不对称状，另一种是形态本身具有对称性，而色彩布局不对称。

9.3.5　强调

在为网页搭配颜色的过程中，有时为了避免整体设计单调、平淡、乏味，需要增加具有活力的色彩，如在网页的某个部位设置强调色、突出色，可以起到画龙点睛的作用。强调色彩的使用在适度和适量方面应注意如下内容。

强调色面积不宜过大，否则易与主调色发生冲突而失去画面的整体统一感。如果面积过小，则易被四周的色彩所同化，不被人们注意而失去作用。只有恰当面积的强调色，才能为主调色作积极的配合和补充，使色调显得既统一又活泼。图9—41所示的页面，将小面积的绿色绘制成鞋形放置于页面的中心，将会吸引更多浏览的目光。

图9—41　强调色的使用面积

强调色应选用比基调色更强烈或与其有对比的色彩，并且不宜过多，否则多即无，多中心的安排将会破坏页面主次。图9—42所示的页面，选用较小面积的红色，与无彩色的白色盘子形成了较强的对比。

图9—42　强调色不宜过多

注意

并非所有的网页都设置强调色，为了吸引浏览者的注意力，强调色一般都应安排在画面中心或主要位置，并且应注意与整体配色的平衡。

9.4　网站色彩分析

设计师在进行网页色彩选择的初始阶段，应首先明确网站主要方向、理念及标志的含义和颜色的独特代表性，了解网站的受众人群，使网站的色彩设计易于被受众接受，同时也应注重色彩搭配与对比等，使网站能更精准地表达品牌含义。

9.4.1　网页主题与色彩搭配

如今网页种类繁多，像化妆品网站、电子商务网站、医疗保健网站等，各个网站都会根据用户群体需求的不同，设计网站的内容、布局，吸引和满足所服务的用户。

在网页设计时，不仅要结合人的个性与共性、心理与生理等各种因素，还要充分考虑色彩的功能与作用，达到相对完美的视觉和心理效果。因此，在定义网站风格时，应参照一般的色彩消费心理。如餐饮、食品类网页色彩适宜采用暖色系列。图9—43所示的网页采用黄色为背景，并以红色、绿色作为点缀，从而刺激消费者的食欲。而图9－44所示为展示甜点的网站，虽然采用了绿色，但是绿色中包含了暖色调的黄色，使用的红色与紫色更加衬托出甜点的美味。

图9－43　食品网站

图9－44　甜点网站

儿童用品或者与儿童相关的网页，则适宜采用色彩鲜艳对比强的色调。图9－45所示为儿童摄影网站，使用亮度较高的绿色、红色、蓝色以及黄色，体现了儿童活泼、欢快的特点。

图9－45　儿童类网页的色彩运用

图9－46所示为机械产品网页，采用冷色搭配不仅给人以庄重、沉稳的感觉，而且表现了严谨、科学、精确的产品设计理念，能够让消费者放心地使用该产品。而电子产品适宜采用偏冷的灰、黑系列颜色，图9－47所示是展示电脑产品的网页，网页中采用了灰色金属质感的肌理作为背景，这样使底纹与产品材质完美结合，有利于表现金属的坚硬感。

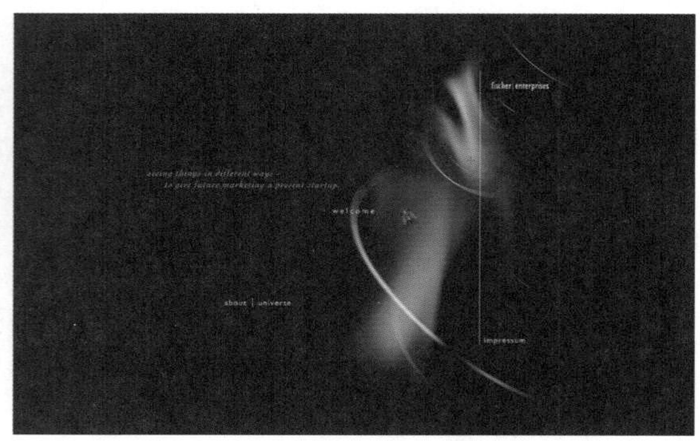
图9－46　机械产品的色彩运用

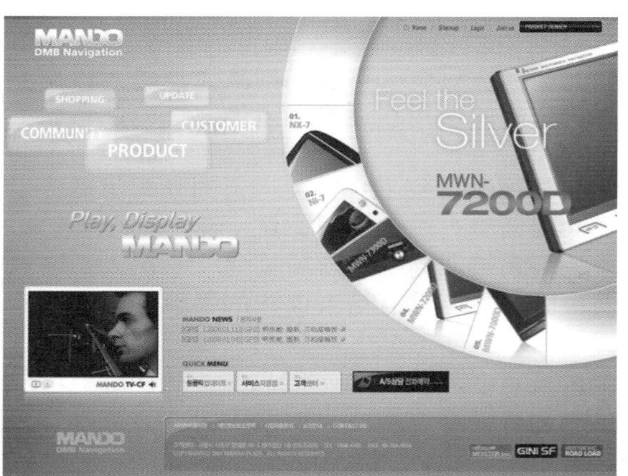

图9－47　电子产品的色彩运用

确定网站的主题色调后，在设计过程中不仅要对文本、图片的色彩谨慎选择，使网页整体色彩搭配统一、协调，而且也要注意各种色彩的面积大小、所占比例等问题，使浏览者在接受网页信息的同时也能感受到浏览该网站是一种视觉与精神上的享受。图9－48所示为企业网站中的色彩搭配。

精彩的网页设计是依靠协调色彩来体现的。色彩的搭配不仅体现着美学的诉求，而且是一种可以强化的识别信号。所以，主体色调一旦确定，就要保持一定的稳定性，用这种色彩来帮助受众识别网站。图9-49所示的网页选取灰蓝色作为主体色，这正与其产品的色彩相吻合，对于识别和强化网站的产品信息起了很大的作用。

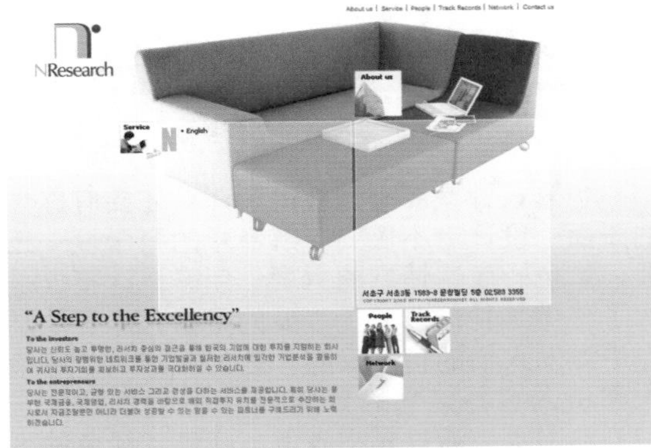

图9-48　企业网站

图9-49　协调的色彩

若要发挥色彩的最佳功能，重要的是要准确地传达色彩的情感。图9-50所示的男性服装网页，灰色与黑色的配合运用充分把男性刚强、沉稳、严谨的特点表现出来了，同时色彩也赋予了网页"人格化"的特点。设计者根据网站中所要展示的产品性质，可以有选择性地来决定网站基本色调。

色彩在网站形象中具有重要地位，通常，新闻类的网站会选择白底黑字，因为人们习惯于阅读这类报纸，所以在潜意识中，这种色彩将新闻信息传达到浏览者脑海的机率最高。网页中的白底黑字，可以使浏览者更方便地阅读该网页中的资讯，如图9-51所示。

图9-50　男士服饰网站

提示

有时白底黑字会显得过于生硬，这时就可以将字体颜色设置为深灰色，同样能够达到相同的效果。

图9-51　文字颜色

9.4.2　网站风格与色彩搭配

色彩作为网站设计体现风格的视觉要素之一，对网站设计来说分量是很重的。设计师常常从接到项目单起就在思考使用怎样的色相、色调来烘托信息内容更为合适、更为合理。当将同样的信息内容交于不同的两位设计师时，他们做出的网站绝对不相同，色彩也是一样，即便是相同的色相、色调，通过不同的排版方式、调和与组合，达到的页面效果也是截然不同的。图9-52所示的两个网站都是绿色调，但是前者卡通形象偏重，后者给人清新、自然的感觉。

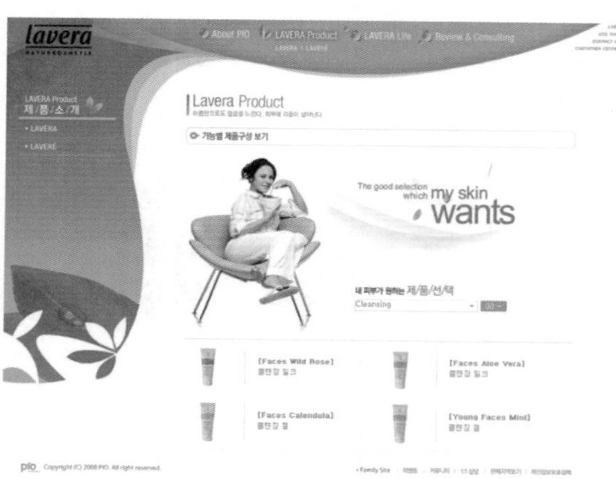

图9—52　同色调不同风格的网页

重视色彩的同时也要重视页面中的其他视觉元素，如果没有很好的信息结构，只是孤立地看网站配色，最终也无法做出完美和谐的作品。

由色彩设计形成特殊风格的优秀网站是比较多的，对于网页颜色来说，并非单一谈论图像颜色、文字颜色，或是底色，而是以浏览者的角度来观看，网页整体看上去是偏向哪种色系。常常见到许多网站虽然色彩搭配得很好，却没有自己的风格。大多数人会采用一些流行色作为选色的对象，但一味的模仿只会失去自己的特色，只有合理地综合运用色彩，才能设计出符合站点要求的风格，如图9—53所示。

图9—53　多种色彩组合

色彩设计既要有理性的一面，还要有感性的一面，设计者不仅要了解色彩的科学性，还要了解色彩表达情感的力度。色彩设计不仅是为了传递某种信息，更重要的是从它原有的魅力中激发人们的情感反应，达到影响人、感染人和使人容易接受的目的。图9—54所示为一种酒的网页，通过人物表情与红色、绿色的运用，来刺激消费者的味觉。

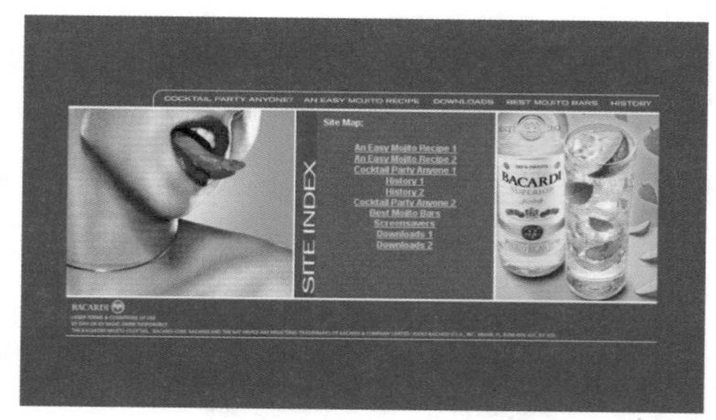

图9—54　通过色彩刺激受众

所谓写实风格网站，指的是网页中的图像为真实的产品或人物图像。将自己的产品外观、特色、风格正确、忠实地显示出来，同时网页在色彩搭配上注重如何更好地衬托产品。图9—55所示为两个写实风格的糕点网页。

图9–55　写实风格网站

所谓抽象风格网站，与写实风格相反，根据自己的产品外观、特色、风格用简单的图像在网页中形象地概括表示产品。图像可以夸张、卡通化等，在颜色上也可以稍加变动，如图9–56所示。

图9–56　抽象风格网站

9.4.3　同色调的各类风格网站

同一色调中，不同的明度，或者不同的纯度，会产生不同风格的网站。同一色调还可以通过使用不同的面积、与不同颜色搭配，以及表达不同的主题等，而产生不同风格的网站。

1. 橙色

橙色是十分活泼的光辉色彩，是最温暖的色彩，给人以华贵而温暖、兴奋而热烈的感觉，是令人振奋的颜色。将其运用到餐饮类网站中可以刺激食欲，所以多数餐饮网站都以橙色调为主。同一色调，与不同颜色搭配，会产生不同的网站风格，如图9–57所示。

图9–57　不同风格的橙色调网站

2. 绿色

在商业网页设计中，绿色传递的是清爽、理想、希望和生长的意象，较符合服务业、卫生保健业、教育行业、农业类网页设计的要求，如图9—58所示的网页，一个是茶叶网站，另一是绿色食品网站。两者虽然都以绿色调为主，但同一色调通过使用面积的不同，风格上也有所不同。

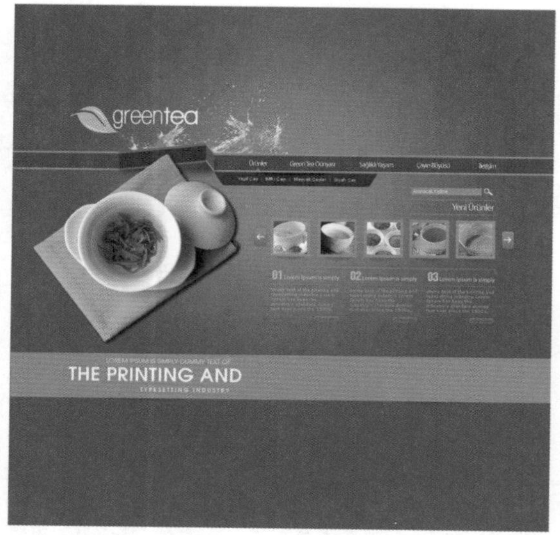

图9—58　不同风格的绿色调网站

3. 红色

红色容易引起人的注意，在各种媒体中被广泛地运用，具有较佳的明视效果，常用来传达具有活力、积极、热诚、温暖以及前进等含义的企业形象与精神。在红色中适当地加入黑色，由于降低了明度形成了深红色，可以表达稳重、成熟、高贵。图9—59所示为料理网站和咖啡网站。

图9—59　不同风格的红色调网站

4. 土黄色

温暖的土黄色，给人一种沉稳、高贵之感。土黄色既饱含凝重、单纯、浓郁的情感，又象征着希望与辉煌，寓意企业将会飞黄腾达。它接近大地的颜色，比较自然亲切；它踏实、健康、阳光，表示成熟与收获。图9—60所示为同色调的糕点网站和咖啡网站。

5. 黑色

黑色是永远的流行色，适合于许多色彩搭配，具有高贵、稳重、科技的意象，是许多科技网站的主色调，配合其他辅助色，营造出科技的神秘感。另外在一些音乐网站中也常常用黑色为主色调，营造出炫酷的氛围，如图9—61所示。

图9—60　不同风格的土黄色网站

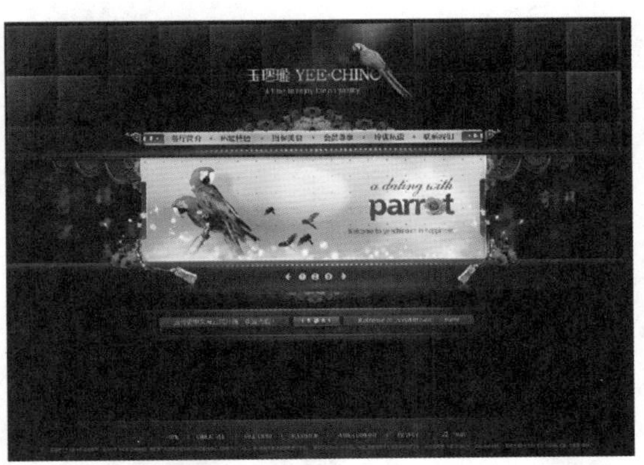

图9—61　不同风格的黑色调网站

第10章 网页版面设计

网页设计也属于平面设计的范畴，平面设计中的构成原理和艺术表现形式也同样适用于网页设计。合理地设计和规划网页中诸如文字、图案、色彩、排列方式等各类因素，才能获得有创意性和条理性的版面布局方案。

本章详细介绍网页布局样式、网页文字类型、网页构成艺术和网页设计风格等。

Photoshop CC

10.1 网页布局类型

网页布局就是指对网页中的文字、图形等网页元素进行统筹规划与安排。

下面介绍几种常见的网页布局类型。

10.1.1 拐角型网页布局

拐角型结构在形式上呈现的是上面是标题及广告横幅，接下来的左侧是一窄列链接等，右列是很宽的正文，下面也是一些网站的辅助信息。在这种类型中，最常见的安排是最上面是标题及广告，左侧是导航链接，如图10–1所示。

图10–1　拐角型网页布局

10.1.2 “国”字型网页布局

“国”字型也可以称为“同”字型，是一些大型网站所喜欢采用的类型，即最上面是网站的标题以及横幅广告条，左右分列一些广告、简短信息等内容，中间是主要部分，与左右一起罗列到底，最下面是网站的一些基本信息、版权声明等。图10–2所示为“国”字型网页布局效果。

图10–2　“国”字型网页布局

10.1.3 左右框架型网页布局

这是一种左右分的框架结构，一般左边是导航链接，右面是正文。大部分论坛都是这种结构的，有一些企业网站也喜欢采用。这种类型的网页布局结构非常清晰，一目了然，如图10–3所示。

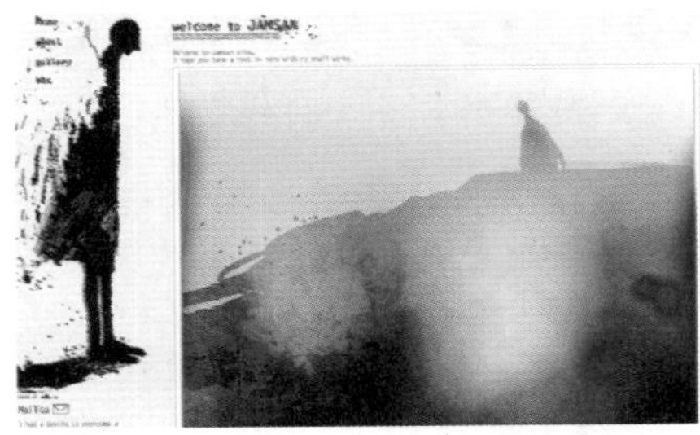

图10–3　左右框架型网页布局

10.1.4 上下框架型网页布局

与左右框架型网页布局类似，区别仅仅在于这是一种上下分栏的框架。这种框架的网页，上面是固定的标志和链接，下面是正文部分，如图10–4所示。

图10–4　上下框架型网页布局

10.1.5 封面型网页布局

这种类型多出现在网站的首页，精美的平面设计结合一些小的动画，放上几个简单的链接或者仅是一个“进入”链接，甚至直接在首页的图片上做链接而没有任何注释。封面型网页布局大部分出现在企业网站和个人主页，如果处理得好，会带来赏心悦目的感觉，如图10–5所示。

10.1.6 综合框架型网页布局

该布局是左右框架和上下框架两种结构的结合。它是相对复杂的一种框架结构，较为常见的是类似于“拐角型”的框架结构，如图10–6所示。

图10-5 封面型网页布局

图10-6 综合框架型网页布局

10.1.7 标题正文型网页布局

标题正文型网页布局指的是最上面是标题或者类似的东西，下面是正文，比如一些文章页面或者注册页面就是这种类型的网页，如图10-7所示。

图10-7 标题正文型网页布局

10.1.8 Flash型网页布局

Flash型网页布局与封面型布局类似，与封面型不同的是，Flash型网页采用了大量的Flash动画文件，由于Flash功能强大，页面所表达的信息更丰富，其视觉效果及声音效果不差于传统的多媒体，如图10-8所示。

图10-8 Flash型网页布局

10.2 网页文字

文字在网页设计中担任的是传播主要内容的角色，是一个网站的主体。所以，将文字合理地进行安排可以使网页更好地在传播主题内容的同时，方便浏览者的阅读，提高网页的整体形象和美观性。

10.2.1 字体

字体是多种多样的，不同类型的网页需要选择不同类型的字体来体现和传达特定的内容信息，一般情况下，字体可以分为衬线字体和无衬线字体。

衬线字体，指的是在字体的边角位置多出一些修饰的字体。这样的好处就是，可以清晰地分辨出字母和文字，分辨出笔划的起始和终止。常见的英文衬线体包括Times News Roman、Georgia、Courier New、Garamond等；常见的中文衬线体包括宋体、仿宋等。图10-9左侧是Times News Roman字体，右侧是Georgia字体。

ABCD　ABCD

图10-9 英文衬线字体

无衬线字体是指没有边角的修饰，令人看起来很整齐光滑的字体。常见的英文无衬线体包括Arial、Verdana、Tahoma、Calibri等；常见的中文无衬线体包括黑体、微软雅黑。图10-10左侧是Arial字体，右侧是Verdana字体。

ABCD　ABCD

图10–10　英文无衬线体

衬线体的开发目的就是为了解决小字号印刷不宜辨认的问题。因此衬线体在打印和印刷品中常用于正文字体。无衬线体在印刷品中主要用于标题，显得更醒目。但是在网络中，字体的应用与印刷不同。网络的分辨率远远低于印刷，英文衬线体在小字号阶段反而比无衬线体更难辨认；中文因为文字笔画很多，小字号阶段偏瘦的宋体仍然比胖胖的黑体更容易辨认。另外还有一个影响网络字体选择的重要因素——计算机字库和浏览器字体渲染。不同人的计算机系统中的字体不同，不同的浏览器支持的可渲染字体也不同，要让所有人都能看到设计最初的效果，则必须采用最常见的字体。鉴于以上原因，网页设计中使用的字体推荐如下：

英文：无衬线体——Helvetica、Helvetica Neue、Arial、Verdana、Trebuchet MS，衬线体——Georgia、Times News Roman。

中文：宋体、黑体、微软雅黑。

10.2.2　字号

网页文字大小最小采用12px（像素），按PC机分辨率换算，大约是9磅。当前网站上大多采用14px的宋体，划算成磅大约是10.5磅（word中的五号）。

标题和正文的字号要有所区别，一般情况下，标题的字号要大于正文字号，同时颜色也要有所区别，这样才会使文章内容看起来更加错落有致，层次感更强。

10.2.3　行距

行距指的是两个相邻行之间的距离，行距的单位常常使用em。em意为字体大小的倍数，1em即行距为1倍字大小。排版上有个原则就是行与行之间的空隙一定要大于单词与单词之间的空隙，否则的话，阅读者容易串行，造成阅读困难，充分的行距可以隔开每行文字，使眼睛容易区分上一行和下一行。

近几年网上对于正文的排版，大多使用1.5em的行距，尤其是中文网站。适当的行距可以方便读者阅读，行距太小时可能会给人一种压迫感，同时不同的文字之间要选择使用不同的行距。

10.2.4　文字背景

网页设计的初学者可能习惯使用漂亮的图片作为网页的背景，但是当人们浏览一些著名、专业的大型商业网站时，会发现其运用最多的是白色、蓝色、黄色等单色，这样会让浏览页显得典雅、大方和温馨，最重要的是极大地增进浏览者开启网页的速度。

一般而言，网页的背景色应该柔和、素雅，配上深色的文字之后，看起来自然、舒适。但如果为了追求醒目的视觉效果，也可以为标题使用较深的背景颜色。下面表10–1是关于网页背景色和文字色彩搭配的一些经验值，这些颜色既可以作为文字底色，也可以作为标题底色。

表10–1　文字和背景色搭配

背景色值	色样	搭配说明
#f1fafa		适合做正文的背景色，比较淡雅。配以同色系的蓝色、深灰色或黑色文字都很好
#e8ffe8		适合做标题的背景色，搭配同色系的深绿色标题或黑色文字
#e8e8ff		适合做正文的背景色，文字颜色配黑色比较和谐、醒目

续表

背景色值	色样	搭配说明
#8080c0		配黄色或白色文字较好
#e8d098		配浅蓝色或蓝色文字较好
#efefda		配浅蓝色或红色文字较好
#f2fld7		配浅蓝色或红色文字较好
#336699		配白色文字比较合适，对比强烈
#6699cc		适合搭配白色文字，可以作为标题
#66cccc		适合搭配白色文字，可以作为标题
#b45b3e		适合搭配白色文字，可以作为标题
#479ac7		适合搭配白色文字，可以作为标题
#00b271		配白色文字显得比较干净，可以作为标题
#fbfbea		配黑色文字比较好看，一般作为正文

续表

背景色值	色样	搭配说明
#d5f3f4		配黑色或蓝色文字比较好看，一般作为正文
#d7fff0		配黑色文字比较好看，一般作为正文
#f0dad2		配黑色文字比较好看，一般作为正文
#ddf3ff		配黑色文字比较好看，一般作为正文

浅绿色背景配上黑色文字或者白色背景配上蓝色文字都很醒目，但前者突出背景色，后者突出文字。红色背景配上白色文字，较深的背景色配上黄色文字，都会更加突显文字。

10.3 网页构成的艺术表现

重复、渐变以及空间构成都是色彩构成的方式，它们同样也适用于网页。运用这些构成方式不仅可以使网页具有更稳定的视觉效果，而且能够丰富网页的视觉效果，尤其是空间构成的运用，能够产生三维的空间，增强网页的深度感和立体感。

10.3.1 重复构成

重复是指同一画面上，同样的造型重复出现的构成方式，重复无疑会加深印象，使主题得以强化，也是最富秩序的统一观感的手法。图10–11所示网页，反复采用六边形作为图片的形状。

图10–11　重复构成网页

10.3.2 渐变构成

渐变是骨骼或者基本形在循序渐进地变化过程中，呈现出阶段性秩序的构成形式，反映的是运动变化的规律。例如按形状、大小、方向、位置、疏密、虚实、色彩等关系进行渐进变化排列的构成形式，如图10–12所示。

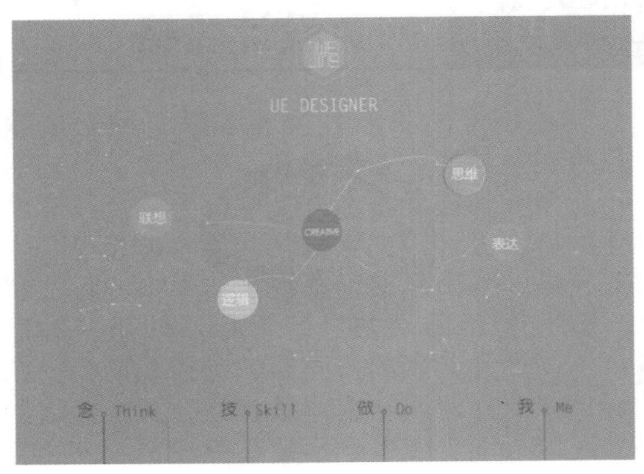

图10–12　渐变构成

10.3.3 空间构成

一般所说的空间，是指的三维空间。在

日常生活中我们可以看见，物体在空间中给人的感觉总是近大远小。例如在火车站，月台上的柱子近的高，远的低，铁轨是近的宽，远的窄，对这些特性加以研究探索，可分析立体形态元素之间的构成法则，提高在平面中构建三维形态的能力。下面是常见的3种增强空间层次感的方法。

1. 改变平行线的方向

改变平行线的方向，会产生三次元的幻想，图10–13所示，为具有空间感的网页效果。

图10–13 三维空间效果

2. 折叠表现

在平面上将一个形状折叠在另一个形状之上，会给人有前有后、有上有下的感觉，产生空间感，如图10–14所示。

图10–14 折叠空间效果

3. 添加阴影

阴影会使物体具有立体感和凹凸感。如图10–15所示，阴影增加了图片的立体感。

图10–15 阴影表现的立体效果

10.4 网页设计风格

随着技术的不断发展和演进，网页的设计风格也进行了一些转变和重新塑造，不同的流行元素和科技元素加入其中，再加上具有特色化的版面设计、文字搭配、色彩调整等各类组成元素，网页风格便呈现出了琳琅满目的状态，满足着不同网站经营者和网站用户的需求。不同设计元素的不同量的选择和搭配，结合设计师自身对网站整体概念的理解所提出的创意理念，则会使整个网站在完成主题内容宣传的情况下，展现给用户一个耳目一新、独具特色的新的视觉体验，让用户浏览过后在脑中留下深刻的印象，从而达到留住浏览者，让其长期驻足的目的。市面上的网站设计风格主要包含以下几种。

10.4.1 主题设计

每一个网站都在为宣传或者传播某种事物而存在，而这些网页中的部分网页就在视觉上呈现出特别明显的主题化倾向，所有的视觉和听觉元素都在某种程度上跟所要解读的主题扯上关系，让你不由自主地就会联想到这些主题上，比如一部电影，一杯咖啡，一个餐厅，或者一种乐器。下面将以一些主题网站为例来介绍不同的主题设计网页。

图10–16所示网页，是一个在线风雨声音乐模拟网，可以为用户提供夏季消暑的轻音乐。提供的在线爵士音乐雨声模拟效果，让用户在滴答声中听着优美的爵士音乐，获得清凉解暑的乐趣。

网站的图标就是一个喇叭的形状，寓意着跟声音有关系，同时大大的播放按钮简单醒目，让用户一目了然，方便使用。整个页面在版面设计上没有太多的设计，映入眼帘的是沾满雨水的玻璃窗背景，让用户不由自主地联想到清新的雨水哗啦啦地滴落，打湿了窗外的花草。图片是最易被关注和理解，从而促使人产生联想的设计元素。简单的整体设计让用户直接进入主题，达到了很好的宣传效果。

图10－16　在线风雨声音乐模拟网页

图10－17所示的，是一个收集、整理第一次世界大战历史老照片的图片库网站，目前已经收录了数百张珍贵的照片，可以通过这些伤痕累累的照片了解第一次世界大战中的地理、人物风貌以及当时人类的情感状态。

图10－17　历史照片网站

网站以图片为主要的表现元素，向用户展现历史事实和历史真实画面场景，文字简单朴实，直接入题，让人深思，大横幅的枪战照片也在进一步的强调战争主题。展现给浏览者的是同样的内容，但浏览者的情感是千差万别的，可能会有忏悔，也可能会有同情，或者害怕和恐惧，这就是主题外所发人深思的东西。

图10－18所示的网页是摩托车骑行网。一个叫亚历克斯的摩托车爱好者骑着摩托车游遍世界各地，同时拍摄下各地风景通过该网站展示给用户。网页的主题就是个人摩托车旅行，所以首先呈献给浏览者的是一张跟旅行有关的世界地图，上面分布着亚历克斯曾经去过的地方，鼠标点击后便可以看到他在这个地方的经历和沿途的风景。

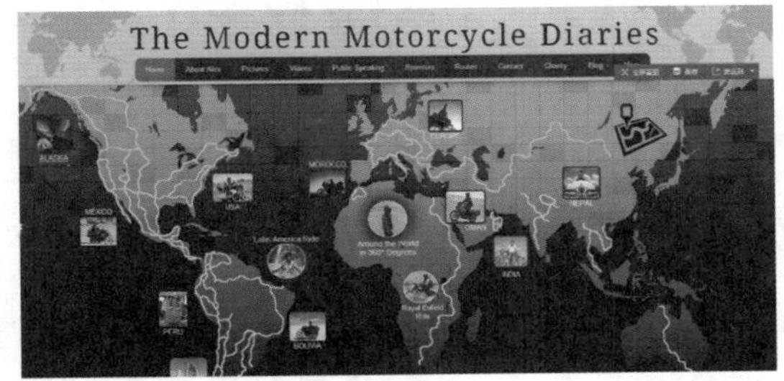

图10－18　摩托车骑行网站

10.4.2　极简主义

Less is More（少就是多）是许多设计师的口头禅，在设计领域中，很多人都认同一切从简的思想。毕竟设计只是增强视觉的手段，简化网页设计是将复杂的东西浓缩简化成简单的东西，当然在简化的同时，不能丢掉有价值的东西。

用户不喜欢在浏览网页时，被混淆或者感觉到对网页失去控制。要让他们把更多的时间花在阅读主要内容上，界面设计上就得让他们能方便地找到自己需要的东西。简化网页设计可以从网页的简洁性、可读性和网页要突出的重点入手。应该适当去掉一些没有必要的设计元素，至少做到整个网页设计不会干扰用户的阅读，如图10－19所示。

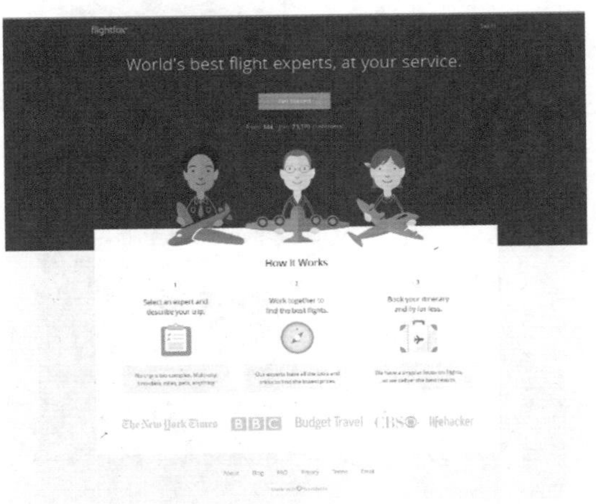

图10－19　极简设计型网页

图10－20所示，是一个背景采用从土黄色到蓝绿色的渐变颜色，前景则采用跟饮食相关

的图片来呈现饮食的文化特色，元素都十分清亮简单，给人耳目一新的感觉，同时也突出了主题元素。

图10－20　饮食类极简风格网站

10.4.3　插画

插画是设计师创造具有独创性网站的一件法宝，而且作品大多数都极具特色，很容易让用户在浏览使用的同时印象深刻，从而记住网站。下面我们将通过具体的网站介绍插画带给网站的魅力。

图10－21所示的儿童读物网站，采用了大量的跟作品中角色相关的插画形象，让用户在点击网页的同时，能够简单地了解到作品的相关内容和风格特色。明亮的黄色调背景色以及其中的插画人物所采用的鲜艳配色会得到少年儿童的喜爱，极大地吸引目标受众。

图10－21　儿童读物类插画网站

图10－22所示的网页中的背景中采用了彩色的插画，跟网站的经营范围“讲述故事”有很大的关系。

图10－22　故事类插画网站

10.4.4　素描

素描元素在很大程度上都是以手绘为基础的，网站中加上这种元素，会呈现给浏览者一种清新、简单、自然的感觉，更加贴近用户，使用户可以更好、更快地接纳和融入网站之中。这是网站中采用素描元素的一大优势，不会产生像数字性或者高科技类元素所带来的陌生感和距离感，而是以一种平等和生活化的态度和方式去面对用户，如图10－23所示。

图10－23　素描形式的网站

10.4.5　以字体为主的设计

近年来，很多设计师将字体设计也列为在网页设计中需要考量的对象，并作为设计中提升整个网页品味的重要元素。通过使用CSS3设计师可以拥有许多自定义的字体，这给网页的视觉设计增加了一个重要的设计思路。图10－24所示的网页中，采用大的文字占据网页中心，将主题内容放大，突出、醒目，很好地吸引了浏览者的视线。

图10－25所示的网页是以文字为主体的网页，同时网页的LOGO被放大，放在最醒目的位置，这种完全以文字为主体的网页在众多的网

站中显得非常特别，彰显了网页的独特性，吸引目标受众。

图10–24　放大文字

图10–25　以文字为主体的网页

图10–26所示的网页是一个具有独特字体设计的博物馆网站，各种跟艺术相关的元素名称都以或大或小的不同字体和样式出现在版面中，让浏览者可以很轻松地便知道博物馆内的展品内容，选择自己感兴趣的方面，而不是进入子页面反复寻找才能找到。

图10–26　特色字体艺术网站

10.4.6　纹理风格

跟纹理有关的元素包括点、线、形状、深度、容积及型式。这些元素中的每一种都可以创造出具有独特效果的纹理，也或者通过组合拼贴形成不一样的风格。精心设计的纹理可以让网站整体上更加地精致，减少了单调背景的单一性，同时又不会像包含大量设计元素的网站那么复杂。如图10–27所示，线条形的纹理背景中和了灰色所带来的简单性。

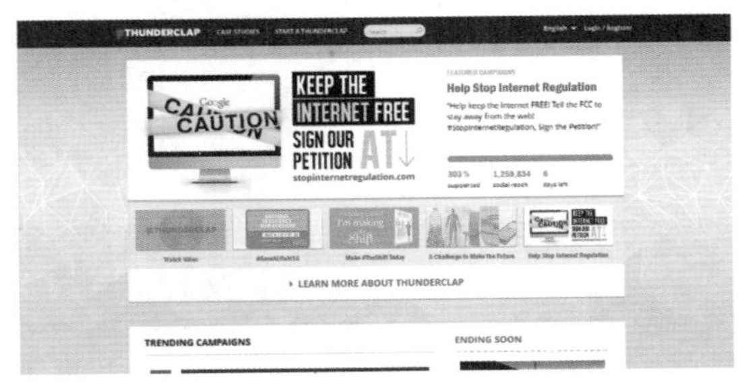

图10–27　背景为线条纹理的网站

图10–28所示的网页是一个提供外卖便当的日本网站，看上去十分简洁。前景为白色的手机，后面也采用白色的背景作为主体颜色，但如果不添加灰色的圆形、方形和三角形这些元素，就会让大块的白色背景吞噬了白色的手机，从而不能达到预期的宣传效果，所以，添加和白色搭配但又不会抢白色手机风头的灰色便是一个很好的选择。

图10–28　背景为色块纹理的网站

图10–29所示的网页是一个书籍推荐网，网页导航条采用了木质的材料作为背景，同时主题图片也采用木质地板作为背景。木材纹理给人带来一种居家、温馨、舒适、安全、随性的家的感觉，同时暗色系的木地板也给网站带来一种复古感，增加了网站文化气息，所以木质纹理适用于读书这种休闲娱乐网站。

图10–29　木质纹理网站

10.4.7 手制的剪贴簿

手制的剪贴簿风格网页指的是通过将视觉上给人手制感觉的元素穿插在网页中，让其在网页中起到主体或者点缀作用，可以增加网站的随意性，比较适合休闲娱乐类型的网站。图10—30采用的就是类似剪纸效果的背景图案。

图10—30 剪贴画网页1

图10—31所示的网页，其中标志、地标、比萨和其他食物图案都像是用纸剪下来的一样，边缘部位还带着白色轮廓，随意中透露着有趣。

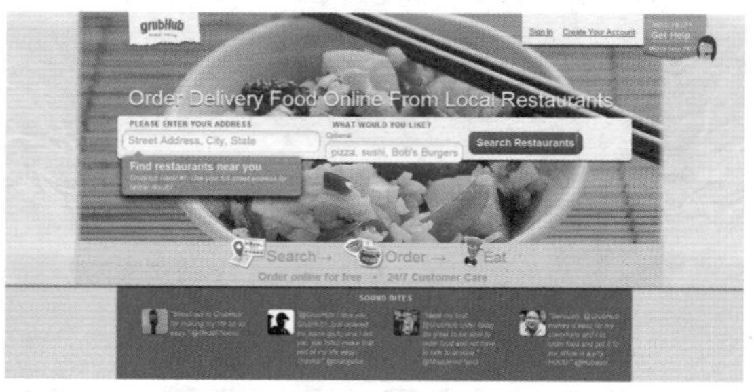

图10—31 剪贴画网页2

10.5 最新网页设计趋势

网页设计也是流行文化涉及到的区域，带有当下人们喜欢和追随的一些设计元素，所以洞察和把握不断变化和发展的流行元素也是作为一个网站设计师所要承担的任务，下面介绍几种当下被人们推崇和惯用的流行设计类型。

10.5.1 超长网页设计

在生活中常见到的长网页会挤满很多内容，我们习惯于下滑滚动网页来获取信息，但并非全是挤满枯燥内容的长网页，其中也不乏由更多的留白空间以及快速响应技术合并而成的超长网页设计。这样的设计能使内容更加有序，格式也更便于阅读。专家调查发现，用户更喜欢滚动而非点击，所以许多品牌形象网站运用了这一点，将故事性与用户体验相结合，让单页网站的超长滚动获得了一致好评。图10—32为AnyForWeb网站的网页设计，滚动鼠标会发现其网页超长、有趣。

图10—32 超长网页设计

10.5.2 冷色调和鲜艳颜色的使用被广泛接受

一直以来，冷色调、鲜艳的颜色与单一的颜色这三种颜色主题都广受认可，单从颜色上来讲，这三种颜色风格也并驾齐驱，所以具体使用哪一种颜色主题还是要根据不同的项目定位，如图10—33～图10—35所示。

图10—33 网页中冷色调的使用

图10—34 网页中鲜艳颜色的使用

图10—35　网页中单一的颜色风格

10.5.3　更趋向杂志化

如今，规规矩矩的框架版式设计已经很难吸引受众了，打破常规的排版对于网站设计来说已经越来越重要。随着平面设计人员逐渐涌入网页设计行业，网页版面当前越来越趋向杂志、海报等平面设计作品。具有杂志、海报等平面设计作品风格的网页，往往形式感、时尚感强烈，富有冲击力，如图10—36所示。

图10—36　杂志化倾向

10.5.4　视差滚动

视差设计可以说是近年来网页设计中的一大突破，备受推崇。视差滚动是让多层背景以不同速度滚动，以形成一种立体运动效果，给观者带来一种独特的视觉感受。除此以外，鼠标滚轮的流畅体验，让用户在观看此类网站时有一种控制感，简单来说这是有响应的交互体验。这种效果可以激励用户继续滚动、阅读，与网站互动，吸引用户看看接下来会出现什么。所以，目前无论是网站还是电商商品宣传页都经常采用视差设计来吸引用户，很受用户喜爱，如图10—37所示。

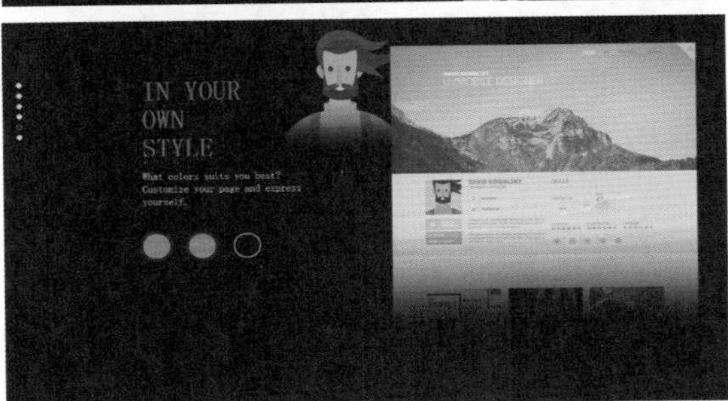

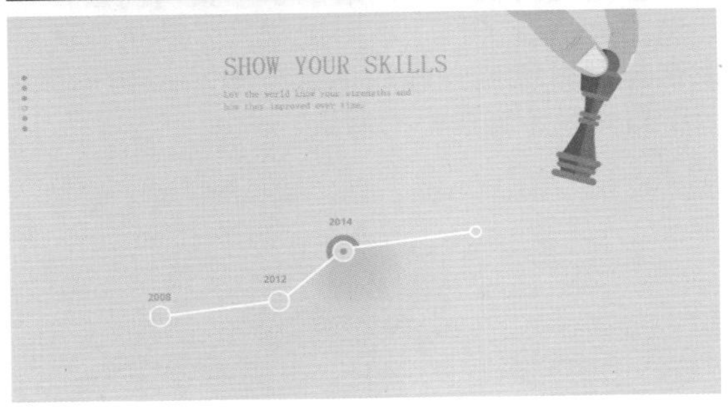

图10—37　视差滚动网页

10.5.5　注重阅读体验

当打开一个网站时，面临的第一个问题就是加载。优化加载过程，提前显示部分信息或者做个有趣的loading动画效果，让用户知道网站正在一步步执行操作，给予他应得的反馈，可让用户更有耐心地等待加载。

当一个网站需要用户频繁的操作时，一定会令人感到不适，而高效率的操作，则足够为用户提供阅读时的专注与沉浸体验。博客样式的网站在普及化，这类网站设计上没有太多的框框条条，没有分栏设计，而是简单的文字表达，加上图文，摒弃了复杂的内容和结构，使主体内容流畅地呈现，提高了阅读质量，如图10—38所示。

图10—38　注重体验的网页

10.5.6　自定义个性化图标

未来的网站将会更注重个性化，一个打破常规风格的图标就能很好地体现出网站的别具一格。这些具有个性化的网站将更受年轻受众的喜爱，不少新生网站会采取一些个性化的图标来营造一种不一样的独特风格。HTML5插件的普及也会让网站更加生动，未来必定会有更加特别新奇的网站设计元素来满足我们的视觉体验。这些图标的应用增加了网页的简洁性，让浏览者一目了然，不用浏览过多的信息便可以选择到自己感兴趣的信息。图10—39所示为一个自定义个性图标的网页。

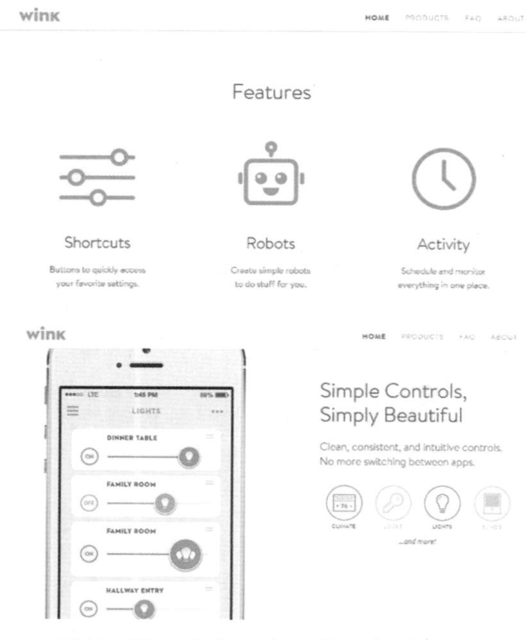

图10—39　自定义个性化图标的网页

10.5.7　分层结构设计

通常，屏幕界面以水平方式展示，没有纵深感。而分层结构设计是一种层次感的变革，模糊的背景、带有纵深感的层次及动效，拓展了屏幕空间，塑造出内容的层级感。这样的手法也被很多设计师逐渐运用到设计中，这种设计将信息分层归纳，区分主次信息进行展示，层级感明显，可以使浏览者更专注于内容，提高阅读效率，如图10—40所示。

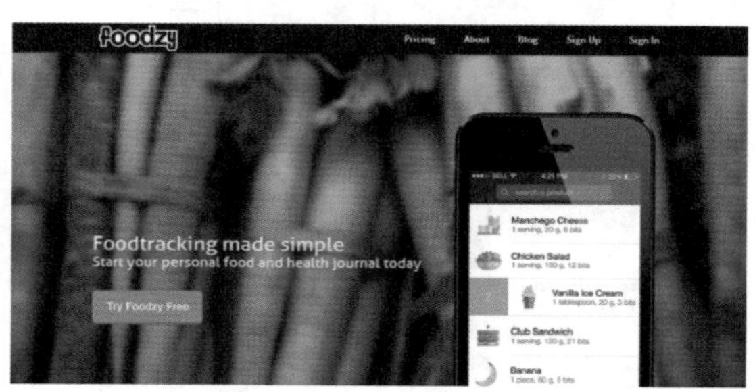

图10—40　分层结构设计

10.5.8　响应式网页设计

越来越多的用户都拥有多种终端：台式机、笔记本、平板电脑、手机，能够适应不同尺寸显示屏的网页是现在的潮流，甚至是未来很长一段时间的设计趋势。响应式网页设计就是来解决这个问题的。这种特别的开发方式能保证网页适应不同的分辨率，让网页要素重组，使其无论在平板电脑还是智能手机上，都能达到最好的视觉效果。

除了终端的多样化，电脑屏幕，手机屏幕都在不断变大，而在对未来生活的预测、概念设计里，“屏幕”这个产物更是被运用到多种新平台上。例如微软发布的“未来生活概念视频”里，厨房、室内墙壁、办公室玻璃墙面都成为了交互平台。所以，响应式网页设计所具备的良好的适应性和可塑性，在未来的网页设计里将占有举足轻重的位置。图10—41所示为响应式网页设计在不同终端上的显示效果。

图10—41 响应式网页设计

10.5.9 扁平化设计

扁平化设计可以说是去繁从简的设计美学，去掉所有装饰性的设计，是对受推崇的拟物化设计的颠覆。它提供了一种新的设计思维，已经成为当下的一种潮流。扁平化设计丢弃了阴影及渐变效果，使某些元素获得了视觉上的升级。在以后的改革中Web设计风格将会更直观、简单，界面平面化。其实扁平化设计不仅仅是提供了新的外观，它还提升了性能，排除了增加流量的阴影和渐变效果，提高了网页的打开速度。图10—42所示为扁平化网页效果。

图10—42 扁平化网页设计

10.5.10 去Flash设计

一个网站采用Flash引导动画是非常炫酷的，但越来越多的人希望在网页中能有清爽干净的浏览体验。从视觉效果来看，Flash动画确实能为网页设计增添不少特色，但由于Flash文件较大，导致网页打开较慢，若浏览者没有耐心，很可能就会转而访问其他速度较快的网站；另外，Flash也无法被搜索引擎读取到，这无疑会减少网站的曝光率。现阶段很多浏览器已经不支持Flash格式，所以很多公司并不推荐在网页设计中使用Flash动画效果。图10—43所示为去Flash动画网页。

图10—43 去Flash网页设计

第11章　设计艺术类网站

艺术是一种特殊的社会意识形态和精神生产形态，对人们的生活内容和质量有着一定的影响。艺术类网站的设计中包含着各种各样的艺术元素，像是雕塑、绘画、音乐、舞蹈、电影等，选用不同的艺术表现方式宣传艺术所要表达的艺术思想和审美观念，体现网站本身存在的艺术价值。

本章重点介绍艺术型网站的主要类别以及色彩搭配原则，并结合画廊网站的设计来了解艺术网站设计过程中的具体细节和效果体现。

Photoshop CC

11.1 艺术类网站概述

艺术与人的实际生活密切相关，是一种精神产品，具有无限发展的趋势，并在整个社会产品中占有越来越大的比重，其客观作用在于调节、改善、丰富和发展人的精神生活，提高人的精神素质（包括认知能力、情感能力和意志水平）。艺术的欣赏就是人对艺术品的价值进行发现和寻找的过程。现代生活中的艺术包括文学、绘画、雕塑、建筑、音乐、舞蹈、戏剧、电影、曲艺、工艺等，而艺术类网站的设计也是跟这些类别息息相关的。

1. 表演艺术类网站

表演艺术（音乐、舞蹈等）是通过人的演唱、演奏或人体动作、表情来塑造形象，传达情绪、情感从而表现生活的艺术，代表性的门类通常是音乐和舞蹈，有时将杂技、相声、魔术等也划入表演艺术。网站在设计上，要给观众创造十分美好的视觉享受和浪漫的情怀。图11-1所示的音乐网站和舞蹈网站均是表演艺术类网站。

图11-1　音乐网站和舞蹈网站

2. 视觉艺术类网站

视觉艺术是看得见的艺术，强调真实性。绘画艺术、雕塑艺术、服装艺术、摄影艺术都是传统的视觉艺术。视觉艺术的造型手法多种多样；所表现出来的艺术形象既包括二维的平面绘画和三维的雕塑等艺术形式，也包括动态的影视视觉艺术等艺术形式。

视觉语言是由视觉基本元素和设计原则两部分构成的一套传达意义的规范或符号系统。其中，基本元素包括：线条、形状、明暗、色彩、质感、空间，它们是构成一件作品的基础，视觉艺术则是利用这些基本元素构造而成的。在网站设计方面，视觉艺术类网站要求视觉表现力和传达能力强，有全局观，注重细节。图11-2所示为摄影网站和绘画网站。

图11-2　摄影网站和绘画网站

3. 造型艺术类网站

造型即创造形体，指以一定物质材料（雕塑、工艺用木、石、泥、玻璃、金属等，建筑用多种建筑材料等）和手段创造的可视静态空间形象的艺术，它包括建筑、雕塑、工艺美术、书法、篆刻等种类。网页为了创造良好形象，应遵循设计美学原则和规律来进行设计，使产品具有为人们普遍接受的“美”的形象，取得满意的艺术效果。图11-3所示的即为造型艺术类网站。

图11-3 建筑艺术网站和木雕艺术网站

造型艺术的物质媒介决定了其作品的静态的永久性，它总是以静示动，寓静于动，以无声示有声，在一种永久的物质形态中表达深刻的历史和审美蕴涵。造型艺术的现代发展打破了传统的再现的藩篱，日益由再现转向表现，艺术家可以通过造型艺术的创作活动来表现和传达自己的某种意识及情感倾向。

4. 语言艺术类网站

语言是人类用来沟通和交流的桥梁和媒介，同时文学与语言又有着千丝万缕的关系，文学是以语言为手段塑造形象来反映社会生活、表达作者思想感情的一种艺术。现代通常将文学分为诗歌、小说、散文、戏剧四大类。文学还拥有内在的、看似无用的、超越功利的价值。在网站设计方面，这类网站的页面要有条理性，结构清晰。图11-4所示为文学网站。

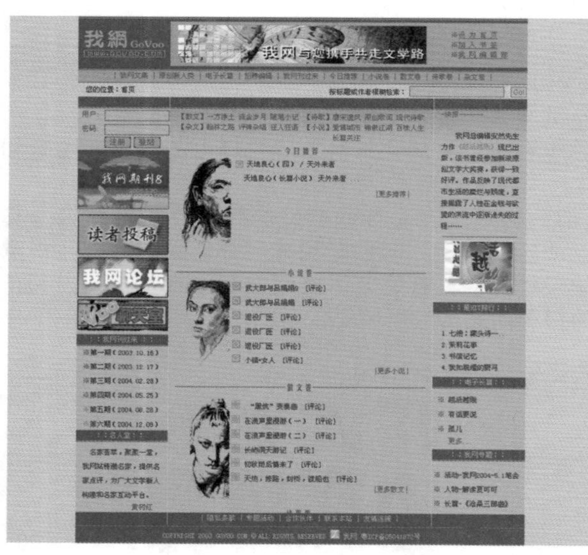

图11-4 文学网站

5. 综合艺术类网站

综合艺术是戏剧、戏曲、电影、电视等一类艺术的总称。综合艺术吸取了文学、绘画、音乐、舞蹈等各门艺术的长处，获得了多种手段和方式的艺术表现力，从而形成了自己独特的审美特征。它将时间艺术与空间艺术、视觉艺术与听觉艺术、再现艺术与表现艺术、造型艺术与表演艺术的特点融合在一起，具有更加强烈的艺术感染力。图11-5所示为动画网站和歌剧网站。

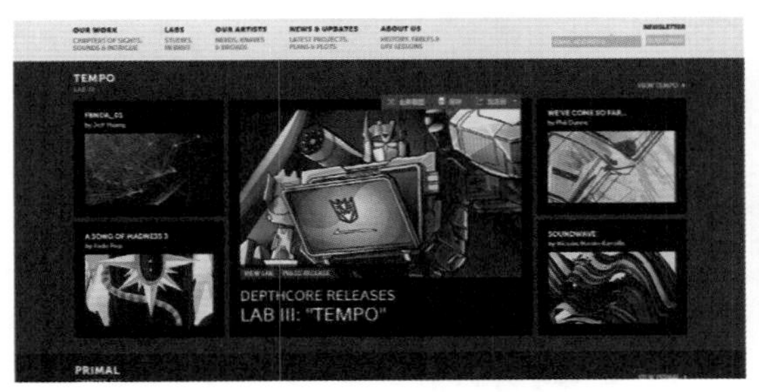

图11–5　动画网站和歌剧网站

11.2 设计网站首页

在现代设计领域中，插画设计可以说是最具有表现意味的，它与绘画艺术有着亲近的血缘关系。它是一种艺术表现形式。本案例是插画画廊网站首页。网站采用了清新淡雅的背景色，巧妙地设计网站栏目内容。整体色调为淡黄色，加上少许的粉红色做点睛色，以达到陪衬、醒目的效果。

在制作过程中，首先制作与网站相符合的图像来衬托网站，使网站的特点鲜明。在选择图像制作背景时，一般要求该图像颜色单一、色彩清淡，以保证前景色图像在背景的衬托下能清楚地显示。首页效果如图11–6所示。

图11–6　首页效果图

11.2.1 花朵绘制图像

STEP|01　新建一个550×454像素，白色背景的文档。新建图层【草图】，使用画笔工具绘制草图，如图11–7所示。

图11–7　绘制花卉草图

STEP|02　使用钢笔工具，根据草图轮廓建立花朵路径。隐藏【草图】图层，如图11–8所示。

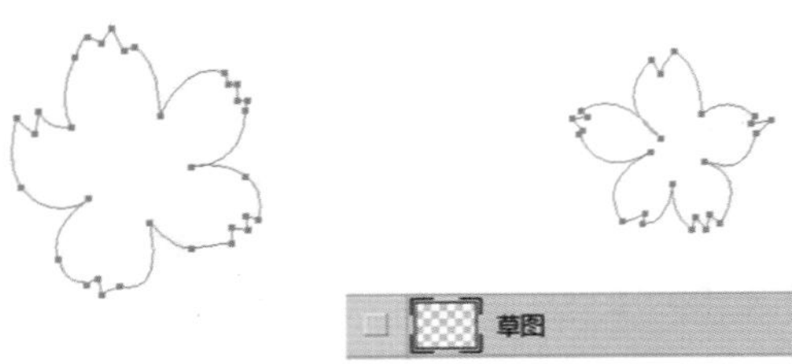

图11–8　花朵路径

STEP|03　按快捷键Ctrl+Enter，将路径转换为选区。新建图层【主体花朵底色】，填充#E583B4颜色，取消选区，效果如图11–9所示。

图11–9　主体花朵底色

STEP|04 按照上述操作，显示【草图】图层，使用钢笔工具建立次要花朵底色形状路径。将路径转换为选区，在【主要花朵底色】图层下新建图层【次要花朵底色】，填充#F8C0DD颜色，如图11-10所示。

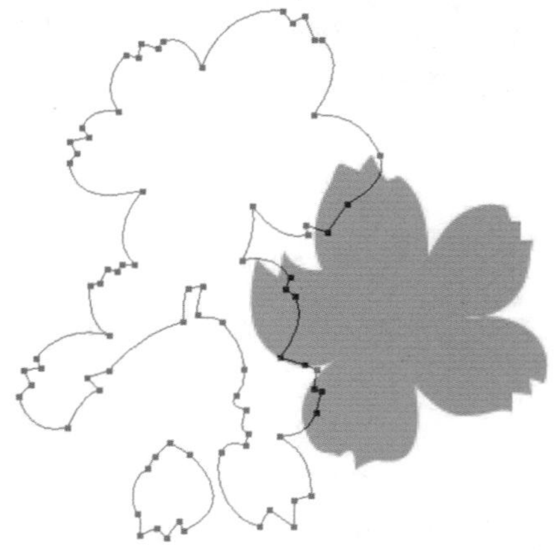

图11-10 次要花朵底色

STEP|05 按照上述操作方法，绘制其他部分的底色，如图11-11所示。

图11-11 花卉大致底色

STEP|06 单击【创建新组】按钮，新建【底色】组。按住Shift键，选择所有底色图层。松开Shift键，并将选中的图层拖进【底色】组里，如图11-12所示。

图层 通道 路径
选定
穿透 不透明度：100%
锁定： 填充：100%
底色
叶子底色
主要花卉底色
次要花卉底色
再次花卉底色

图11-12 新建组

STEP|07 使用钢笔工具，在主体花朵上建立暗面路径，如图11-13所示。

图11-13 创建主体花朵暗面路径

STEP|08 按住快捷键Ctrl+Enter，将路径转换成为选区。在【底色】组上新建【主体花朵暗面】图层。在选区里填充#E783B5颜色，效果如图11-14所示。

图11-14 主体花朵暗色

STEP|09 按照上述建立路径填充选区的方法，绘制次要花朵和叶子的暗色，如图11-15所示。

图11-15 暗色填充

STEP|10 按照上述方法，使用钢笔工具建立路径。按快捷键Ctrl+Enter，将路径变换成选区，为选区填充适当颜色，绘制花卉和枝叶亮面，如图11-16所示。

图11-16　亮面填充完毕

STEP|11 新建【暗色和亮色】组，并将暗色和亮色图层拖动到【暗色和亮色】组里。如图11-17所示。

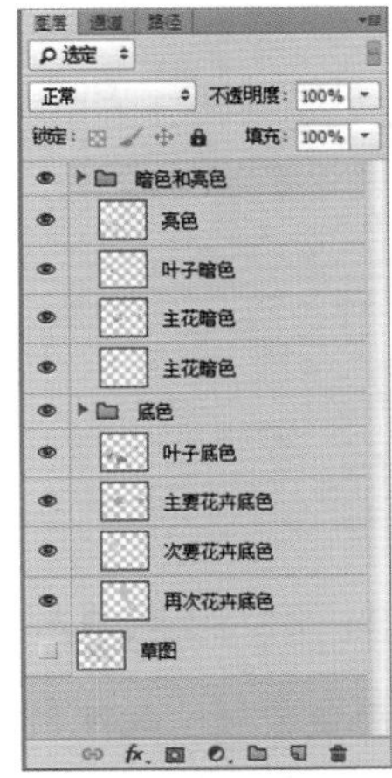

图11-17　“暗色和亮色”组

STEP|12 选择椭圆工具，在花朵上建立选区，确定花蕊的位置和大小，如图11-18所示。

图11-18　建立花蕊选区

STEP|13 在【暗色和亮色】组上新建图层【花蕊】，填充选区#FFE400颜色，完成花蕊底色绘制。按快捷键Ctrl+T，调整花蕊形状、大小和位置，如图11-19所示。

图11-19　调整花蕊位置和大小

STEP|14 选择钢笔工具建立花蕊暗色路径，如图11-20所示。

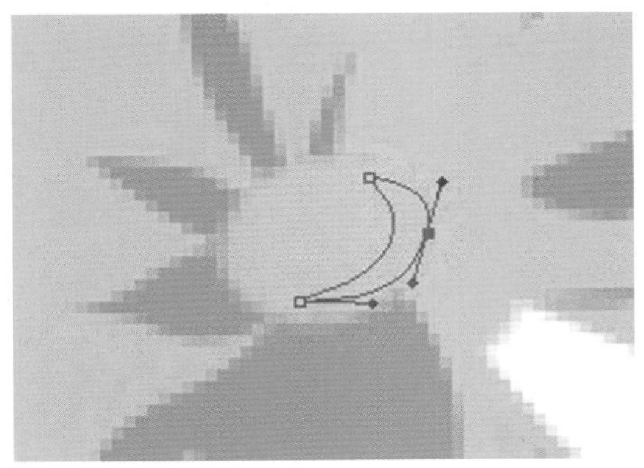
图11-20　花蕊暗色路径

STEP|15 按快捷键Ctrl+Enter，把路径转换为选区，在图层【花蕊】上填充颜色#F0A503。按快捷键Ctrl+D取消选择，使用画笔工具，选用颜色#F7EF9B直接在图层【花蕊】上绘制花蕊亮面，如图11-21所示。

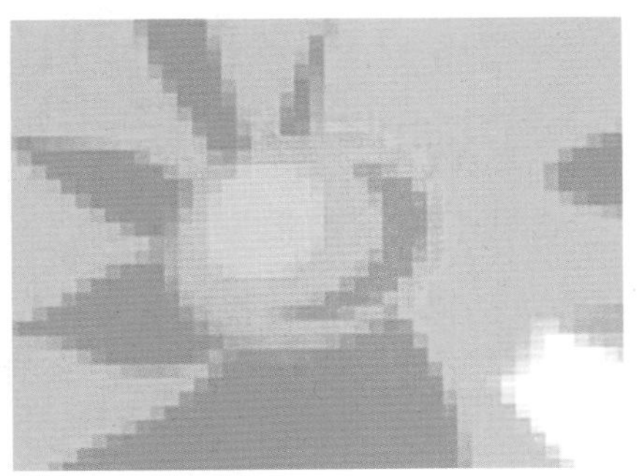
图11-21　绘制完整花蕊

STEP|16 拖动【花蕊】图层到【创建新图层】按钮上，复制图层，如图11–22所示。

图11–22　复制【花蕊】图层

STEP|17 将复制后的花蕊图案拖动到其他的花朵上，并按快捷键Ctrl+T对其大小、形状、位置进行调整，如图11–23所示。

图11–23　调整其他花朵花蕊

STEP|18 按照上述方法，绘制全部花蕊，如图11–24所示。

图11–24　全部花蕊绘制完成

STEP|19 花朵绘制完成。执行【文件】|【存储】命令，保存为"花朵.psd"文件。绘制完成的花朵效果图如图11–25所示。

图11–25　花朵效果图

11.2.2　创建墨迹图案

墨迹效果制作如图11–26所示。

图11–26　墨迹效果图

STEP|01 打开墨迹素材，如图11–27所示。

图11–27　墨迹素材

STEP|02 调整容差为5，使用魔棒工具点选素材上的空白位置，如图11–28所示。

图11–28　选中空白区域

STEP|03　双击背景图层，解锁背景图层。按Delete键，删除空白地方，如图11–29所示。

图11–29　删除空白区域

STEP|04　按快捷键Ctrl+D，取消选择。打开“清明上河图”素材，并把“清明上河图”拖动到墨迹素材之上，覆盖墨迹素材。调整“清明上河图”大小，如图11–30所示。

图11–30　拖入素材

STEP|05　鼠标选中【图层0】，执行【选择】|【载入选区】命令，如图11–31所示。

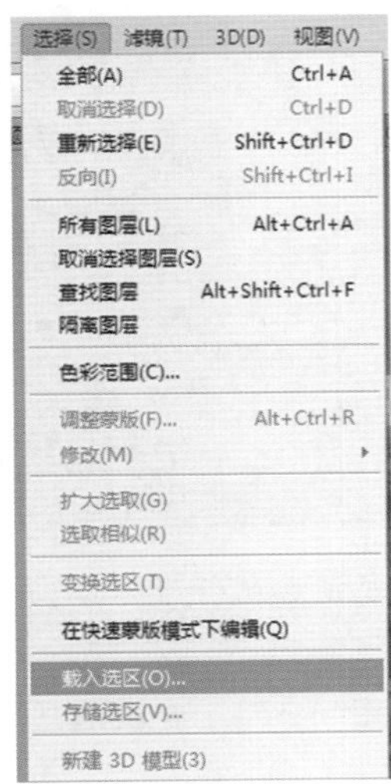

图11–31　执行【载入选区】命令

STEP|06　选中【清明上河图】图层，按快捷键Alt+Ctrl+G创建剪贴蒙版，效果如图11–32所示。

图11–32　创建剪贴蒙版

STEP|07　按快捷键Ctrl+J复制【清明上河图】图层，按照上述方法载入墨迹选区。执行【选择】|【变换选区】命令将选区大小改为原来选区的80%，如图11–33所示。

STEP|08　按Enter键确定变换，选中图层【清明上河图拷贝】。单击图层下方【添加蒙版】按钮创建图层蒙版。单击【清明上河图】图层，调节图层透明度到50%，如图11–34所示。

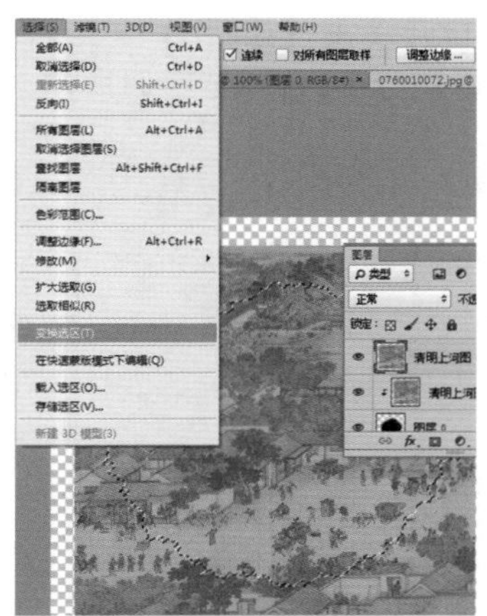

图11—33　变换选区

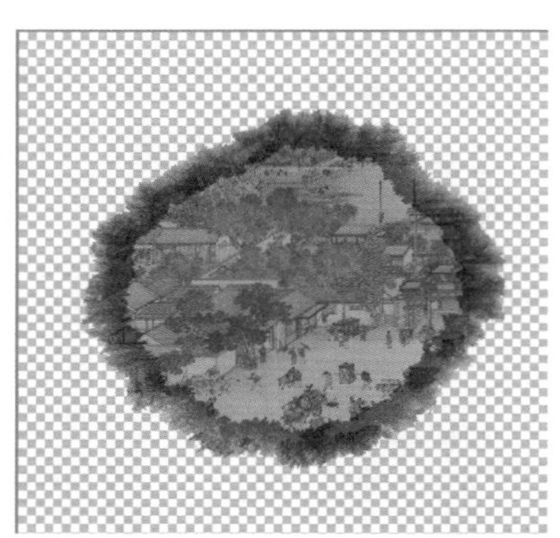

图11—34　创建图层蒙版

STEP|09　单击选中【清明上河图拷贝】图层，按快捷键Ctrl+U，根据需要调节图层颜色，如图11—35所示。

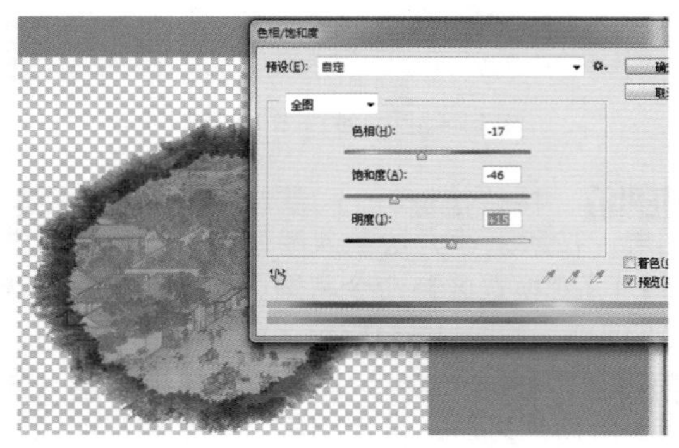

图11—35　调整【清明上河图拷贝】图层颜色

STEP|10　按照上述方法调节图层【清明上河图】和【图层0】颜色，如图11—36所示。

图11—36　调整其他图层颜色

STEP|11　执行【文件】|【存储】命令，将墨迹图案保存为PSD格式。

11.2.3　制作首页

STEP|01　新建一个1024×750像素、白色背景的空白文档，命名为“画廊首页”。打开之前所绘制的花朵文件，将除【草图】和【背景】以外的图层拖至“画廊首页”文件中，然后合并所有花朵图层，如图11—37所示。

图11—37　合并花朵图层

STEP|02　将合并后的图层改名为【花朵】。选中【花朵】图层，按快捷键Ctrl+J复制图层，然后按快捷键Ctrl+Shift+U将【花朵拷贝】图层去色，效果如图11—38所示。

图11−38　花朵去色

STEP|03　接着执行【滤镜】|【风格化】|【查找边缘】命令，效果如图11−39所示。

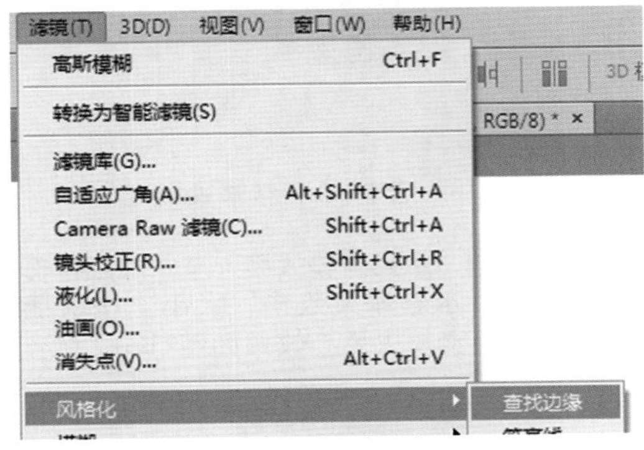

图11−39　查找边缘

STEP|04　执行【滤镜】|【滤镜库】|【艺术效果】命令，选择【木刻】效果，如图11−40所示。

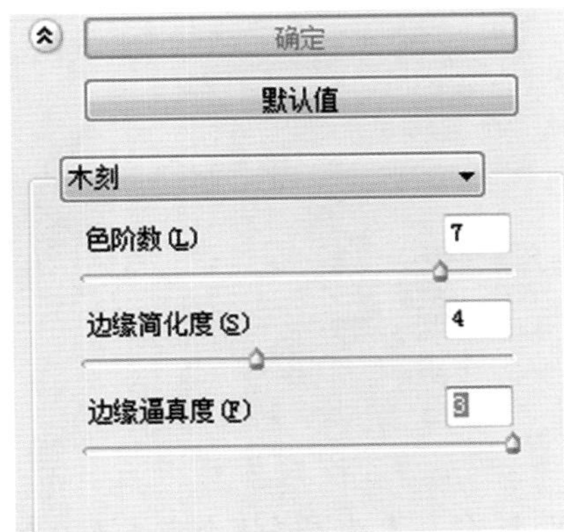

图11−40　添加木刻效果

STEP|05　按快捷键Ctrl+J，复制图层【花朵拷贝】为【花朵拷贝2】，如图11−41所示。

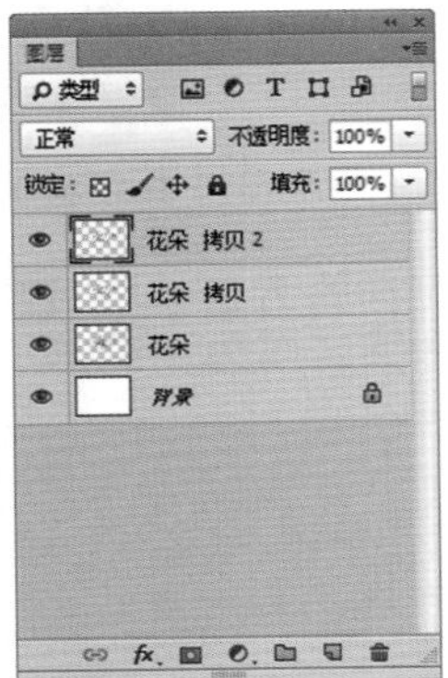

图11−41　复制图层

STEP|06　执行【滤镜】|【模糊】|【高斯模糊】命令，设置半径为4，效果如图11−42所示。

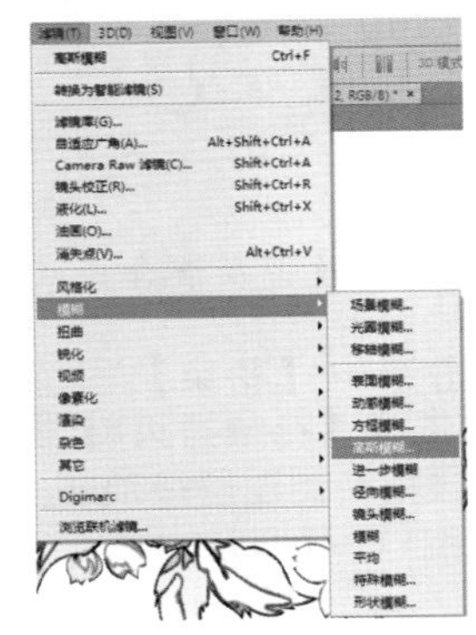

图11−42　添加模糊效果

STEP|07 将【花朵拷贝2】图层的图层混合模式更改为“滤色”，如图11–43所示。

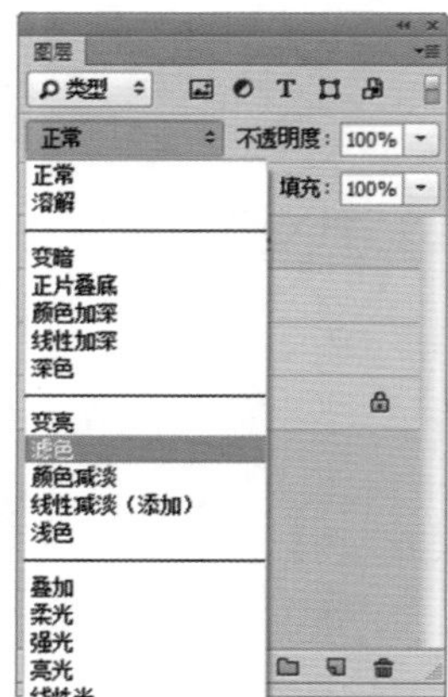

图11–43 更改图层混合模式为滤色

STEP|08 用同样的方法，将【花朵拷贝】图层的图层混合模式改为“叠加”，效果如图11–44所示。

图11–44 更改图层混合模式为叠加

STEP|09 单击选中【花朵】图层。按快捷键Ctrl+J，复制生成【花朵拷贝3】图层。把【花朵拷贝3】图层拖动到图层最顶端，调整不透明度到60%，如图11–45所示。

图11–45 调整【花朵拷贝3】图层

STEP|10 打开素材“水彩晕染效果”，如图11–46所示。

图11–46 素材“水彩晕染效果”

STEP|11 拖动“水彩晕染效果”至“画廊首页”文档。调整“水彩晕染效果”大小。按快捷键Shift+Ctrl+U为素材去色，效果如图11–47所示。

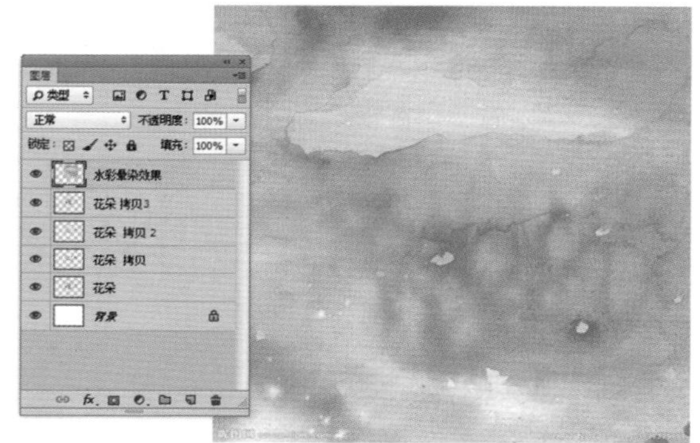

图11–47 图层去色

STEP|12 将【水彩晕染效果】图层的图层混合模式改为“叠加”，如图11–48所示。

图11–48 更改图层混合模式为叠加

STEP|13 按照上述方法，选中【花朵】图层，载入其选区，并为【水彩晕染效果】图层添加蒙版，效果如图11–49所示。

图11–49　添加蒙版

STEP|14 将素材“水彩效果”打开，如图11–50所示。

图11–50　“水彩效果”素材

STEP|15 拖动“水彩效果”至“画廊首页”文档，并调整位置和大小，如图11–51所示。

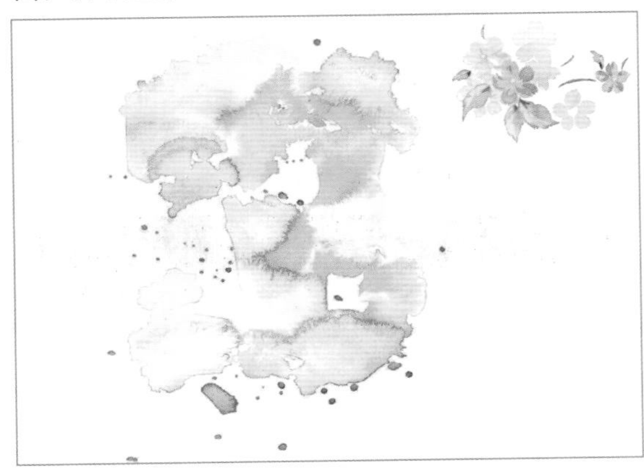

图11–51　调整“水彩效果”

STEP|16 在图层顶端新建图层2，填充颜色#FFF6E8并修改其图层混合模式为“正片叠底”，如图11–52所示。

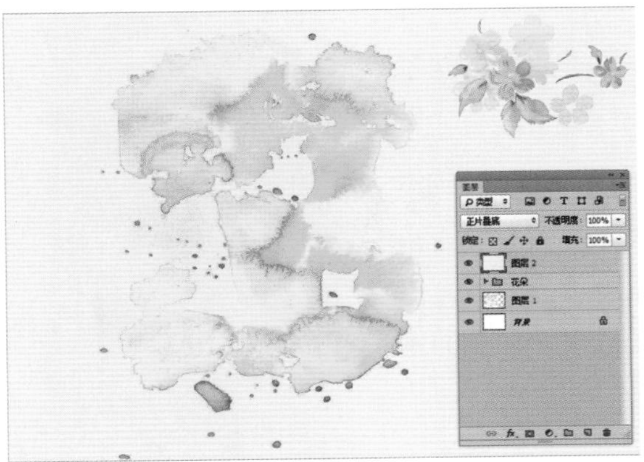

图11–52　新建图层2

STEP|17 打开“墨迹”文档，将其拖至“画廊首页”文档里。合并“墨迹”图像的所有图层，并调整“墨迹”图像的位置和大小。将【水彩效果】图层和【墨迹】图层的不透明度都调整为40%，效果如图11–53所示。

图11–53　将“墨迹”拖动到“画廊首页”

STEP|18 使用矩形选框工具拖动出文案书写位置。在【花朵】图层下新建图层，在选框内填充颜色#FAFDD1，并将新图层不透明度调节为40%，如图11–54所示。

STEP|19 创建【文字】组，放置图层顶端，开始编写文案信息。

STEP|20 使用横排文字工具T在图像顶端中央输入字母Elegant，并设置合适的字体，文字大小为60，选择字体颜色为#515151，如图11–55所示。

图11-54 制作文案区域

图11-55 输入字母

STEP|21 使用横排文字工具输入导航文字，效果如图11-56所示。

图11-56 输入导航文字

STEP|22 选择圆角矩形工具，在导航文字图层下方建立圆角矩形，把圆角矩形放置在“网站首页”下并调整其属性，修改导航文字“网站首页”的颜色为白色，如图11-57所示。

图11-57 添加圆角矩形

STEP|23 使用横排文字工具输入宣传语并设置文本属性，如图11-58所示。

STEP|24 按照上述方法，选择矩形工具在宣传语图层下方绘制矩形，如图11-59所示。

STEP|25 按照上述方法输入并编辑所有文案信息，如图11-60所示。

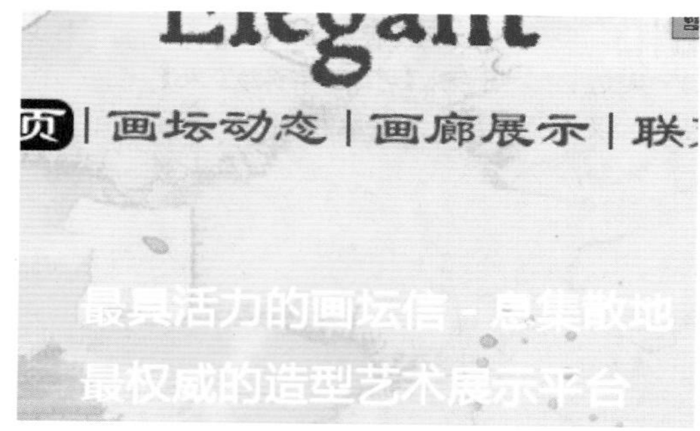

图11-58 输入文本

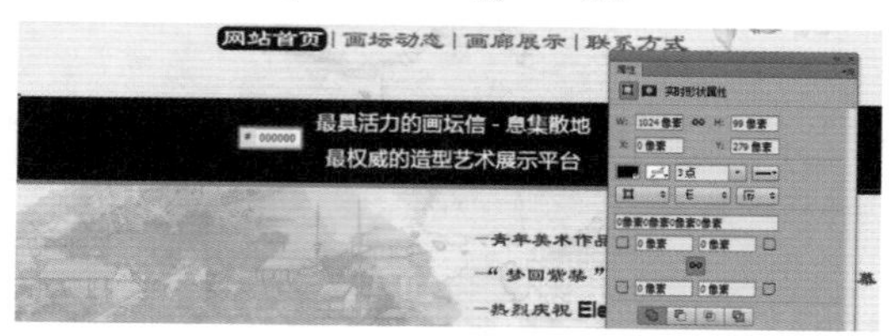

图11-59 绘制矩形

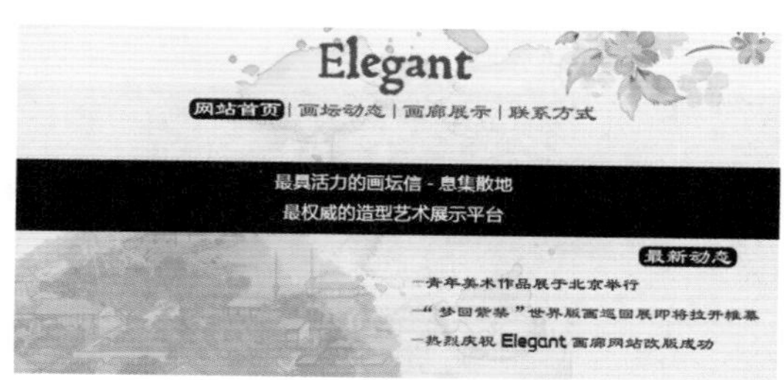

图11-60 编辑文案信息

STEP|26 在【文字】组上方新建图层，使用矩形选框工具框选分割线，并填充合适的颜色，如图11-61所示。

图11-61 框选分割线

STEP|27 完成画廊首页基本制作，执行【文件】|【存储】命令保存文件。完成后的首页效果如图11-62所示。

图11-62 首页完成效果

11.3 设计网站内页

艺术类网站通过作品展示取得直观的宣传效果。仅首页空间是不能展示所有作品供浏览者欣赏的，还需要有内页来充分展示作品和提供信息，所以网站内页对于网站来说十分重要。

为了保证内页与首页风格一致，内页在制作时，首先要与首页的结构一致。保持网页结构一致是统一网页风格的重要手段，网页结构包括页面划分、文字位置、装饰性元素的位置、图片的位置等。

画廊网站根据内容分类制作出3个内页，如图11—63所示。内页与首页风格和结构一样，只改变局部图像和信息。背景色的一致性，能起到视觉统一的作用。文字方面遵循标准字的应用。

图11—63 艺术网站内页

11.3.1 制作画坛动态内页

STEP|01 打开“画廊首页”文档，执行【文件】|【存储为】命令，把文件另存为“画廊网站内页”文档，并删除宣传文案、最新动态等文字图层。将文字“网站首页”下的色块移动到“画廊动态”下，并修改文字颜色，如图11—64所示。

图11—64 移动色块

STEP|02 执行【文件】|【存储】命令，保存修改后的“画廊网站内页”。在图层顶端新建文字图层，把所需文字内容输入到合适位置，并调整文字属性。效果如图11—65所示。

图11—65 输入文字并调整属性

STEP|03 选择矩形工具，在文字图层下方绘制一个黑色矩形，效果如图11—66所示。

图11—66 绘制矩形

STEP|04 打开油画素材，将油画一一拖动到"画廊网站内页"文档中，并逐个调整图像属性。效果如图11-67所示。

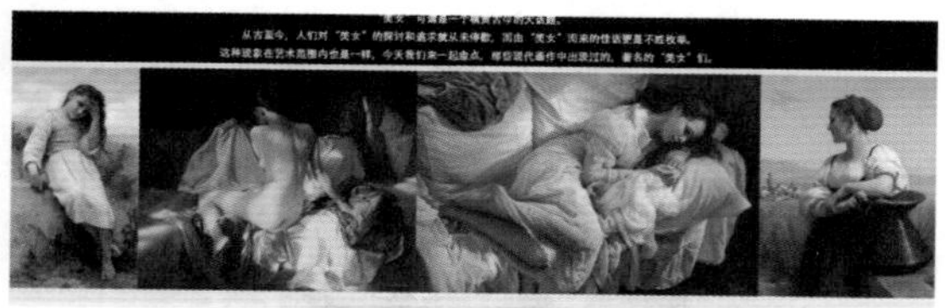

图11-67 拖动油画素材

STEP|05 画坛动态内页制作完毕，如图11-68所示。执行【文件】|【存储为】命令，将其另存为"画坛动态"PSD格式文件。

图11-68 画坛动态内页效果

11.3.2 制作画廊展示内页

STEP|01 打开"画廊网站内页"文档。按照画坛动态内页的制作方法，输入所需文字，添加所需图片素材，并调整文字和图片属性。效果如图11-69所示。

图11-69 制作画廊展示页

STEP|02 执行【文件】|【存储为】命令，保存为"画廊展示"PSD格式文件。

11.3.3 制作联系方式内页

STEP|01 打开"画廊网站内页"文件，改变色块的位置，输入相应文字，调整文字属性，如图11-70所示。

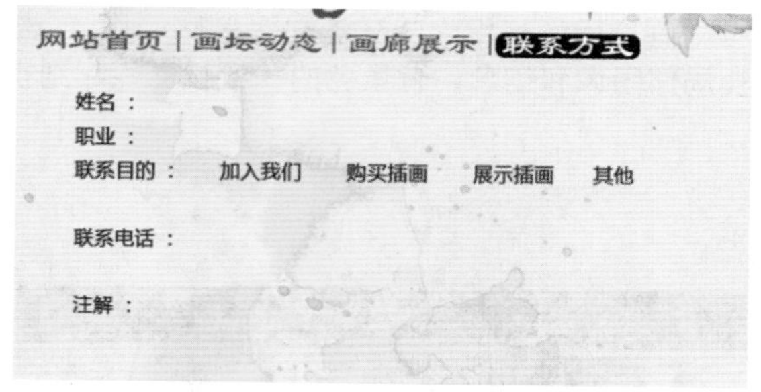

图11-70 输入文字

STEP|02 使用【矩形工具】在"姓名"右侧建立高25像素，宽300像素的矩形框。双击【矩形1】图层缩览图，更改矩形颜色为白色，如图11-71所示。

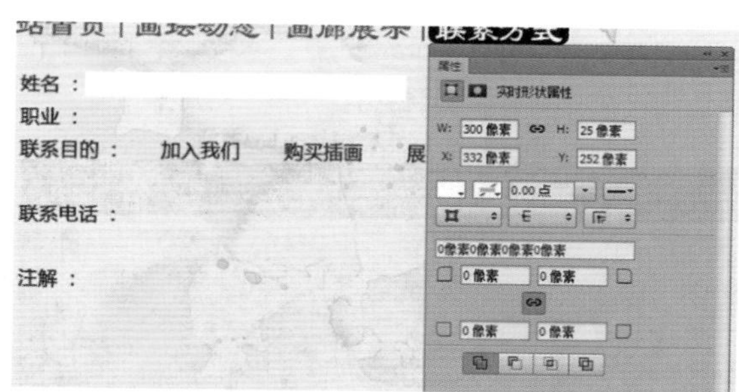

图11-71 建立白色矩形框

STEP|03 双击【矩形1】图层，在【图层样式】对话框中双击【描边】选项。设置大小为1像素，颜色为#989898。单击【设置为默认值】按钮，最后单击【确定】按钮。效果如图11-72所示。

姓名：
职业：

图11-72 为矩形添加描边效果

STEP|04 按照上述方法，添加其他矩形，如图11-73所示。

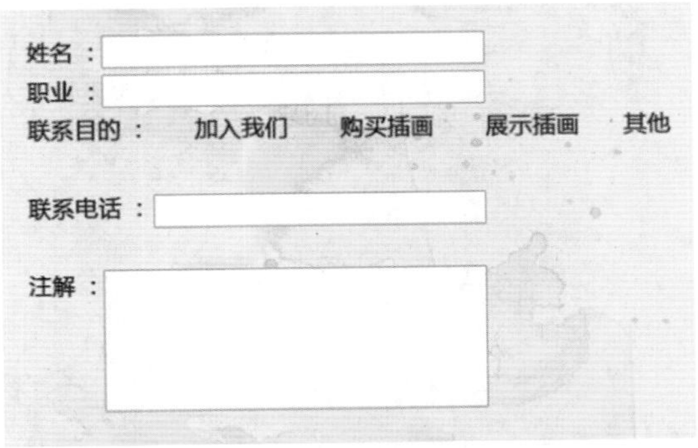

图11－73　为文字添加矩形

STEP|05　使用椭圆工具在“加入我们”文字前添加直径为15像素的正圆。然后复制3个圆，并将其放置在相应的位置，效果如图11－74所示。

图11－74　复制圆形

STEP|06　执行【文件】|【存储为】命令，保存为“联系方式”PSD格式文件。联系方式内页最终效果如图11－75所示。

图11－75　联系方式内面效果

11.4　新手训练营

本次练习的艺术网站首页效果如图11－76所示。

图11－76　艺术网站首页效果图

新建一个尺寸为1006×600像素的文档，拖入背景素材，使用钢笔工具绘制“choose”文字，输入其他文字，拖入画笔和国旗素材，调整好相应的位置，最后效果如图所示。

第12章　设计企业类网站

企业网站，就是企业以网络营销为目的，为了在互联网上进行企业宣传，节约宣传成本，增加宣传方式而建设的网站。网站提供了与企业、产品相关的各种信息。企业网站运用各种Web交互性技术，使网站访问者可以通过数据库搜索、邮件发送、网上交谈等方式，与企业建立起有效的商品交易关系。

本章讲解了企业类网站在设计过程中应该遵循的原则，同时还涉及网页设计中最常使用的色彩特征，并以一个数码产品企业网站的设计为例进行介绍和讲解。

Photoshop CC

12.1 企业类网站概述

不同的企业网站建站的目的都是不同的，有的网站是想通过网站来宣传自己的品牌和形象，有的则是想宣传和销售商品，有的则是向用户提供信息来获取浏览量。设计人员要根据网站目的的不同对网站的风格进行设计和规划，从而满足不同网站经营者和网站用户的不同需求。

1. 明确创建网站的目的和用户需求

Web站点的设计是展示企业形象，介绍产品和服务，体现企业发展战略的重要途径，因此必须明确设计站点的目的和用户需求，从而做出切实可行的设计计划。要根据消费者的需求、市场的状况、企业自身的情况等进行综合分析，牢记以“消费者”为中心，而不是以“美术”为中心进行设计规划。

在设计规划之初，要考虑建站的目的是什么、为谁提供服务、企业能提供什么样的产品和服务、消费者和受众的特点是什么、企业产品和服务适合什么样的表现方式等。图12-1所示为以展示商品为主的企业网站。

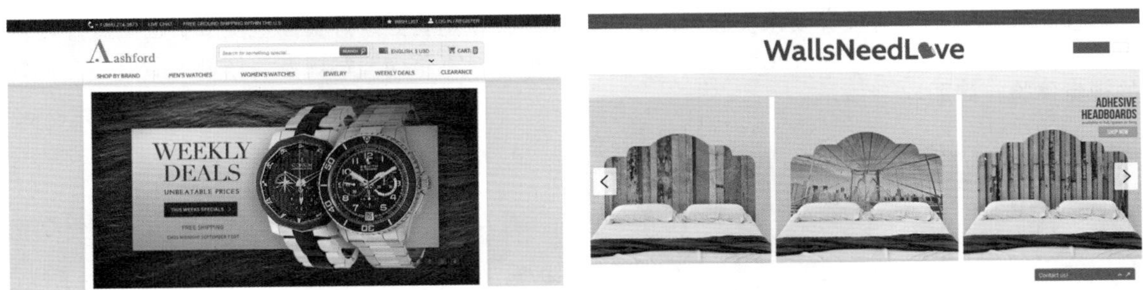

图12-1 以展示商品为主的企业网站

2. 设计总体方案

明确建站目的后，在这个建站目的的基础上，要对网站的色彩、文字搭配、图片、排版等进行整体地设计和调配，所有的这些因素都要紧紧围绕着建站目的而进行。同时也要考虑到服务对象的不同对其进行调整和布置。图12-2所示为分别以文字和图像为主的网站。

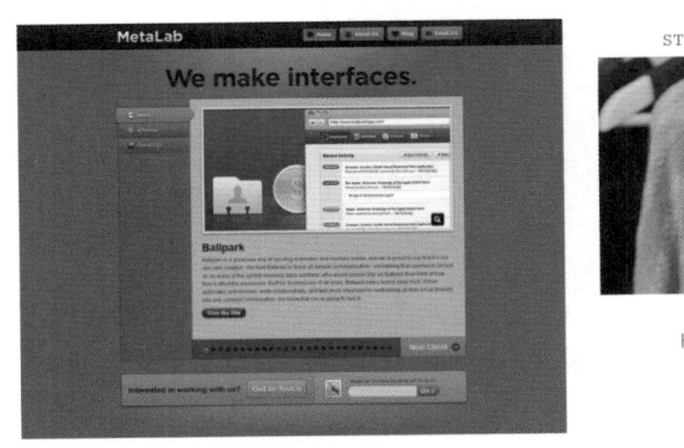

图12-2 分别以文字和图像为主的网站

建站的同时要考虑到网站设计元素的合理选择，有些网站只提供简洁的文本信息，有些则采用了多媒体表现手法，提供华丽的图像、闪烁的灯光，甚至可以下载声音和录像片段。

3. 网站的版式设计

网页的版式设计就是将有限的视觉元素进行有机地排列组合，将元素理性、个性化地表现出来，使整体版面给浏览者带来感官上的美感。网页设计作为一种视觉语言应讲究编排和布局。同时网站版面设计和平面设计都有着相似之处，可以将平面设计的原则和技巧应用在网页版面设计之中，充分加以利用和借鉴。版式设计通过文字图形的空间组合，表达出和谐与美观。一个优秀的网页设计者懂得文字图形落于何处，才能使整个网页生辉，如图12–3所示。

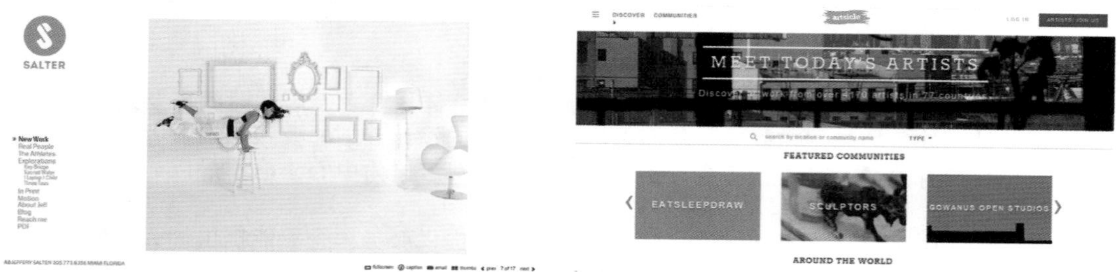

图12–3　不同网站中的版式

多页面站点的编排设计要求页面之间的有机联系，特别要处理好页面之间和页面内秩序与内容的关系。为了达到最佳的视觉表现效果，还需要讲究整体布局的合理性，使浏览者有一个流畅的视觉体验，如图12–4所示。

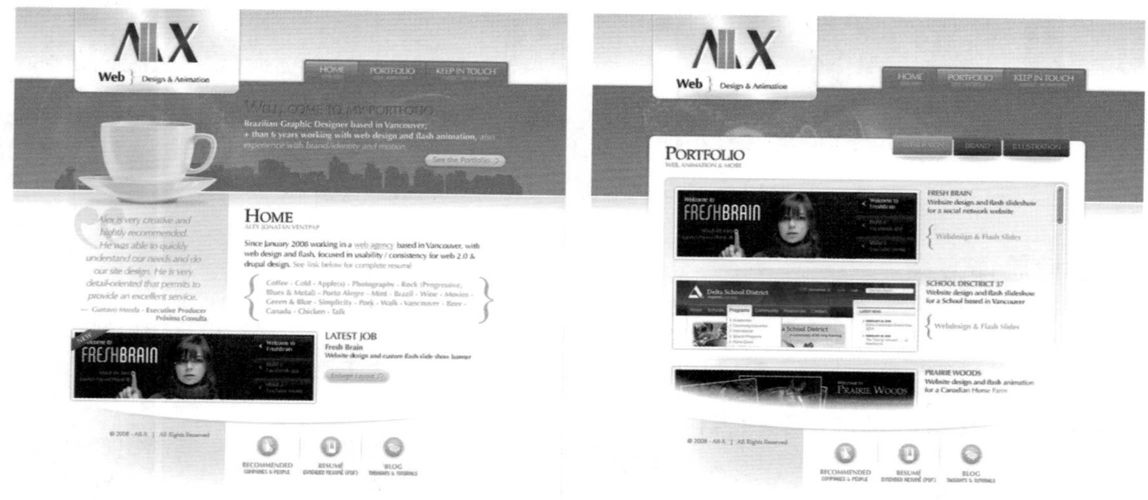

图12–4　同一网站内的不同版式

4．色彩在网页设计中的应用

色彩在网页设计中扮演着重要的角色，是吸引浏览者关注网站的关键因素，不同色彩间的不同组合会使网页产生不同的艺术效果，要根据和谐、均衡和重点突出的原则，合理性地将色彩进行组合，搭配出符合网站风格和整体性的色彩方案。如果有CIS（企业形象识别系统）时，应该按照其中的VI进行色彩运用，如图12–5所示。

5．多媒体功能的应用

声音、动画和影视等多媒体已经广泛地应用在网页之中，这些多媒体以多样化的表现形式区别于传统的文字形式，能够增加网页元素的多样性和丰富性，如图12–6所示。但是要注意，由于网络带宽的限制，在使用多媒体的形式表现网页的内容时，应该考虑其客户端的传输速度。

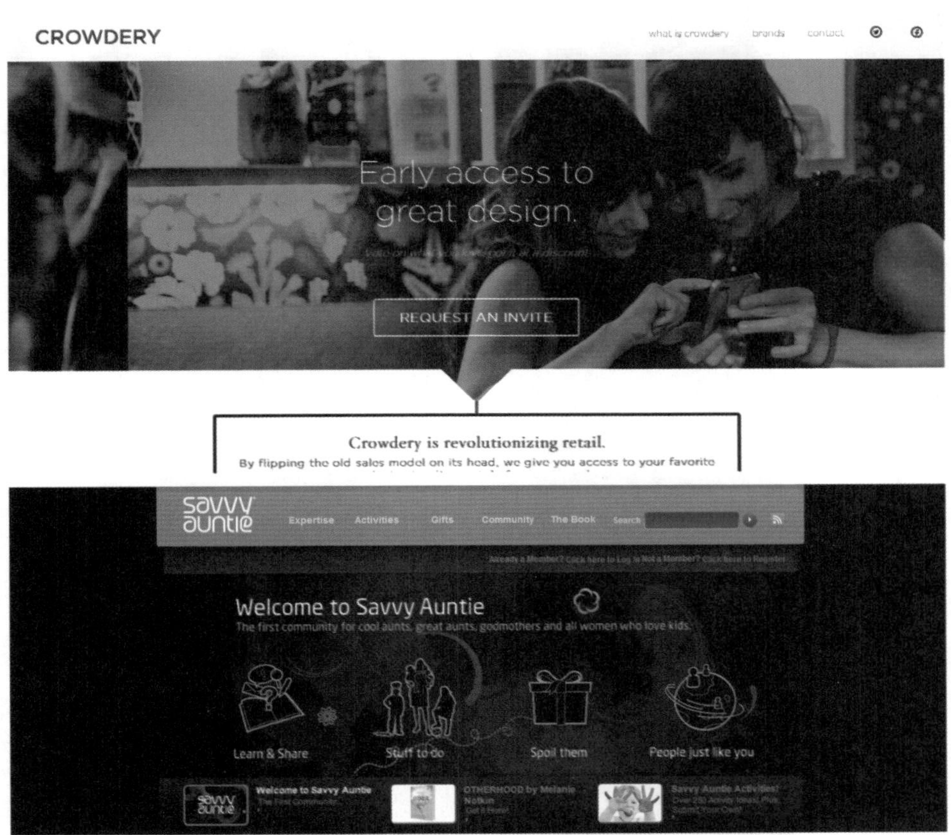

图12—5　LOGO与网站色彩的统一

图12—6　网站中Banner的动画效果

6. 内容更新与沟通

创建企业网站后，还需要不断更新其内容。站点信息的不断更新，可以让浏览者了解企业的发展动态，同时也会帮助企业建立良好的形象。在企业的Web站点中，要认真回复用户的电子邮件、信件、电话垂询和传真等，做到有问必答。最好将用户的用意进行分类，如售前产品概括的了解、售后服务等，并将其交由相关部门处理。这样不仅能增强公司的处事效率，还能方便用户，让用户对企业产生信任。

12.2 设计手机网站首页

企业网站是商家用来宣传的最新方式之一，无论是展示企业的何种方面，均需要设计出新颖的网页界面。但是不管网站的内容多么精彩，如果它们很难访问，用户照样会离开，易用性不仅仅牵扯到技术，更多的是良好的Web创作习惯，特别对企业类的网站而言更是如此。

这里设计的是某品牌的手机网站首页，如图12–7所示。在设计过程中，网站的LOGO、网站的整体色调、网页的Banner，甚至页面中的细节部分，都需要认真考虑。网站首页中的整体色调，是根据网站LOGO的颜色制定的，为了突出网站所要展示的内容，从装饰Banner图像，到主题内容的展示，均采用了该品牌的手机。

图12–7 瀚方手机网站首页效果图

在制作过程中，首先要制作该网站的LOGO图像，然后根据其中的色调，设置同色系的色彩作为该网站首页中Banner图像以及文字的颜色。最后搭配无色系中的深灰、中灰以及白色，将这些颜色融为整体即可。

12.2.1 创建企业标识

STEP|01 在Photoshop中建立550×300像素、分辨率为72像素/英寸的空白文档。选择椭圆工具，新建3个图层，在画布中建立不同直径的正圆路径，如图12–8所示。

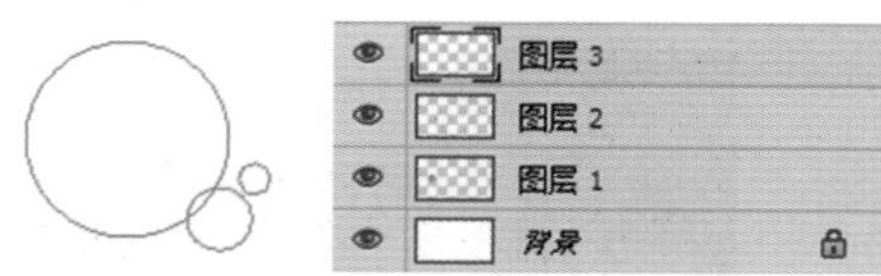

图12–8 建立正圆路径

STEP|02 分别选中3个正圆路径，单击【路径】面板上【将路径作为选区载入】按钮，指定不同图层并填充颜色#4294D3。建立一个合适大小的正圆选区，按Delete键剪切掉大圆的一部分。效果如图12–9所示。

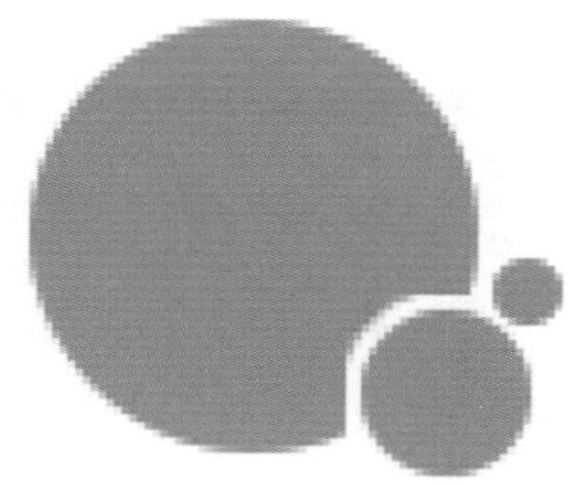

图12–9 填充颜色

STEP|03 使用钢笔工具建立具有弧度的半圆路径。将其转换为选区后，填充白色，并且设置该图层的不透明度为20%，如图12–10所示。

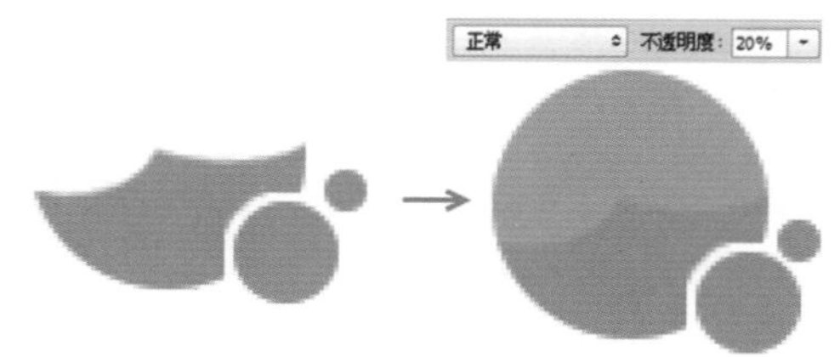

图12–10 绘制半透明半圆

STEP|04 使用钢笔工具建立圆弧路径，转换为选区后再新建图层填充白色。设置该图层的不透明度为80%，效果如图12-11所示。

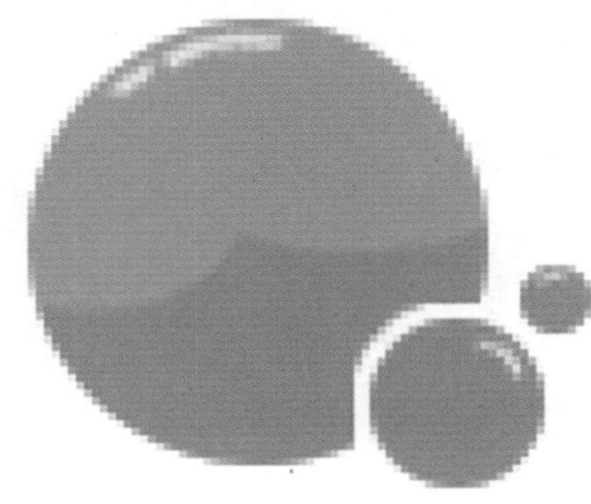

图12-11　建立高光图像

STEP|05 选择横排文字工具T在大圆图像中输入字母HF，设置文字属性，如图12-12所示，并且进行逆时针旋转。

图12-12　输入字母

STEP|06 在【背景】图层上方新建图层，使用椭圆选框工具建立椭圆选区，将选区羽化2像素。然后填充颜色#C6C6C4，效果如图12-13所示。

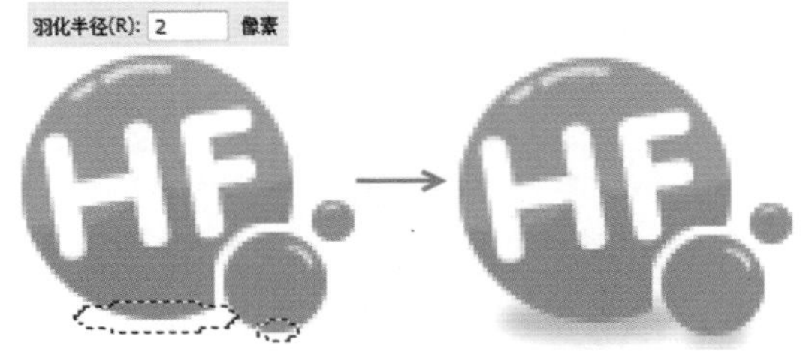

图12-13　制作投影效果

STEP|07 选择横排文字工具，分别在正圆右侧输入黑色与蓝色文本，并且设置文本属性，如图12-14所示。

图12-14　输入文本

STEP|08 载入字母选区，选择椭圆选框工具，通过交叉运算得到文字上部分的选区。新建图层填充白色，然后取消选区并且设置该图层的不透明度为50%，如图12-15所示。

图12-15　制作文字高光

STEP|09 至此，网站LOGO制作完成。同时选中【图层】面板中除【背景】图层以外的所有图层，按快捷键Ctrl+G将其组合至LOGO图层组中，如图12-16所示。

图12-16　管理图层

12.2.2　设计首页布局

STEP|01 按快捷键Ctrl+N，创建参数如图12-17所示的空白文档。然后按快捷键Ctrl+R显示标尺，分别在不同的高度拉出横向辅助线。

技巧

为了精确创建辅助线，可以设置矩形选框工具【固定大小】选项中的高度参数。从而根据建立的矩形选区高度，建立辅助线。

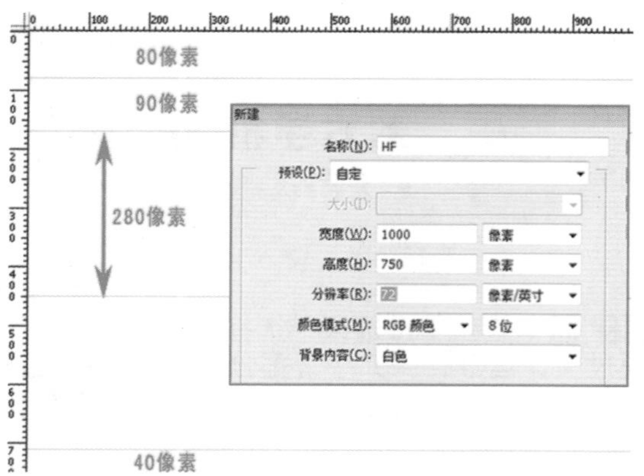

图12-17 创建空白文档

STEP|02 在【背景】图层中填充深灰色后，新建图层。使用矩形选框工具在高度为90像素的辅助线中建立矩形选区，并且由上至下填充白色到淡橙色渐变，如图12-18所示。

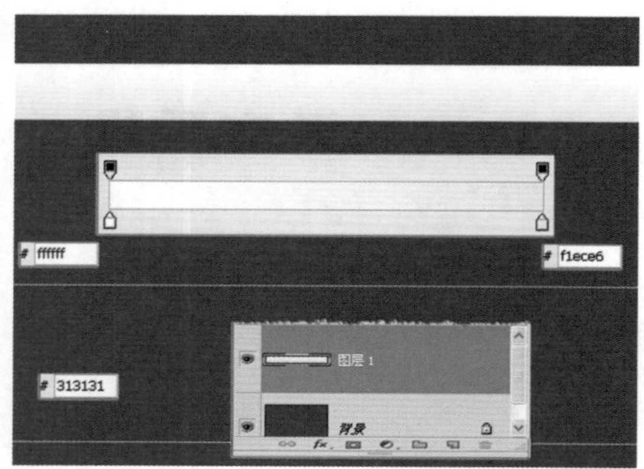

图12-18 建立渐变矩形

STEP|03 在没有标注高度的辅助线之间建立矩形选区，并且在新建图层中，由上至下填充浅灰色渐变，如图12-19所示。

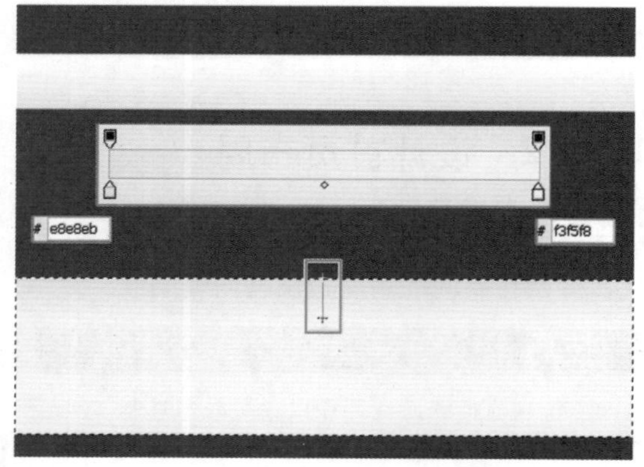

图12-19 建立灰色渐变矩形

STEP|04 在高度为280像素的辅助线中建立矩形选区后，新建图层。选择渐变工具，填充蓝色径向渐变，如图12-20所示。

图12-20 建立径向渐变矩形

STEP|05 在【图层】面板中，调整图层上下顺序后，为每个图层建立图层组，并且设置图层组名称，如图12-21所示。

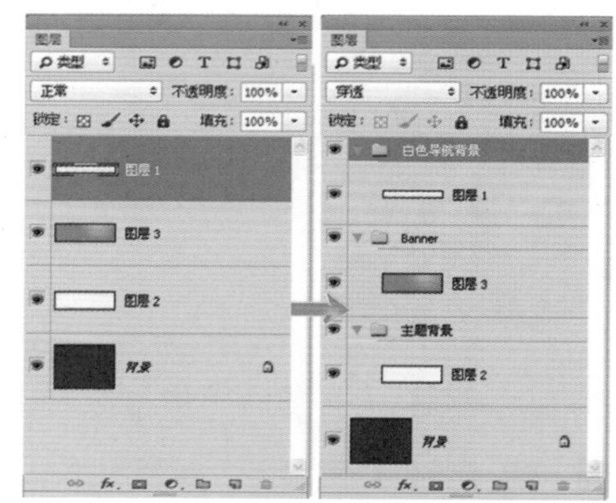

图12-21 调整与管理图层

STEP|06 在【主题背景】图层组中，新建图层。使用单行选框工具在灰色渐变上边缘单击，并且填充白色。复制该图层后，将其移至灰色渐变下边缘，如图12-22所示。

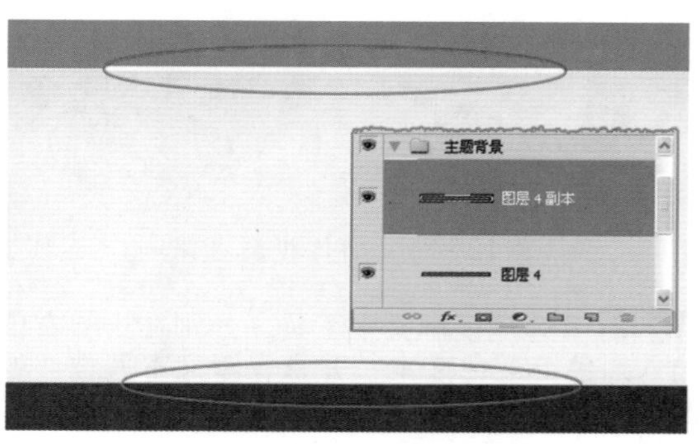

图12-22 建立1像素白色横线

注意

网页图像的制作是非常精确与细致的，这里为其添加的1像素白色横线，能够呈现边缘突起的效果。

STEP|07 在【白色导航背景】图层组中，新建图层。在画布左上角区域建立330×160像素的矩形选区，并且填充#F6F3EE，如图12–23所示。

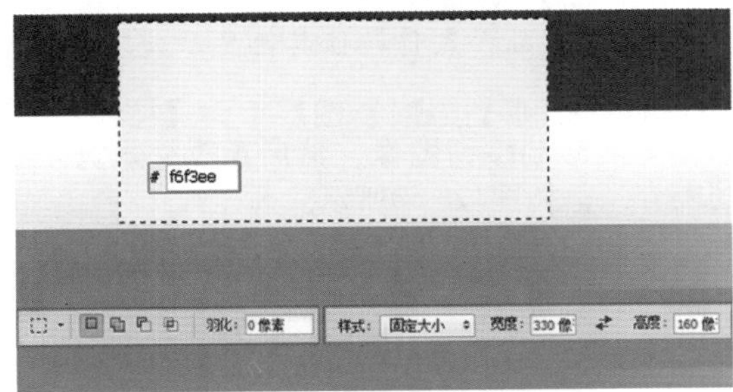

图12–23 建立单色矩形

STEP|08 继续利用该选区进行1像素灰色描边后，在当前图层下方新建图层。在该选区中填充#C3C3C3，取消选区后执行【高斯模糊】滤镜命令模糊矩形，如图12–24所示。

图12–24 制作矩形描边与投影效果

STEP|09 选择橡皮擦工具，设置柔化笔触。擦除单色矩形下方后，在投影图像的上下边缘区域进行涂抹，将其删除，如图12–25所示。

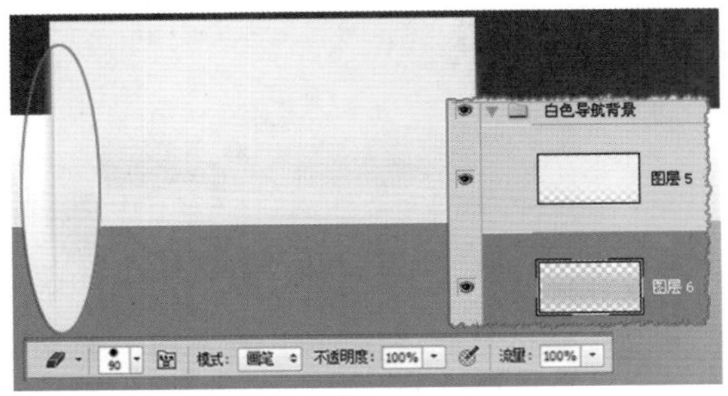

图12–25 制作柔和投影效果

STEP|10 新建【按钮1】图层组，并且新建图层。选择圆角矩形工具，在工具选项栏中设置参数如图12–26所示。建立圆角矩形路径后，将其转换为选区，并填充深灰色渐变。

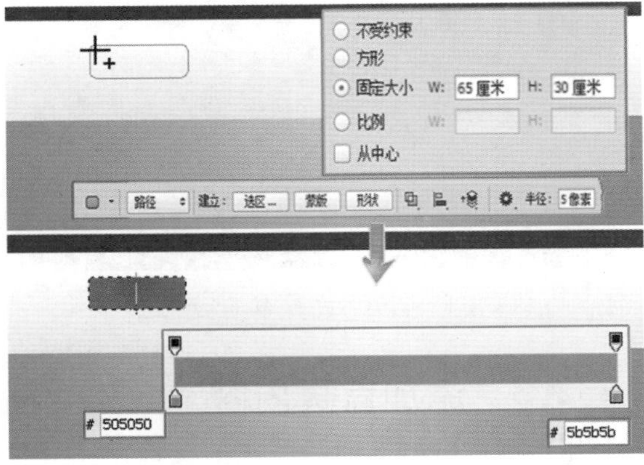

图12–26 制作按钮背景

STEP|11 保持选区不变，新建图层。进行1像素内部灰色描边后，使用矩形选框工具，选择下方的描边并按Delete键删除，效果如图12–27所示。

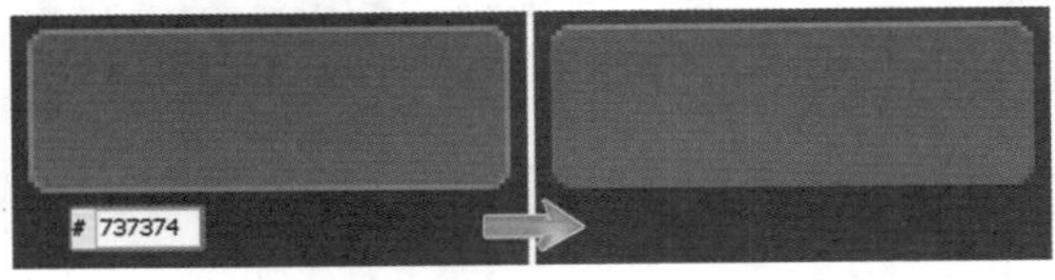

图12–27 制作按钮高光边缘

STEP|12 调整【按钮1】图层组的上下位置，将该组中的图像放置在【白色导航背景】图层组的下方，使其隐藏下方圆角图像，如图12–28所示。

图12–28 调整按钮背景显示位置

STEP|13 至此，网站首页的基本布局制作完成，效果如图12–29所示。

图12—29　首页布局效果

12.2.3　添加首页内容

STEP|01　打开网站LOGO所在的文档，在【图层】面板中右击【LOGO】图层组，执行【复制组】命令。在弹出的【复制组】对话框中，设置【文档】选项为HF.psd，将其复制到网页文档中，如图12—30所示。

图12—30　复制【LOGO】图层组

STEP|02　选中【按钮1】图层组，使用横排文字工具T输入文字“网站首页”，并且设置文本属性，如图12—31所示。

图12—31　输入并设置文本

STEP|03　复制文本图层后，更改文本颜色为黑色。然后双击按钮背景所在图层，为其添加白色颜色叠加样式，效果如图12—32所示。

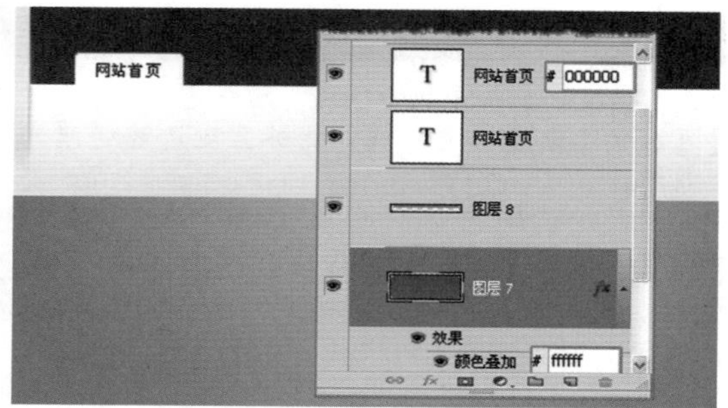

图12—32　制作按钮其他显示效果

STEP|04　复制【按钮1】图层组为【按钮2】，水平向右移动按钮图像。然后更改文本为“公司简介”，如图12—33所示。

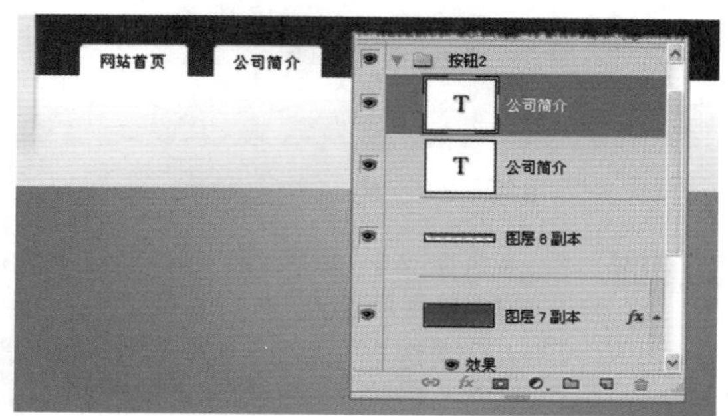

图12—33　复制并编辑图层组

技巧

复制图层组后，水平向右移动按钮图像与左侧相接后，按住Shift键，连续按两次右方向键，使两个按钮之间间隔20像素。

STEP|05　在【按钮2】图层组中，隐藏黑色文字所在图层后，隐藏颜色叠加图层样式，得到按钮效果，如图12—34所示。

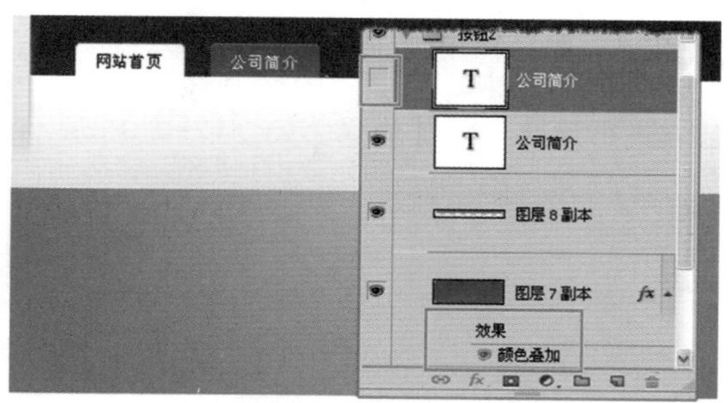

图12—34　隐藏图层与图层样式

STEP|06　通过复制【按钮2】图层组，分别制作【手机展示】【手机配件】和【特价商品】按钮，效果如图12—35所示。

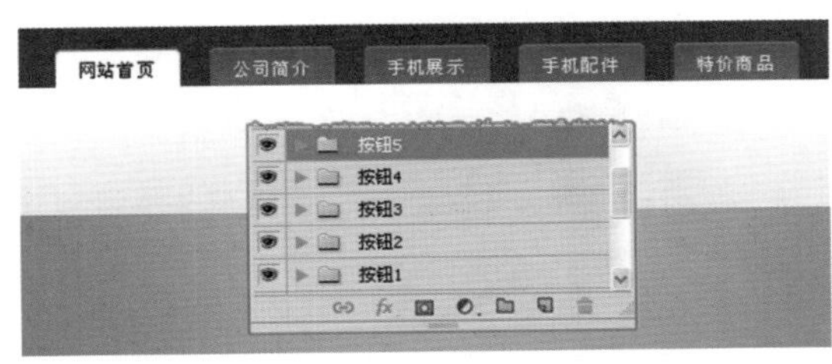

图12－35　制作其他按钮

STEP|07　双击【白色导航背景】图层组中的“图层1”，启用【投影】选项后，设置其中的参数，如图12－36所示。

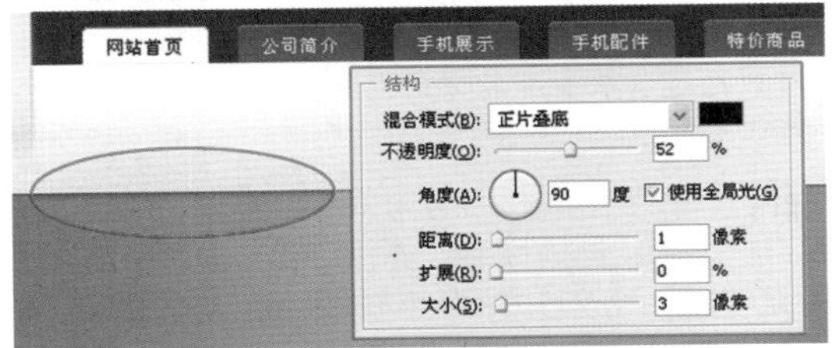

图12－36　添加投影样式

STEP|08　打开素材“手机00.psd”，使用钢笔工具将手机抠取后，将其放置在首页文档中的Banner图层组中，并且进行成比例缩小，如图12－37所示。

图12－37　导入手机素材

STEP|09　载入手机选区后，创建【色相/饱和度1】调整图层，增加饱和度参数值后，创建【曲线1】调整图层，调整曲线如图12－38所示。

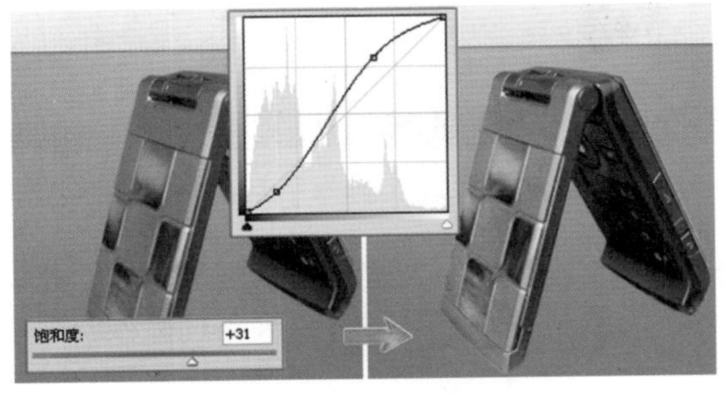

图12－38　调整手机光泽度

STEP|10　为手机所在图层添加投影样式后，右击该图层样式，执行【创建图层】命令，得到相关图层的样式图层，如图12－39所示。

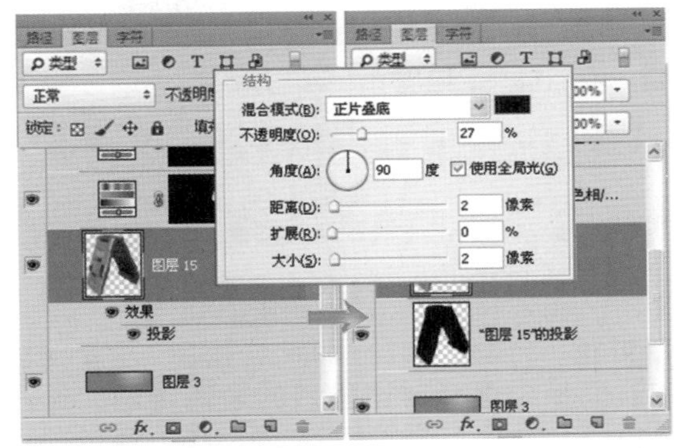

图12－39　创建图层样式并脱离图层

STEP|11　按快捷键Ctrl＋T，进行自由变换，得到阴影效果，如图12－40所示。

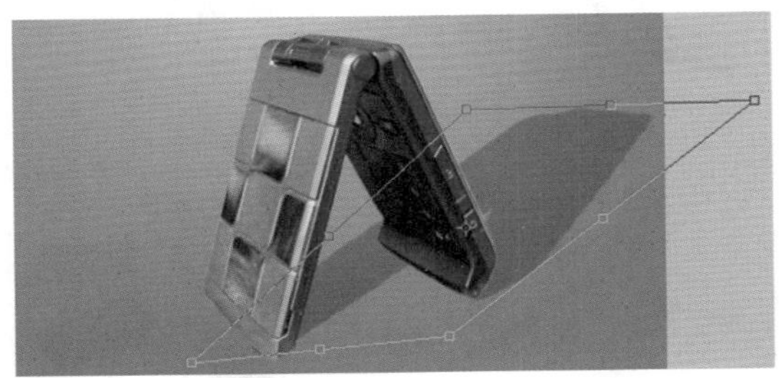

图12－40　自由变换投影图像

STEP|12　使用横排文字工具分别输入颜色、字体相同，字号不同的文本。并且为上方文字添加投影样式，其参数设置与白色导航背景相同，如图12－41所示。

图12－41　输入并编辑文本

STEP|13　在【白色导航背景】图层组中，输入白色字母并设置属性后，为其添加内阴影图层样式，参数设置如图12－42所示。

图12—42 输入并设置文本

STEP|14 打开素材“手机01.psd”，在【通道】面板中选择对比强烈的通道复制。通过【色阶】命令与画笔工具，调整通道图像为黑白图像。载入该通道选区后，提取手机图像，如图12—43所示。

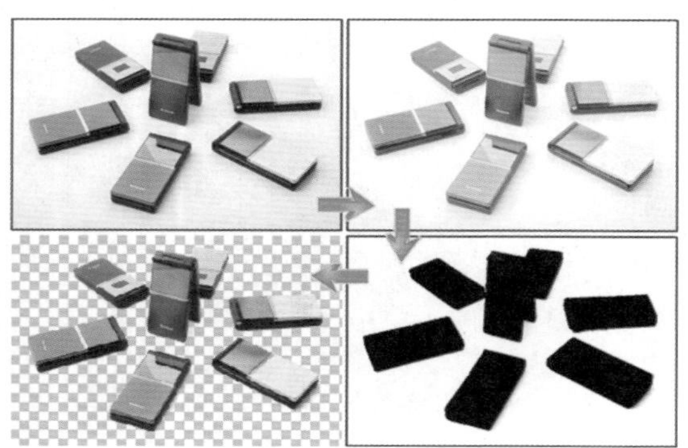

图12—43 提取手机图像

STEP|15 在所有图层上方创建【产品展示】图层组，将手机图像导入该图层组中。按快捷键Ctrl+T，成比例缩小图像，如图12—44所示。

图12—44 导入并缩小手机图像

STEP|16 新建图层，建立1像素灰色纵向细线；新建图层，并且在该细线左侧使用画笔工具用浅灰色进行涂抹，得到阴影效果，如图12—45所示。

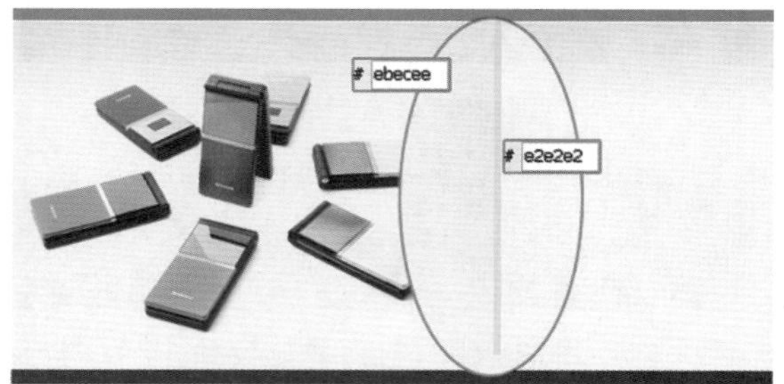

图12—45 制作带阴影的竖线

提示

网页中的效果都是非常精细的，所以在制作时，可以通过层层叠加的方式，加重显示效果。

STEP|17 打开素材“手机02.psd”，通过魔棒工具提取手机图像。将其拖入【产品展示】图层组后，成比例缩小该图像，如图12—46所示。

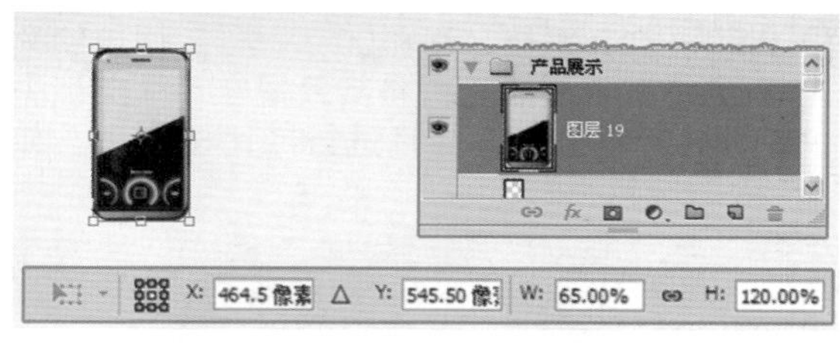

图12—46 导入并缩小图像

STEP|18 按快捷键Ctrl+J复制图层后，以图像底部为中心垂直翻转图像。然后添加图层蒙版，隐藏局部图像后，降低该图层的不透明度为70%，如图12—47所示。

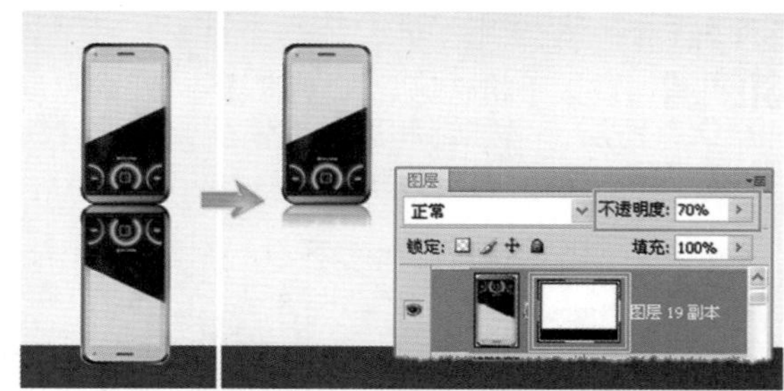

图12—47 制作手机倒影

STEP|19 在倒影下方输入手机型号文本，并设置文本属性后，按照相同的方法，添加其他手机图像，如图12—48所示。

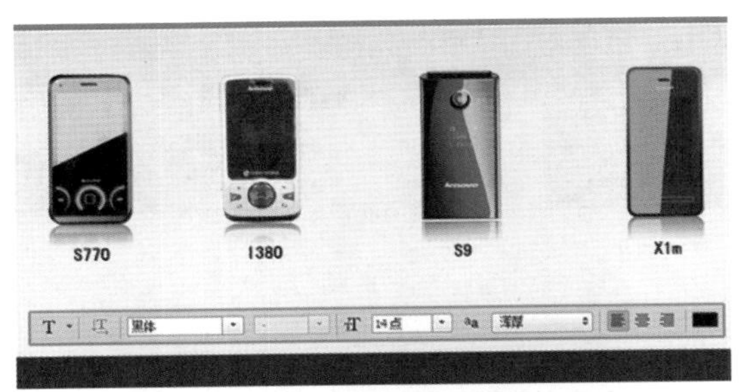

图12-48 手机展示效果

STEP|20 最后在画布底部输入网站版权信息文字，并且设置文本属性，如图12-49所示。

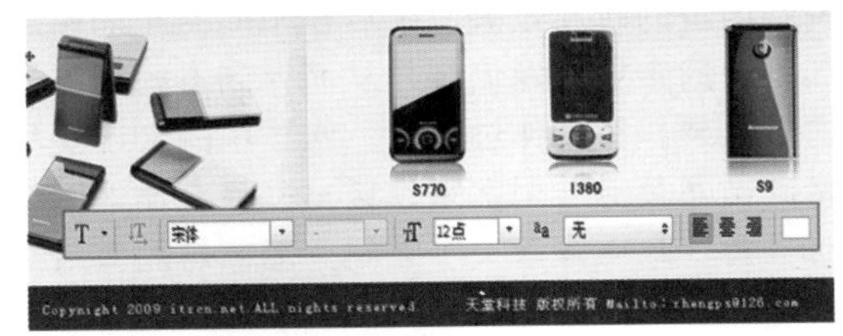

图12-49 输入版权信息

12.3 设计手机网站内页

网站首页的制作，虽然确定了网站中的色调、布局、展示功能、栏目、标志等方面，但是也只是完成网站制作的一部分。整个网站是由首页和多个内页组合而成的，为了更加全面地展示企业的各个方面，网站内页的制作尤为重要。

网站内页是在网站首页的基础上加以改变，得到风格相同、局部略有不同的界面，并且在其中按照分类，详细地展示企业的各个方面，如图12-50所示。这里按照手机企业特有的内容，分别制作了“公司简介”“手机展示”“手机配件”和“特价商品”4个大方面的网站内页图像效果。当然也可以按照制作好的内页效果，制作更加细致的网站内页。

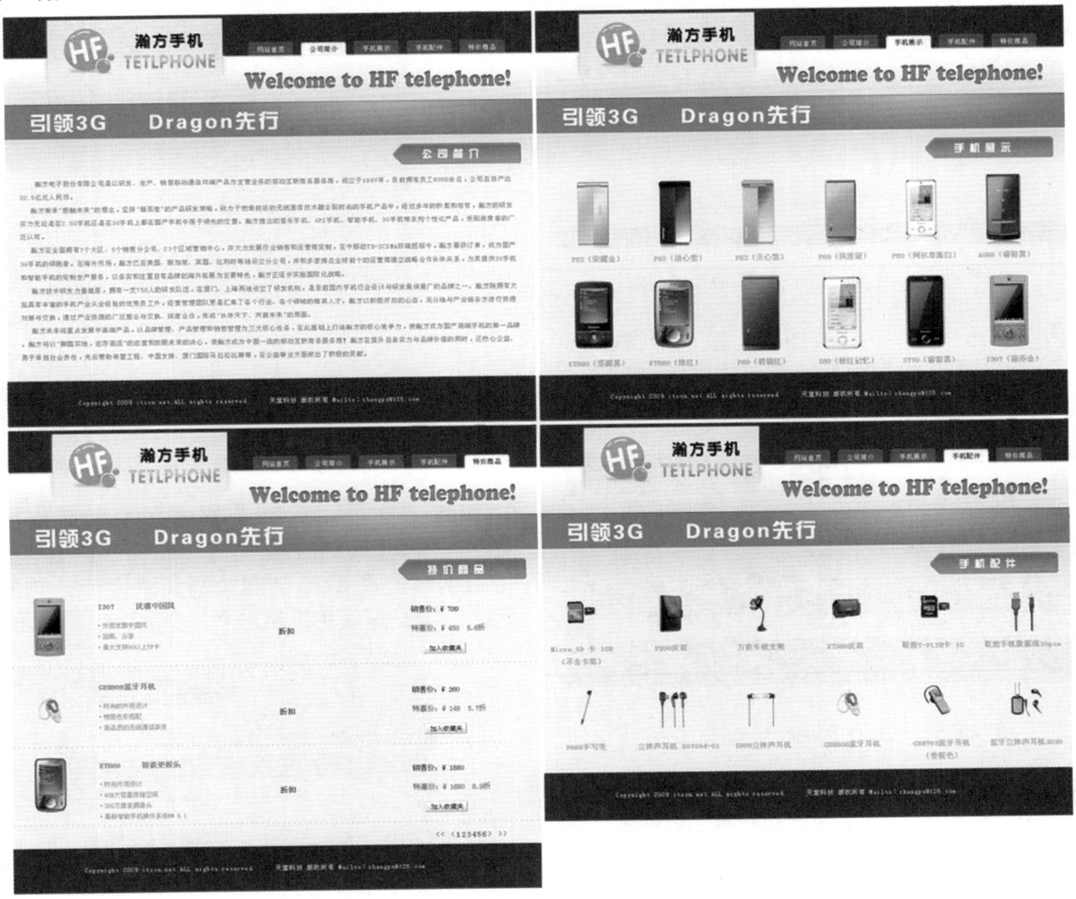

图12-50 瀚方手机网站内页效果

由于是在网站首页基础上制作网站内页效果的，所以可以通过修改网站首页图像得到网站内页的布局效果。然后在相同的布局中添加不同的企业主题信息，从而得到不同的网站内页效果。在制作过程中，网页中的文字要尽量遵循网页标准用字来设置，并且在插入图像时，要注意图像与文字之间、图像与图像之间的距离。

12.3.1 设计内页布局

STEP|01 复制网站首页文档为HFNYBJ.psd，删除【产品展示】图层组，删除Banner图层组中背景和标识语以外的所有图层，得到网站内页基本布局，如图12–51所示。

图12–51　复制文档并删除图层组

STEP|02 选中Banner背景图像，按快捷键Ctrl+T，将高度缩小至70像素。然后删除文字的图层样式，并且重排文字，如图12–52所示。

图12–52　更改Banner背景与文字

STEP|03 按快捷键Ctrl+Alt+C，打开【画布大小】对话框。向下扩展画布尺寸为800像素，并且填充相同的背景颜色，如图12–53所示。

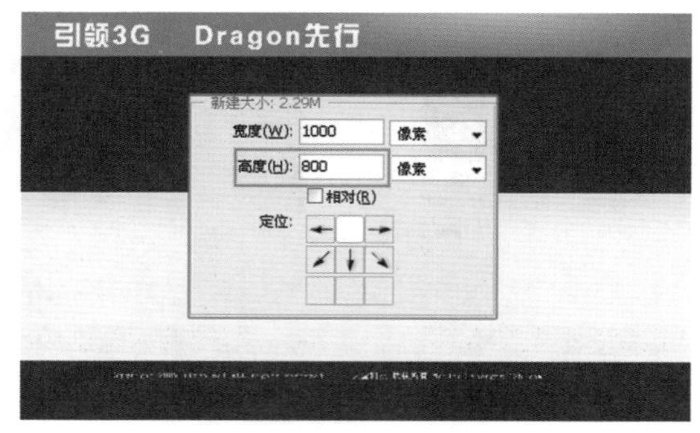

图12–53　扩大画布尺寸

技巧

在【画布大小】对话框中，如果设置画布扩展颜色为原背景颜色，那么就无须重新填充背景颜色。

STEP|04 将【主题背景】图层组中的图像，垂直向上移动至Banner背景下边缘。然后使用矩形选框工具选中渐变背景中的单色区域，按快捷键Ctrl+T向下拉伸，如图12–54所示。

图12–54　改变渐变背景单色区域尺寸

STEP|05 调整版权信息文字的上下显示位置后，在所有图层上方新建【主题标识】图层组。使用钢笔工具绘制圆角箭头路径后，转换为选区。填充深蓝色渐变颜色，如图12–55所示。

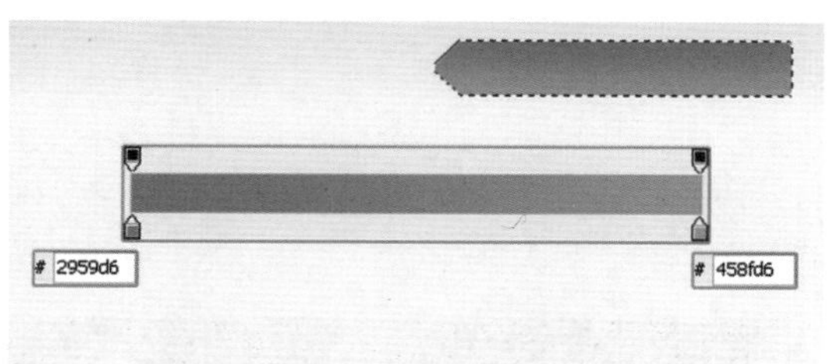

图12–55　制作蓝色渐变箭头图像

STEP|06　为该图层添加深蓝色1像素描边样式后，使用菜单按钮中高光的制作方法，制作该图像的高光线，如图12-56所示。

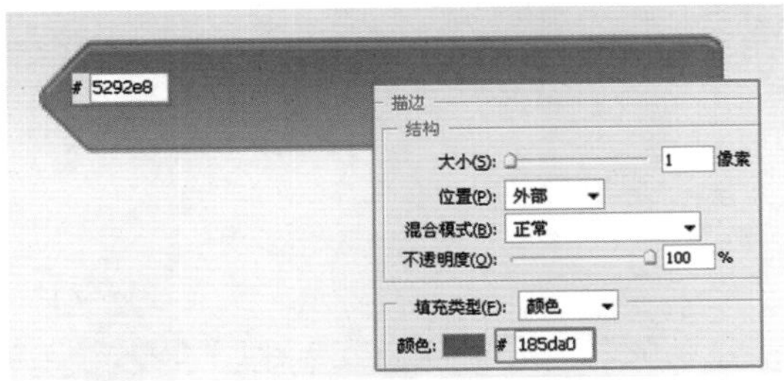

图12-56　制作描边与高光效果

STEP|07　使用横排文字工具T在蓝色渐变区域输入栏目名称文字“手机展示”，并且设置文本属性，如图12-57所示，完成内页布局的制作。

图12-57　输入并设置文本

12.3.2　设计网站文字信息页

STEP|01　复制文档HFNYBJ.psd为GSJJ.psd，隐藏【按钮1】图层组中的白色颜色叠加样式和白色文字，显示黑色文字。然后在【按钮2】图层组中进行反操作，如图12-58所示。

图12-58　改变按钮显示颜色

STEP|02　选中【主题标识】图层组中的文字图层，更改文字与菜单按钮文字相符合，如图12-59所示。

图12-59　更改主题标识文字

STEP|03　选择横排文字工具T，在主题背景区域中单击并且拖动鼠标，建立文本框，如图12-60所示。

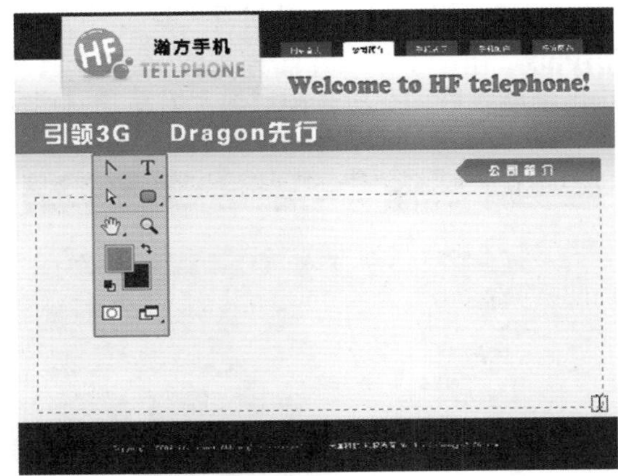

图12-60　创建文本框

STEP|04　将公司简介文本信息复制到其中，得到段落文本。在【字符】面板中设置段落文本属性如图12-61所示，完全显示文本信息。至此，完成“公司简介”网页的制作。

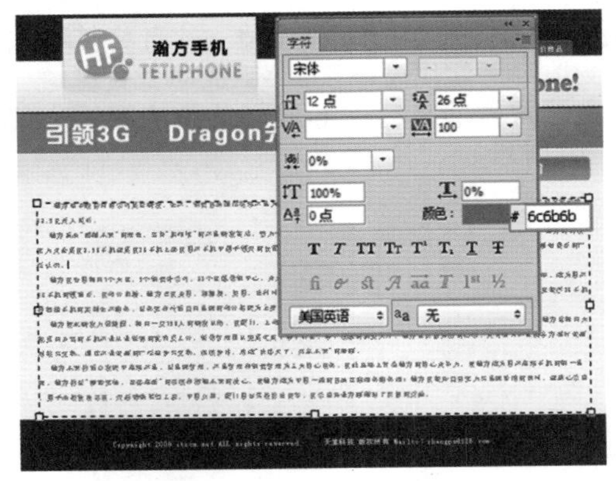

图12-61　输入并设置段落文本

12.3.3 设计网站图像展示页

STEP|01 复制文档HFNYBJ.psd为SJZS.psd后，分别更改【按钮1】和【按钮3】图层组中的按钮颜色与文字颜色，得到如图12-62所示的效果。

图12-62 复制网页文档

STEP|02 由上至下，在高度为320像素的位置拉出辅助线后，在所有图层最上方新建【产品展示1】图层组，如图12-63所示。

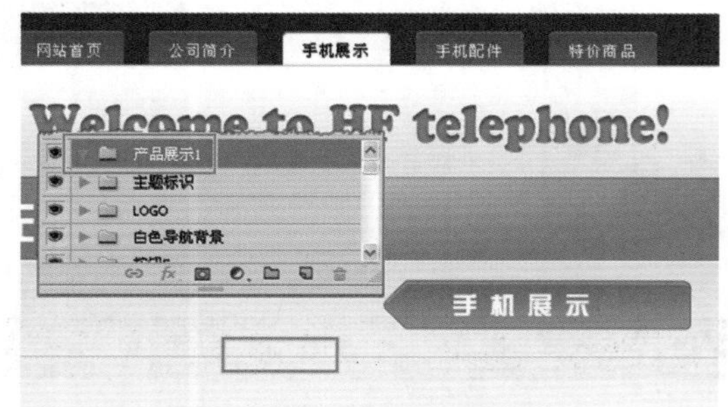

图12-63 添加辅助线

> **提示**
>
> 为了方便后期网页的制作，这里在网页中添加的图像与文字，均放置在单色背景区域中。

STEP|03 打开素材CP01.jpg，并且将其拖入网页文档中。使用魔棒工具选中背景区域，填充主题背景的单色，形成同背景的图像，如图12-64所示。

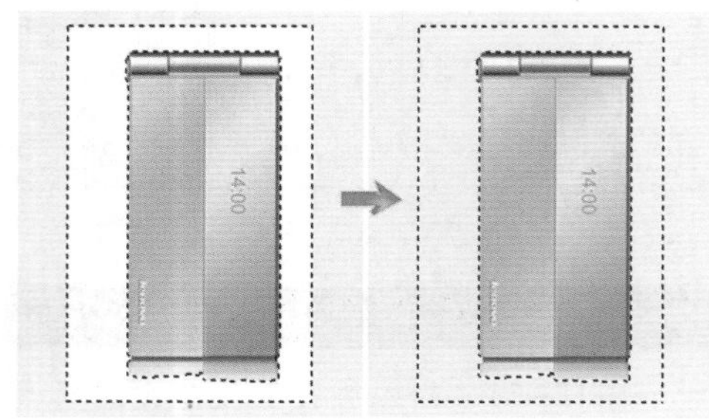

图12-64 改变图像背景颜色

STEP|04 按快捷键Ctrl＋T，进行成比例缩小后，在其下方输入该手机的型号与颜色文字，并且设置文本属性，如图12-65所示。

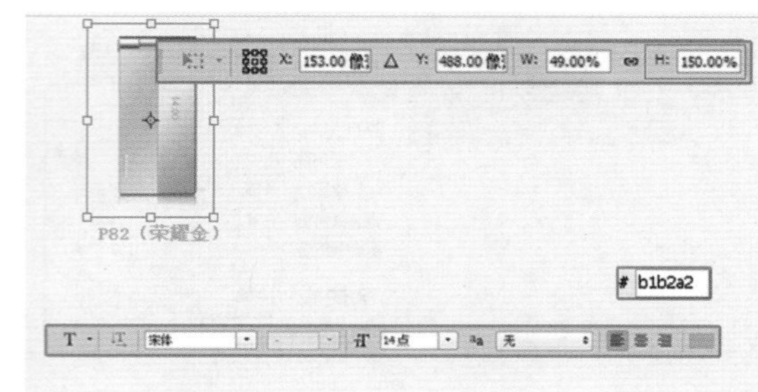

图12-65 缩小图像并输入文本

STEP|05 使用上述方法，分别在同行中放置其他手机图像，并且在其下方输入相关的文字信息，如图12-66所示。

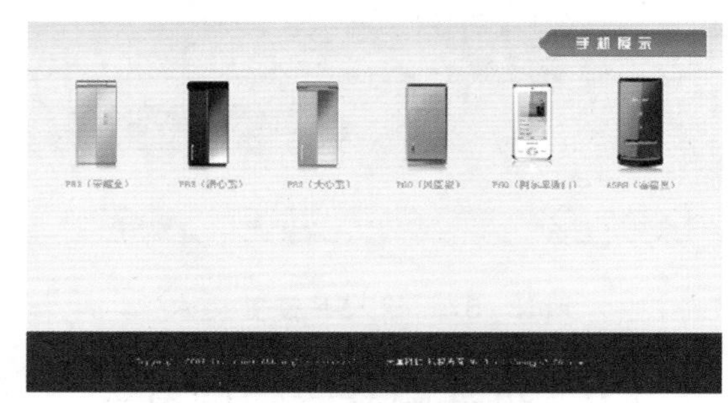

图12-66 添加其他手机图像与文字

STEP|06 分别设置前景色为#E5E6D8、背景色为#FFFFFF。新建图层后，使用单行选框工具在文字下方单击并填充前景色后，垂直向下移动选区1个像素，并填充背景色，得到具有凹陷效果的横线，如图12-67所示。

图12-67 绘制凹陷横线

STEP|07 新建【产品展示2】图层组，使用上述方法，添加其他的手机图像与相关的文字信息，如图12-68所示，完成该网页的制作。

图12-68　添加产品图像

STEP|08　复制文档HFNYBJ.psd为SJPJ.psd后，更改按钮效果。使用“手机展示”网页的制作方法，制作“手机配件”网页，如图12-69所示。

图12-69　“手机配件”网页效果

注意

虽然“手机配件”网页的制作方法与“手机展示”网页相同，但是需要根据使用空间的大小来缩放网页的高度。

STEP|09　复制文档HFNYBJ.psd为TJSP.psd后，更改按钮效果。使用横排文字工具重新输入主题文字，如图12-70所示。

图12-70　复制网页文档

STEP|10　在所有图层最上方新建【商品1】图层组，将“手机展示”网页中的某个手机图像拖入该文档中，再次进行成比例缩小，如图12-71所示。

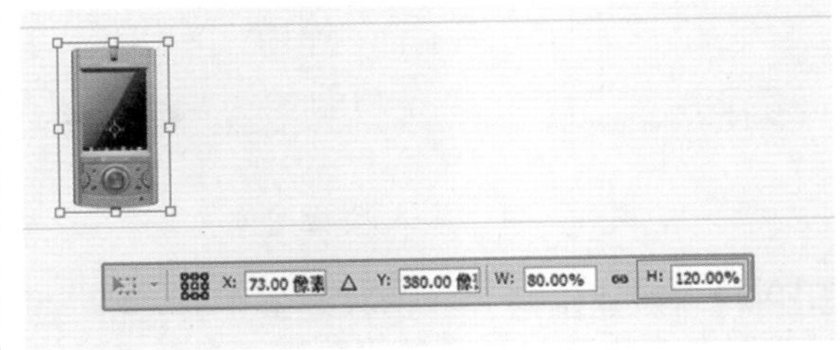

图12-71　缩小图像

STEP|11　选择横排文字工具，在图像右侧分别输入该手机的型号与功能文字，并且设置不同的文本属性，如图12-72所示。

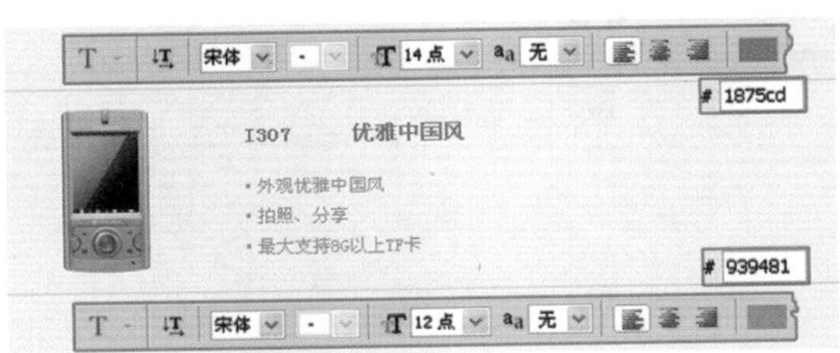

图12-72　输入并设置文本

提示

为了突出手机的型号，这里为上方文字启用了【仿粗体】选项。

STEP|12　使用横排文字工具，分别在同行的中间与右侧区域输入不同的文字，并且设置文本属性。其中文本的颜色有所不同，如图12-73所示。

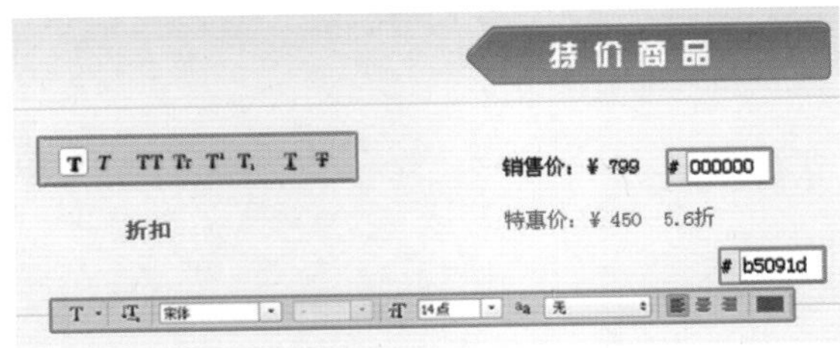

图12-73　输入并设置其他文本

STEP|13　打开素材“按钮.jpg”，并且拖入网页文档中。将其放置在红色文字下方，并且输入黑色文字，如图12-74所示。

Photoshop CC网页设计与配色从新手到高手

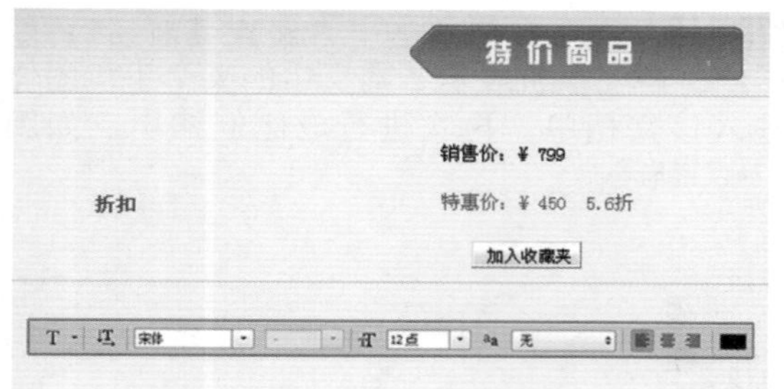

图12–74 导入按钮图像

STEP|14 新建图层，并选择画笔工具。在【画笔】面板中设置笔触的参数，得到虚线的笔触效果，如图12–75所示。

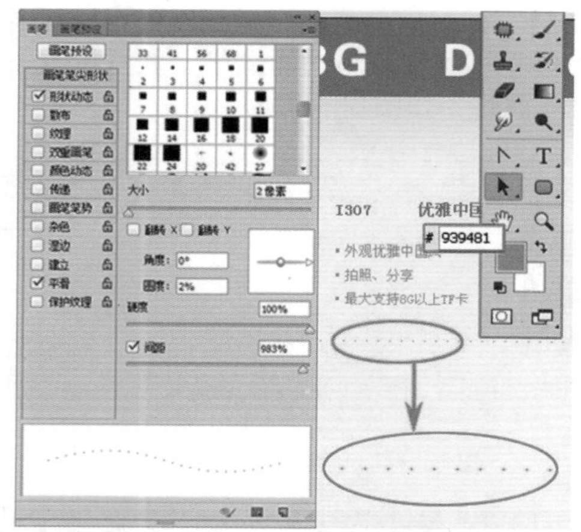

图12–75 绘制虚线效果

注意

当【画笔工具】的选项设置完成后，设置【前景色】为浅褐色。然后按住 Shift 键，绘制水平虚线效果。

STEP|15 分别新建【商品2】和【商品3】图层组，使用上述方法，为其添加商品图像与文字信息。这时发现网页内容超出主题背景，如图12–76所示。

图12–76 添加商品信息

STEP|16 通过【画布大小】命令，向下扩展画布尺寸后，向下扩展主题背景的范围。然后在右下角区域输入代表翻页的数字，并设置文本属性，如图12–77所示，完成网页最后的制作。

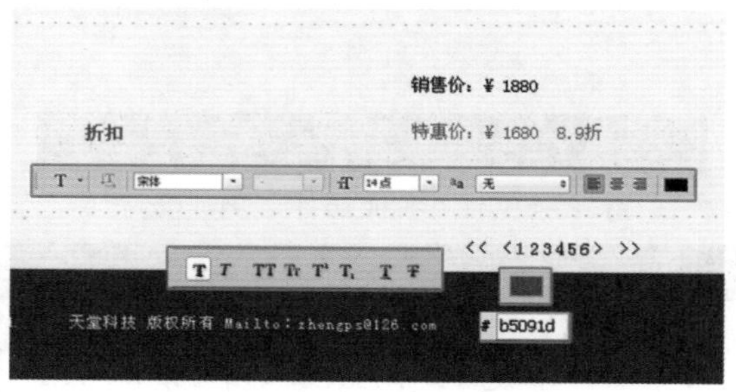

图12–77 输入翻页数字

13

第13章　设计购物类网站

网上购物，通常简称“网购”，就是通过互联网检索商品信息，并通过电子订购单发出购物请求，之后通过支付、发货等一系列环节完成交易的网上购物形式。随着购物技术和方式的多元化发展，网络购物已经成为一种购物趋势和潮流。所以某个购物网站要在众多同类网站中脱颖而出，获得消费者的青睐，网站设计的精美程度和个性特色化元素便是其关键因素。

本章讲述了购物网站的主要类型以及网站配色所遵循的规则，并通过一个购物类网站的设计实例完整地向读者展示其制作过程。

Photoshop CC

13.1 购物类网站类别

购物类网站就是以网络为媒介，建立的供客户和商家之间进行交易和沟通的一种渠道和平台，消费者可以直接通过Internet购买自己需要的商品和享受自己需要的服务，方便而又快捷。

13.1.1 按商品活动类型分类

现代类型的购物网站可以有多种划分，根据商家和消费者类型的不同，可以将其划分为商家对商家（B2B）、商家对消费者（B2C）、消费者对消费者（C2C）三种。

1．B2B

B2B（Business—to—Business）指的是商家对商家，双方透过电子商务的方式进行交易。通过此方式实现企业与企业之间产品、服务及信息的交换，代表性网站阿里巴巴是全球领先的B2B电子商务网上贸易平台，如图13—1所示。

2．B2C

B2C（Business—to—Consumer）型的电子商务网站是商家对消费者，它的付款方式是货到付款与网上支付相结合，网站直接面向消费者进行商品的销售和售后服务，可以提供给消费者一站式购物服务，购物环节出现问题也可以直接反馈给商家解决。实行B2C经营模式具有代表性的网站有天猫和京东等，如图13—2所示。

图13—1 阿里巴巴中文网站

图13—2 天猫网和京东网

3．C2C

C2C（Consumer—to—Consumer）即消费者与消费者之间的电子商务，是现代电子商务的一种。C2C网站就是网站为买卖双方交易提供的互联网平台，卖家可以在网站上登出其想出售商品的信息，买家可以从中选择并购买自己需要的物品。C2C发展到现在已经不仅仅是消费者与消费者之间的商业活动，很多商家也以个人的形式出现在网站上，与消费者进行商业活动。其中最具代表性的就是易趣网、淘宝网，如图13-3所示。另外，一些二手货交易网站也属于此类。

图13-3　易趣网和淘宝网

13.1.2　按商品类型分类

购物网站的类型也可以根据商品的种类、应用范围或者特点进行划分，按此划分可将购物类网站划分为食品类网站、电器类网站、服装类购物网站等。

1. 食品购物网

食品类购物网站是以食品为主要销售对象的网站，所涉及的食品种类繁多，包括蛋奶、水果、蔬菜、主食、粮油等，可以满足消费者的不同生活需求。消费者也可以通过食品购物网购买到各个地方的特色产品，这极大地方便了消费者的生活。图13-4所示的网站为食品网站。

图13-4　食品购物网站

2．电器购物网

电器购物类网站是主要以销售家用电器为主的网站，从大件到小件的商品无不涉足，如电视机、空调、冰箱、洗衣机、各种小家电，同时还包括一些电子数码产品，如相机、手机、摄像机等。此类网站所陈设的商品种类繁多，价位也有高低，可以供用户按需选择。国内比较知名的电器购物网站有苏宁易购、国美电器等，如图13–5所示。

图13–5　电器购物网站

3．首饰购物网

首饰购物网站是以销售首饰为主的网站。首饰的种类也是多种多样的，包括耳饰、头饰、胸饰、腕饰、腰饰等，具体来说就是平常大家佩戴的戒指、手链、耳环等……各大品牌的饰品在网站上都有销售，用户可以综合比较后选择自己满意的款式和品牌。图13–6所示为首饰购物网站。

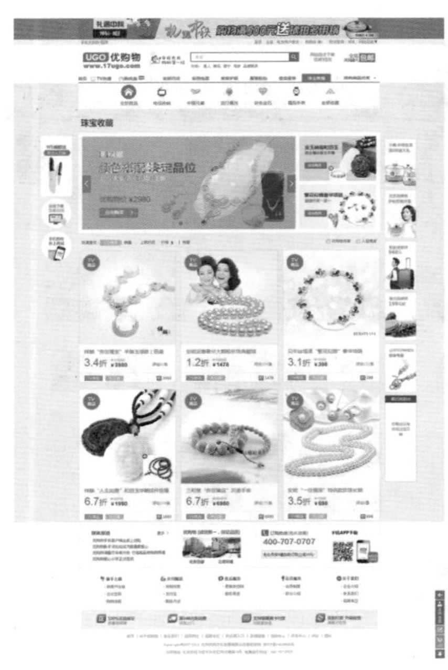

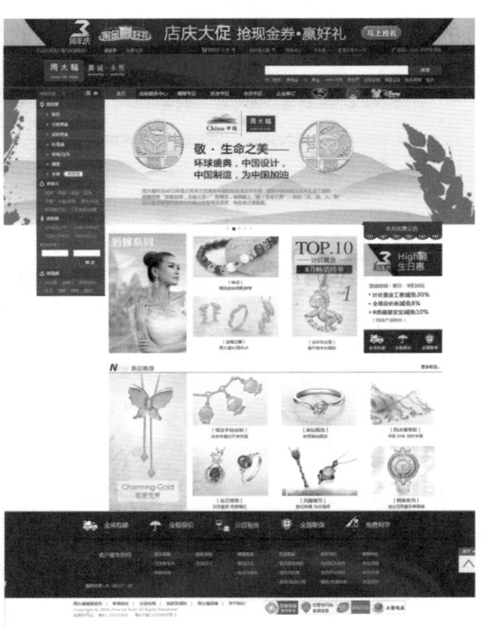

图13–6　首饰购物网站

4. 服装购物网

服装购物网也是当今发展非常迅速并且广受欢迎的网站类型，其销售的产品种类涉及到男装、女装、童装，具体划分可包含婚纱、工服、家居装、帽子、围巾、鞋子、腰带等各个种类；网页上的导航也划分得有序具体，方便用户地筛选和查找，不会因为繁琐的搜索环节而流失浏览量；如图13-7所示。

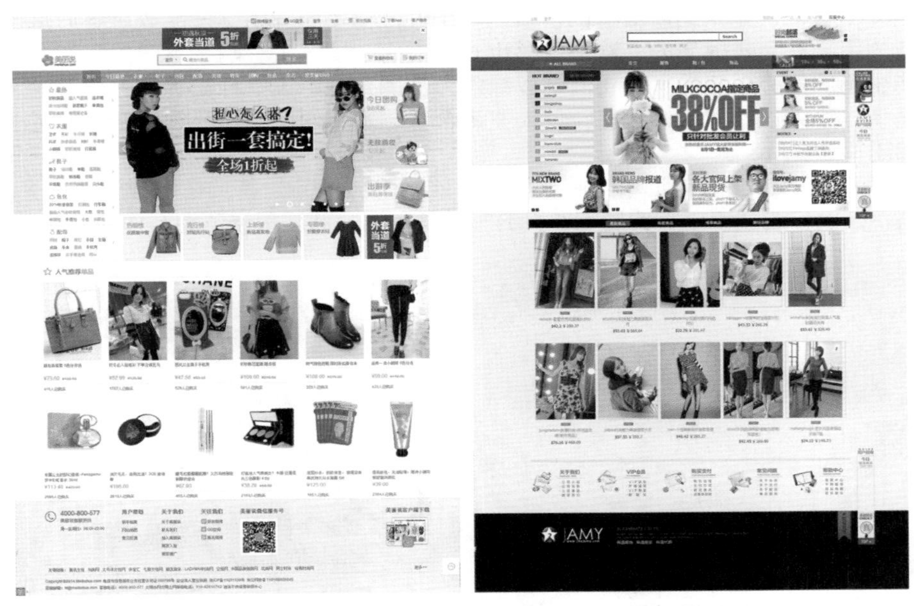

图13-7 服装购物网站

5. 综合性购物网

综合性购物网站跟现实中的大型超市比较像，产品种类从食品、家电、首饰、办公用品到书籍、宠物用品、玩具、餐具等无不包含，就是一个虚拟超市，可以满足消费者所有的购物欲望，实现一站式购物。如图13-8所示。

图13-8 综合性购物网站

13.2 设计购物网站首页

购物网站是一个网络购物站点，是做产品的销售和服务的网站，如果设计不当就很可能导致客户的流失。确定网站设计风格时，要考虑怎样的设计才能更加有效地吸引住顾客，从而构造一个具有自身特色的网上购物网站。

网站的外观最能决定网站所具备的价值。一个设计精美的网站，产品或服务质量也很有竞争力，所促成的销售量会是很高的。网站色彩也对人们的心情产生影响，不同的色彩及其色调组合会使人们产生不同的心理感受。购物网站以绿色为基调，会给人一种充满活力的感觉。以绿中添加黄色为基调，给人以柔和明快之感，使人充满希望。本案例所制作的购物网站首页，以草绿色为色调，如图13−9所示。

这里的购物网站主要以笔记本电脑、手机和照相机为产品。首页在设计过程中，对3种产品图像做了展示。制作过程中，首要确定网页的布局及色调，然后根据色调制作网站背景。

图13−9　鹏乐购物网首页

13.2.1 设计首页布局

STEP|01 新建一个1024×750像素、白色背景的文档。按快捷键Ctrl+R显示标尺，拉出两条水平辅助线，如图13−10所示。

STEP|02 新建图层【绿背景】，使用矩形选框工具建立矩形选区，并填充绿色，如图13−11所示。

STEP|03 双击该图层，打开【图层样式】对话框，启用【渐变叠加】选项。设置渐变颜色为#ACDB00、#ACDB00、#87B800，其他参数设置如图13−12所示。

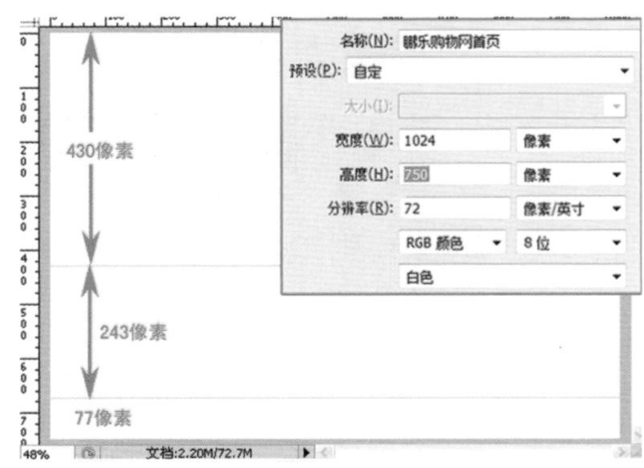

图13−10　新建文档

图13–11　填充颜色

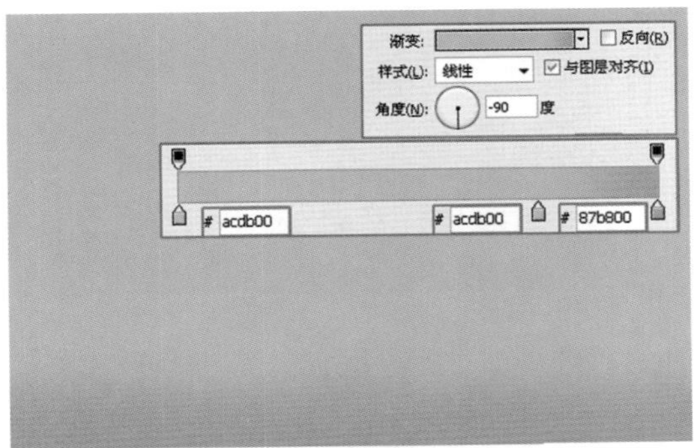

图13–12　添加渐变效果

STEP|04　打开PSD格式的“花纹”素材，放置于首页文档中。将图像图层的混合模式设置为“滤色”，如图13–13所示。

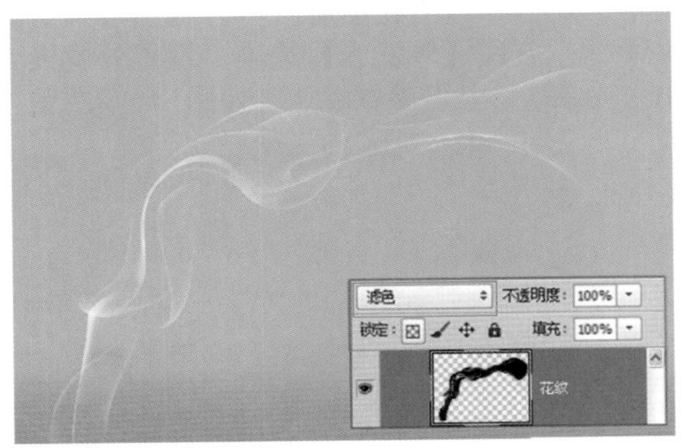

图13–13　绘制背景花纹

STEP|05　新建图层【光晕】，设置前景色为淡绿色（#BEE22D）。用画笔工具在画布上单击，如图13–14所示。画笔的【大小】【不透明度】和【硬度】参数根据实际情况而随时更改。

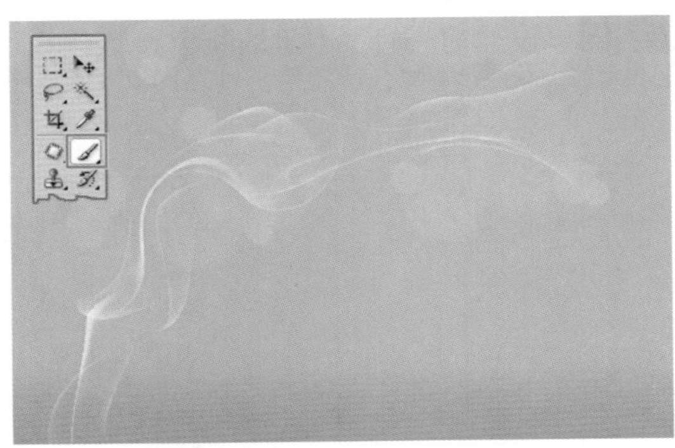

图13–14　添加光晕效果

STEP|06　设置前景为白色，选择圆角矩形工具，在工具选项栏上设置建立类型为形状，设置W为920像素，H为218像素，圆角半径为10像素。在画布上单击，建立圆角矩形，如图13–15所示。

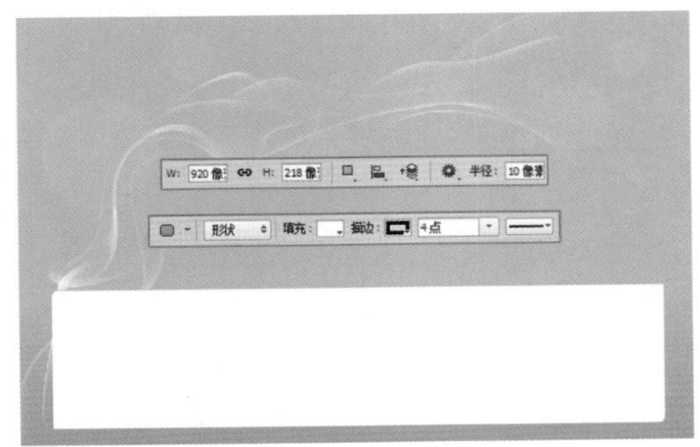

图13–15　建立圆角矩形

STEP|07　使用直接选择工具和转换点工具调整锚点，将圆角转换为直角，如图13–16所示。

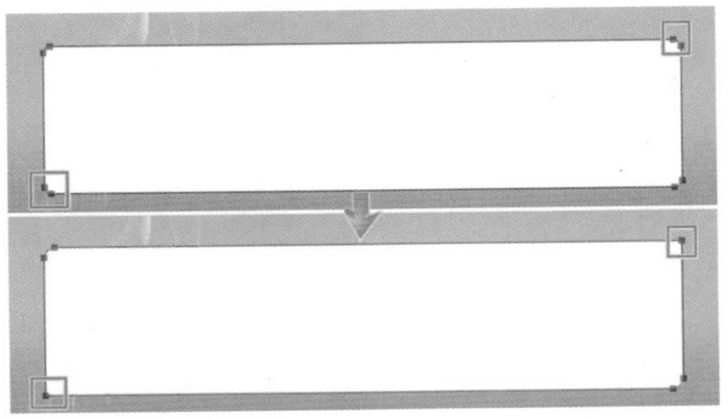

图13–16　调整路径锚点

提示

只有在矢量蒙版处于工作状态下，使用直接选择工具才能将路径锚点选中。

STEP|08 设置前景色为15%的灰色，选择矩形工具■，设置W为220像素，H为142像素，在画布上单击，建立矩形，如图13-17所示。

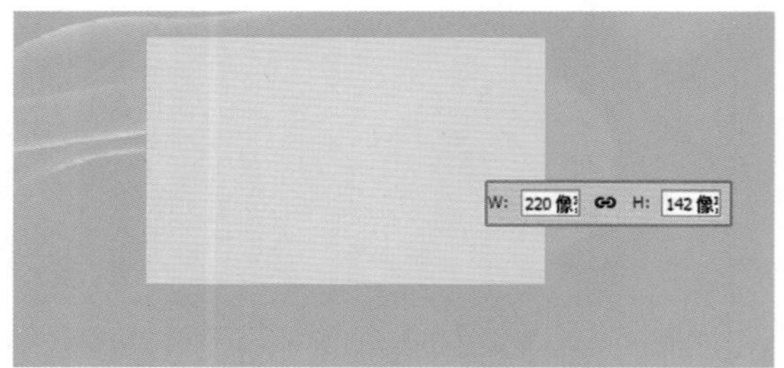

图13-17 创建形状图层

STEP|09 按住Ctrl键单击当前图层蒙版缩览图，载入矩形选区。执行【选择】|【变换选区】命令，单击工具选项栏上的【保持长宽比】按钮⊖。设置水平缩放为110%，选区扩大。按Enter键结束变换，效果如图13-18所示。

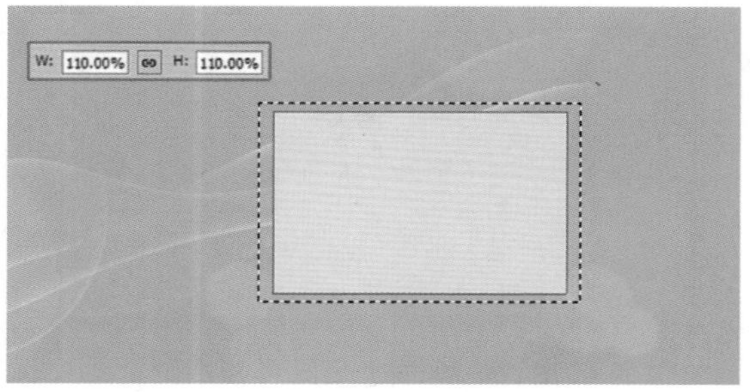

图13-18 扩大选区

STEP|10 在矩形下方新建图层【顶白框】，填充白色，取消选区，效果如图13-19所示。

图13-19 绘制相框效果

STEP|11 按照上述方法，分别在该图形左边和右边绘制两个小型相框，如图13-20所示。

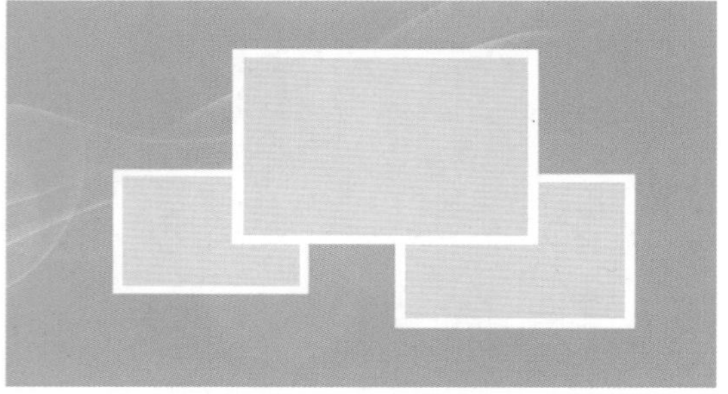

图13-20 绘制相框效果

STEP|12 首页背景及整个布局基本绘制完成，如图13-21所示。

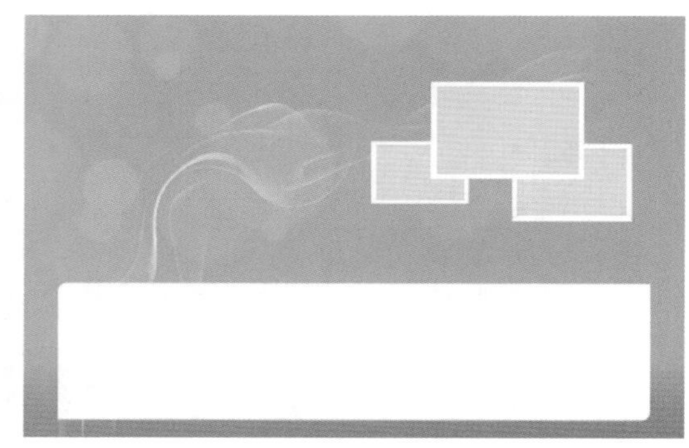

图13-21 首页布局

13.2.2 添加首页内容

STEP|01 打开标志文档，将标志放置于首页左上角。双击标志所在图层，打开【图层样式】对话框，启用【外发光】选项。设置外发光大小为10像素，其他参数默认，如图13-22所示。

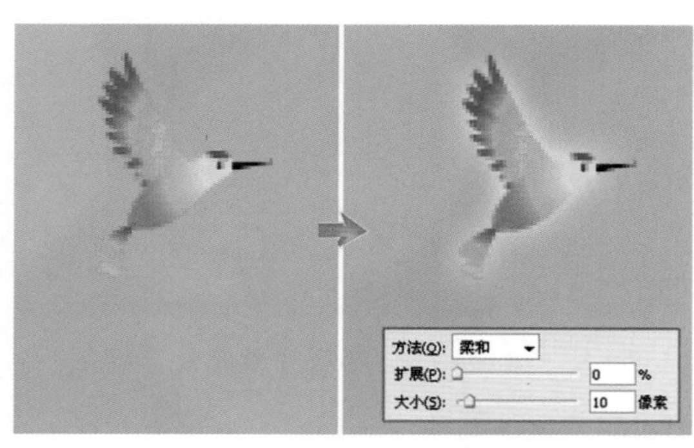

图13-22 添加外发光效果

STEP|02 使用横排文字工具T输入“鹏乐购物网”和www.PLShopping.com网址，分别设置文本属性，如图13-23所示。

图13-23　输入网站名称

STEP|03　分别双击文本图层，启用【描边】选项，对文字添加2像素白色描边。再添加与标志参数相同的外发光效果，如图13-24所示。

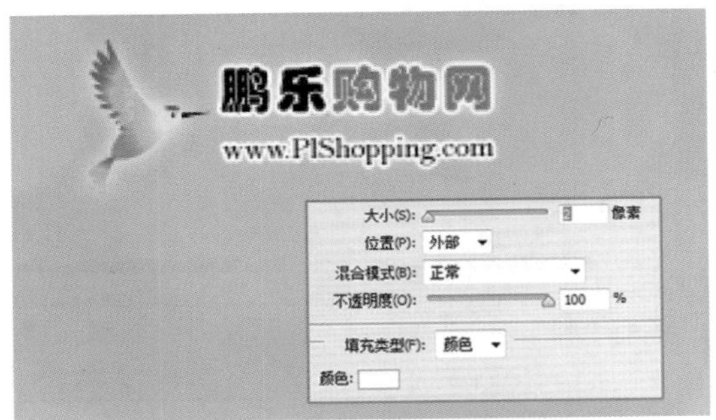

图13-24　添加描边和外发光效果

STEP|04　使用横排文字工具在首页右上角输入小导航“登录——注册——联系我们——设为首页——加入收藏”文本和导航信息。文本属性设置如图13-25所示。

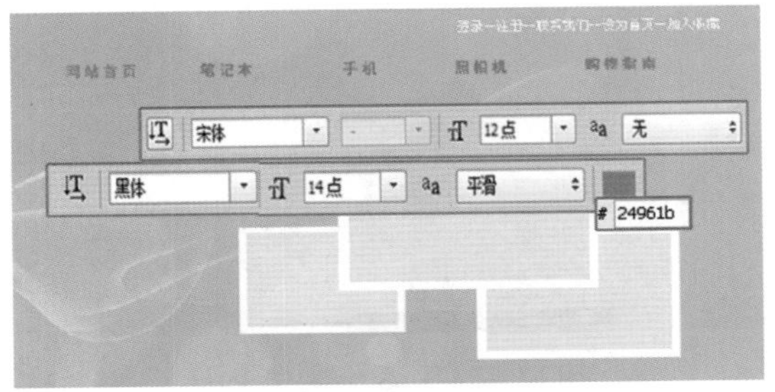

图13-25　输入导航信息

STEP|05　新建图层【导航线】，选择矩形选框工具，设置宽度为1像素，高度为20像素。建立选区，填充墨绿色（#9BC508），取消选区，效果如图13-26所示。对“网站首页”导航文字添加颜色叠加图层样式，设置颜色为黑色。

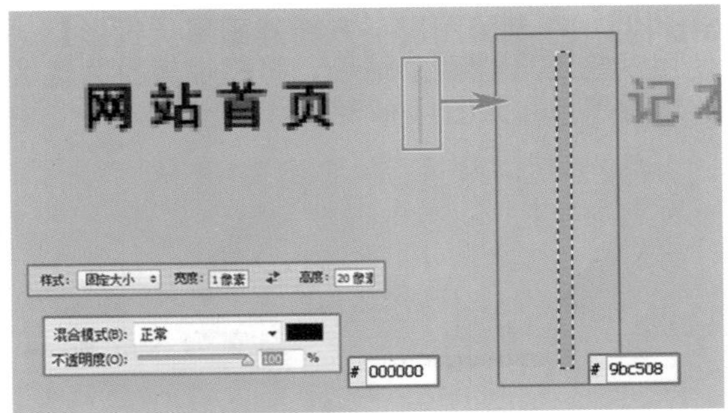

图13-26　绘制导航条

STEP|06　打开电脑素材，将其放置于首页中。按快捷键Ctrl+J复制电脑，并按快捷键Ctrl+T将图像进行水平翻转，如图13-27所示。

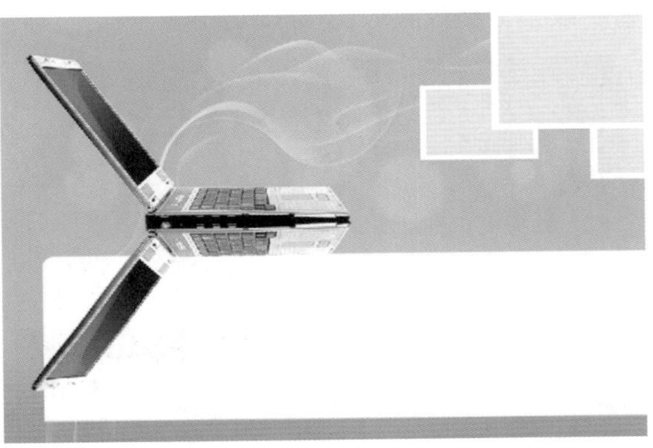
图13-27　放入电脑素材

STEP|07　选中电脑副本图层，使用矩形选框工具建立选区。按快捷键Ctrl+Shift+I反选选区。单击【图层】面板下的【添加图层蒙版】按钮，对图层添加蒙版，将选区以外的副本图像遮盖。设置该图层不透明度为10%，如图13-28所示。

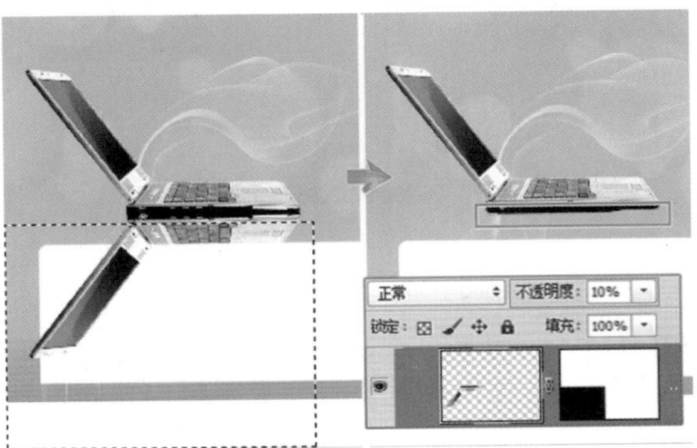

图13-28　绘制电脑倒影

STEP|08 在电脑图层下方新建图层【投影】，使用钢笔工具建立路径。将路径转换为选区并填充黑色，如图13–29所示。

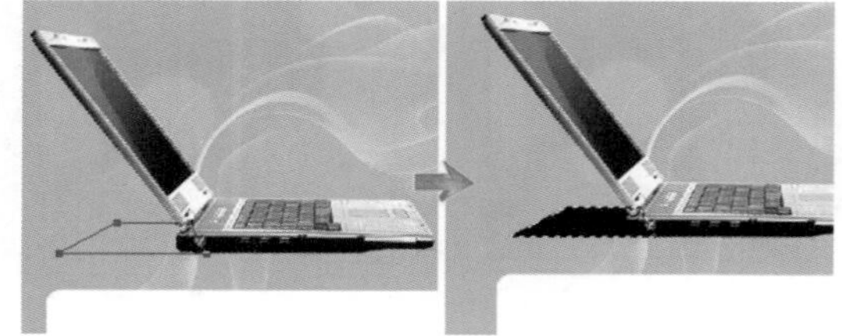

图13–29 绘制投影

STEP|09 取消选区，设置该图层的不透明度为20%，并使用橡皮擦工具进行擦除。擦除中，画笔大小和不透明度参数根据实际情况随时更改，最终效果如图13–30所示。

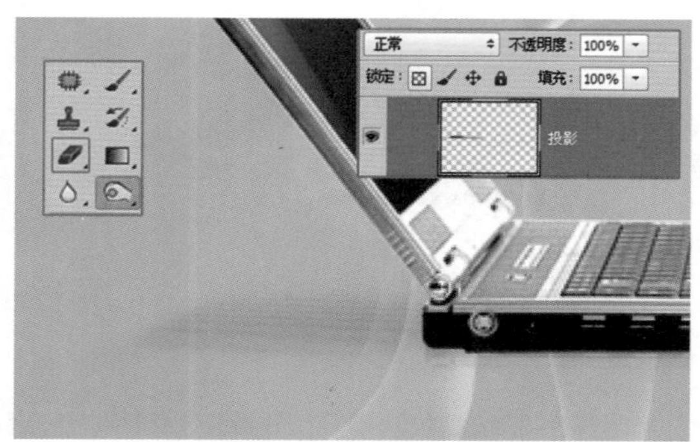

图13–30 绘制电脑投影

STEP|10 打开风景图片，放置于首页文档中。按快捷键Ctrl+T打开变换框，等比例缩小，然后按住Ctrl键调整控制柄，使图像与电脑屏幕重合，如图13–31所示。

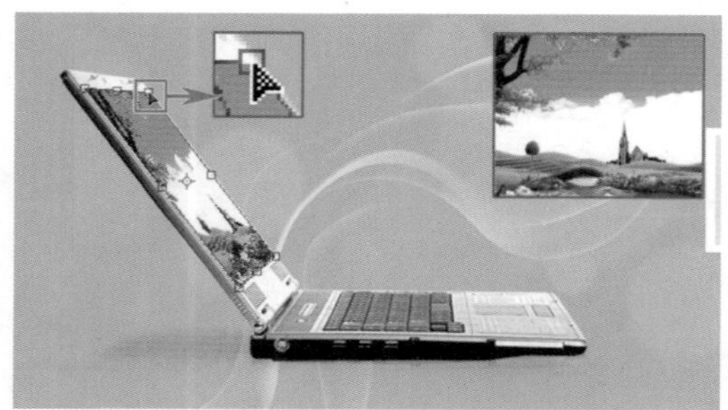

图13–31 添加电脑画面

STEP|11 打开鸽子素材，放置于首页文档电脑画面旁边。使用钢笔工具建立路径。将路径转换为选区，按快捷键Shift+F6，设置羽化半径为20像素，羽化选区，如图13–32所示。

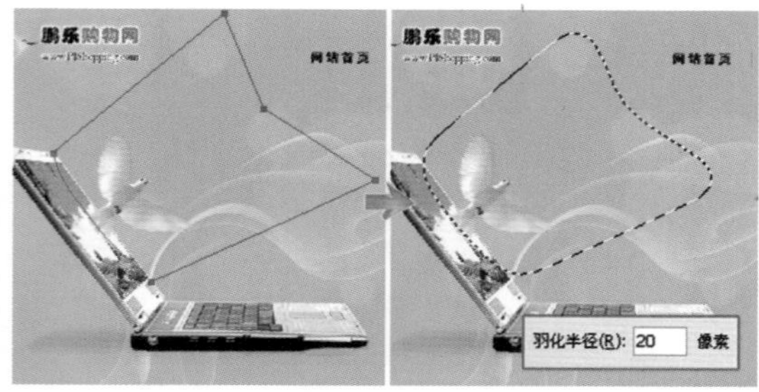

图13–32 建立选区

STEP|12 新建图层【光】，选择渐变工具，单击工具选项栏上的【线性渐变】按钮，设置透明色到白色渐变。在画布上执行渐变，取消选区，效果如图13–33所示。

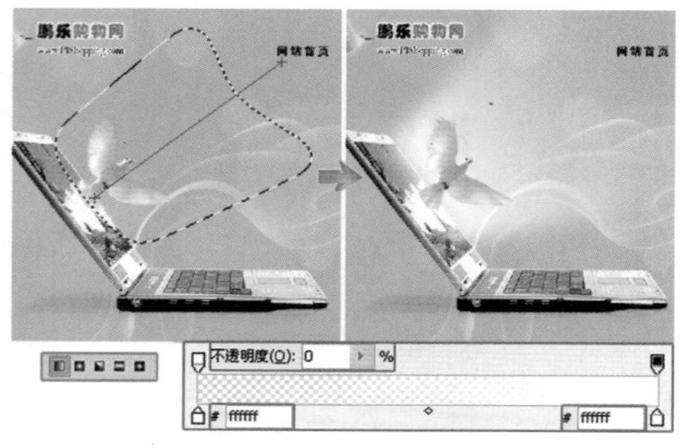

图13–33 绘制光效果

STEP|13 打开音符、绿叶素材，并放置于首页文档中，如图13–34所示。

图13–34 添加装饰素材

STEP|14 打开相机素材，放置于较大的相框图像上。将相机所在的图层放置在形状图层上方，将鼠标放在两图层之间，按住Alt键单击建立剪贴蒙版，如图13–35所示。

STEP|15 分别打开手机、笔记本素材，并放置于其他两个相框中，如图13–36所示。

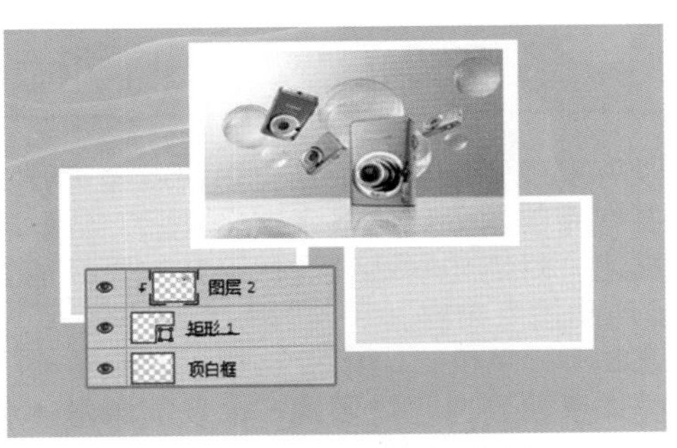

图13-35 放置相机素材

图13-36 放置手机及笔记本图像

STEP|16 使用横排文字工具T输入宣传语并设置文本属性，效果如图13-37所示。

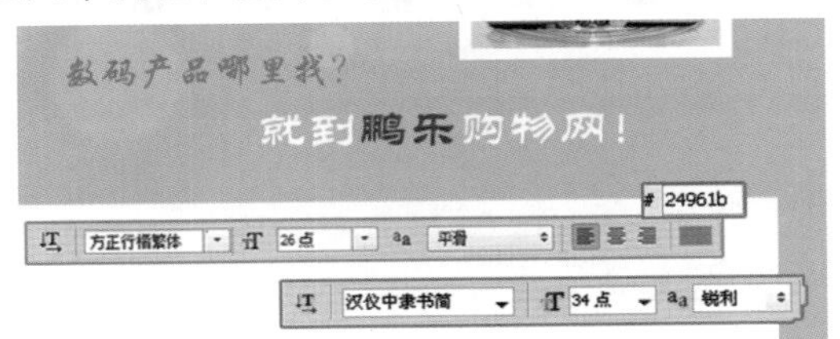

图13-37 输入宣传语

STEP|17 使用横排文字工具在画布上白色区域左边输入“新闻中心”等信息并设置文本属性，如图13-38所示。

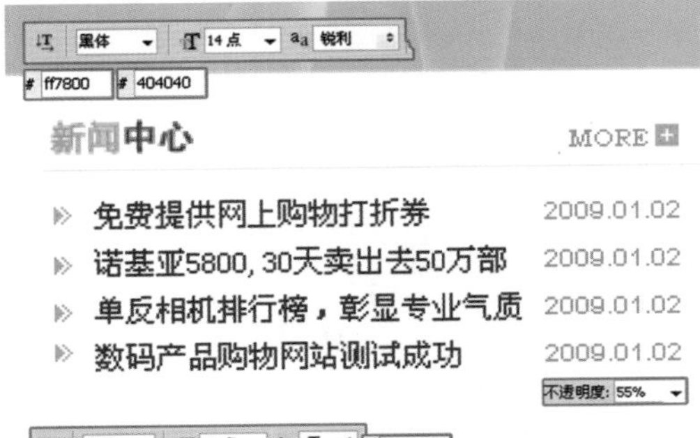

图13-38 输入文本信息

STEP|18 使用矩形工具在信息下方绘制矩形，创建形状图层。为图层添加描边效果，参数设置如图13-39所示。

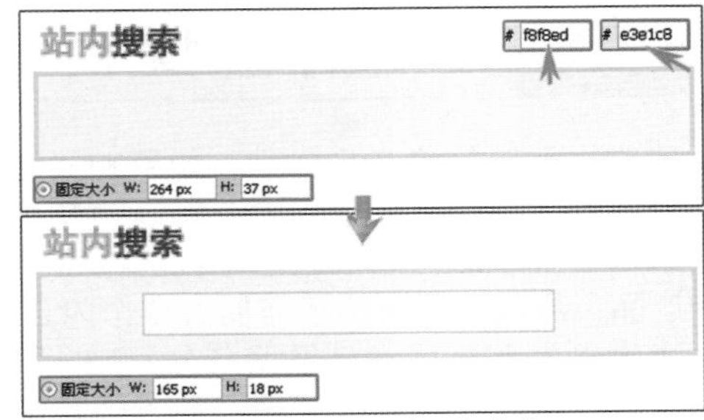

图13-39 绘制搜索栏

STEP|19 新建图层【按钮】，使用圆角矩形工具创建圆角矩形形状图层。双击该图层，启用【渐变叠加】选项，设置棕色（#773200）到白色渐变。使用横排文字工具，输入“搜索”文字并设置文本属性，如图13-40所示。

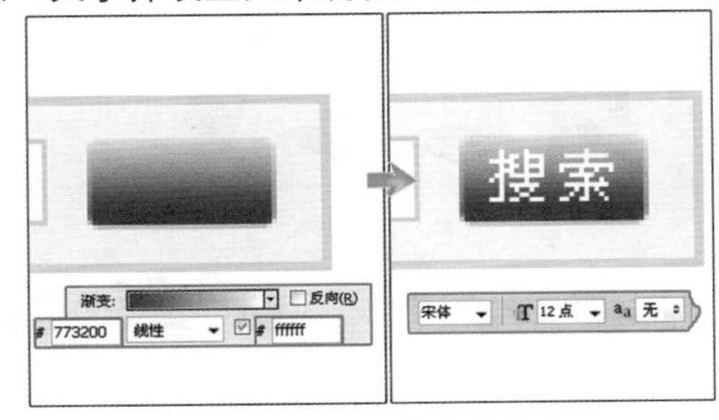

图13-40 绘制搜索按钮

STEP|20 按照上述方法，使用横排文字工具输入“新品推荐”文本信息并添加相关图像，如图13-41所示。

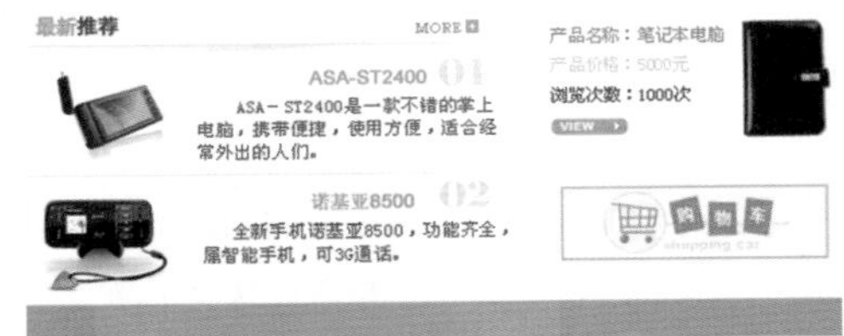

图13-41 放置文本及图像信息

STEP|21 使用横排文字工具在首页最下方空白区域输入版权信息，如图13-42所示。

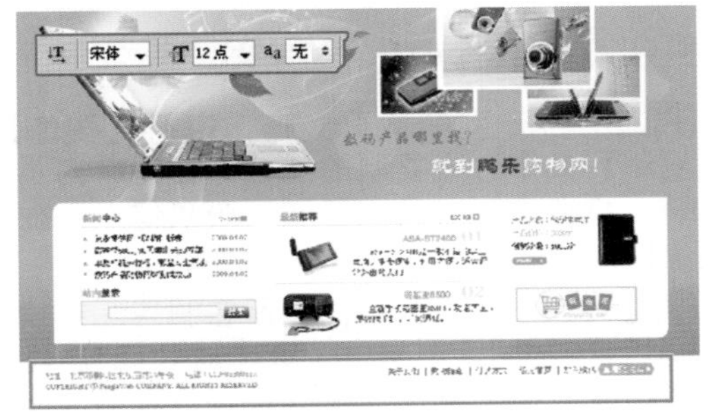

图13-42 输入版权信息

13.3 设计购物网站内页

购物网站以销售产品为主，如果购买者在网站上没有发现他想要的产品，很快就会离开。所以一个好的购物网站除了需要销售好的产品之外，更要有完善的分类体系来展示产品，让顾客对产品结构一目了然，能很轻松地找到他所需的物品和描述。对购物网站来说，网站首页只能显示部分产品，所以购物网站还需要有多个内页来充分展示产品信息内容。

本案例按照产品类型及服务分4个栏目，即“笔记本”“手机”“相机”和“客服中心”。网站内页根据栏目来分配管理产品，顾客可以通过分类体系找到自己需要的产品及简单描述和价格等信息。在首页基础上稍加改变，可制作出一整套内页图像效果，如图13-43所示。

网站内页采用相同的布局设置，在相同的布局上添加栏目信息。以产品为主的内页，均以图像及简单的文字信息展示该页内容。在制作过程中，要注意图像的尺寸大小及图像之间的距离，并在文字方面注意标准字的应用。

图13-43　鹏乐购物网内页

13.3.1 设计内页布局

STEP|01 打开网站首页文档，执行【图像】|【复制】命令，将复制的文档命名为“内页布局”。将标志、背景、导航、版权信息及白色图像以外的信息删除，如图13-44所示。

图13-44　复制文档

STEP|02 选中白色区域图像所在图层，按快捷键Ctrl+J，复制该图像。按快捷键Ctrl+T，水平翻转图像，在工具选项栏上设置垂直缩放比例为120%。结束变换，效果如图13-45所示。

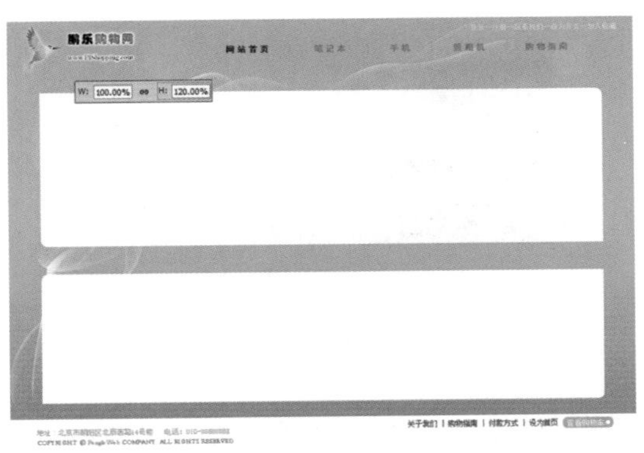

图13–45 复制图像

STEP|03 在副本图像蒙版处于工作状态下，选择自定形状工具。在工具选项栏上的自定形状拾色器中选择“选项卡按钮”形状，设置路径操作方式为【合并形状】选项，在副本图像顶端绘制图形，效果如图13–46所示。

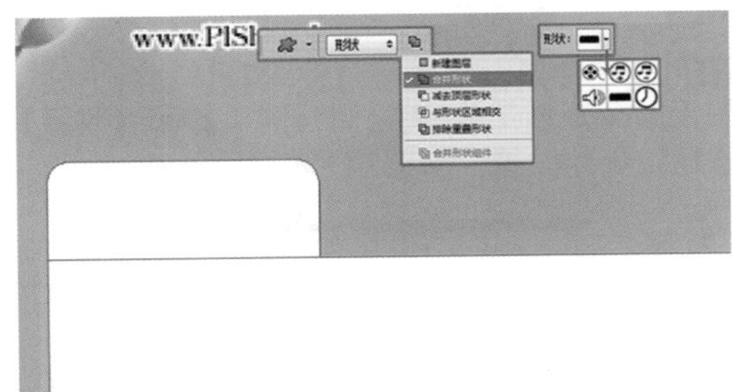

图13–46 添加图像形状

STEP|04 分别对白背景图像及副本图像添加投影。启用【投影】选项，设置投影的不透明度为12%；光源角度为120度。其他参数默认，如图13–47所示。

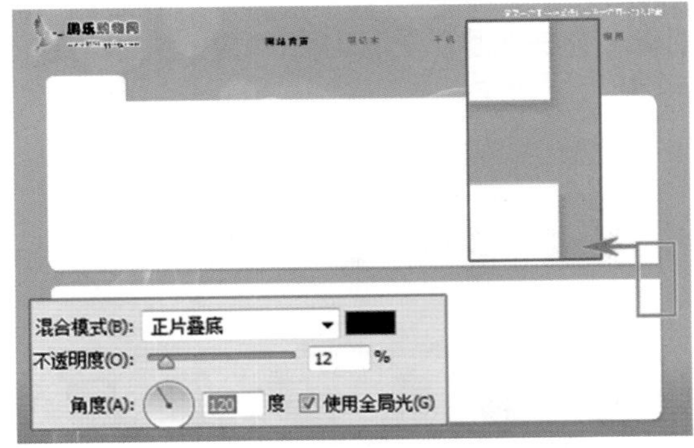

图13–47 添加投影效果

STEP|05 选择矩形工具，设置W为156像素，H为137像素。建立矩形，创建形状图层。启用【描边】选项，添加描边效果，参数设置如图13–48所示。

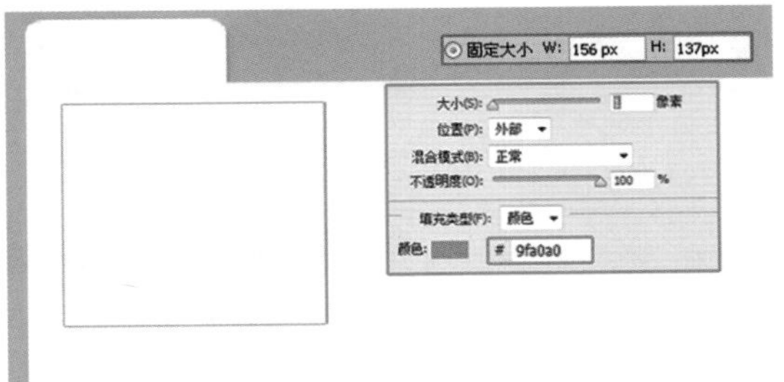

图13–48 绘制矩形框

STEP|06 按快捷键Ctrl+J 4次，复制4个矩形框，并将其水平排列起来，如图13–49所示。

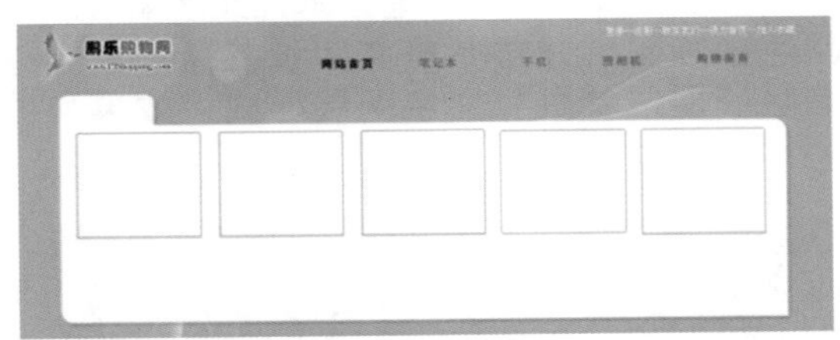

图13–49 复制矩形框

提示

选中5个方框，单击工具选项栏上的【垂直居中对齐】按钮和【水平居中分布】按钮，将框对齐分布排列。

STEP|07 按照上述操作，在下方绘制6个矩形框，添加相同的描边效果，如图13–50所示。

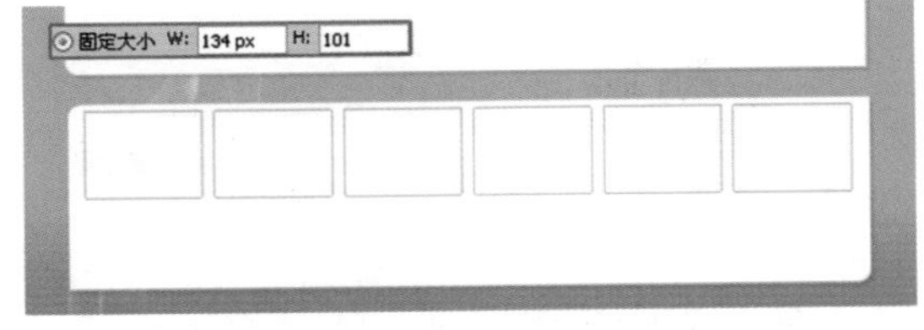

图13–50 绘制矩形框

STEP|08 内页布局基本制作完成，如图13–51所示。执行【文件】|【存储】命令，将“内页布局”保存为PSD格式文档。

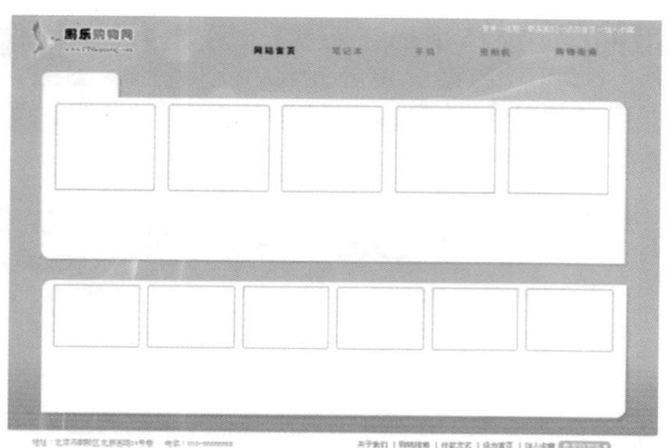

图13-51　内页布局

13.3.2　设计图像展示页

STEP|01　执行【图像】|【复制】命令，复制“内页布局”文档为“鹏乐购物网内页-笔记本”。在导航中，对“笔记本”文字图层添加颜色叠加图层样式，将文字设置为黑色，并删除“网站首页”文字图层样式，效果如图13-52所示。

图13-52　复制文档

STEP|02　使用横排文字工具T输入“笔记本电脑专区”字样并设置文本属性，如图13-53所示。

图13-53　输入文字

STEP|03　打开“华硕K40E667IN-SL”电脑图片，放置于文档中，并将图片剪切放置到第一个方框内，如图13-54所示。

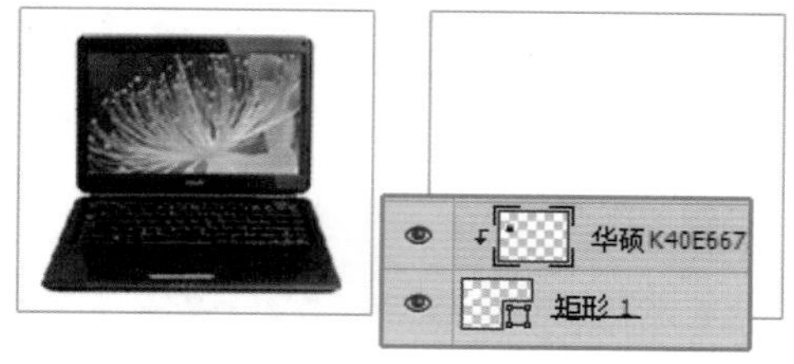

图13-54　放置图片

STEP|04　使用横排文字工具在图像下方输入产品名称及价格并设置文本属性，如图13-55所示。

图13-55　输入信息文本

STEP|05　按照上述绘制【搜索】按钮的方法，使用圆角矩形工具绘制【购买】和【收藏】按钮。参数设置，如图13-56所示。

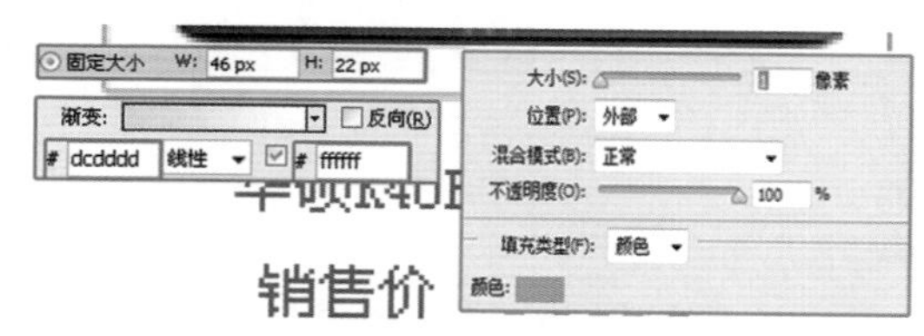

图13-56　添加按钮

STEP|06　按照上述方法，放置不同种类的电脑图像，并在图像下方添加相对应的文本信息，如图13-57所示。

图13-57　放置图像及文本信息

STEP|07 使用横排文字工具在文档右下角输入“共8页【1】2 3 4 5下一页”文字，作为页码，如图13–58所示。

图13–58 绘制页码

STEP|08 按照上述方法，分别制作以“手机”及“相机”为产品的两个内页。

13.3.3 设计文字信息页

STEP|01 复制“内页布局”文档为“鹏乐购物网内页–购物指南”，并将导航中的“客服中心”文字设置为黑色，如图13–59所示。

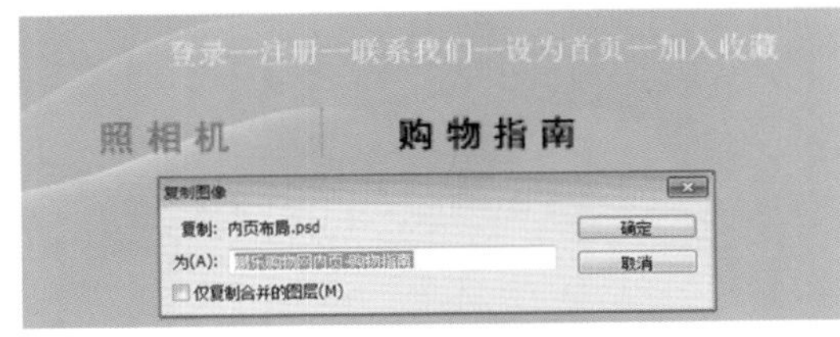

图13–59 复制文档

STEP|02 将所有方框图删除，使用横排文字工具T输入“代购须知”文本信息内容并设置文本属性，如图13–60所示。

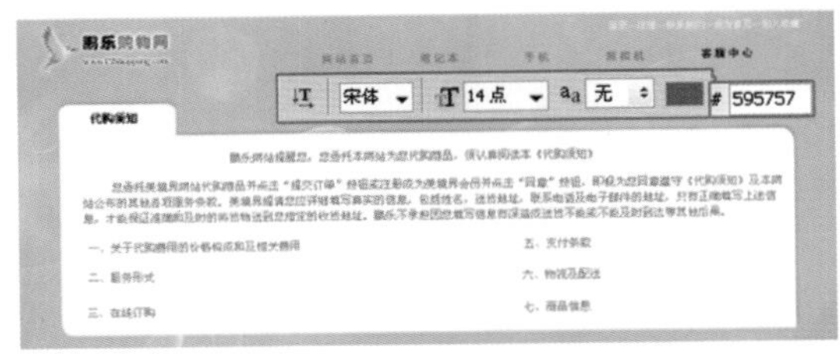

图13–60 输入代购须知文本内容

STEP|03 使用横排文字工具，在条例后面输入“（了解更多）”文字并设置文本属性，如图13–61所示。

STEP|04 仍使用横排文字工具，在画布下面白色区域输入“购物指南”等相关信息文本。文本属性设置如图13–62所示。

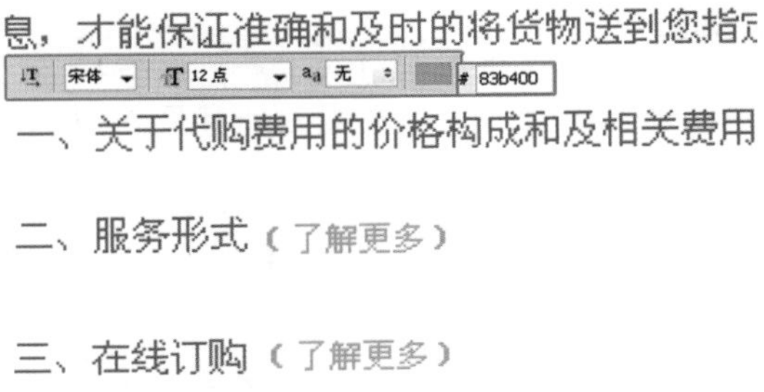

图13–61 输入文本

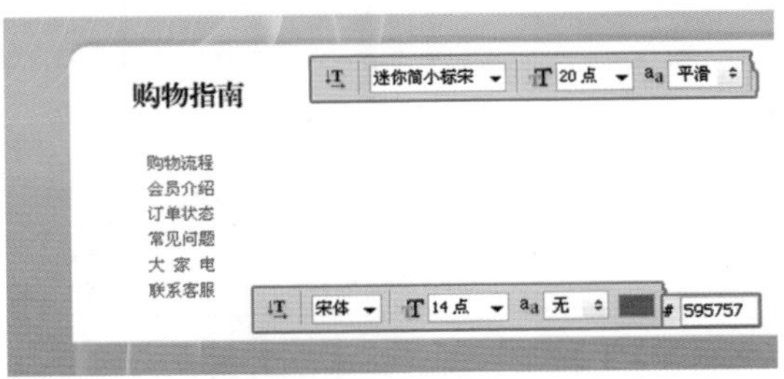

图13–62 输入文本信息

STEP|05 按照上述操作，依次输入“配送方式”“支付方式”“售后服务”和“特色服务”相关信息，如图13–63所示。

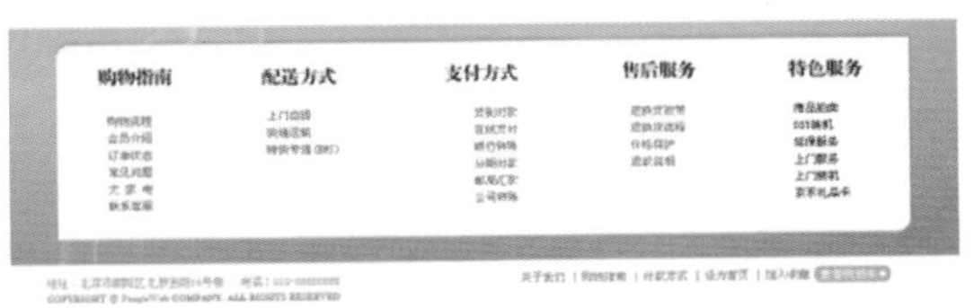

图13–63 输入其他文本信息

STEP|06 新建图层【符号】，选择自定形状工具，在工具选项栏上的自定义形状拾色器中选择“箭头2”形状，设置前景为绿色（#83B400）。按住Shift键，在画布上拖动鼠标建立图像，如图13–64所示。

图13–64 创建符号

STEP|07 选择钢笔工具，按住Shift键绘制直线路径。选择画笔工具，设置硬度为100%，画笔大小为3像素。新建图层【分割线】，按下Alt键单击【路径】面板底部【用画笔描边路径】按钮，在弹出的对话框中启用【模拟压力】复选框，单击【确定】按钮，效果如图13-65所示。

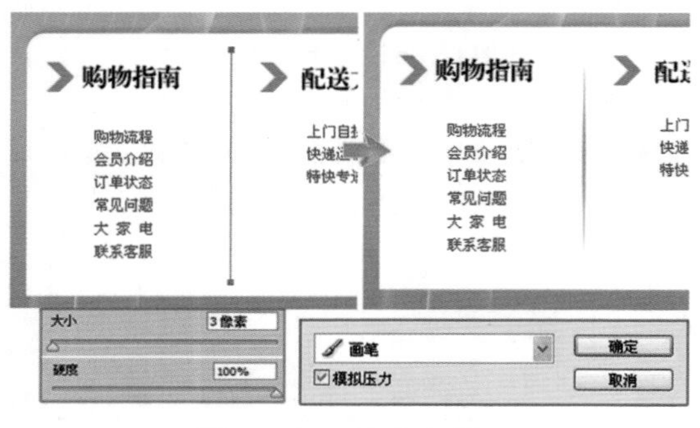

图13-65　创建分割线

STEP|08 分别复制符号和分割线，如图13-66所示。

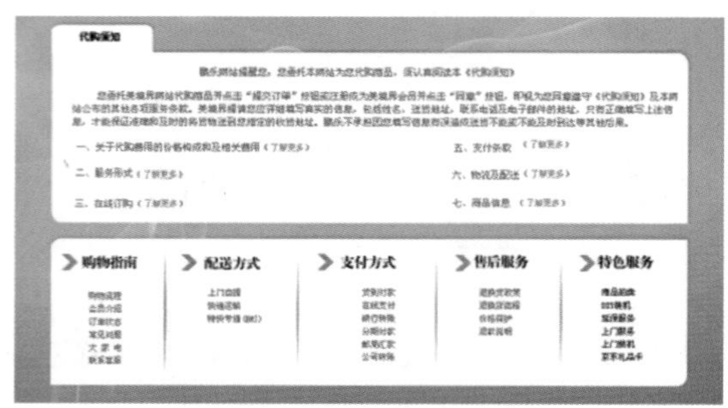

图13-66　复制符号和分割线

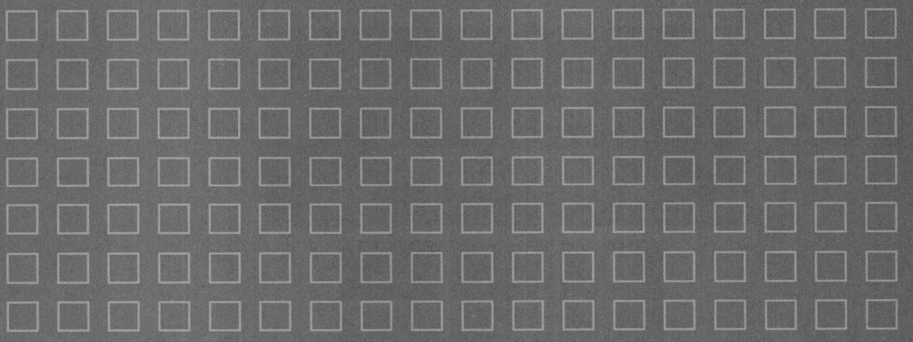

第14章 设计旅游类网站

随着社会经济的快速发展，人们的生活方式和消费方式也在慢慢地发生着变化，旅游也逐渐成为备受大众欢迎的一种娱乐休闲方式，在旅途中感受自然风光的绚丽美好，释放压力，近距离的和人文景观、大自然亲近，使身心得到完全的放松。

旅游景点成千上万，商家为了方便消费者选择和规划自己的旅游行程，也将这些景点分门别类，设置成不同的网站，展示不同景点各自的特色风光。

Photoshop CC

14.1 旅游类网站概述

旅游网站创建的目的是为不了解景点特色和当地环境的游客提供诸如景点、交通、住宿、餐饮等方面的服务介绍，吸引游客到景点参观，从而也带动其他相关产业的发展。下面介绍部分成功的旅游网站。

1. 旅游门户网站

旅游门户网站综合展示各地景点信息，详细、充分地对景点进行介绍。这类网站在色彩搭配上没有特定的色调，在网页结构布局方面，因为包含大量的旅游信息，所以采用中规中矩的布局，如图14—1所示。

图14—1　旅游门户网站

2. 滑雪度假网站

滑雪场的网页布局和颜色搭配将会影响浏览者的选择。图14—2所示的网站采用了蓝色和白色作为网站的主色调，塑造出蓝天、白云、冰雪的清新气氛，再加上大量信息的展示，让浏览者自己去想象美景之中的美好画面，从而吸引浏览者成为滑雪场中的一员。

3. 田园度假网站

当以一个特定景点为中心建立网站时，网站中的图片可以使用景点中的风景图片。图14—3所示网站，在进站网页中使用了当地景点中的风景作为主体图片，并且还使用了风景中的颜色，作为网站主题色调。整个页面看起来更加地清新自然，符合田园度假网站的风格。

图14—2　滑雪度假网站内页

图14—3　田园度假网站进站页

当网站进站页显示完毕后，或者单击网页中的skip文本链接，页面会进入该网站的首页，如图14—4所示。首页与进站页完全不同，首页采用了插画作为网站的风格，而标志背景为木质纹理，主题色调仍然为浅绿色，木质纹理和绿色都是源自大自然的自然元素，它们吸引浏览者的目光，塑造了一个美好的田园印象，体现了该网站的主题——田园。

图14-4　田园度假网站首页

4. 海边度假风光

海边给人的感觉就是阳光、沙滩、大海，景色的主题元素决定了网站的设计风格，至少要有相关性，让浏览者看到后可以联想到相关的画面。网站中的背景颜色、宣传图片都要跟所介绍的景色相关联，如图14-5所示。

图14-5　海边度假风光首页

该网站中的景点为南方的海边，为了体现南方海边的特点，在网站内页的Banner中分别展示了不同风情的图片，并且以图片中的色调为基础，作为各个内页的基本色调，如图14-6所示。

5. 文化旅游网站

旅游可以给人带来精神方面的享受，卸下繁重的工作压力，来到大自然中，来到文化古迹处，接触没有见过的风景和人文气息，了解世界中存在的更多的未知秘密，让身心得到放松，眼界得到开阔。文化也成为旅游行业中的一个重头戏，也便相继出现了很多以文化为主题的网站，如图14-7所示。

图14-6　海边度假风光内页

图14-7　文化旅游网站首页

既然是以文化为背景，那么网站在色彩搭配方面采用了稳重的海蓝色作为网站主色调。而网页布局则采用了毛笔笔触作为网页Banner与背景的分隔线。特别在网页导航与版尾标志部分采用了墨滴形状作为背景图像。

网站内页在色调与布局上与首页基本相同，只是在主题背景的上边缘同样采用了毛笔笔触形状，使其与Banner边缘相呼应，如图14—8所示。

图14—8 文化旅游网站内页

6. 航空公司网站

航空公司网站存在的主要作用就是为长途用户提供各个方面的飞行指导和信息，方便用户的出行，使旅行更加地便利和舒适。图14—9所示的航空公司网站采用蓝天为网页背景，搭配露出灿烂微笑的空姐照片，为公司树立了一个阳光、舒适、温馨的整体形象。

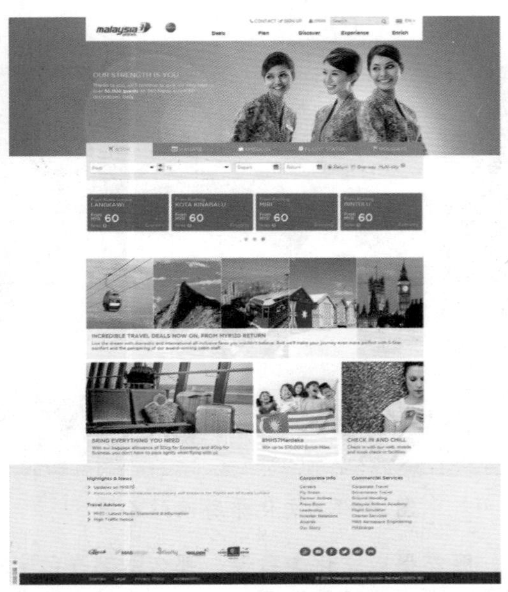

图14—9 航空公司网站首页

7. 酒店预订网站

长途旅行中，住宿是很重要的一环，它是旅行是否能够成功进行的关键。酒店预订网站便解决了这一问题，可以为用户提供不同价位和档次的住宿条件。图14—10所示为酒店预定网站首页，以大幅的风景图片为网页背景，营造了旅行的惬意感。

图14—10 酒店预订网站首页

8. 度假村客房服务

有些旅游景点，比如度假村，包含住宿，而这些住宿地点又在景点中，这样休息的同时还可以欣赏风景，为旅游者提供了方便。所以在建立网站时，就会将景点与客房服务相结合作为一个宣传点。

要建立度假村网站，就需要将景点与客房服务同时展示，这是与专门的风景网站不同之处，用户可以根据自己的喜好选择喜欢的客房，图14—11所示的网站就是以风景环境为网站背景进行客房宣传的。

图14—11 度假村客房服务网站首页

14.2 设计旅游网站首页

本例为度假村网站，其主要为游客提供海滨旅游，包括吃、住、行、玩等服务，因此在设计该网站的首页时，可以将一张较大的风景作为其背景，这样不但与度假村的主题相符合，还可以给访问者带来视觉上的冲击。

首页以蓝绿为主色调，如图14－12所示，通过页面图像中的天空、白云、绿树、青草等表现出来，为访问者带来了轻松、愉快、活力。由于大幅的风景图像比文字更加生动、形象，对访问者来说也更具有说服力，所以可以增强访问者想要到此地旅游的欲望。首页以图片展示为主，搭配少量的文字，这也正符合访问者的心理。具体制作过程如下所述。

图14－12　度假村首页

14.2.1 设计页面结构

STEP|01　新建一个1003×776像素的透明文档。将“背景图像”素材拖入该文档中，如图14－13所示。

图14－13　拖入背景图像

STEP|02　新建图层，使用矩形工具在文档的右上角绘制一个黑色（#191919）的矩形，然后为该图层添加“描边”样式，如图14－14所示。

图14－14　绘制矩形

STEP|03　使用横排文字工具在矩形的上面输入“注册”等文字，并设置其字体为微软雅黑，大小为10px。然后在文字与文字之间绘制灰色（#9DA3A3）的分隔线，如图14－15所示。

图14－15　输入文字

STEP|04　新建图层，在文档的顶部绘制一个白色的矩形，在【图层】面板中设置填充为0%。然后，为该图层添加“外发光”和“内发光”样式，如图14－16所示。

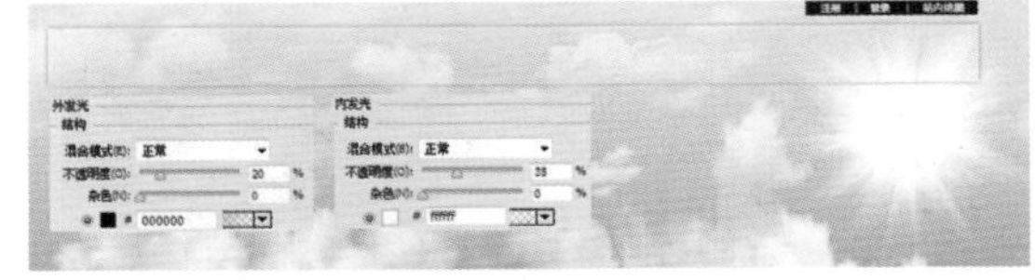

图14－16　绘制透明立体矩形

STEP|05 将“螺丝钉”素材拖入到透明矩形的4个边角上面，然后将这4个图层合并为1个图层，如图14-17所示。

图14-17 拖入螺丝钉

STEP|06 在透明矩形的左部分输入“天涯海角度假”文字，并为图层添加“描边”和“投影”样式。然后，在文字的左上角拖入“树叶”素材，如图14-18所示。

图14-18 输入LOGO文字

STEP|07 在透明矩形的右部分输入导航文字和英文，并在文字之间绘制灰色分隔线，如图14-19所示。

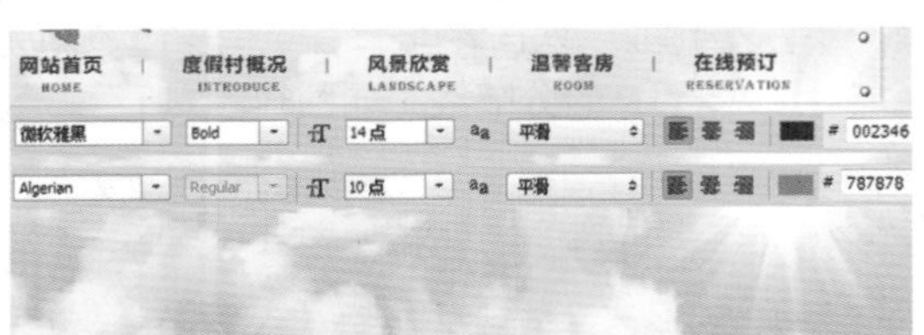

图14-19 输入导航文字

STEP|08 新建图层，使用相同的方法在文档的中间部分绘制一个透明的立体矩形，如图14-20所示。

图14-20 绘制透明立体矩形

STEP|09 将“螺丝钉”素材拖入到立体矩形的4个边角上面并调整大小。然后，绘制一个白色的矩形，并为图层添加“投影”样式，如图14-21所示。

图14-21 绘制白色矩形

STEP|10 将“树叶”素材拖入到白色矩形的右下角，并将该图层创建为剪贴蒙版，如图14-22所示。

图14-22 创建剪贴蒙版

STEP|11 在文档底部的左侧输入LOGO文字，其字体样式与上面的相同，只是大小为30px，如图14-23所示。

图14-23 输入LOGO文字

STEP|12 在文档底部的右侧输入版权信息、联系方式等内容，并设置字体为微软雅黑，大小为12px，颜色为“黑色（#191919）”，如图14-24所示。

图14-24 输入版权信息

14.2.2 设计首页内容

STEP|01 将“风景”素材拖入到白色矩形的左上角，使其与上边框线和左边框线保持10px的距离，如图14-25所示。

图14-25　拖入风景图片

STEP|02 在风景图片的下面绘制一个白色（#FFFFFF）的矩形，并为图层添加“内发光”和“描边”样式，如图14-26所示。

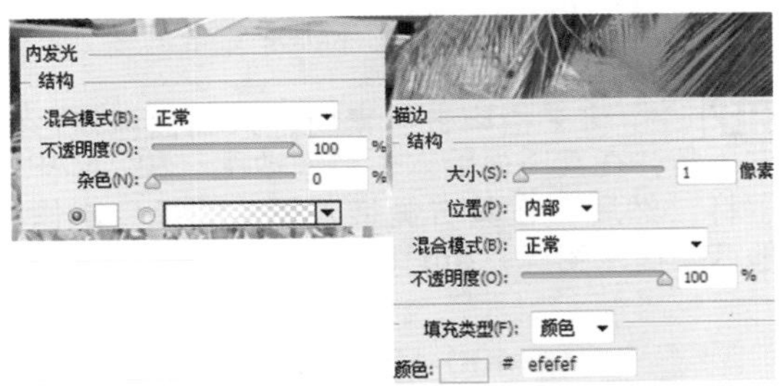

图14-26　绘制矩形

STEP|03 将“海边风景”素材拖入到矩形的上面，使其相对于矩形沿水平和垂直方向居中对齐。使用相同的方法，设计其他3个风景缩略图展示，如图14-27所示。

图14-27　设计风景缩略图

提示

同时选中风景图片和白色矩形这两个图层，并切换工具为移动工具，即可在工具选项栏中设置对齐方式。

STEP|04 在白色矩形的右上角拖入“叶子”素材，在其右侧输入“新闻公告”的中英文。然后，在同一行的末尾再拖入MORE图标，如图14-28所示。

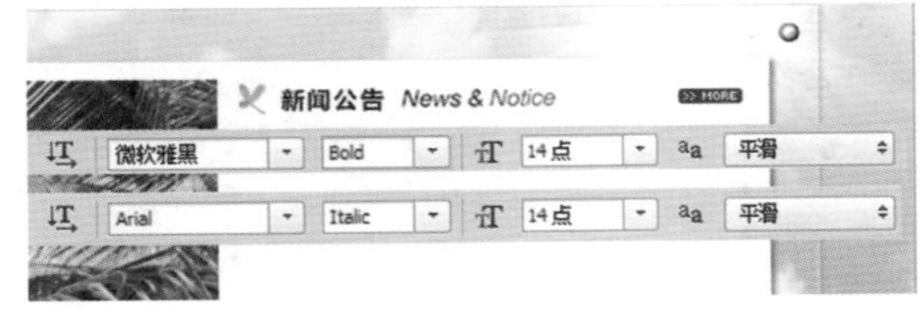

图14-28　新闻公告标题

STEP|05 新建图层，在标题下面绘制一条灰色（#E3E3E3）的直线。然后，拖入图标素材，并在其右侧输入新闻标题文字，如图14-29所示。

图14-29　新闻公告内容

STEP|06 使用相同的方法，设计制作客房展览版块的标题，如图14-30所示。

图14-30　设计客房展览标题

STEP|07 新建图层，在标题的下面绘制多个绿色（#71BA11）的圆形，并在【图层】面板上调整其为不同的填充度。然后，在右侧输入英文，如图14-31所示。

图14-31 绘制圆形并输入文字

STEP|08 新建图层，绘制两个灰色的小三角形。再新建一个图层，绘制一个灰色（#F3F3F3）的矩形，并为图层添加"描边"样式。然后，将"客房"素材拖入到该矩形上面，如图14-32所示。

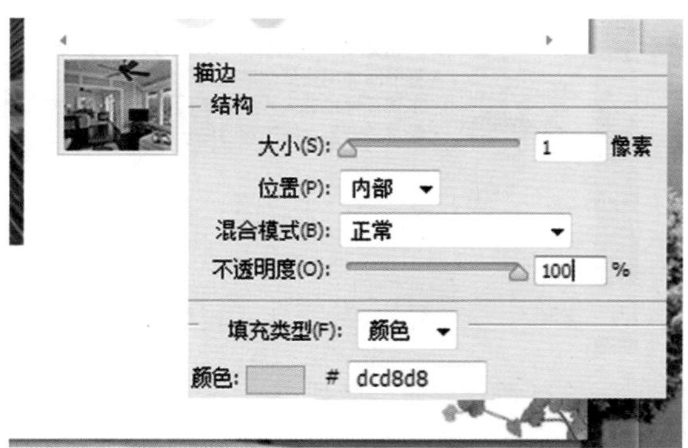

图14-32 客房图片

STEP|09 使用相同的方法，制作其他几张客房展示图片，如图14-33所示。

图14-33 制作其他客房展示图片

STEP|10 将"联系客服"和"投诉热线"素材拖入到文档中，并在其上面输入文字。然后，在文字右侧输入电话号码，如图14-34所示。

图14-34 设计联系电话

STEP|11 将"指南针"素材拖入到白色矩形的右下角，在其下面输入"当地地图"和"MAP"字样。然后，在其右侧拖入箭头图标，制作其他两个提示图标，如图14-35所示。

图14-35 制作提示图标

14.3 设计度假村网站概况页和风景欣赏页

度假村概况页和风景欣赏页是该旅游网站的两个子页面。度假村概况页以文字为主介绍度假村的基本情况；而风景欣赏页是以照片的形式向访问者展示旅游地的风景。下面就开始设计这两个子页面。

度假村概况页的背景同样使用了一张海边风景图像，但与首页有所区别。页面的LOGO、导航条和底部信息没有太大的变化，只是将修饰LOGO的树叶更改为海星图像。主体布局划分为上左右结构，上面为Banner图像，左侧为二级导航菜单，右侧为度假村的简介内容，如图14-36所示。

图14–36　度假村概况页

14.3.1　设计度假村网站概况页

STEP|01　新建一个1003×1100像素的透明背景文档。将海边风景图像拖入该文档中，如图14–37所示。

图14–37　拖入背景图像

STEP|02　将与首页相同的内容直接复制到该文档中，如图14–38所示。

图14–38　复制内容

STEP|03　在白色矩形的上面拖入Banner素材，使其水平居中对齐。然后，在Banner上面输入“带来另外一种生活享受”等文字，如图14–39所示。

图14–39　输入Banner文字

STEP|04　在Banner图像下面的左侧拖入“遮阳伞”素材，并在其右侧制作二级导航菜单，如图14–40所示。

图14–40　输入菜单名称

STEP|05　新建【纸】图层，使用矩形工具在二级导航菜单的下面绘制一个浅黄色（#F8F5EA）矩形，如图14–41所示。

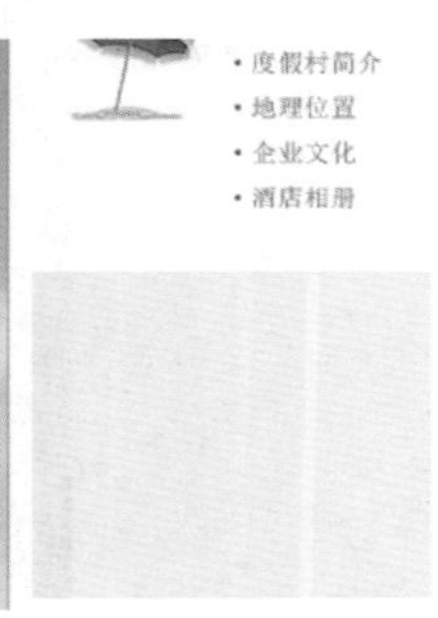

图14—41　绘制矩形

STEP|06　复制【纸】图层，为矩形填充墨绿色（#60552D），并调整填充不透明度为25%，然后为图层创建蒙版，并从左上角向右下角填充黑白渐变色，使其成为“纸”矩形的阴影，如图14—42所示。

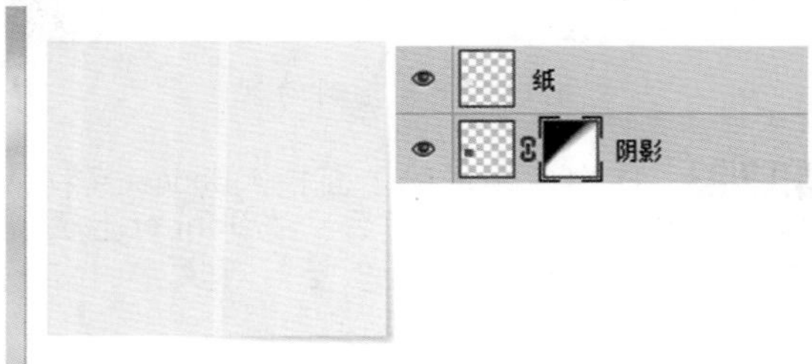

图14—42　设计二级导航菜单

STEP|07　新建图层，使用钢笔工具在矩形的上面绘制一个不规则的胶带图形，并填充为黑色（#1A2623）。然后在【图层】面板中调整填充不透明度为15%，如图14—43所示。

图14—43　绘制胶带

STEP|08　将“帽子”素材拖入到浅黄色矩形的右上角，在其左侧输入【客户服务】文字及英文，并为【客户服务】图层添加“描边”样式。然后在下面输入联系电话等内容，如图14—44所示。

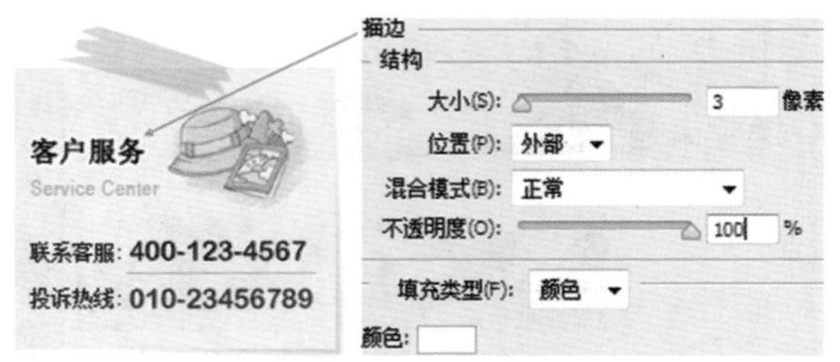

图14—44　客户服务

STEP|09　在Banner图像下面的右侧拖入“位置图标”素材，输入网页位置文字，并绘制一条2像素的灰色直线。然后，输入页面标题文字，如图14—45所示。

图14—45　输入标题文字

STEP|10　在标题下面拖入“度假村简介”素材。然后输入度假村的简介内容，并设置文字的样式，如图14—46所示。

图14—46　输入度假村简介

14.3.2　设计风景欣赏页

风景欣赏页通过图片展示和文字说明向网站访问者介绍旅游地的景区景点。该页面的布局结构与度假村简介页面基本相同，不同的是二级导航菜单的子项目及页面主题内容，如图14—47所示。

图14—47　风景欣赏页

STEP|01　新建一个1003×1100像素的透明文档。将与度假村概况页相同的内容复制到该文档中，如图14—48所示。

图14—48　复制内容

STEP|02　在"遮阳伞"图像的右侧输入二级导航条的标题及子项目，以及在二级导航菜单的右侧输入网页位置和页面标题等内容，并设置与概况页相同的文字样式，如图14—49所示。

图14—49　制作二级导航菜单

STEP|03　在标题下面拖入风景素材，并为该图层添加"投影"和"描边"样式，如图14—50所示。

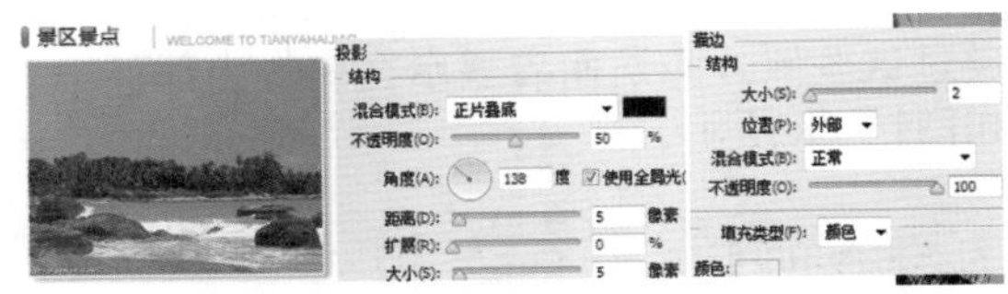

图14—50　添加"投影"和"描边"样式

STEP|04　在风景图像的右侧输入"天涯海角"文字及介绍内容，然后设置文字样式，如图14—51所示。

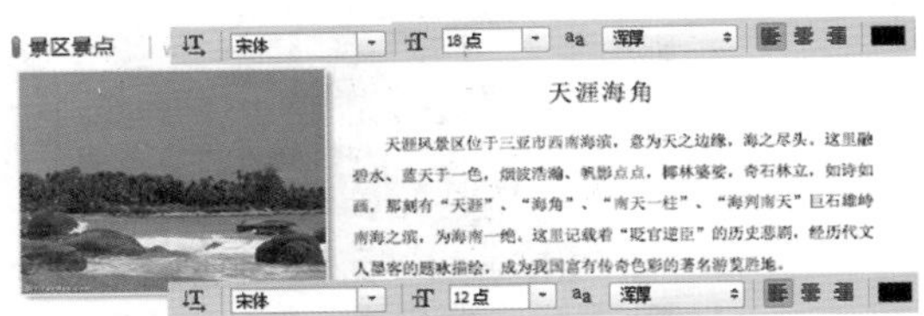

图14—51　输入图像介绍内容

STEP|05　使用相同的方法，拖入其他风景图像，并输入介绍文字，如图14—52所示。

图14—52　设计其他风景图像

14.4 设计度假村网站客房页和在线预订页

客房页和在线预订页属于该旅游网站的两个子页面。客房页以图像的形式向网站访问者展示豪华海景房；而在线预订页为网站访问者提供一个表单，通过填写并提交该表单可以在线预订客房。下面就开始设计这两个子页面。

从结构布局上来说，客房页与前面介绍的两个子页完全相同。该页面介绍的是客房，因此在主体内容中插入了3张豪华海景房的照片，通过这些照片向访问者展示客房的内部环境，如图14–53所示。

图14–53　客房页

14.4.1　设计客房页

STEP|01　新建一个1003×1100像素的透明文档。将与度假村概况页相同的内容复制到该文档中，如图14–54所示。

STEP|02　在“遮阳伞”图像的右侧输入二级导航条的标题及子项目，以及在二级导航菜单的右侧输入网页位置和页面标题等内容，并设置文字样式，如图14–55所示。

STEP|03　新建图层，在标题的下面绘制一个白色的矩形，然后为该图层添加“外发光”样式，如图14–56所示。

STEP|04　在白色矩形的上面拖入客房素材，并移动素材至适当的位置。然后，将该图层创建为剪贴蒙版，如图14–57所示。

图14–54　复制内容

图14–55　输入二级菜单和标题

图14–56　绘制白色矩形

图14–57　创建剪贴蒙版

STEP|05　使用相同的方法，绘制其他白色矩形，拖入素材图像，并创建剪贴蒙版，如图14–58所示。

图14−58　设计其他客房图像

14.4.2　设计在线预订页

在线预订页是该网站的最后一个子页面，为网站访问者提供在线预订客房服务。该页面的主体内容为一个表单，为了填充其右侧的空白区域，特别插入了一些文字及修饰图像，如图14−59所示。

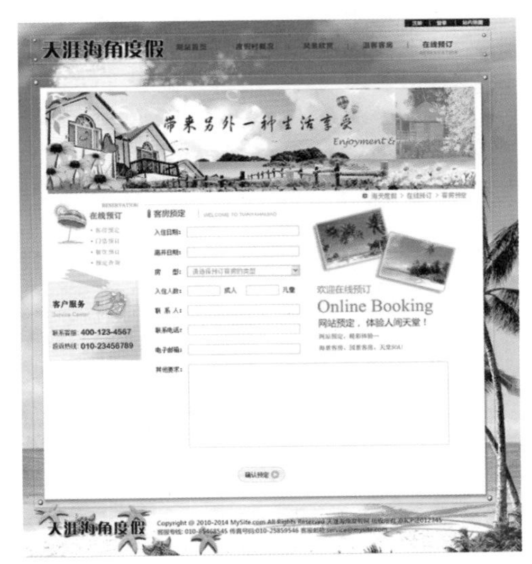

图14−59　在线预订页

STEP|01　新建一个1003×1100像素的透明文档。将与度假村概况页相同的内容复制到该文档中，如图14−60所示。

STEP|02　在“遮阳伞”图片的右侧输入二级导航条的标题及子项目，以及在二级导航菜单的右侧输入网页位置和页面标题等内容，并设置文字样式，如图14−61所示。

图14−60　复制内容

图14−61　输入二级导航菜单和标题

STEP|03　在标题的下面输入“入住日期：”文字。然后新建图层，在文字右侧绘制一个白色的矩形，并为图层添加“描边”样式。用同样的方法绘制其他文本框，如图14−62所示。

图14−62　绘制文本框

STEP|04　在文本框右侧的空白区域中拖入两张照片。分别选择这两个照片图层，为其添加“投影”“内发光”和“描边”样式，如图14−63所示。

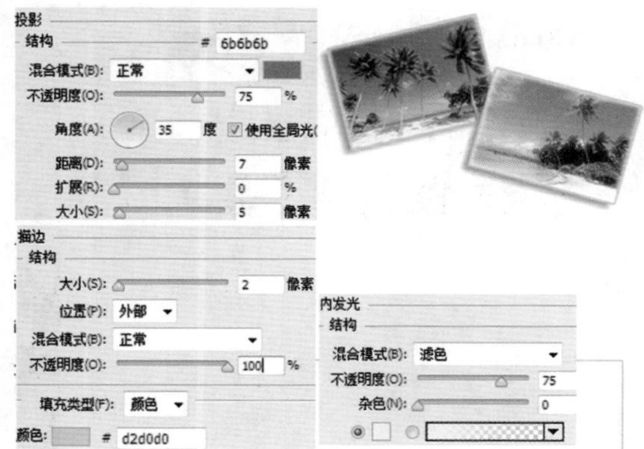

图14—63 添加图层样式

STEP|05 在照片的下面输入“欢迎在线预订”等文字，并分别设置为不同的文字样式，如图14—64所示。

图14—64 输入文字

STEP|06 新建图层，使用圆角矩形工具绘制一个半径为20px的圆角矩形，并填充灰白渐变色。然后，为该图层添加“描边”样式，如图14—65所示。

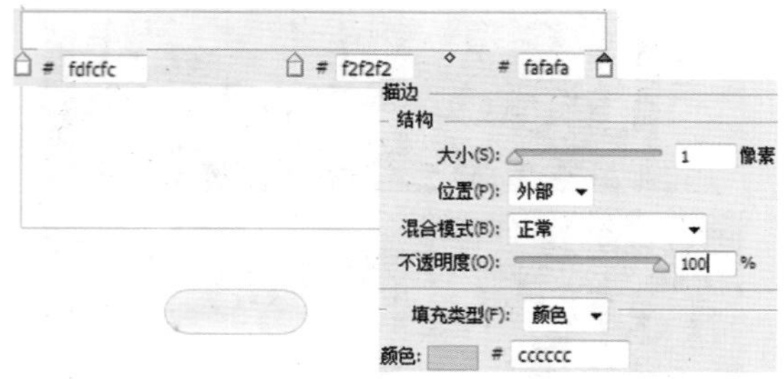

图14—65 绘制按钮

STEP|07 在按钮上面输入“确认预订”文字。然后，在其右侧绘制一个绿色的圆形，在圆形上再绘制一个白色的小三角形，如图14—66所示。

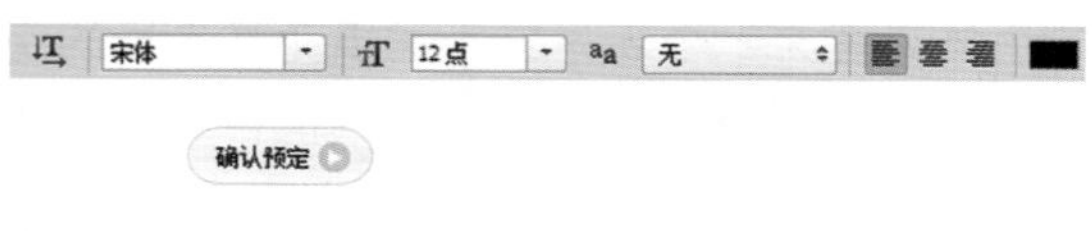

图14—66 输入按钮文字

15

第15章　设计餐饮类网站

餐饮是人们日常生活中必不可少的一部分，饮食文化也逐渐成为备受人们关注和追求的一个文化种类。在资讯迅速发展的现代社会，各种饮食文化充斥着人们的双眼，商家和营销者努力设计出好的营销策划方案，来推广各自的饮食。经营者在食物的基础之上，发掘它的文化内涵、品牌特色，让用户进一步对产品了解、认同和共鸣，从而达到宣传商品及其文化特色的目的，提高品牌的整体形象和知名度。

本章节中将对饮食网站的情况进行分类介绍，并以一家美食城作为案例，设计出一整套餐饮网站效果图。

Photoshop CC

15.1 餐饮类网站概述

网络已经成为餐饮类网站宣传品牌形象的一个快捷有效的平台，可以让更多的用户通过网络足不出户就能了解到饮食品牌和文化。但市面上的饮食种类繁多，网站的设计便成为吸引用户的一个关键因素。有的餐饮企业产品众多，有的餐饮企业是针对某类产品而开设的。因此可根据餐饮企业的功能和销售的产品类型，来设计网站风格。

15.1.1 餐饮门户网站分类

餐饮门户网站是联系消费者和餐饮企业关系的一个桥梁，其中囊括的大量餐饮娱乐信息，方便了消费者的生活，同时也极大地提高了餐饮企业的知名度和形象。根据网站主题的不同，餐饮门户网站可分为地域性餐饮网站、健康餐饮网站、餐饮制作网站和综合性餐饮网站。

1. 地域性餐饮网站 >>>>

餐饮网站有地域性之分，一个地方的用户都有自己特有的饮食习惯和风土人情，城市中的大量人口根据就近性原则，也需要地域性网站的存在，满足顾客的不同饮食选择。图15−1所示为山东美食网和苏州美食网。

图15−1　山东美食网和苏州美食网

2. 健康餐饮网站 >>>>

健康饮食网是围绕着健康这个主题进行信息发布的网络平台，致力于为用户提供各种饮食健康、养生长寿、疾病防治等保健常识，以及与健康、饮食相关的新闻和活动信息，如图15−2所示。

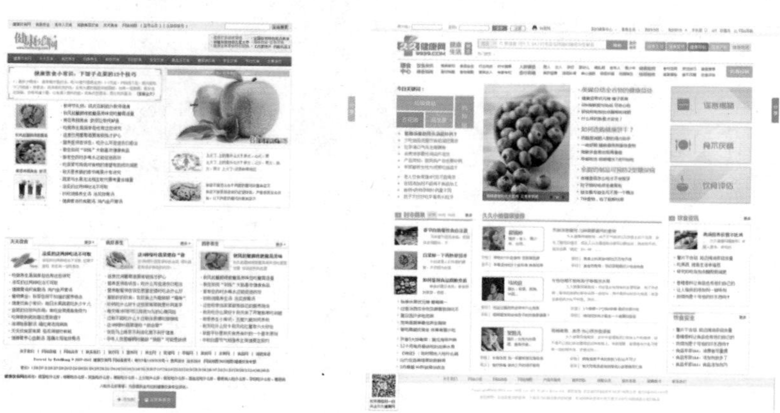

图15−2　健康饮食网站

3. 餐饮制作网站 >>>>

餐饮制作网站都是以向用户展示美食的制作方法为主题的网站，属于服务类型的网站，这种网站包含了各式受欢迎的菜品的制作手法、技巧，方便了美食制作人群的学习和交流。图15—3所示的网站就是常见到的餐饮制作网站。

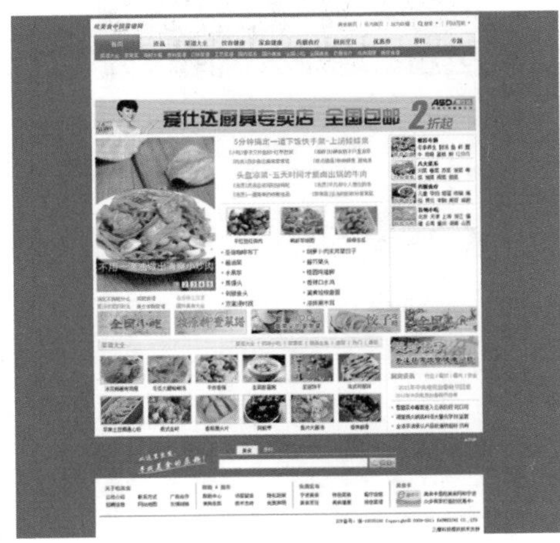

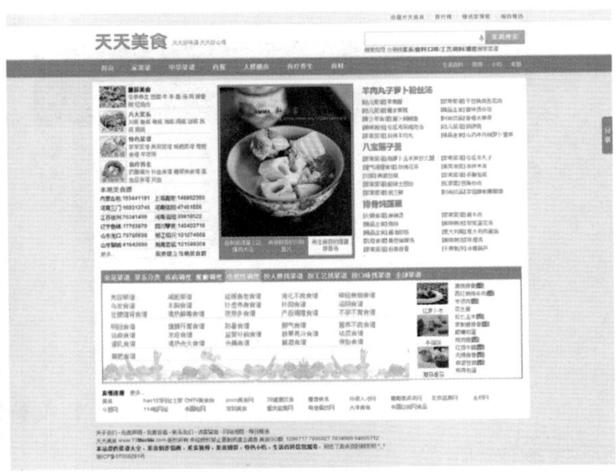

图15—3 餐饮制作网站

4. 综合性餐饮网站 >>>>

综合性饮食网站不仅向用户提供饮食的相关信息，同时也会介绍和美食相关的制作技巧、方法及其所涉及的文化，在享受轻松订餐带来的实惠的同时，也能感受文化气息的熏陶。这类型的网站给用户提供综合性的服务，如图15—4所示的网站。

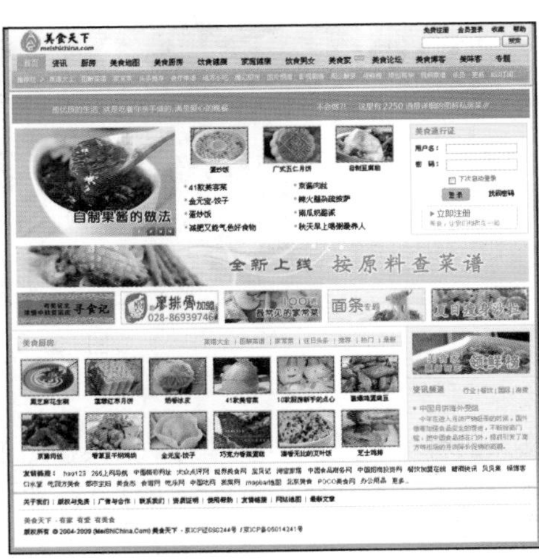

图15—4 美食网站

15.1.2 餐饮企业网站分类

在饮食文化和风味快速变化的现代社会中，餐饮企业要想脱颖而出，就必须在设计中突出自己的特色，把握自己的定位，吸引消费者的目光。

1．中式餐饮网站

中式餐饮网站的主打品牌就是各种中式餐点，符合中国人的饮食习惯，且面对的消费群体也是以中国人为主，所以网站在色彩搭配和版面布局方面要符合中式的审美习惯，适合加入传统的中国元素，塑造一种家的感觉，给消费者创造一种温馨感，如图15–5所示。

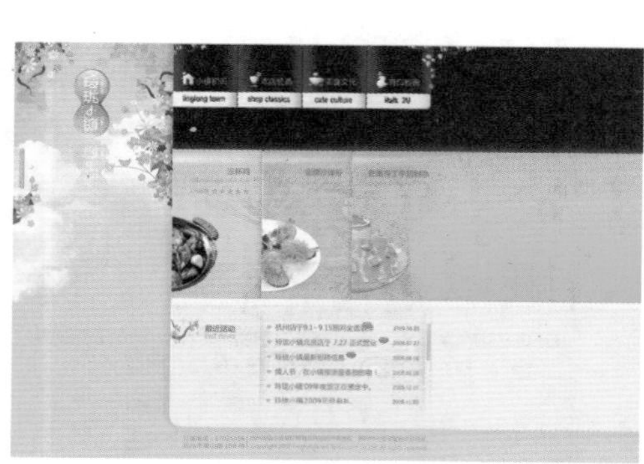

图15–5　中式餐饮网站

2．西式餐饮网站

西餐这个词是由于它特定的地理位置所决定的。人们通常所说的西餐主要包括西欧国家的饮食菜肴，当然同时还包括东欧各国、地中海沿岸等国和一些拉丁美洲如墨西哥等国的菜肴。根据不同国家的风情不同，网页设计风格也会有所不同，例如图15–6所示的披萨网站和汉堡网。

图15–6　西式餐饮网站

3．糕点餐饮网站

糕点的种类也是多种多样的，如果按照工艺分，可以分为酥皮类、浆皮类、混糖皮类、饼干类、酥类、蛋糕类、油炸类等各个样式；如按照地区分类，又可以分为京式糕点、苏式糕点、广式糕点、扬式糕点、闽式糕点、潮式糕点、宁绍式糕点、川式糕点等；另外还有西式糕点，诸如奶油蛋糕等，多以外观精美，口味香甜，受到大众的喜爱。此类网站在设计上也多根据食物特色进行规划，如图15–7所示。

4．冰点餐饮网站

冰点饮食主要包括饮料、雪花酪和冰激凌等，网站设计风格一般清爽、淡雅。网站可以展示实体产品或用抽象物概括，在设计方面只要能突出主题即可，图15–8所示为两个冰点餐饮网站。

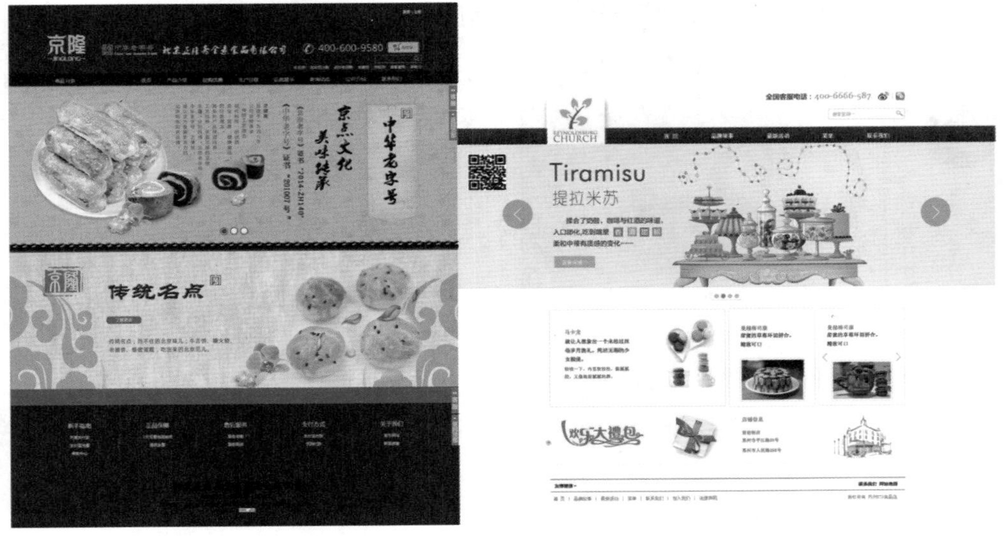

图15—7　糕点餐饮网站

图15—8　冰点餐饮网站

15.2　设计餐饮网站首页

餐饮类网站的设计应符合顾客的审美，为顾客营造一种宾至如归的感觉。网页的主题风格应与网站经营的餐饮产品相匹配。例如，经营西式餐点的网页，可以采用欧洲古典风格的花纹和色调；而经营中式餐饮的网页，则可以通过一些象征中国风格的图形元素突出网页的主题。

在设计餐饮类网站时，可以采用的颜色包括粉红色、紫色、金黄色和橘黄色等。粉红色体现出可爱、纯洁和美味的网页内涵，通常用于各种果品点心、儿童食品网站等；紫色象征雍容华贵，通常用于各种高档西餐馆和高档饭店；金黄色可以体现出网页浓郁的中国风情，通常用于各种与中国文化有关的网站，例如中餐馆等；橘黄色表示美味、甜美，通常用于各种饮料生产企业的网页。本章的实例采用金黄色为主色调，辅以褐色等颜色，以突出中餐馆的特点。

除了使用金黄色等有中国文化特色的色调以外，在设计网站的首页时，还采用了回纹花纹、古典建筑风格的窗格、画卷卷轴等与中国文化相关的图形图像元素，以及大量中餐菜肴的照片，以突出网页的中国特征，如图15—9所示。

图15-9　餐饮网站首页

15.2.1　设计网站标志

STEP|01　在Photoshop CC中执行【文件】|【新建】命令，新建空白文档，如图15-10所示。

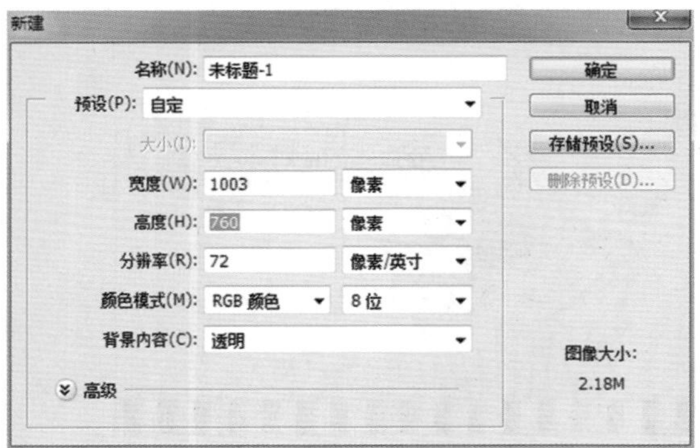

图15-10　新建文件

STEP|02　在文档中新建【背景】组，使用渐变工具为图像添加背景颜色，如图15-11所示。

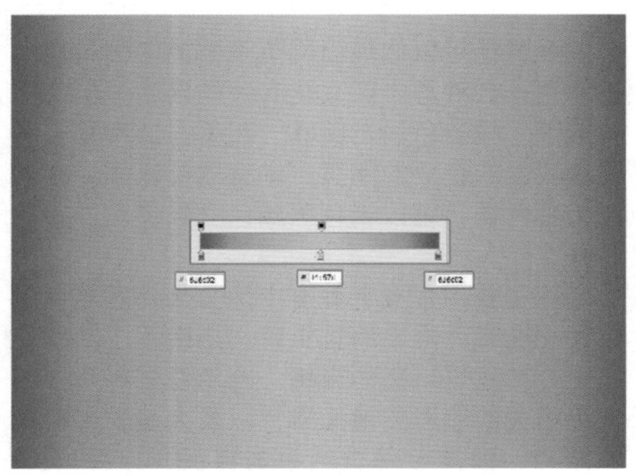

图15-11　添加背景颜色

STEP|03　导入“背景纹理”素材图像，拖入【背景】组中，放置在【背景】图层上方作为纸张纹理，并将其图层混合模式修改为叠加，效果如图15-12所示。

图15-12　添加背景纹理

STEP|04　导入“背景花边”素材，放到【背景纹理】图层上方，并修改其图层混合模式为正片叠底，效果如图15-13所示。

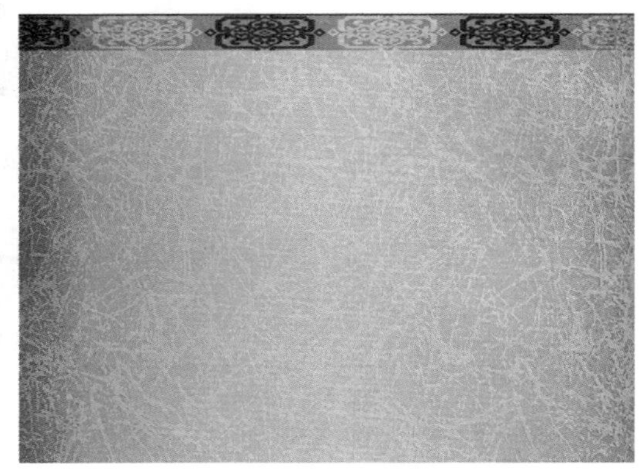

图15-13　添加背景花边

STEP|05　新建【标识】图层组，导入名为“logoBG.psd”的素材文件，如图15-14所示。

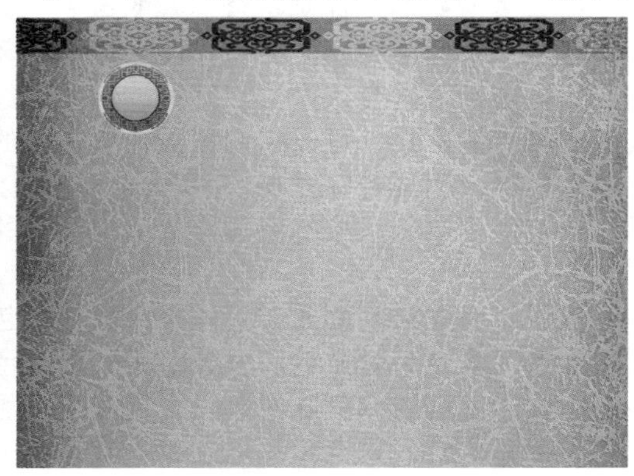

图15-14　导入标识素材

STEP|06 选择直排文字工具，在【字符】面板中设置文字工具的属性，然后在LOGO背景中输入文本，如图15-15所示。

图15-15 输入文字

STEP|07 选中该图层，执行【混合选项】命令，单击【投影】列表项目，在右侧设置【投影】项目的各种属性，然后再选择【外发光】列表项目，添加外发光图层样式，如图15-16所示。

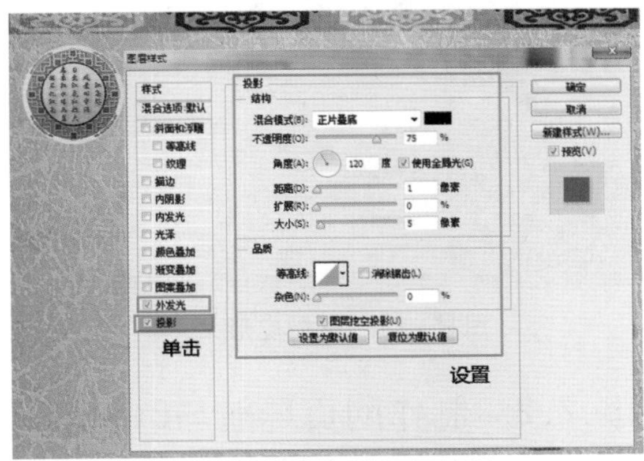

图15-16 添加投影和外发光图层样式

STEP|08 选择直排文字工具，在【字符】面板中设置文字的属性，然后输入网站的名称，如图15-17所示。

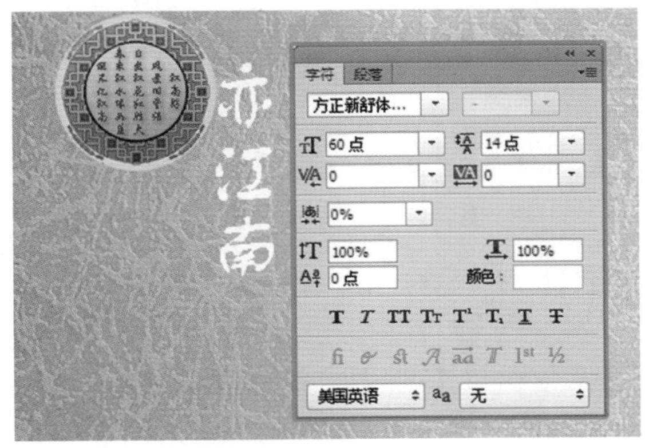

图15-17 输入网站名称

STEP|09 将光标放在“亦”字之后并按回车键，然后调整“江南”两字的文本属性，如图15-18所示。

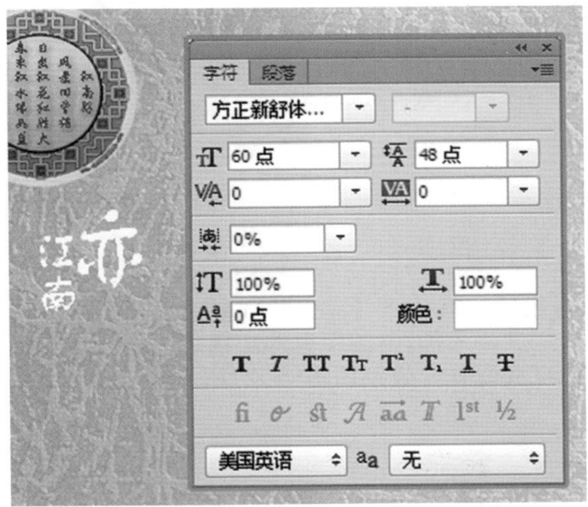

图15-18 调整文本属性

STEP|10 调整“亦江南”的位置，选中【亦江南】图层，右击执行【混合选项】命令，添加投影、外发光和内发光等样式，如图15-19所示。

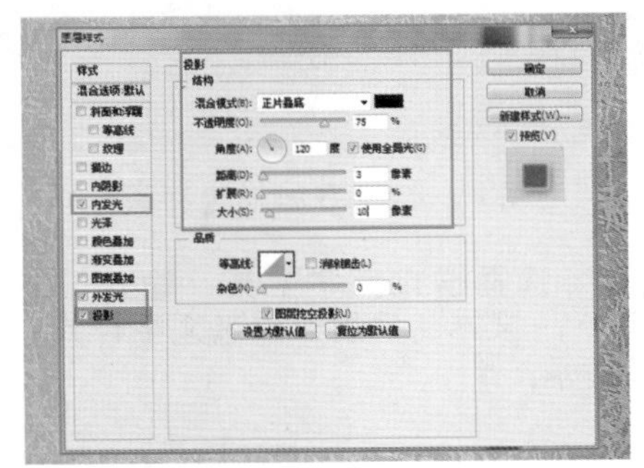

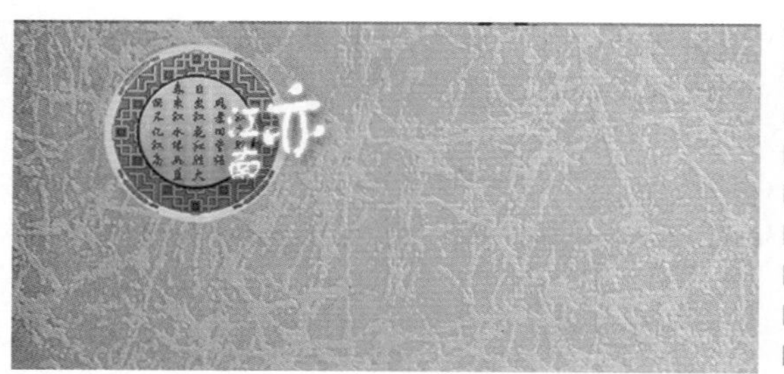

图15–19　添加图层样式

STEP|11　对“亦江南”添加渐变叠加样式，如图15–20所示。

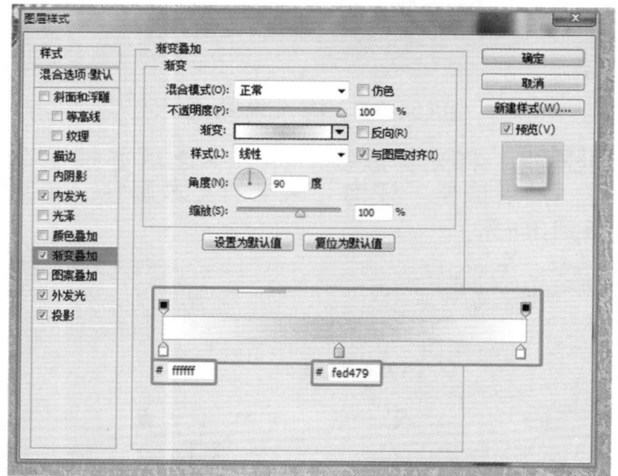

图15–20　添加渐变叠加样式

STEP|12　再选择【描边】列表项目，为“亦江南”文本添加2px的黑色外部描边，完成该图层的样式设置，效果如图15–21所示。

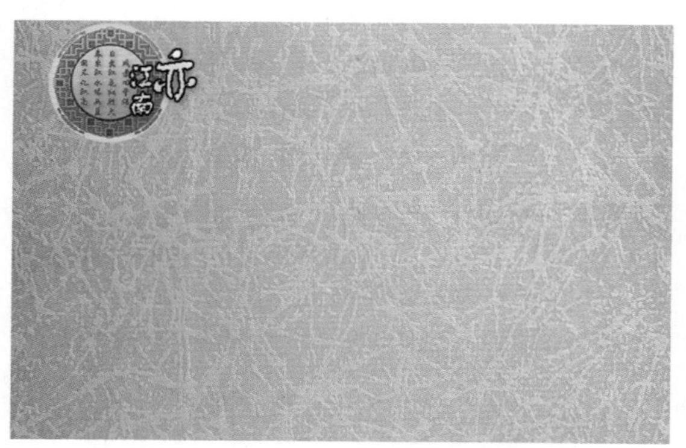

图15–21　添加描边样式

STEP|13　选择横排文字工具，输入“—八十年老店—”文本，然后设置其文字样式，如图15–22所示。

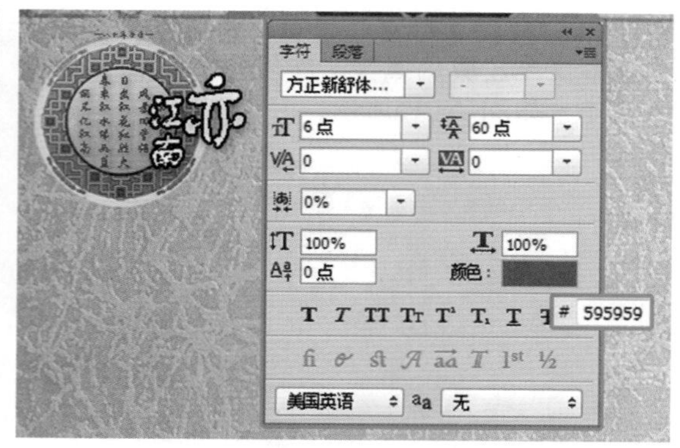

图15–22　设置文本的样式

STEP|14　在工具选项栏中单击【创建文字变形】图标，在弹出的对话框中设置样式为“扇形”，然后设置弯曲为+20%，单击【确定】按钮，如图15–23所示。

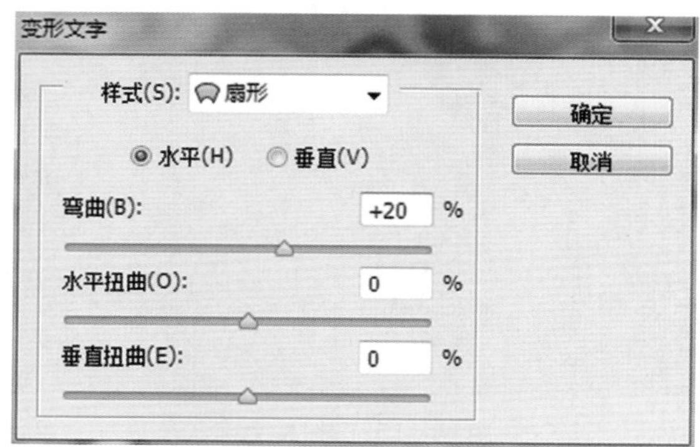

图15–23　【变形文字】对话框

STEP|15　用同样的方式，添加“—中餐服务连锁—”文本到LOGO底部，设置文本变形，完成LOGO制作，效果如图15–24所示。

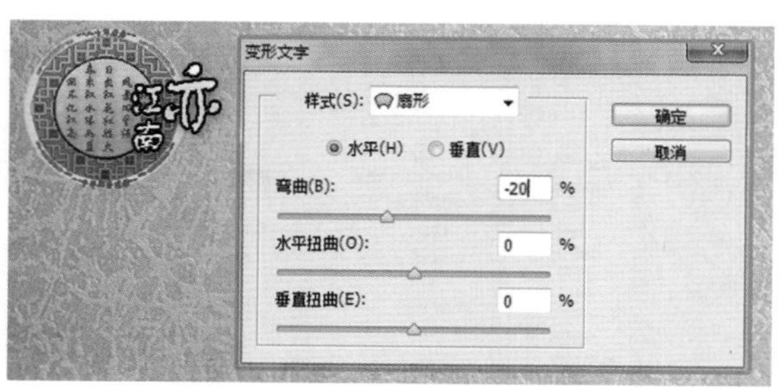

图15–24　添加变形文本

15.2.2　制作网页导航与Banner

STEP|01　新建【导航条】图层组，然后打开

"navigatorBG.psd"素材文档，将文档中的墨迹图像导入到文档中，如图15–25所示。

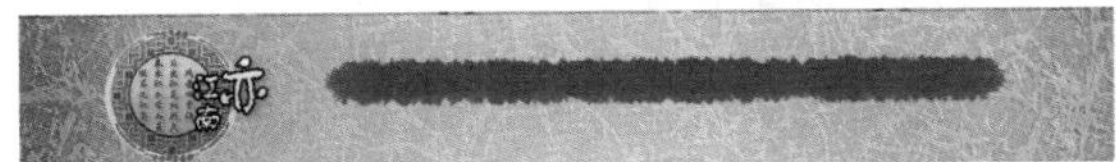

图15–25　导入墨迹图像

STEP|02　右击导入的素材图层，执行【混合选项】命令，打开【图层样式】对话框，在左侧选择【投影】列表项目，然后设置投影参数，如图15–26所示。

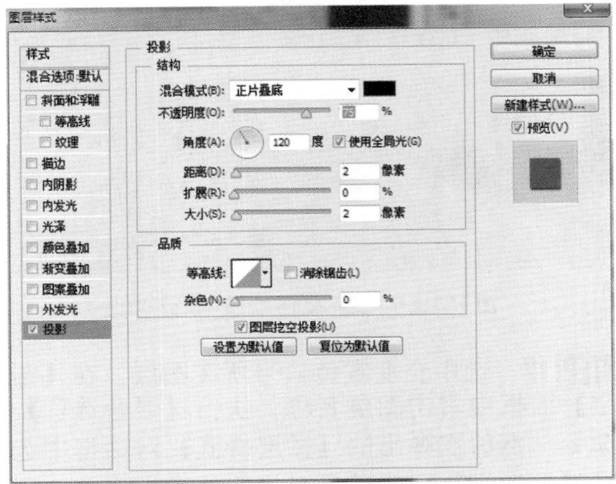

图15–26　设置投影参数

STEP|03　选择横排文字工具，在【字符】面板中设置文字属性，然后输入导航条中的文本即可完成导航条的绘制，如图15–27所示。

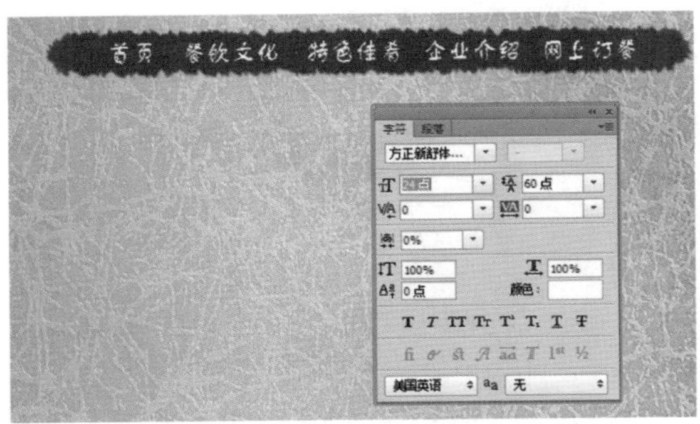

图15–27　在导航条中输入文字

STEP|04　选择圆角矩形工具，在导航文字下绘制圆角矩形，并调整其属性，如图15–28所示。

STEP|05　修改导航文字"首页"的颜色，如图15–29所示。

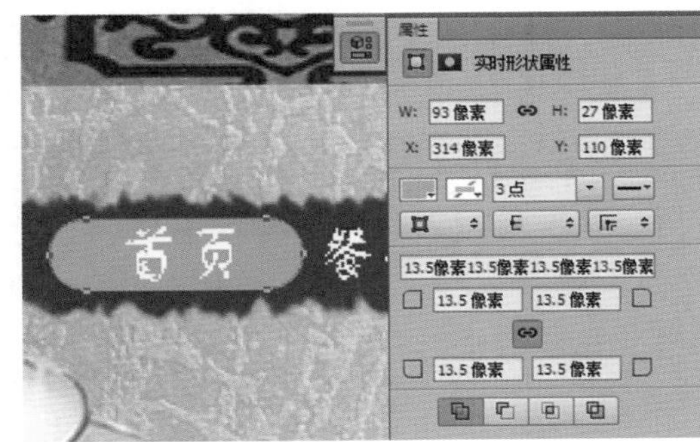

图15–28　绘制圆角矩形

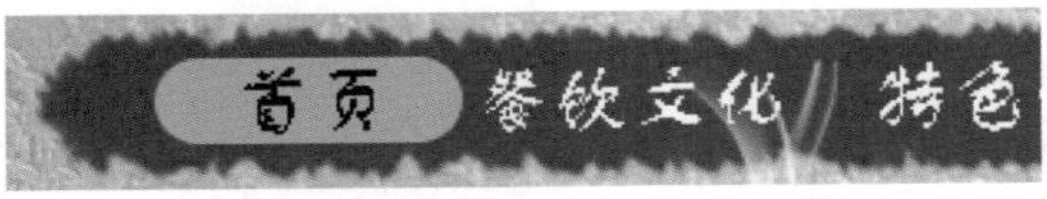

图15–29　修改导航文字颜色

STEP|06　新建【背景图】图层组，然后导入"水墨图.jpg"素材图像，按快捷键Ctrl+T，调整图像大小，按Enter键确定变换，并调整其位置，如图15–30所示。

图15–30　导入背景图

STEP|07　调整图层的混合模式为正片叠底，将背景调整成为水墨画，如图15–31所示。

图15–31　调整混合模式

STEP|08 调整图层不透明度为50%，背景制作完毕，如图15–32所示。

图15–32 调整图层的不透明度

STEP|09 导入“delicacies1.psd”素材，如图15–33所示。

图15–33 导入素材

STEP|10 用同样的方法导入“delicacies2.psd”和“smoke.psd”素材，调整其位置和大小，如图15–34所示。

图15–34 调整文档位置和大小

STEP|11 新建【企业语】图层组，然后选择横排文字工具，在【字符】面板中设置文本的样式，输入企业宣传口号，如图15–35所示。

图15–35 输入企业宣传口号

STEP|12 选中企业宣传口号所在图层，在【图层】面板中右击图层名称，执行【混合选项】命令，然后在弹出的【图层样式】对话框中选择【外发光】列表项目，设置外发光属性，完成Banner制作，效果如图15–36所示。

图15–36 为宣传口号添加外发光样式

15.2.3 制作网页内容和版尾

STEP|01 新建【画布】图层组，然后打开“sroll.psd”素材，将其中的两个图层导入到文件中，并移动其位置，如图15–37所示。

图15–37　新建【画布】图层组

STEP|02　在【画布】图层组中新建图层组【江南介绍】，然后选择横排文字工具，在【字符】面板中设置字体样式，输入文本，如图15–38所示。

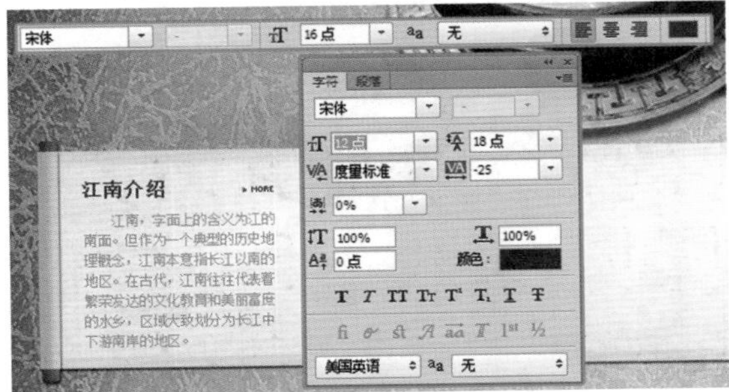

图15–38　输入“江南介绍”文字

STEP|03　新建【名菜品鉴】图层组，用同样的方式制作栏目标题文本，如图15–39所示。

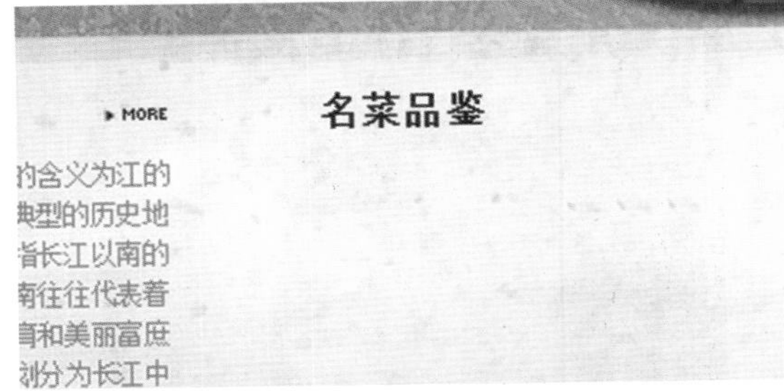

图15–39　新建【名菜品鉴】图层组

STEP|04　导入“蟹粉狮子头.jpg”素材图像，以下方墨滴图像为剪贴板为其添加剪贴蒙版，如图15–40所示。

STEP|05　再次选择横排文字工具，在【字符】面板中设置字体样式，输入菜品介绍文本，如图15–41所示。

图15–40　导入素材图像

图15–41　输入菜品介绍文本

STEP|06　打开“more.psd”素材文件，将其中的“了解更多”按钮图像导入到文件中，并移动到菜肴介绍文本下方，如图15–42所示。

图15–42　导入“了解更多”按钮图像

STEP|07　用同样的方式制作“响油鳝糊”菜肴的介绍内容，再次导入按钮，如图15–43所示。

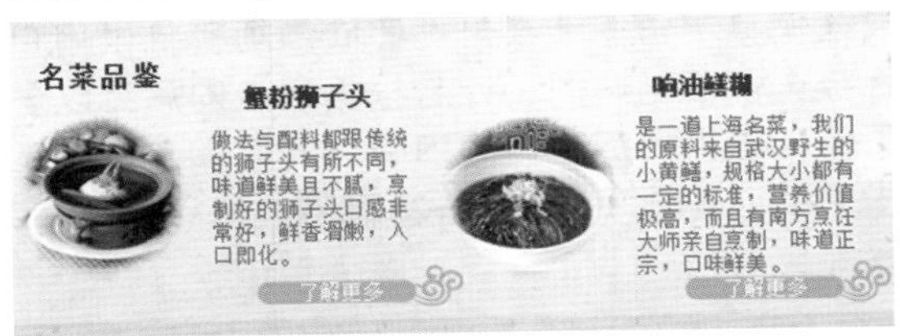

图15–43　制作“响油鳝糊”的介绍内容

STEP|08 在【画布】图层组中建立【联系方式】图层组，导入"titleBar.psd"素材文件中的图层，并输入文本，设置文本的样式，如图15-44所示。

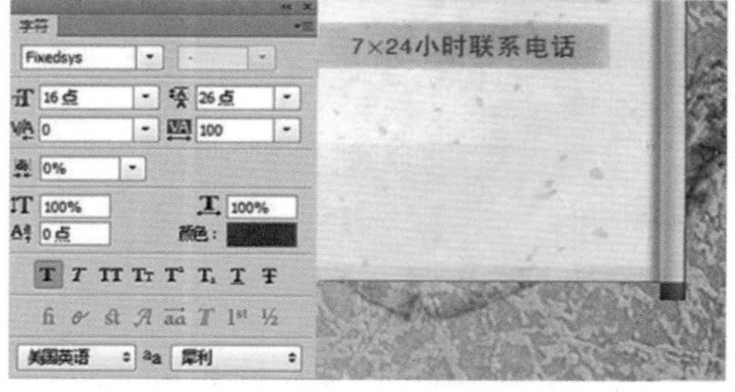

图15-44 建立【联系方式】组

STEP|09 选择圆角矩形工具，绘制圆角矩形按钮，填充颜色#B28850，输入"点此开始网上订餐"文本，然后使用钢笔工具绘制箭头，设置其颜色为褐黄色（#221815），完成主题内容的制作，如图15-45所示。

图15-45 制作圆角矩形按钮

STEP|10 建立【版权声明】图层组，选择横排文字工具，在【字符】面板中设置字体样式，输入版权信息的内容，如图15-46所示。

图15-46 输入版权信息内容

15.3 设计企业理念页与网上订餐页

企业理念页和网上订餐页是由文本内容和表单内容组成的网站子页，如图15-47所示。在设计这些子页时，可以使用首页中已使用过的一些网页图像元素，以及各种通用的版块内容，包括LOGO、导航条和版尾等。除此之外，还需要为子页设计统一的子页导航条和投票等栏目，以使网页内容更加丰富。

子页导航是网站的二级菜单导航，其作用是为用户提供网站具体栏目的导航。投票栏目的作用是不定期地提供一些问题项目，供用户选择，便于网站的设计者根据用户的意见改进工作，提供更加丰富的内容，同时提高服务水平。子页导航的具体制作过程如下所述。

企业理念

网上订餐

图15-47 企业理念网页和网上订餐网页

15.3.1 制作子页导航与投票栏

STEP|01 新建名为“concept.psd”的文件，设置画布大小为1003×1270像素，然后使用和主页相同的方式制作页面的背景，如图15-48所示。

图15-48 制作页面背景

STEP|02 打开“美食网站网页.psd”文件，从其中导入LOGO、导航条和版尾等栏目，并修改色块位置和文字颜色，如图15-49所示。

图15-49 修改色块

STEP|03 分别导入“star.psd”“subPage-BannerImage.psd”“subPageBannerBG.psd”和“水墨图.jpg”等素材图像，制作子页的Banner。右击从“subPageBannerImage.psd”素材中导入的图像图层，执行【创建剪贴蒙版】命令，制作剪贴蒙版，完成Banner制作，如图15-50所示。

图15-50 创建剪贴蒙版

STEP|04 从“美食网站网页设计.psd”文件中导入名为【企业语】的图层组，然后设置其文本大小等属性，使其与子页Banner相匹配，如图15-51所示。

图15-51 导入【企业语】图层组

STEP|05 新建【导航条修饰】图层组，打开“水墨图.psd”文件素材，导入其中的水墨画，将图层不透明度修改为50%，修改图层混合模式为正片叠底，按快捷键Ctrl+T，右击图像，执行【水平翻转】命令，效果如图15-52所示。

图15-52　新建【导航条修饰】图层组

STEP|06　在【导航条修饰】图层组下方新建名为【组4】的图层组，并在该图层组中新建【组4-1】组，导入“subNavBG.psd”素材图像，作为子导航条的背景，如图15-53所示。

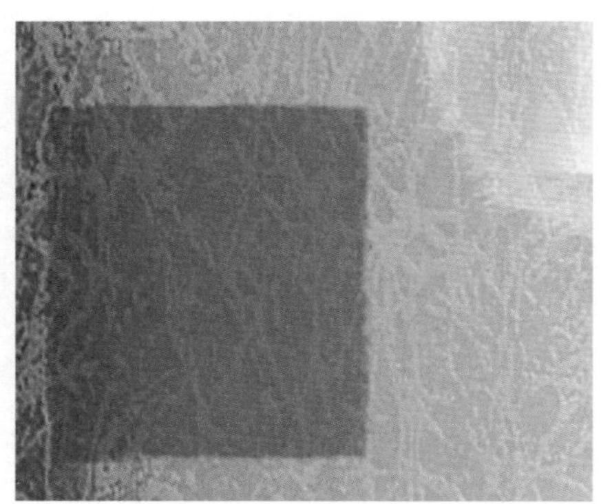

图15-53　导入素材图像

STEP|07　在子导航条背景上输入“企业介绍”文本，然后在【字符】面板中设置文本样式，如图15-54所示。

图15-54　设置文本样式

STEP|08　打开“subNavline.psd”素材，将其中的彩色线条导入到文件中，如图15-55所示。

图15-55　导入彩色线条

STEP|09　输入子导航条的内容，然后通过【字符】面板设置文本样式，如图15-56所示。

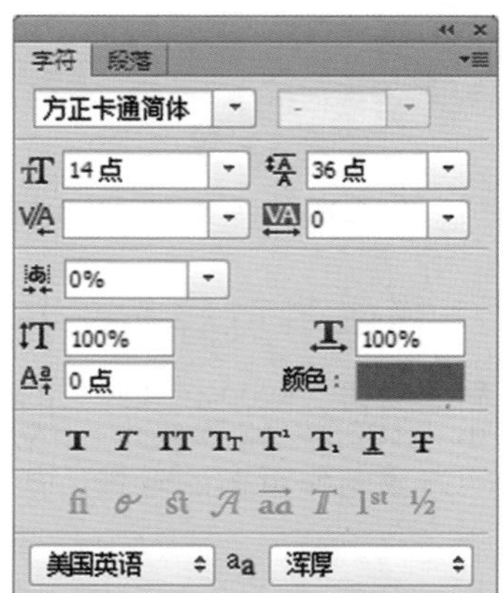

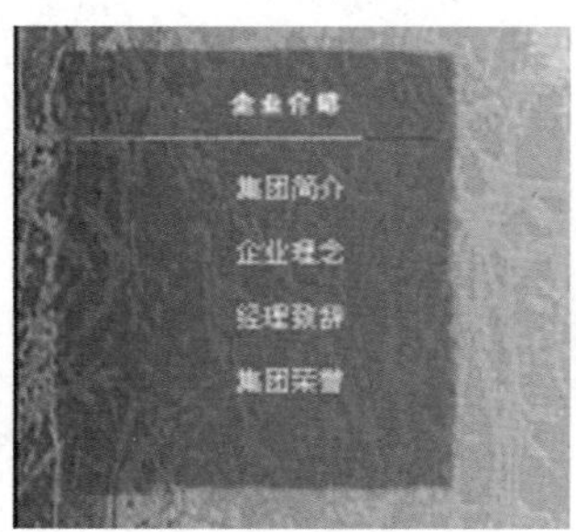

图15-56　输入子导航条的内容

STEP|10　打开“subNavHover.psd”素材，将其中的墨迹图层导入到文件中，作为鼠标滑过菜单的特效，完成子导航的制作。如图15-57所示。

图15-57　导入墨迹图层

STEP|11　在【组4】图层组中新建【组4-2】图层组，然后打开“subVoteBG.psd”素材，将其中的图形导入到文件中。将图形放置在子导航栏下方，作为投票栏目的背景，如图15-58所示。

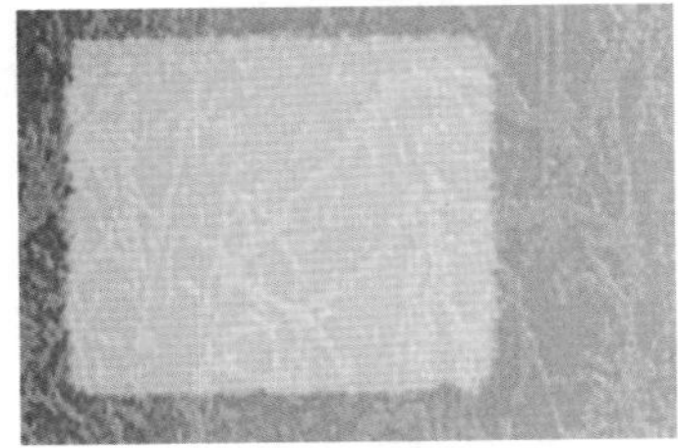

图15-58　导入投票栏目背景

STEP|12　在投票栏目背景上绘制一个箭头，然后再输入投票内容，并设置其样式，如图15-59所示。

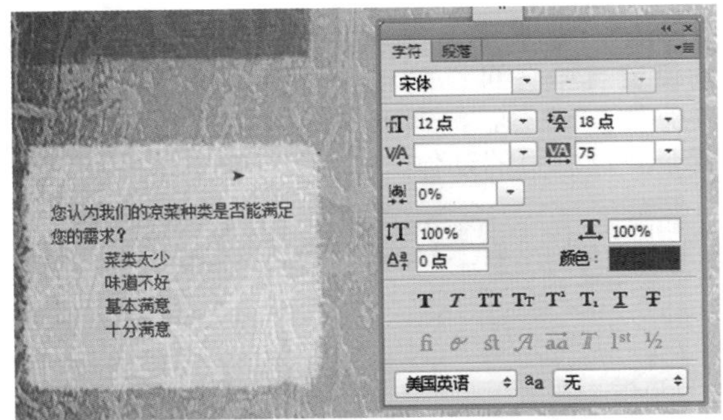

图15-59　输入投票内容

STEP|13　使用椭圆工具在投票项目左侧绘制4个圆形形状，并分别将其转换成为位图，作为表单的单选按钮，如图15-60所示。

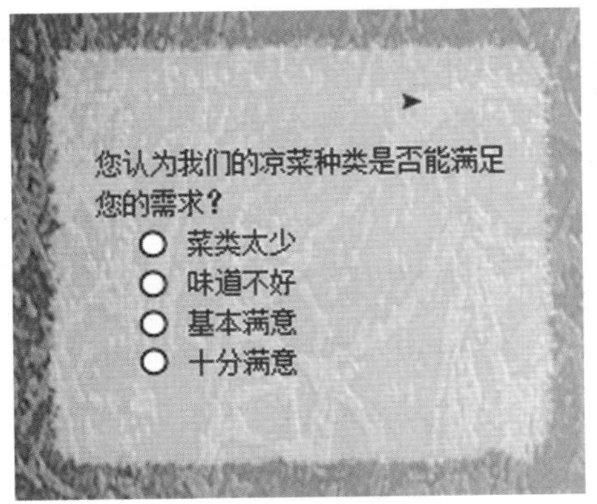

图15-60　绘制单选按钮

STEP|14　使用圆角矩形工具在投票项目下方绘制两个黑色（#000000）的圆角矩形作为按钮的背景，如图15-61所示。

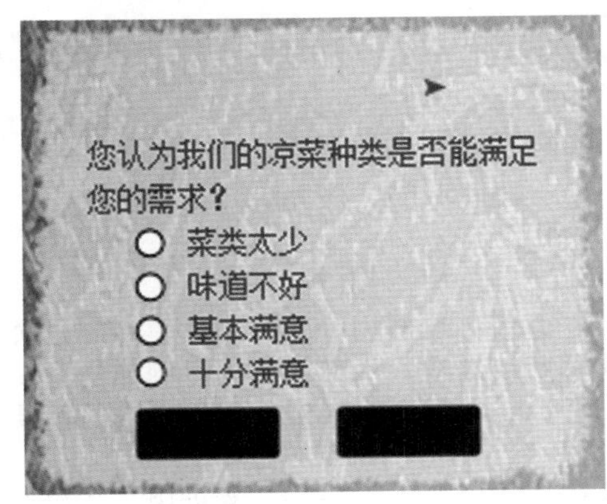

图15-61　绘制按钮背景

STEP|15　分别在两个黑色圆角矩形的上方绘制两个较小一点的白色圆角矩形，完成按钮绘制，如图15-62所示。

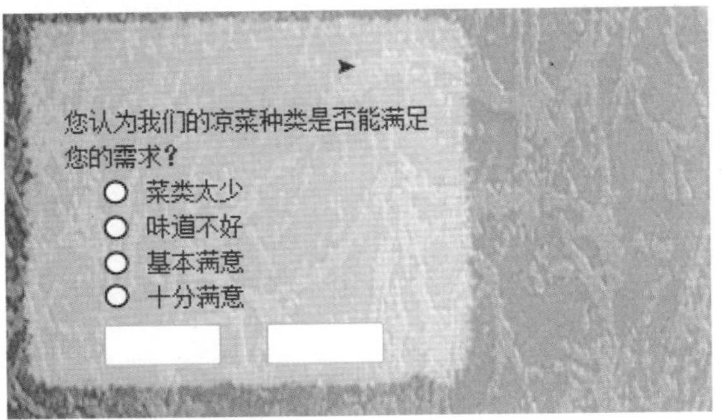

图15-62　绘制按钮

STEP|16　输入按钮上的文本，然后在【字符】面板中设置文本样式，如图15-63所示。

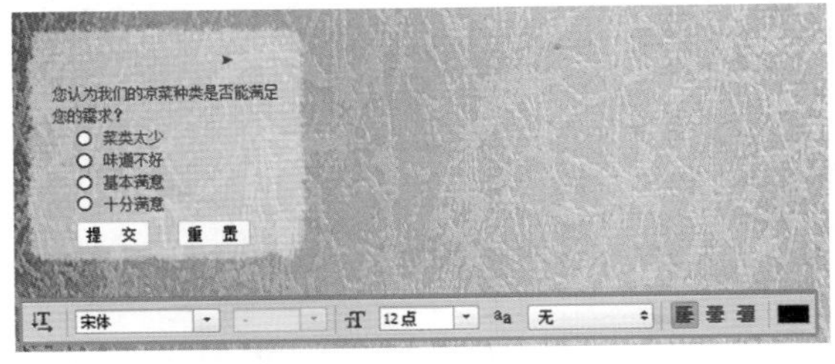

图15-63　输入按钮文本

STEP|17　打开“titleBar.psd”素材，导入素材图像作为投票栏目的标题背景。然后输入标题文本，设置标题文本样式，完成投票栏目的制作。如图15-64所示。

图15-64 投票标题的制作

15.3.2 制作企业理念页

在之前的章节中，已经制作了网站子页中的各种版块内容。本节将根据已制作的版块内容，设计企业理念页，对餐饮网站进行简要地介绍。

STEP|01 在“concept.psd”文件中，新建名为【组3】的图层组，然后，导入“subContentBG.psd”素材文件中的图形，作为网页主题内容的背景，如图15-65所示。

图15-65 导入网页主题内容背景

STEP|02 在【组3】中新建【组3-1】图层组，然后导入“subPageTitle.psd”素材文件中的图标，作为主题内容标题的图标，然后输入标题，并设置标题样式，如图15-66所示。

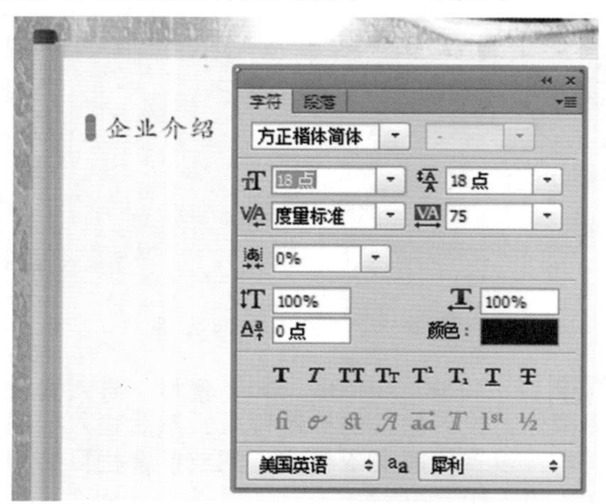

图15-66 制作主题内容标题

STEP|03 用同样的方法导入“subTitle2BG.psd”素材文件中的图形，作为二级标题的背景，然后输入二级标题的文本，并设置其样式，如图15-67所示。

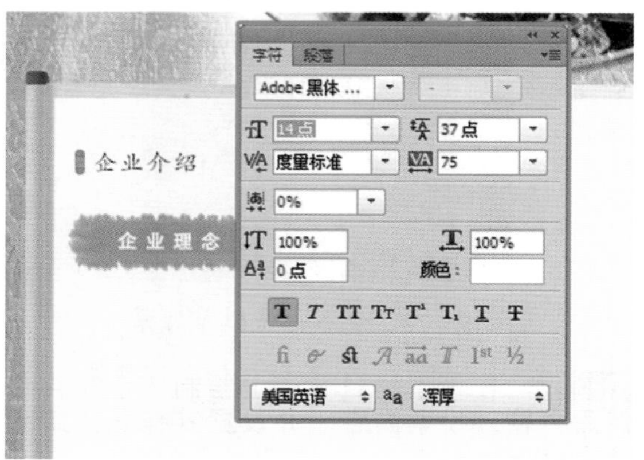

图15-67 制作二级标题

STEP|04 最后输入企业理念的文本内容，并分别设置其中各种标题和段落的样式，将【导航条修饰】图层组拖动到【背景】之上，即可完成企业理念页的制作，如图15-68所示。

图15-68 企业理念页的制作

15.3.3 订餐表单制作

网上订餐表单页主要由文本说明、各种输入文本域以及单选按钮和提交按钮组成。通过订餐表单，餐饮网站可以获得用户的需求信息，并根据这些需求为用户提供服务。订餐表单页的具体制作方法如下所述。

STEP|01　复制“concept.psd”文件，将其重命名为“reservation.psd”文件，然后将其打开，删除【组3】图层组中企业概念的文本内容和二级标题，如图15-69所示。

图15-69　复制文件

STEP|02　将子导航栏的标题和主题内容的标题都修改为“网上订餐”，并删除子导航栏中的内容，如图15-70所示。

图15-70　修改导航标题和内容标题

STEP|03　在【组3】图层组中新建【客户信息】图层组，然后从“concept.psd”文件中导入主题内容的二级标题和背景，修改二级标题为“客户信息”，如图15-71所示。

图15-71　修改二级标题

STEP|04　输入客户信息中的文本，并设置样式，然后绘制表单的矩形框，如图15-72所示。

STEP|05　新建【用餐要求】图层组，然后用相同的方式在“客户信息”表单下方制作“用餐要求”表单，如图15-73所示。

STEP|06　再新建一个【订餐须知】图层组，添加二级标题，然后输入订餐须知的文本，如图15-74所示。

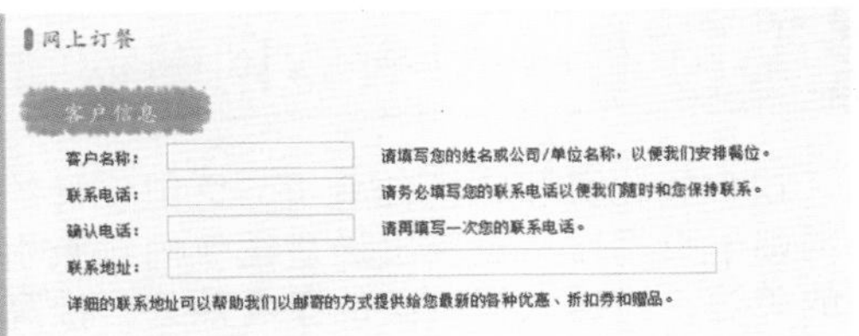

图15-72　制作客户信息

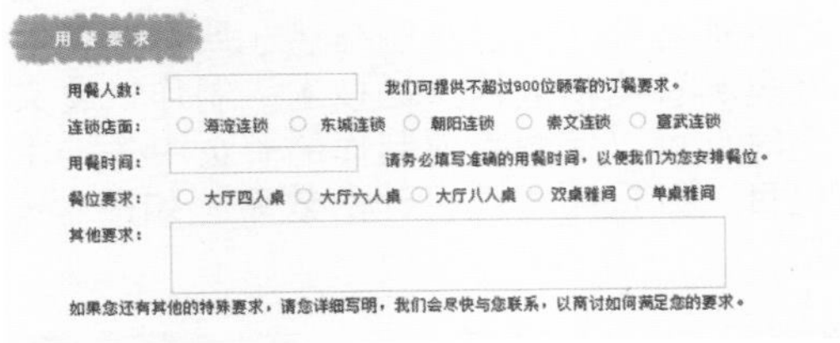

图15-73　制作“用餐要求”表单

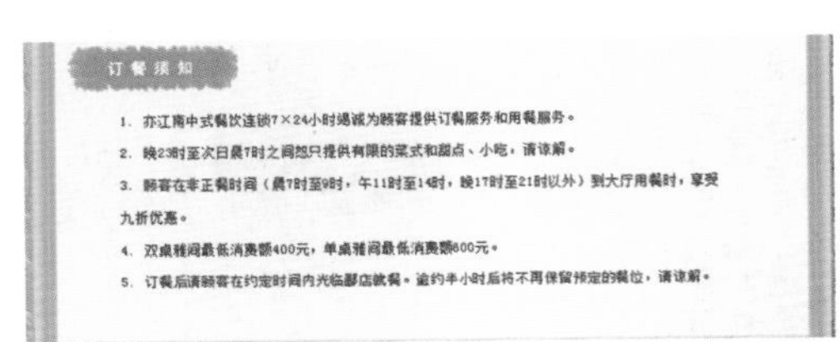

图15-74　制作【订餐须知】图层组

STEP|07　新建名为【按钮】的图层组，将投票栏目中的两个按钮复制到该图层组中，并调整按钮的位置，即可完成网上订餐表单的制作，如图15-75所示。

图15-75　复制按钮

15.4 设计餐饮网站饮食内页

饮食文化页和特色佳肴页与之前设计的两个网站子页相比，更突出通过图像内容吸引用户的关注，通过大量精美的菜肴照片，提高用户对餐厅的兴趣，吸引用户前来就餐。

饮食文化子页的作用是介绍与餐饮网站相关的各种名菜，通过这些描述，展示中餐的文化底蕴和餐馆精湛的烹饪技术。制作饮食文化子页时，可以使用之前制作的子页中各种重复的栏目，以提高网页设计的效率，如图15−76所示。

图15−76　制作饮食文化子页

15.4.1　制作饮食文化子页

STEP|01　复制“concept.psd”文件，将其重命名为“culture.psd”文件，然后修改子页导航中的文本内容以及栏目标题，删除企业理念文本，如图15−77所示。

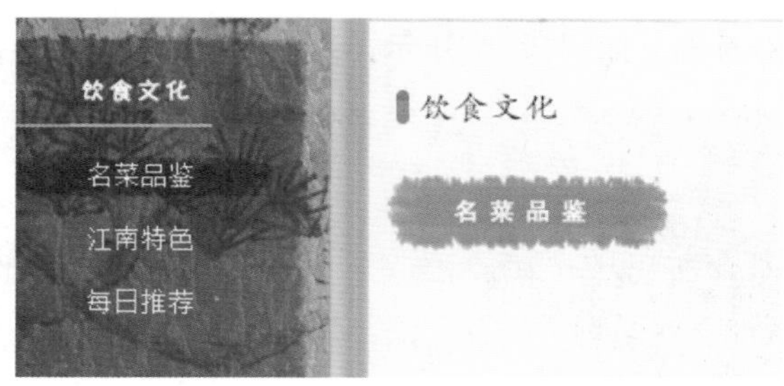

图15−77　饮食文化标题的制作

STEP|02　在【组3】图层组中新建名为【组3−2】图层组，将主题内容的二级标题拖动到该组中，然后在【组3−2】图层组中新建【糟香鲥鱼】图层组，导入“糟香鲥鱼”的图片，如图15−78所示。

图15−78　添加名菜图

STEP|03　打开“ImageBG.psd”素材，将其中的图形导入到“糟香鲥鱼”图片的下方，然后右击“糟香鲥鱼”图层，执行【创建剪贴蒙版】命令，建立剪贴蒙版，如图15−79所示。

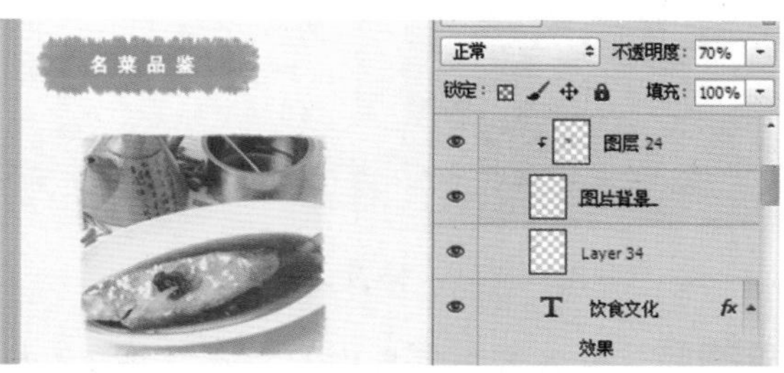

图15−79　创建剪贴蒙版

STEP|04　在右侧输入“糟香鲥鱼”文本，然后导入“point.psd”素材图像中的点划线，如图15−80所示。

图15-80　输入“糟香鲥鱼”文本

STEP|05　在“糟香鲥鱼”文本下方输入菜肴的介绍内容，并导入“colorLine.psd”素材文件中的彩色线条，如图15-81所示。

图15-81　输入菜肴介绍内容

STEP|06　从“美食网站网页”文件中导入“了解更多”按钮的文本以及背景图像。然后将“了解更多”修改为“更多简介”，即可完成“糟香鲥鱼”的介绍制作，如图15-82所示。

图15-82　制作“更多简介”按钮

STEP|07　用同样的方式制作“蟹粉豆腐”和“瑶柱极品干丝”两道菜肴的简介内容，即可完成食品文化页面的制作，如图15-83所示。

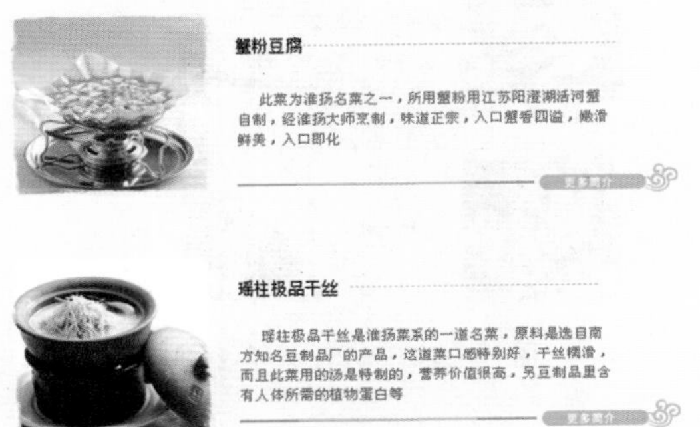

图15-83　食品文化页面

15.4.2　制作特色佳肴子页

特色佳肴子页的作用是介绍餐饮企业提供给用户的各种特色菜肴，吸引用户前来就餐。同时，特色佳肴子页还可以介绍餐馆的价位、形象等信息，从而帮助用户了解企业的经营特色，如图15-84所示。

图15-84　特色佳肴子页

STEP|01　复制文件“concept.psd”，将其重命名为“delicacies.psd”文件。然后，修改子页导航条中的文本内容以及标题，同时删除二级标题和企业理念等内容，如图15-85所示。

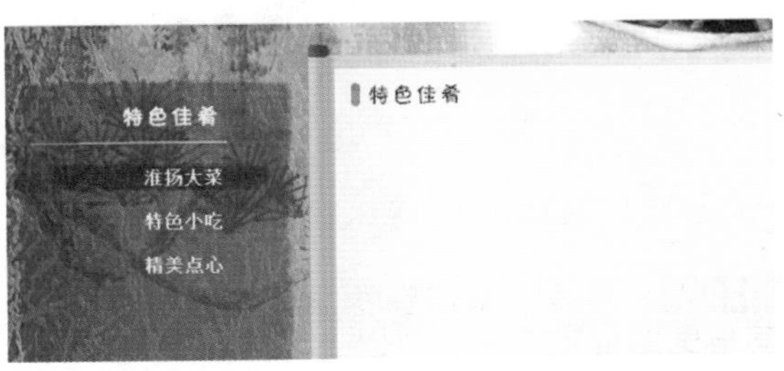

图15-85　复制文件并修改标题

STEP|02　输入介绍文本，并对文本进行排版，如图15-86所示。

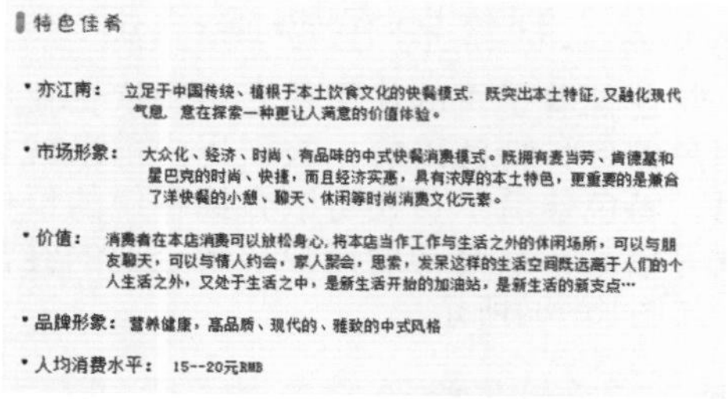

特色佳肴
• 亦江南： 立足于中国传统、植根于本土饮食文化的快餐模式．既突出本土特征，又融化现代气息．意在探索一种更让人满意的价值体验。
• 市场形象： 大众化、经济、时尚、有品味的中式快餐消费模式。既拥有麦当劳、肯德基和星巴克的时尚、快捷，而且经济实惠，具有浓厚的本土特色，更重要的是兼合了洋快餐的小憩、聊天、休闲等时尚消费文化元素。
• 价值： 消费者在本店消费可以放松身心，将本店当作工作与生活之外的休闲场所，可以与朋友聊天，可以与情人约会，家人聚会，思索，发呆这样的生活空间既远离于人们的个人生活之外，又处于生活之中，是新生活开始的加油站，是新生活的新支点…
• 品牌形象： 营养健康，高品质、现代的、雅致的中式风格
• 人均消费水平： 15--20元RMB

图15–86　输入文本并排版

STEP|03　在【组3】图层组中新建【组3–2】图层组，从"concept.psd"文件中复制一个二级文本和标题背景，然后将其拖动到介绍文本的下方，修改标题文本内容，如图15–87所示。

• 人均消费水平： 15--20元RMB
淮 扬 大 菜

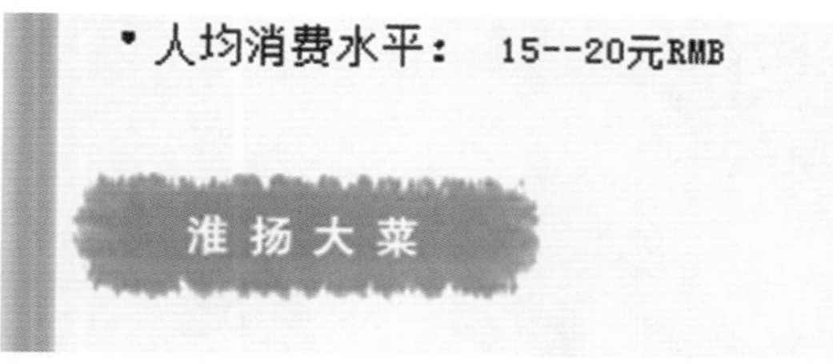

图15–87　添加二级标题

STEP|04　导入"ImageBG.psd"素材文件中的图像，作为菜肴图片的背景，将其放置到二级标题的下方，如图15–88所示。

淮 扬 大 菜

图15–88　导入图片背景

STEP|05　导入"果馅春卷.jpg"素材图像，将其拖曳到指定位置，并以上步拖入的背景作为剪贴板制作剪贴蒙版，如图15–89所示。

淮 扬 大 菜

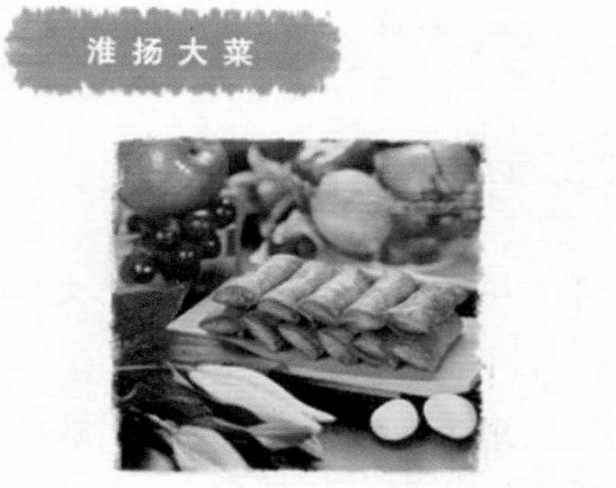

图15–89　制作剪贴蒙版

STEP|06　在图像的右侧输入菜肴的名称，然后在【字符】面板中设置文本的样式，如图15–90所示。

字符
段落
Adobe 黑体 ...
14点
14点
度量标准
75
0%
100%
100%
0点
颜色：
美国英语
浑厚

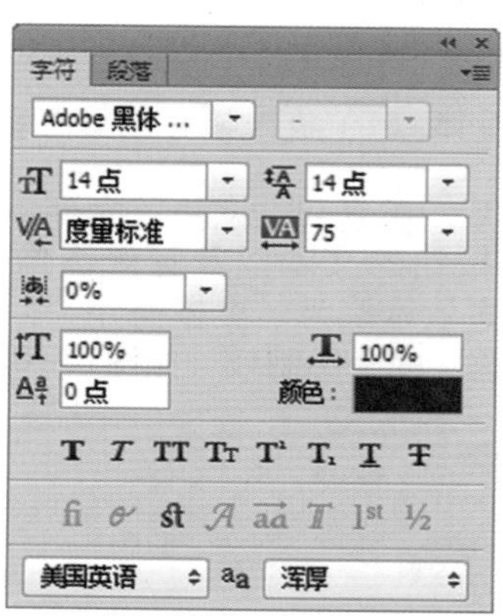

图15–90　设置文本样式

STEP|07　用同样的方式制作菜肴列表中的其他项目，即可完成特色佳肴子页的制作，如图15–91所示。

果馅春卷
糟香鲥鱼
翡翠烧卖
锅烧河鳗

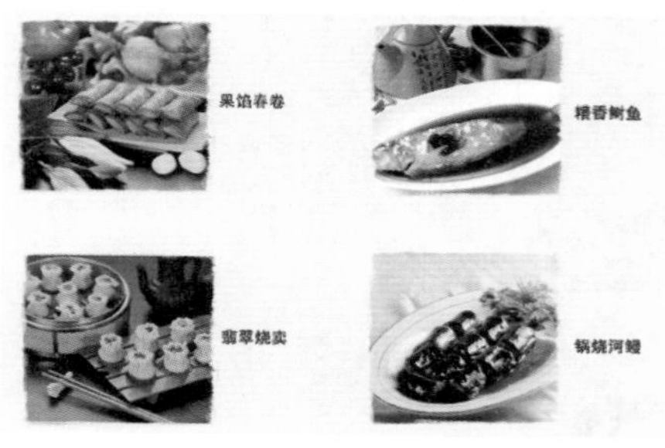

图15–91　制作菜肴列表

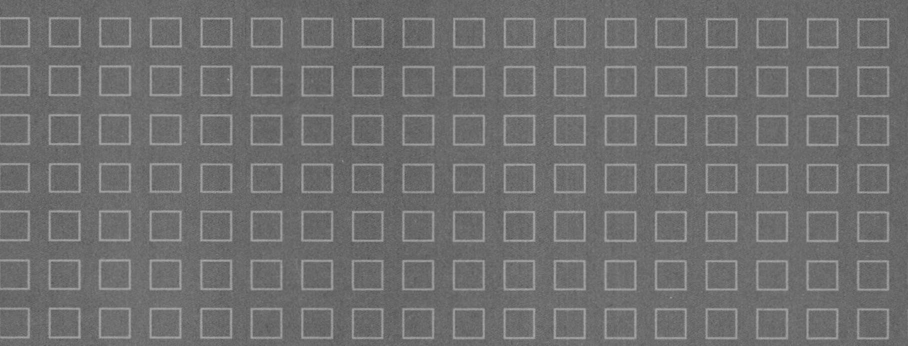

第16章　设计休闲类网站

现代生活的节奏越来越快，人们在身体和精神上都会有各种各样的压力，所以便需要各式各样的休闲活动来对身心进行放松。无论什么样的活动，只要能够舒缓压力，让身心得到放松便是适合自己的休闲方式。休闲类网站通过网络向人们介绍、推荐各种各样的休闲活动、休闲用品等。

休闲类网站种类繁多，有的行业既属于休闲类型，又属于其他类型，增加了休闲类网站的多样性。本章介绍各休闲类网站的特点以及色彩搭配，并以一个休闲类旅游网站的制作为实例，具体地展示休闲类网站效果的整个制作过程。

Photoshop CC

16.1 休闲类网站概述

休闲类网站可以让人们消除体力的疲劳，获得精神上的慰藉，它通过人类群体共有的行为、思维、感情，创造文化氛围，传递文化信息，构筑文化意境，从而达到个体身心和意志的全面、完整的发展。休闲总是与一定历史时期的政治、经济、文化、道德、伦理水平紧密相连，并相互作用。休闲活动也是多种多样的，网站便可根据其种类进行分类。

1. 休闲之时尚生活

休闲是指在非劳动及非工作时间内以各种“玩”的方式求得身心的调节与放松，达到生命保健、体能恢复、身心愉悦的目的的一种业余生活。而时尚生活也是休闲生活中的一种方式，在各类门户网站中均能够看到休闲与时尚的信息，并且还有特别为时尚生活建立的网站，如图16–1所示。

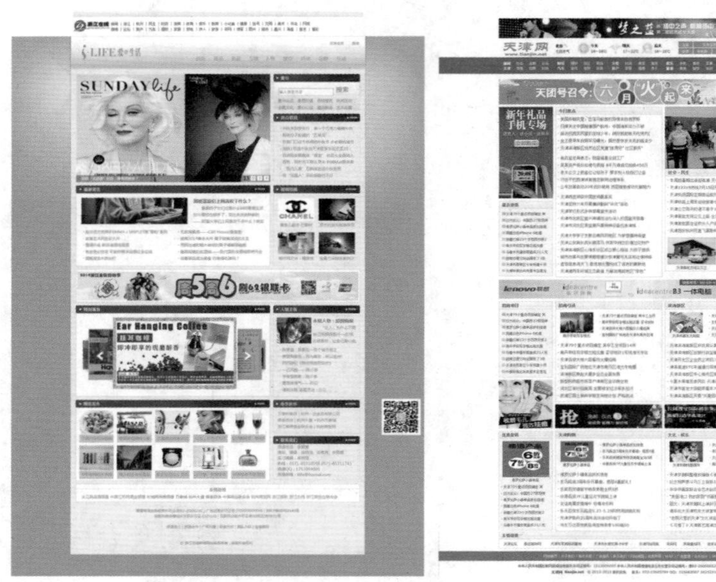

图16–1　时尚生活与休闲生活网站

2. 休闲之旅游

随着生活水平的提高，旅游已经成为人们的一种生活方式。在旅游过程中，可以领略异地的新风光、新生活，在异地获得平时不易得到的知识与快乐。由于各个旅游景点的风景不同，所以需要根据当地景点的特色来决定网站的色调，这样才能够使用户在浏览网站的同时，感受景点的独特之处，如图16–2所示。

3. 休闲之美容

美容也是一种放松身心的方式，是让个人从外貌上进行好的改变和调整的一种休闲方式，无论是女士还是男士都可以进行此种休闲活动。美容不仅针对脸部，还包括全身，并且还有各种方式的SPA养生。通过SPA养生，不仅能够美容美体、瘦身，还能够起到抵抗压力的作用，使人从外貌到精神都呈现出一种健康感。图16–3所示为美容养生网站。

4. 休闲之健身

健身已经是人们生活中必不可少的休闲以及排解压力的方式之一，无论是综合性的健身俱乐部，还是专业的健身馆。健身网站是一个提供健身资讯、健身理念、健身课程、健身管理、健身咨询、健身指导等的平台。

互联网中有成千上万的健身网站为广大网民提供健身咨询，每家网站都有各自的特色，所开设的栏目也大相径庭，图16–4所示的都是综合性的健身网站。

图16-2　旅游网站

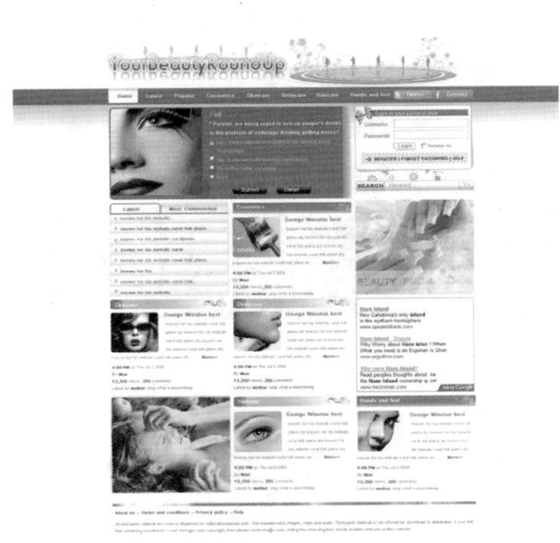

图16-3　美容养生网站

图16-4　健身网站

5．休闲之服饰

跟服饰相关的活动也是一种休闲方式，是因为一方面服饰能够装饰人的外表；另外一方面，购物，也就是买衣服也是一种舒缓压力的途径。所以，服饰网站在设计时应以舒适为主，如图16－5所示。

服饰网除了销售服装外，还提供包括服装流行资讯、时尚资讯、品牌服装发展历程，服装的穿着文化、搭配文化等内容。

图16－5　搭配和服饰网站

6．休闲之家居

家居是一种另类的休闲方式，只有舒适的环境才能够让紧张的情绪放松下来，因而人们越来越重视自身所居住的环境。网络中具有家居信息的网站比比皆是，包括门户网、专门的家居网站，以及品牌家居企业的宣传网站，如图16－6所示。

图16－6　家居休闲网站

16.2 设计美容网站首页

美容行业的受众虽然包括女士和男士，但是针对不同的对象，网站的色彩与布局各不相同。男士美容网站布局单一，搭配比较中性的色相，这样才能体现男士的阳刚、稳重；而女士美容网站布局灵活，并且可以搭配各种偏红或者亮丽的色相。

Beauty网站为女士美容网站，如图16—7所示。该网站的基本色调为黄绿色，该色调表达了女士的活力，而网站中还搭配了红色，使整个网站更能表达精力充沛的气息。在网页布局方面，该网站以拐角型网页布局为基础，并且加以变化，使网页有展示产品的空间，也使版面更加灵活。

图16—7 美容网站首页

16.2.1 设计首页结构

STEP|01 在新建的1000×935像素的空白文档中选择渐变工具，并且设置渐变颜色如图16—8所示。在整个画布中创建渐变颜色。

STEP|02 新建两个图层，在画布顶部同一个中心位置，绘制不同尺寸的灰、白两个矩形，形成有白色描边的灰色矩形效果作为导航背景，如图16—9所示。（注意：白色描边的灰色矩形效果不能通过描边图层样式和【描边】命令制作，因为那样得到的白色描边会有圆角。）

STEP|03 选择圆角矩形工具，在灰色矩形右侧绘制白色圆角矩形，如图16—10所示。

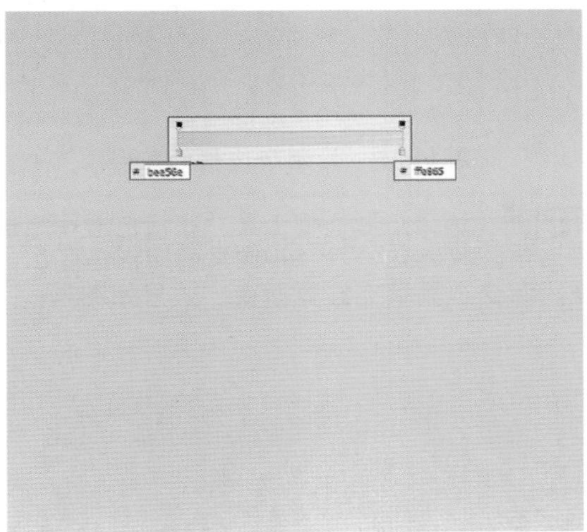

图16—8 创建渐变背景

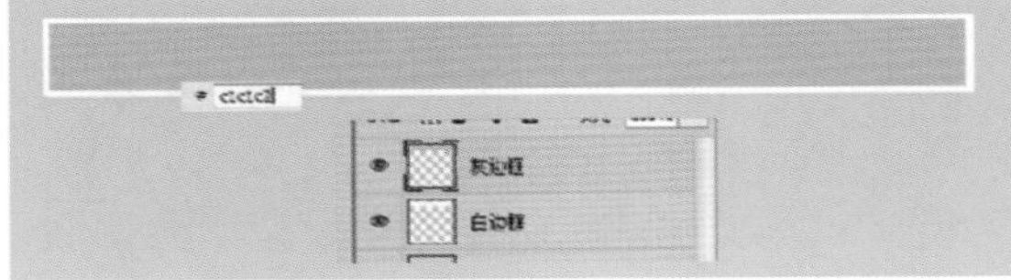

图16—9 绘制导航背景

图16—10 绘制白色圆角矩形

STEP|04 选择画笔工具，并设置参数如图16—11所示，然后在画布上单击，创建不同颜色的圆点。

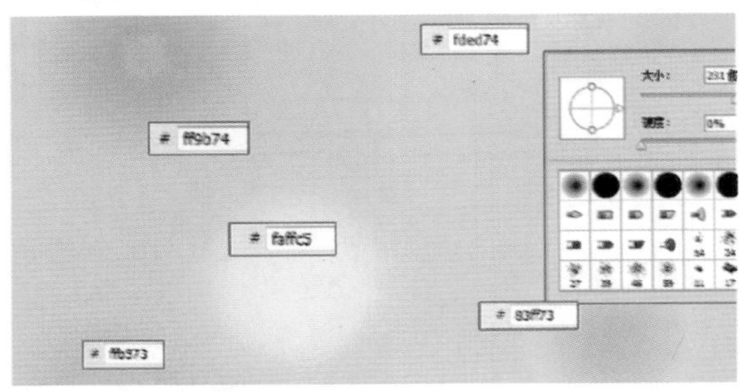

图16—11 绘制圆点

STEP|05 新建图层，使用矩形选框工具、【变换选区】命令和油漆桶工具绘制和导航背景一样的带边框的矩形，调整不透明度为40%，如图16—12所示。

图16-12　绘制带边框的矩形

STEP|06　选择矩形选框工具，在橙色透明矩形右上角区域建立500×440像素的矩形选区后，使用渐变工具填充红黄渐变。效果如图16-13所示。

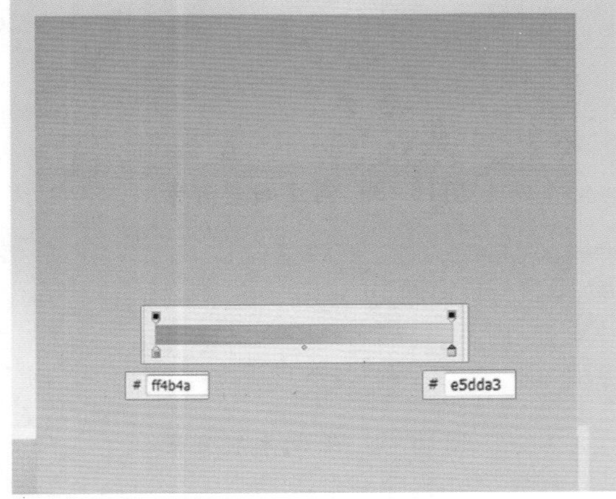

图16-13　绘制渐变矩形

STEP|07　在【背景】图层上新建图层，使用导航背景的制作方法，绘制具有10像素白色描边的矩形，作为网页的版权信息背景，如图16-14所示。

图16-14　绘制版权信息背景

STEP|08　在红黄渐变矩形图层下新建图层，绘制矩形作为红黄渐变矩形的投影。矩形的填充颜色为#E7E7E7，其图层混合模式为“正片叠底”，效果如图16-15所示。

图16-15　绘制矩形投影

16.2.2　添加信息内容

STEP|01　选中【导航背景】图层，将素材图像“LOGO.psd”导入画布中，并且将其放置在灰色矩形框的左侧，然后输入网页名称，并设置其属性，如图16-16所示。

图16-16　制作网站LOGO

STEP|02　选中【圆角矩形】图层，使用横排文字工具在其中输入导航菜单名称，并且设置属性，如图16-17所示。然后在第一个栏目下方绘制圆角矩形。

图16-17　输入菜单名称

STEP|03　在【圆点】图层上方新建【瓶子】图层。使用矩形工具和椭圆工具绘制不同形状不同颜色的形状，陈列成“瓶子”的效果，如图16-18所示。

图16—18　绘制化妆品瓶子

STEP|04　加载该图层的选区，并且在其下方新建图层，填充颜色#BBC847。然后将新图层向右下角移动，设置该图层的不透明度为50%，如图16—19所示。

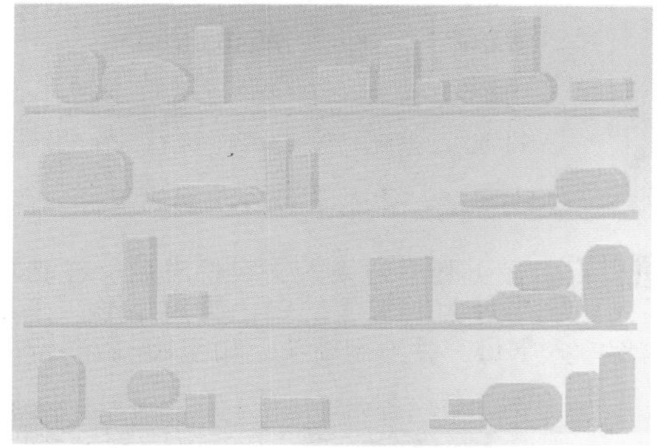

图16—19　绘制化妆品瓶子的阴影

STEP|05　选中【瓶子】图层，将素材"Banner图像.psd"导入画布后，将其放置在化妆品瓶子上方，完成Banner的制作，如图16—20所示。

图16—20　Banner图像

STEP|06　选择椭圆选框工具，在红色渐变矩形中建立不同尺寸的正圆选区，并填充不同的颜色。然后设置图层的混合模式为正片叠底，如图16—21所示。

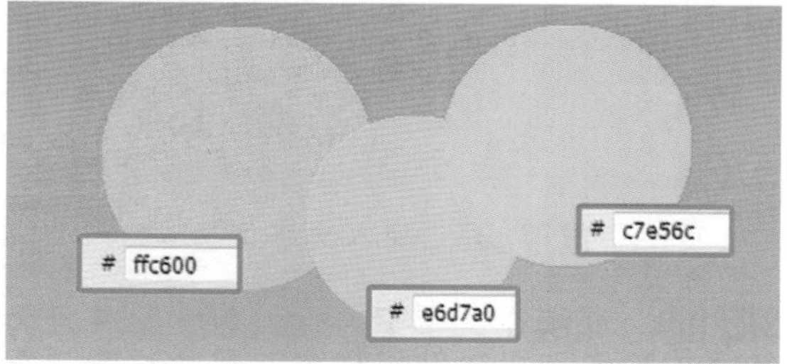

图16—21　建立正圆

STEP|07　在正圆上方分别输入for和you，并设置不同的文本属性。然后为其添加相同的描边与外发光图层样式，参数设置如图16—22所示。

图16—22　输入并设置文字

STEP|08　选择横排文字工具，分别输入文字信息，并且设置不同的文本属性，如图16—23所示。

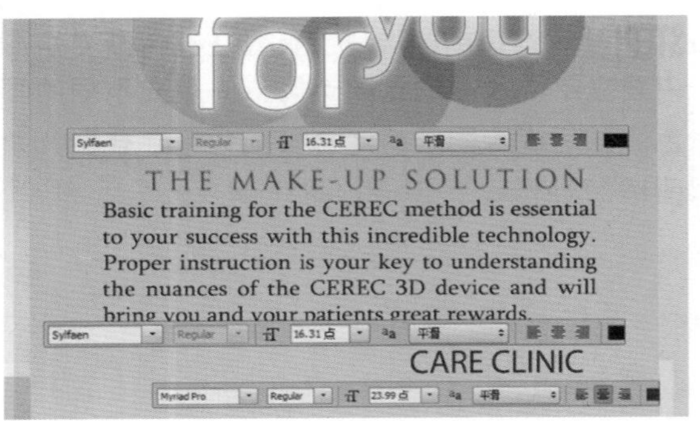

图16—23 输入文字信息

STEP|09 继续在文字下方输入数字，并且为其添加投影和描边图层样式，参数设置如图16—24所示。

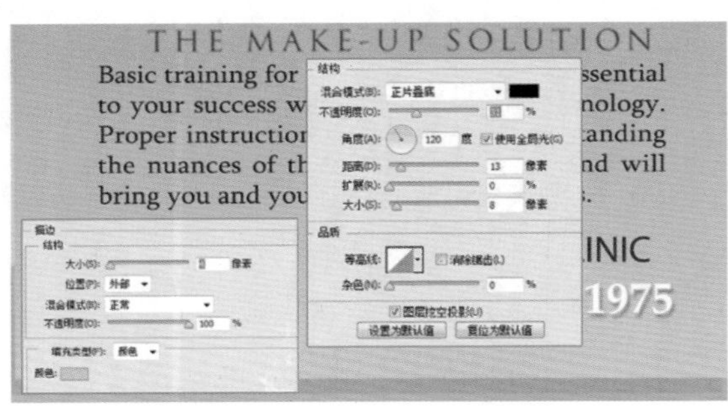

图16—24 为数字添加图层样式

STEP|10 将素材“美容图标.psd”“LOGO.psd”导入画布中，并且放置在红色渐变矩形中。然后使用形状工具绘制装饰图像，如图16—25所示。

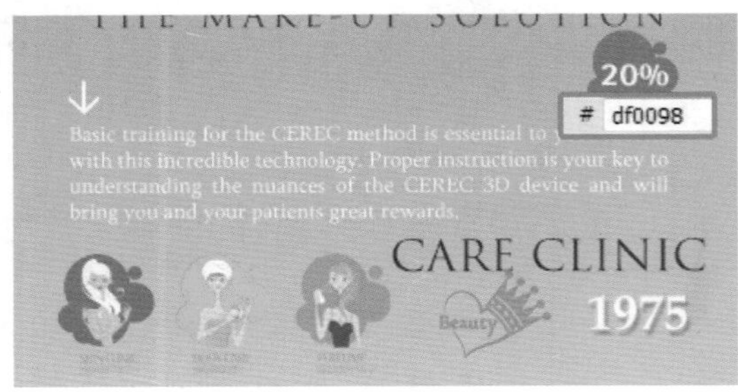

图16—25 导入素材

STEP|11 将素材“花.psd”导入画布，放置在橙色渐变矩形左上角，并为其添加外发光图层样式。然后绘制不同颜色的正圆，如图16—26所示。

图16—26 导入素材并绘制正圆

STEP|12 在正圆下方输入文字信息后，在其右下角绘制半径为30像素的白色圆角矩形，在其内部输入字母，并绘制箭头，如图16—27所示。

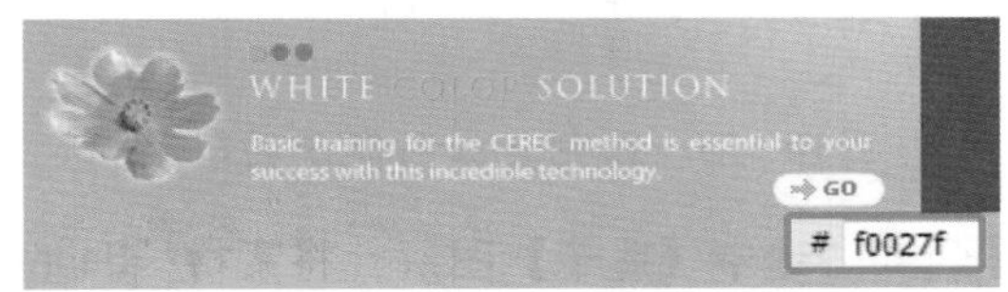

图16—27 制作按钮效果

STEP|13 使用圆角矩形工具绘制半径为30像素不同宽度的单色圆角矩形。然后建立1像素的细线，如图16—28所示。

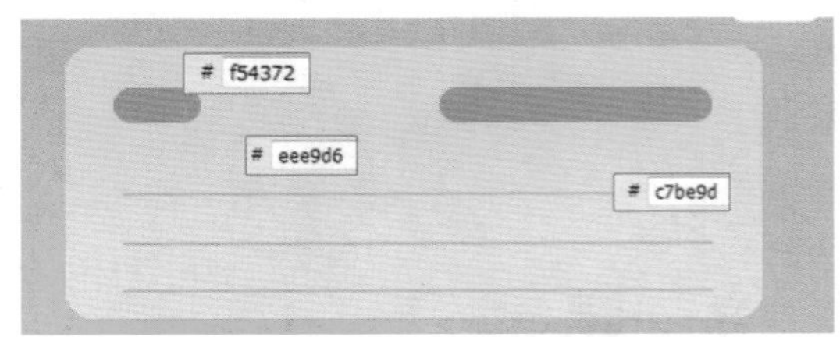

图16—28 制作主题背景

STEP|14 使用横排文字工具在紫红色圆角矩形之间输入栏目标题文字后，在细线上方输入小标题文字，并且设置文本属性，如图16—29所示。

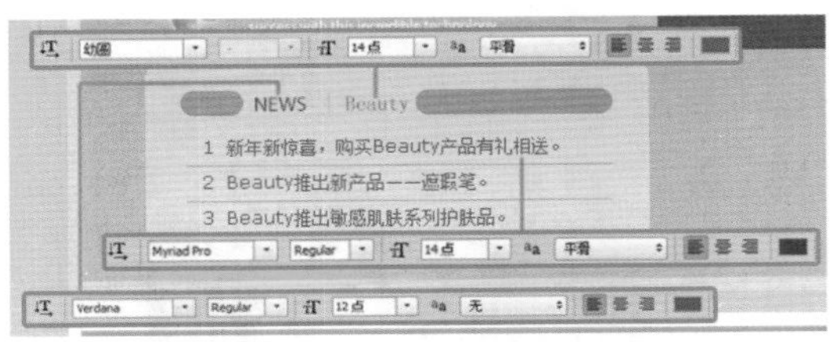

图16-29　输入文字内容

STEP|15　在【阴影】图层上绘制雪花图像后，使用横排文字工具分别输入不同的文字，并且设置不同的属性。双击【时尚妆容】图层，启用【描边】【投影】【外发光】【渐变叠加】等选项，参数设置如图16-30所示。

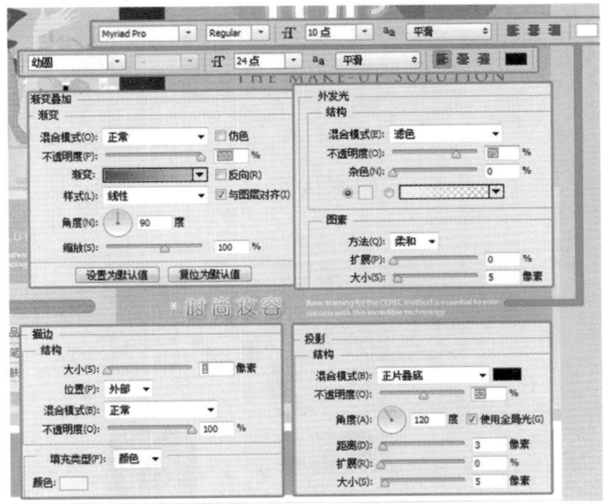

图16-30　添加图层样式

STEP|16　绘制单色圆角矩形，建立垂直虚线。然后将素材“人物.psd”导入其中，输入栏目名称，如图16-31所示。

STEP|17　复制LOGO图像，并将其放置在画布底部的褐色矩形中。然后在该矩形右侧输入版权信息文字，并设置参数如图16-32所示。完成后的首页效果如图16-33所示。

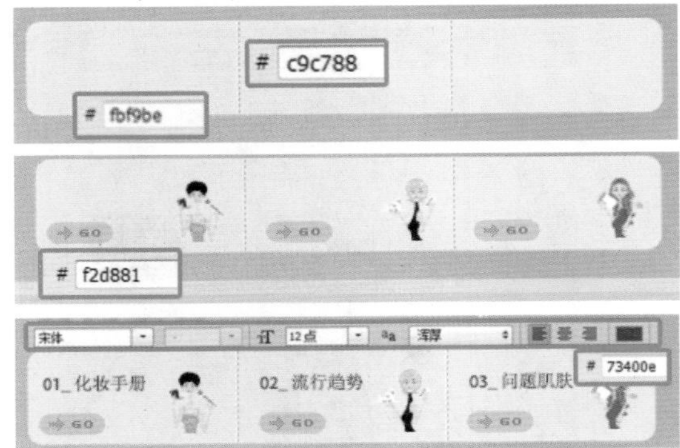

图16-31　制作“时尚兼容”子栏目

图16-32　添加版权信息

图16-33　网站首页

16.3　设计美容网站内页

美容网站首页主要展示Beauty美容中心的风格，以及所服务的对象范围。要想更加详细地介绍该美容中心，则需要通过网站内页来展示。这里根据网站首页导航菜单中的栏目名称，分别设计了“Beauty植物”“Beauty眼影”“Beauty腮红”以及“Beauty中心”网页内页，如图16-34所示。

Beauty网站内页是在首页的基础上设计的，内页布局采用了首页的结构，只是将主题区域拉长，扩大信息的展示区域。而在色彩运用方面，继续延用首页的黄绿色，但是为了有所区别，在主题区域分别采用绿色、橙色与蓝色渐变，使网站内页在视觉上更加丰富。

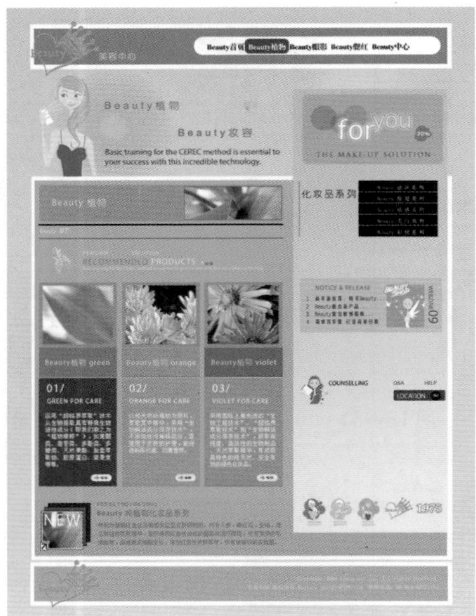

植物内页

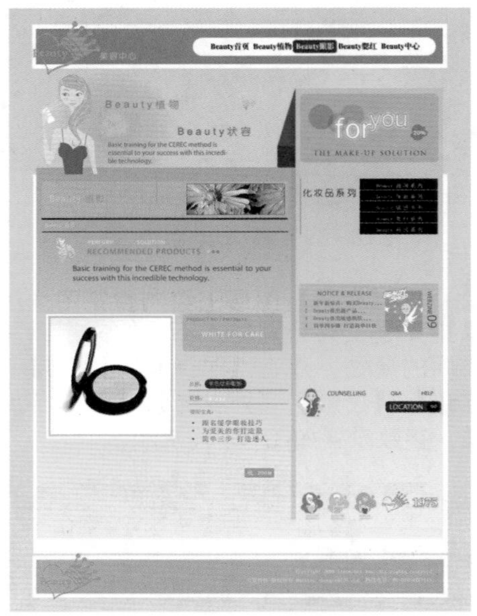

眼影内页

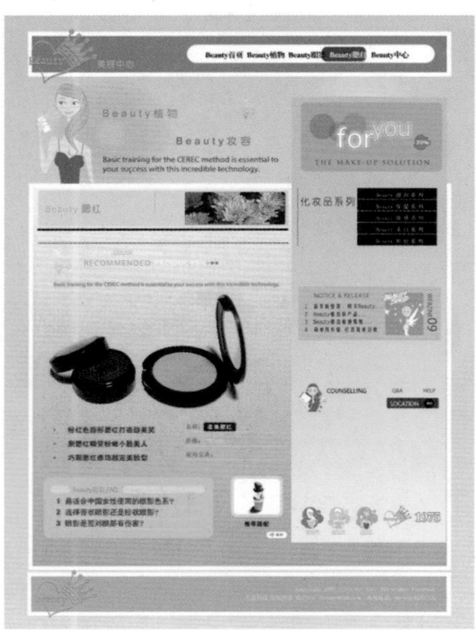

腮红内页

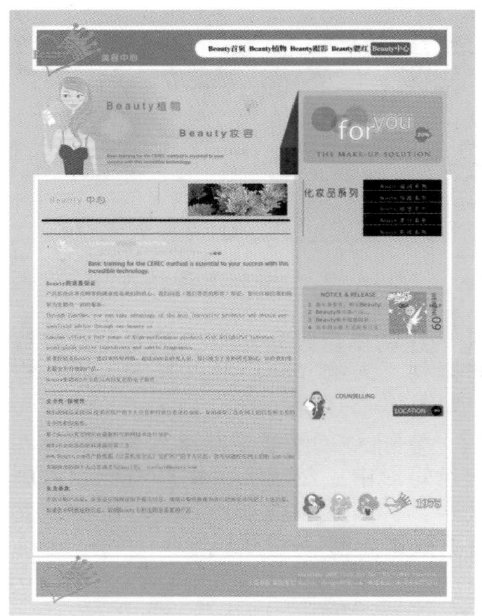

中心内页

图16—34　网站内页

16.3.1　制作Beauty植物页

STEP|01　将“美容网站首页.psd”另存为“美容网站内页.psd”，把多余的图像与文字删除，将导航菜单下方的绿色色块移至第二个栏目下方，并修改文字颜色，如图16—35所示。

STEP|02　通过【画布大小】命令，将画布的高度由上至下扩展至1350像素。然后将版权信息所在的图层垂直向下移动，将【主图背景】图层删除，并且新建图层建立绿色渐变矩形，如图16—36所示。

图16-35 复制网页文档

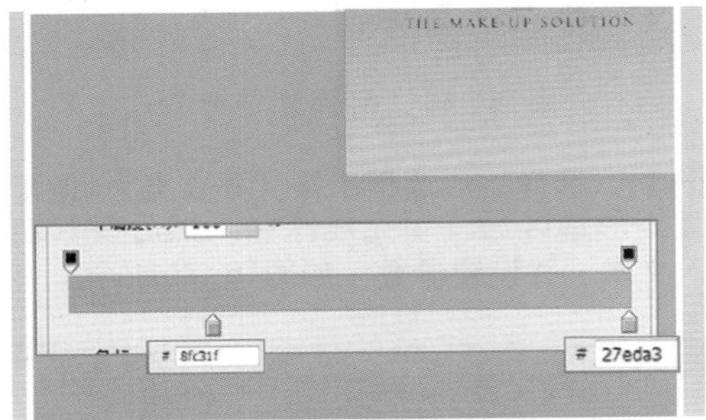

图16-36 制作主题背景

STEP|03 建立绿色渐变矩形以后，根据矩形，修改侧栏背景，如图16-37所示。

图16-37 制作侧栏背景

STEP|04 在浅绿色渐变矩形上部，绘制深绿色圆角矩形并调整至正圆图形下方。然后将正圆图形成比例缩小，更改周边文字的文字属性，效果如图16-38所示。

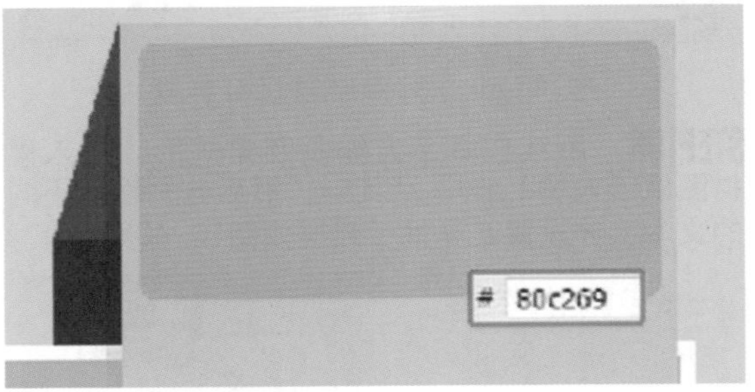

图16-38 更改装饰图像

STEP|05 在下方与绿色渐变矩形平齐的右侧区域，绘制暗紫色竖线。然后绘制间距为1像素的黑色矩形，分别输入栏目名称，并设置文本属性。效果如图16-39所示。

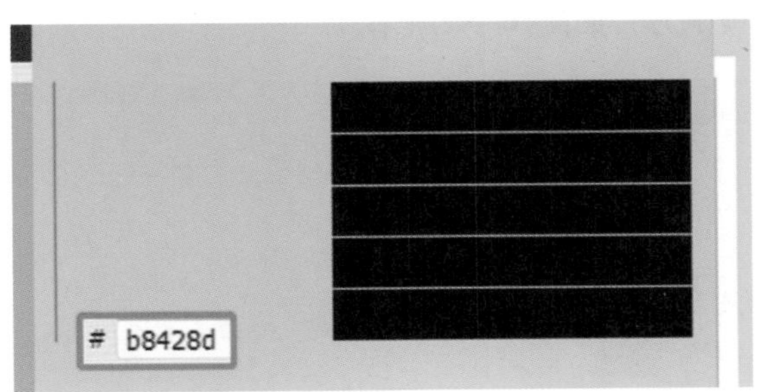

图16—39　制作侧栏栏目标题

STEP|06　继续在其下方绘制圆角矩形，导入素材图像“人物2.psd”至其中。然后分别输入不同的文本，并设置其属性。效果如图16—40所示。

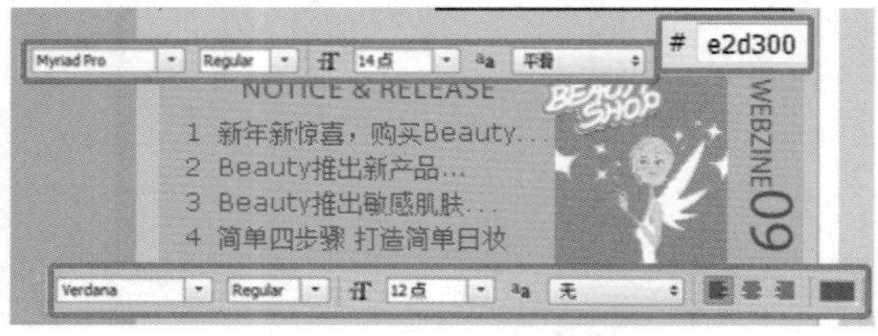

图16—40　制作侧栏栏目

STEP|07　选中首页中侧栏区域中的人物图像、LOGO和数字，复制到内页侧栏底部，完成侧栏区域的制作，如图16—41所示。

图16—41　复制首页图像

STEP|08　打开素材“内页Banner图像.psd”，将其中的图像导入画布中，并且放置在导航背景下方，如图16—42所示。

图16—42　导入Banner图像

STEP|09　使用横排文字工具分别输入文本，并设置不同的文本属性，如图16—43所示。

图16—43　输入文本

STEP|10　选择【绿色渐变】图层，使用圆角矩形工具绘制绿色的圆角矩形。然后将素材“植物1.psd”导入其中，并且放置在该矩形右侧，如图16—44所示。

图16—44　制作装饰背景

STEP|11　选择矩形选框工具，建立宽为1像素的竖直矩形选区后，填充浅绿色。然后在其左侧输入文本，并设置参数，如图16—45所示。

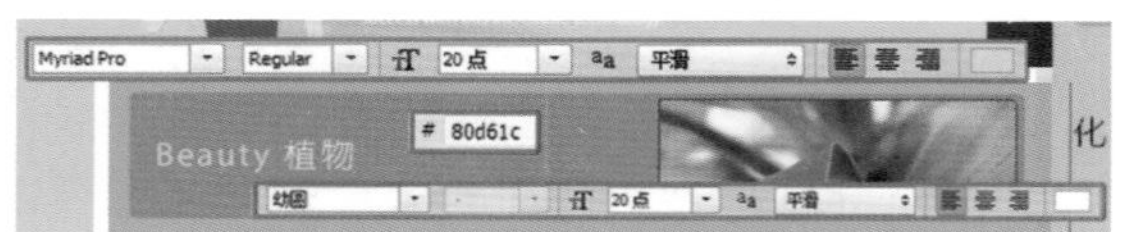

图16—45　输入主题栏目名称

STEP|12　在绿色圆角矩形的下方分别绘制出高度为3像素与1像素的黑色线条。然后在两者之间输入首页栏目名称，并设置文本属性，如图16—46所示。

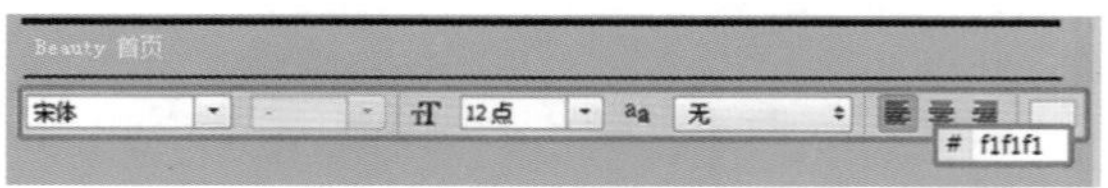

图16—46　制作分割线

STEP|13　将Banner中的图像复制一份，并为其添加渐变叠加图层样式。然后在其右侧分别输入不同属性的文本，如图16—47所示。

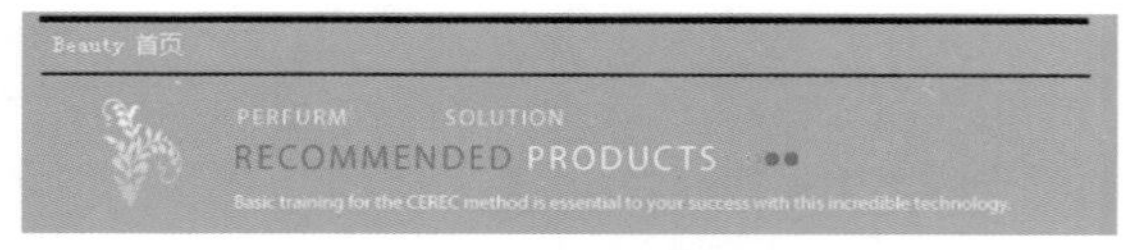

图16—47　制作装饰图像与文本

STEP|14 在主题的空白区域，使用矩形选框工具建立宽度为170像素、不同高度的选区，然后填充不同的单色，形成一组主题背景，如图16–48所示。

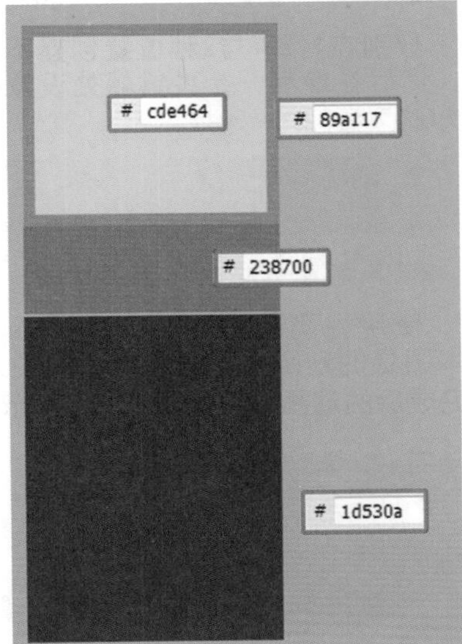

图16–48　绘制主题背景

STEP|15 将图像素材“植物2.psd”导入矩形框中，在其下方分别输入文本，并设置不同的文本属性。然后为标题文本添加外发光和描边图层样式，如图16–49所示。

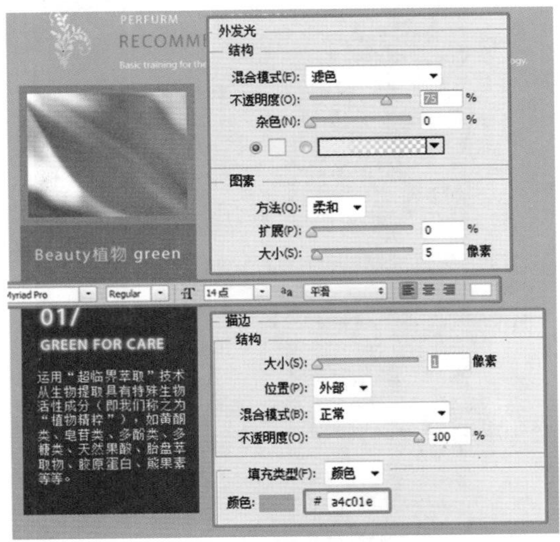

图16–49　添加内容信息

STEP|16 使用上述方法，分别制作其他栏目的信息内容，如图16–50所示。

图16–50　添加其他内容

STEP|17 在其下方左侧导入素材“植物5.psd”后，分别输入不同的文本，作为栏目的标题与正文，并设置不同的文本属性，如图16–51所示，完成美容网站植物页的制作。

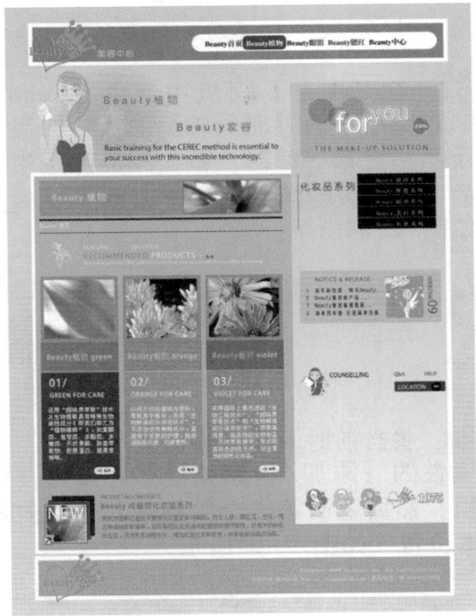

图16–51　美容网站植物页

16.3.2　制作动画Banner

STEP|01 将网站内页复制一份并保存，然后在Banner图像区域，创建571×237像素的矩形选区，执行【图像】|【裁剪】命令，将图像按图16–52所示效果进行裁剪。

STEP|02 执行【窗口】|【时间轴】命令。打开视频模式【时间轴】面板，拖动右侧的工作区域指示器，设置动画播放时间为2秒，如图16–53所示。

图16-52 裁切图像

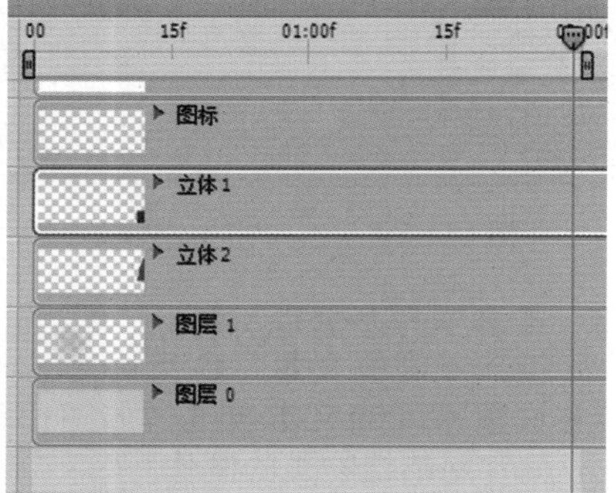

图16-53 设置动画播放时间

STEP|03 在【图层】面板中选中【Beauty妆容】文本图层，当【时间轴】面板中的当前时间指示器指在第一帧时，单击相应图层中变换属性的【启用关键帧动画】按钮，创建关键帧，如图16-54所示。

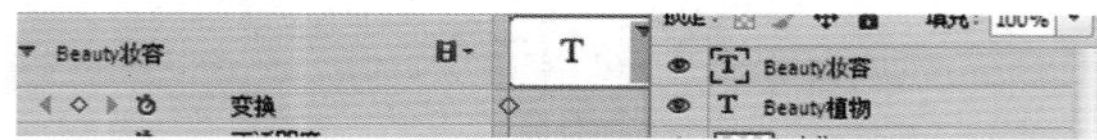

图16-54 创建第一个关键帧

STEP|04 将当前时间指示器拖至10f位置，单击变换属性的【添加/删除关键帧】按钮，创建关键帧。然后返回第一个关键帧，并且向右移动文本位置，如图16-55所示。

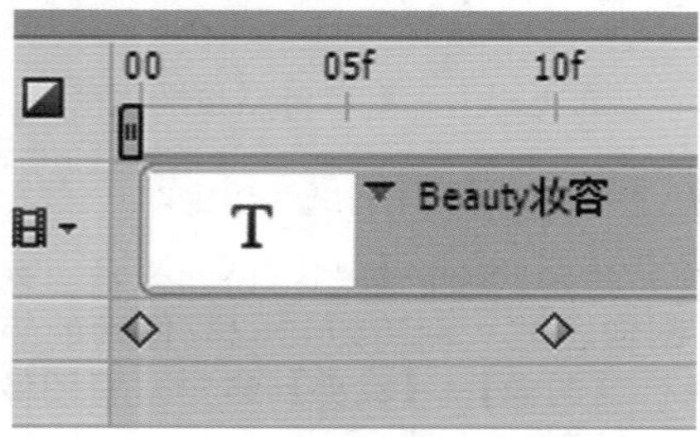

图16-55 创建关键帧并移动文本

STEP|05 在相同的位置创建不透明度属性中的两个关键帧，并且设置第一个关键帧的不透明度为0%，如图16-56所示。

图16-56 创建前两个关键帧

STEP|06 分别在1：20f与2秒位置创建不透明度关键帧，然后在最后一个关键帧处设置图层不透明度为0%，如图16-57所示。

图16-57 创建后两个关键帧

STEP|07 使用相同的方法，创建【Beauty植物】文本图层的动画，只是该文本是由左至右移动。完成后的动画效果如图16-58所示。

图16-58 文本动画效果

STEP|08 选中【图标】图层，从第一帧处开始创建不透明度关键帧，并且设置各帧不透明度参数不同，如图16–59所示，形成图标闪烁动画。

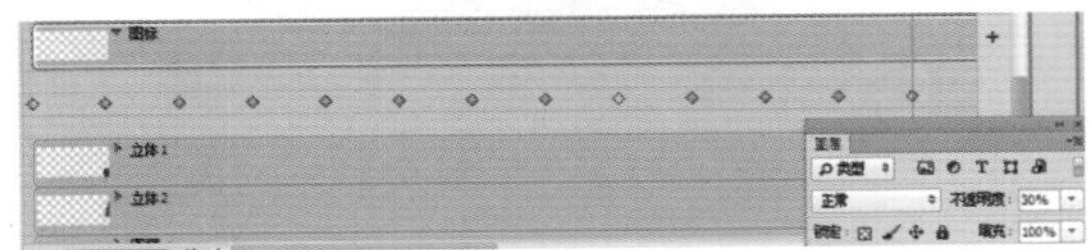

图16–59　创建图标闪烁动画

STEP|09 至此，整个动画制作完成，执行【文件】|【储存为Web所用格式】命令，将时间轴动画保存为Gif动画文件。

16.3.3　制作商品展示页

STEP|01 复制网页文件“美容网站植物.psd”为“美容网站眼影.psd”，将主题区域中的内容信息删除，然后将导航条下方的绿色块移至第三个栏目下方，如图16–60所示。

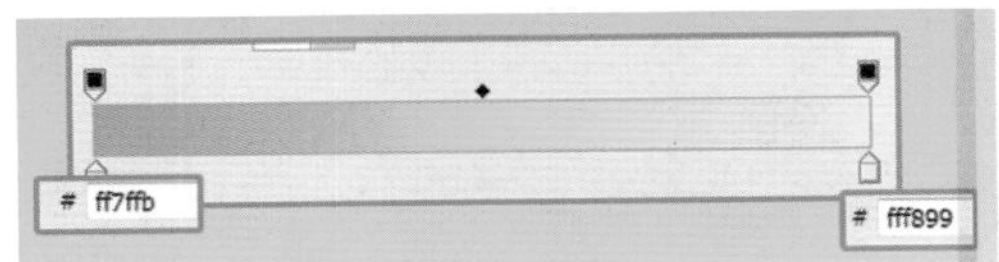

图16–60　移动色块

STEP|02 使用矩形选框工具选中绿色渐变，选中渐变工具，建立紫黄色渐变，如图16–61所示。

图16–61　填充紫黄色渐变

STEP|03 更换主题背景颜色、图像及文字，效果如图16–62所示。

图16–62　更改主题栏目色调

STEP|04 使用矩形选框工具，建立266×266像素的正方形选区，并填充颜色。然后进行1像素外部灰色描边后，间隔2像素绘制宽为4像素的白色边框，如图16–63所示。

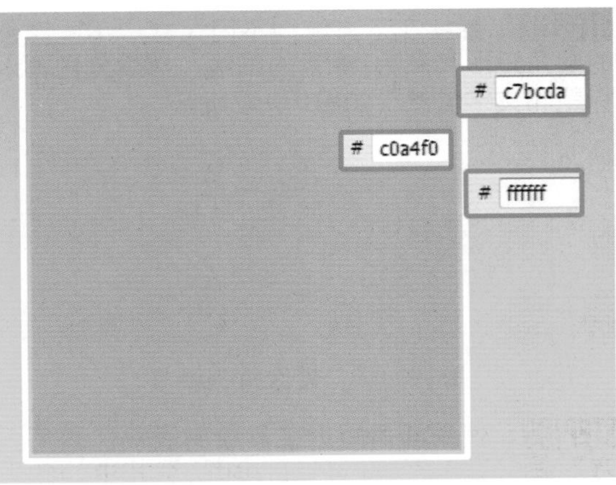

图16–63　绘制边框矩形

STEP|05 在淡紫色矩形内部导入素材“眼影.psd”后，在其右侧绘制圆角矩形。然后分别输入不同的文本，并且绘制高为1像素的细线，如图16–64所示。

图16–64　添加产品信息

STEP|06 使用圆角矩形工具绘制紫色圆角矩形，为其添加外发光图层样式，并且输入文字，绘制图标，如图16–65所示。

图16–65　制作按钮

STEP|07 在按钮下方的边框中导入素材“颜色条.psd”至其中，如图16–66所示。

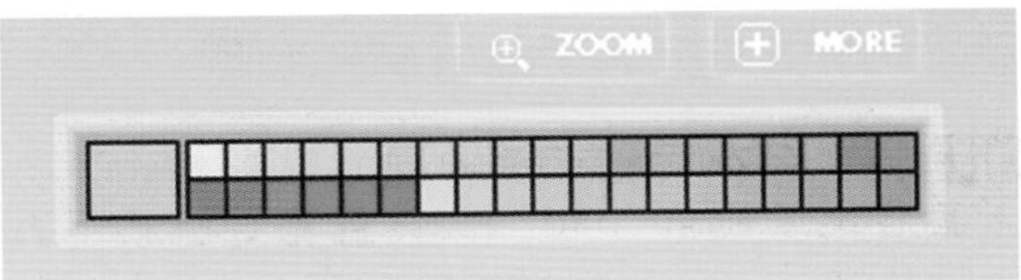

图16–66　制作颜色条效果

STEP|08 继续在下方绘制不同尺寸，不同颜色的圆角矩形和高为1像素的细线。然后分别输入标题和文字信息，如图16–67所示。

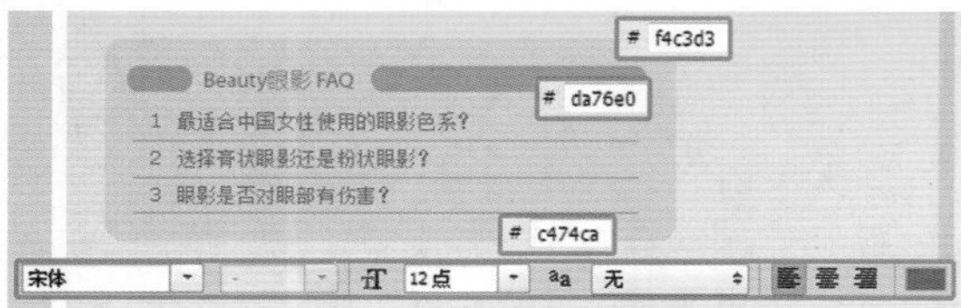

图16–67 制作相关栏目

STEP|09 使用圆角矩形工具绘制浅紫色圆角正方形后，导入素材“口红.psd”至其中。然后输入相关文字，如图16–68所示。保存文件，完成的眼影页效果如图16–69所示。

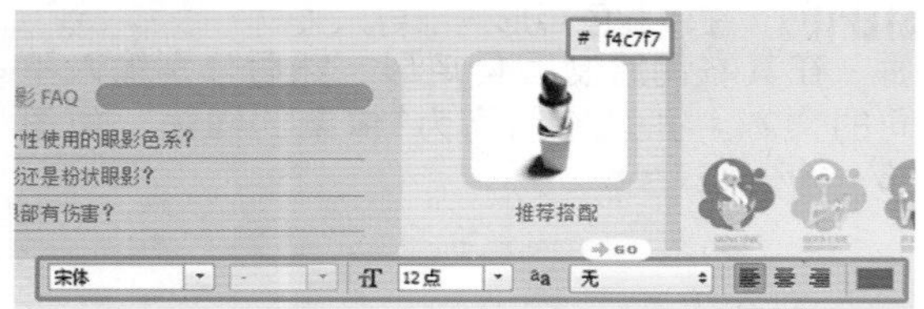

图16–68 添加图像信息

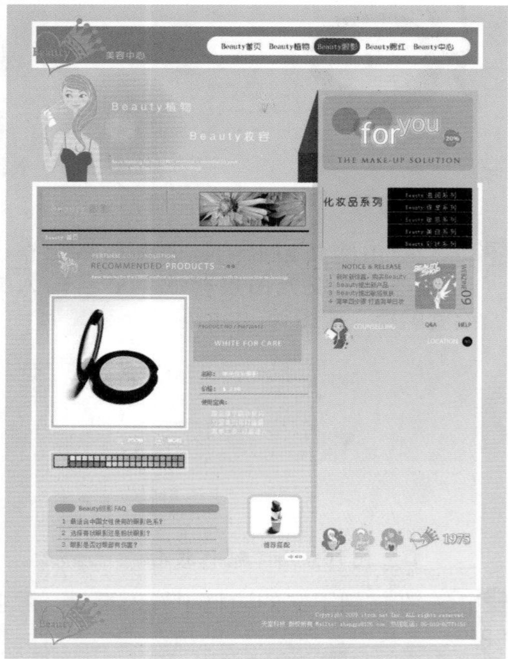

图16–69 眼影页制作效果

STEP|10 另存文档“美容网站眼影.psd”为“美容网站腮红.psd”，并且将导航条下方的绿色块移动到第四个栏目下方，如图16–70所示。

图16–70 复制文档

STEP|11 删除主题区域中多余图像与文字元素，替换主题背景的渐变颜色为红色渐变。然后根据该色调重新设置图像颜色，效果如图16–71所示。

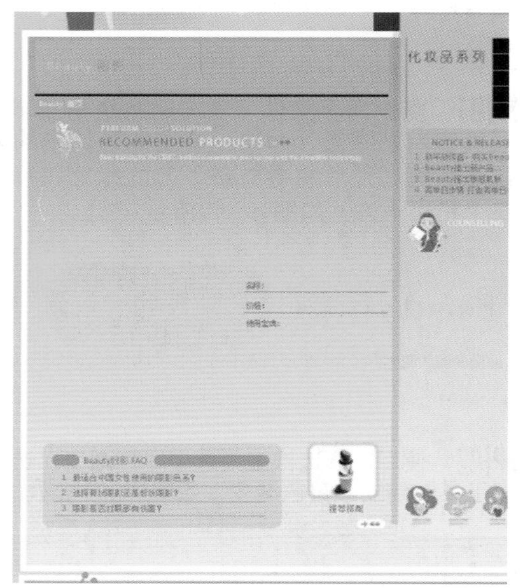

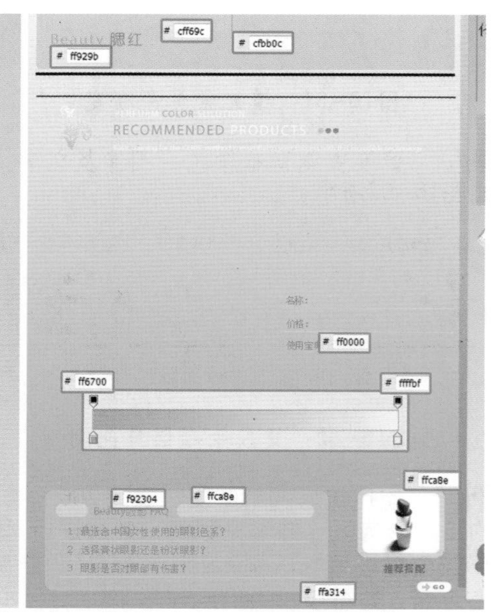

图16–71 更换主题色调

STEP|12 将图标颜色渐变改为浅褐色渐变，导入素材“腮红.psd”和“植物.psd”到相应位置，并且设置图层的混合模式均为“正片叠底”，效果如图16-72所示。

图16-72　添加主题图像

STEP|13 在主题右下角绘制高为1像素的细线后，输入该产品的相关信息，并设置文本属性，如图16-73所示。

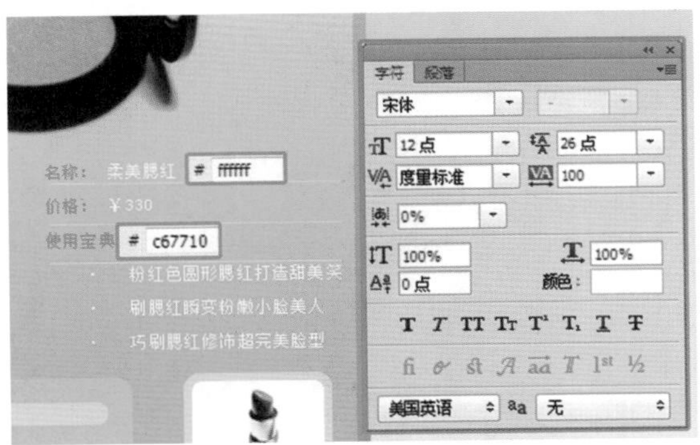

图16-73　输入并设置文本

STEP|14 图16-74所示为完成后的腮红页效果。按快捷键Ctrl+S保存文件。

16.3.4　制作文字信息页

STEP|01 另存文档“美容网站腮红.psd”为“美容网站中心.psd”，并且将导航条下面的绿色块移至最后一个栏目下方，如图16-75所示。

STEP|02 删除主题区域中的多余图像与文字元素后，替换主题的渐变颜色为蓝色渐变。然后根据该色调重新设置图像颜色，将图标的渐变颜色改为淡紫色。效果如图16-76所示。

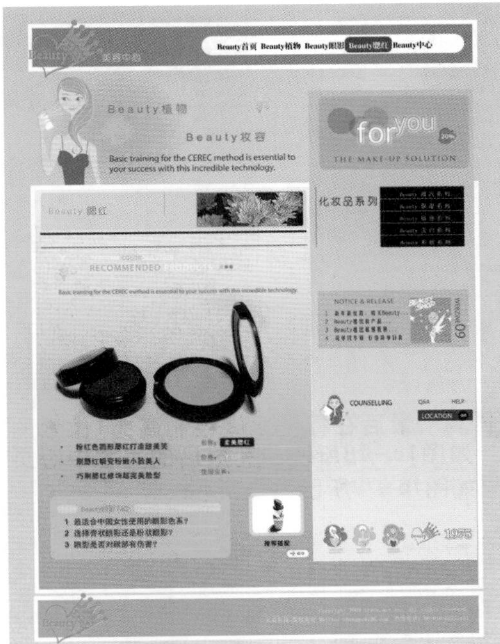

图16-74　腮红页完成效果

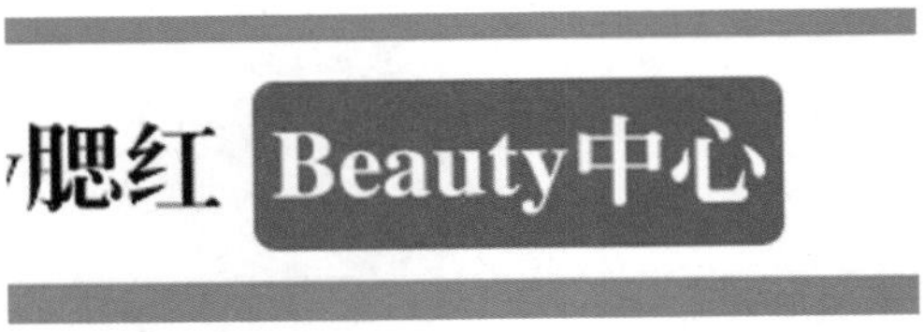

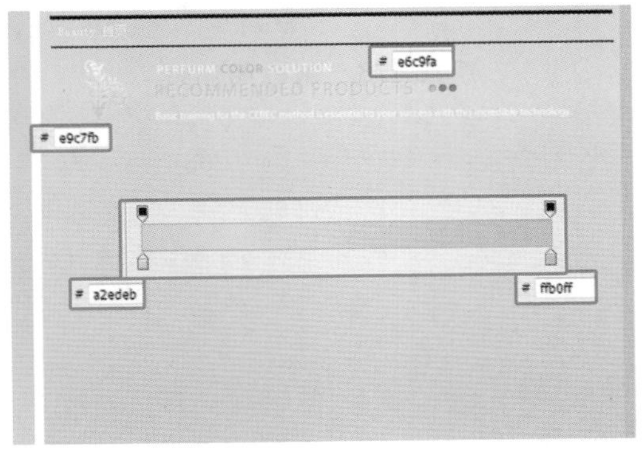

图16-76　更换主题色调

STEP|03 选择横排文字工具在主题空白区域拖动建立文本框，输入文字信息，并设置文本属性，如图16-77所示。

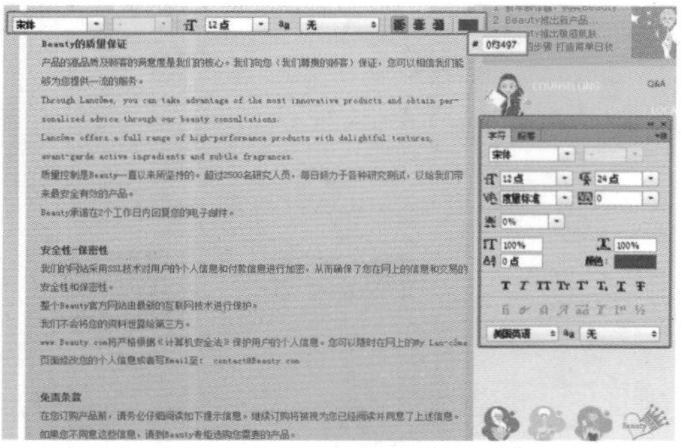

图16-77 输入文字信息

STEP|04 最后在标题之间绘制高为1像素的细线，如图16-78所示。完成后的美容中心页面效果如图16-79所示。

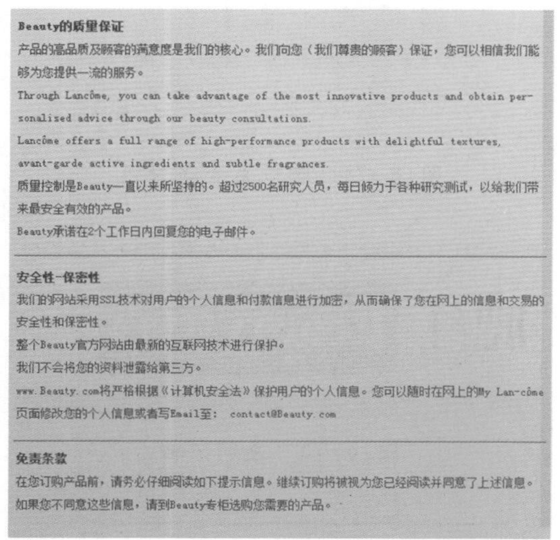

图16-78 制作间隔线

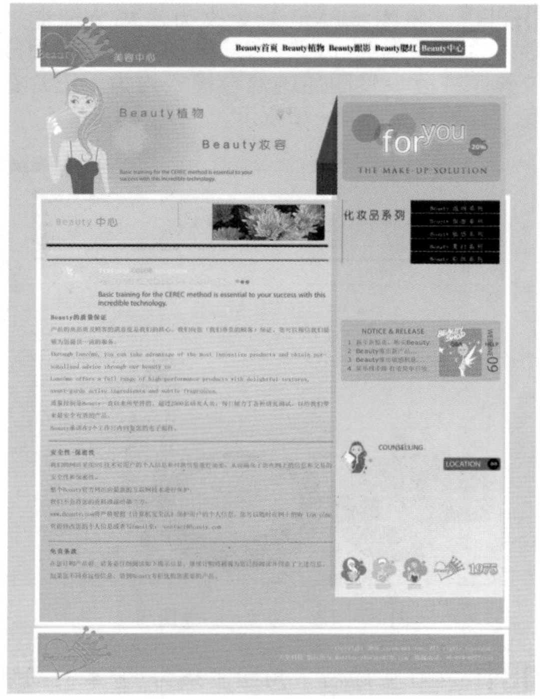

图16-79 中心页效果